普通高等教育“十一五”国家级规划教材

机械原理课程设计手册

（第三版）

牛鸣岐　王保民　余述凡　编著

重庆大学出版社

内 容 简 介

本书是普通高等教育“十一五”国家级规划教材之一。本书是为满足机械原理课程设计需要而编写的，也是《机械原理》教材的配套资料。全书共13章，主要介绍机械设计的基本概念、机械创新设计、机械系统的组成、机械系统运动方案设计、平面平面Ⅱ级连杆机构的运动分析与力分析，以及实现各种运动的常用机构的功能、结构特点和应用示例，提供了平面平面Ⅱ级连杆机构的运动分析与力分析计算机子程序和机械原理课程设计所需的一些资料。

本书可作为高等学校机械类各专业的教学用书，也可作为科技人员从事机械产品开发和创新设计的参考书。

图书在版编目(CIP)数据

机械原理课程设计手册 / 牛鸣岐，王保民，余述凡编著. —3版. —重庆：重庆大学出版社，2023.1(2025.8重印)
机械设计制造及其自动化专业本科系列教材
ISBN 978-7-5624-2469-7

Ⅰ.①机… Ⅱ.①牛… ②王… ③余… Ⅲ.①机械原理—课程设计—高等学校—教材 Ⅳ.①TH111-41

中国版本图书馆CIP数据核字(2023)第007930号

机械原理课程设计手册
(第三版)
牛鸣岐 王保民 余述凡 编著
责任编辑：曾显跃 版式设计：曾显跃
责任校对：秦巴达 责任印制：张 策
*
重庆大学出版社出版发行
社址：重庆市沙坪坝区大学城西路21号
邮编：401331
电话：(023) 88617190 88617185(中小学)
传真：(023) 88617186 88617166
网址：http://www.cqup.com.cn
邮箱：fxk@cqup.com.cn (营销中心)
全国新华书店经销
重庆新生代彩印技术有限公司印刷
*
开本：787mm×1092mm 1/16 印张：19.25 字数：480千
2023年1月第3版 2025年8月第7次印刷(总第11次印刷)
ISBN 978-7-5624-2469-7 定价：49.00元

序

当今世界，科学技术突飞猛进，综合国力的竞争日趋激烈。国力的竞争，归根结底是科技与人才的竞争。邓小平同志早已明确指出：科技是现代化的关键，而教育是基础。毫无疑问，高等教育是科技发展的基础，是高级专门人才培养的摇篮。我国高等教育在振兴中华、科教兴国的伟大事业中担负着极其艰巨的任务。

为了适应社会主义现代化建设的需要，在1993年党中央、国务院颁布《中国教育改革和发展纲要》以后，原国家教委全面启动和实施《高等教育面向21世纪教学内容和课程体系改革计划》，有组织、有计划地在全国推进教学改革工程。其主要内容是：改革教育体制、教育思想和教育观念；拓宽专业口径，调整专业目录，制定新的人才培养方案；改革课程体系、教学内容、教学方法和教学手段；实现课程结构和教学内容的整合与优化，编写、出版一批高水平、高质量的教材。

地处巴山蜀水的重庆大学，是驰名中外的我国重要高等学府。重庆大学出版社是一个重要的大学出版社，工作出色，一贯重视教材建设，从20世纪90年代初期开始实施“立足西部，面向全国”的战略决策，针对当时国内专科教材匮乏的情况，组织西部地区近20所院校编写、出版机械类、电类专科系列教材，以后又推出计算机、建筑、会计类专科系列教材，得到原国家教委的肯定与支持。在1998年教育部颁布《普通高等学校本科专业目录》之后，重庆大学出版社立即组织西部地区高校的数十名教学专家反复领会教学改革精神，认真学习全国的教育改革成果，充分交流各校的教学改革经验，制定机械设计制造及其自动化专业的教学计划和各门课程的教学大纲，并组织编写、出版机械类本科系列教材。为了确保教材的质量，重庆大学出版社采取了以下措施：

①发挥教育理论与教育思想的指导作用，将教学改革思想和教学改革成果融入教材的编写之中。

②根据人才培养计划中对学生知识和能力的要求，对课程体系和教学内容进行整合，不过分强调每门课程的系统性、完整性，重在实现系列教材的整体优化。

③明确各门课程在专业培养方案中的地位和作用，理顺相关课程之间的关系。

④精选教学内容，控制教学学时数，重视对学生自主学习能力、分析解决工程实际问题能力和创新能力的培养。

⑤增强 CAD、CAM 的内容，提高教材的先进性；尽可能运用 CAI 等现代化教学手段，提高传授知识的效率。

⑥实行专家审稿制度，聘请学术水平高、事业心强、长期活跃在教学改革第一线的专家审稿，重点审查书稿的学术质量和是否具有特色。

这套教材的编写符合教学改革的精神，遵循教学规律和人才培养规律，具有明显的特色。与出版单科教材相比，有计划地将教材成套推出，实现了整体优化。这富有远见。

经过几年的艰苦努力，这套机械类本科教材已陆续问世了。它反映了西部高校多年来教学改革与教学研究的成果，它的出版必将为繁荣我国高等学校的教材建设作出积极的贡献，特别是在西部大开发的战略行动中，起着十分重要的作用。

高等学校的教学改革和教材建设是一项长期而艰巨的工作，任重道远，不可能一蹴而就。我希望这套教材能够得到读者的关注与帮助，并希望通过教学实践与读者不吝指教，逐版加以修订，使之更加完善，在高等教育改革的百花园中奇花怒放！我深深为之祝愿。

中国科学院院士　杨叔子

2000 年 4 月 28 日

第三版前言

本书根据工科高等学校机械类专业机械原理教学基本要求和多年来教学实践的经验修订而成。

在此次修订中，除了更正错漏之外，在内容与编排方面作了如下变动：

①为便于学生的理解和自学，进一步充实和完善个别示例。

②将课程设计题目由14个增加到20个。

③为方便机械原理课程设计教学，编写了机械原理课程设计教学课件，教学课件挂在出版社教学资源网站（www. cqup. com. cn）上，供教师参考。

④将平面Ⅱ级连杆机构运动分析与力分析的计算机程序和示例中的计算机程序作为机械原理课程设计教学课件的附录一同挂在出版社的网站上，以方便学生和教师使用。

参加本书修订的有：牛鸣岐（第1~5章、第12章、附录、机械原理课程设计课件），王保民（第6~11章），余述凡（第13章）。全书由牛鸣岐担任主编，王保民担任副主编。

由于水平有限，漏误及不当之处在所难免，敬请各位机械原理课程的教师和读者不吝指正。

编　者

2016年10月

第一版前言

21 世纪的竞争归根结底是人才的竞争，培养面向 21 世纪的人才是高等学校的重要任务。传统的教育模式已不能适应形势的需要，教学改革势在必行。

为了适应改革的需要，部分高等学校对机械学科的教学改革进行了多次认真的交流和研究，在此基础上达成了广泛的共识，并决定联合出版一套面向 21 世纪的机械学科（本科）系列教材。本书是此系列教材中的一本。

机械原理课程设计经过多年的实践与改革（其中的争论与观点对于从事机械原理教学的老教师都是十分清楚的，这里不再赘述），现对于机械原理课程设计的基本要求已取得共识，这一共识体现在原国家教委高等工业学校机械原理课程教学指导小组于 1998 年制定的《机械原理课程教学基本要求》中，这就是："按照一个简单机械系统的给定功能要求，综合运用所学知识，拟订机械系统的运动方案，并对其中的某些机构进行分析和设计。通过课程设计这一环节，使学生更好地掌握和加深理解本课程的基本理论和方法，进一步提高学生查阅技术资料、绘制工程图和应用计算机的能力。在课程设计中，要重视培养学生创新设计的能力"。本书以达到这一基本要求为目的进行编写，编写中特别强调对学生进行机械系统运动方案设计能力和创新设计能力的培养。在编写中还注意到理论与实践、教学与应用的关系，希望本书不仅能满足教学的需要，而且还能对从事机械设计的科技人员也有较大的参考价值。

本书共 13 章和 2 个附录。第 1 章总论，简要介绍机械设计的基本概念、机械设计的内容、方法和程序、机械系统方案设计的重要性及其内容和方法。第 2 章，介绍现代设计方法的发展与特点、创新设计的主要思维方式、创新设计的主要技法、机械创新设计的常用方法等。第 3 章，介绍机械系统的组成、常用原动机的种类与选择、传动装置的类型、特点与选择、工作机（执行机构）和机械系统控制的基本知识等。第 4 章，较详细地介绍机械系统运动方案设计及其所需要的知识和方法，如机械系统执行构件的协调设计、机械系统的功能分析及其功能原理解设计、机械系统设计中的人机工程学基本知识、机械系统运动方案的构思与拟订，并给出了一个机械系统运动方案设计的示例，本章是全书的核心内容。第5章，介绍机械系统方案的评价。第6章，介绍常用匀速与非匀速连续转动机构的功能、结构特点和工作原理。第7章，介绍常用往复运动机构的功能、结构特点和工作原理。第8章，介绍常用间歇运动、单向和换向机构的功能、结构特点和工作原理。第9章，介绍常用差动机构和气、液驱动连杆机构的功能、结构特点和工作原理。第10章，介绍常用导引机构的功能、结构特点和工作原理。第11章，介绍空间连杆机构和其他机构。第12章，介绍平面杆机构的运动分析与力分析，给出了运动分析与力分析的子程序代码和一个分析示例。第13章，给出了14个机械原理课程设计的题目供教师选用。附录Ⅰ，提出了编写课程设计说明书的要求和格式。附录Ⅱ，给出四种常用电机的规格，供设计时选用。

参加本书编写的有：牛鸣岐（第1~5章、第12章、附录）、王保民（第6~11章）、王振甫（第13章）。全书由牛鸣岐教授担任主编，王保民副教授任副主编。

本书在确定编写大纲时得到重庆大学黄茂林教授的热情关怀和指导。全书由黄茂林教授担任主审，并对书稿提出了许多宝贵的意见和建议，在此谨致以衷心的感谢！

由于作者水平有限，误漏欠妥之处在所难免，竭诚欢迎同行和读者批评指正。

编　者

2001年5月

目录

第1章 总论

1.1 机械原理课程设计的地位与作用

随着科学技术、工业生产水平的不断发展和人们生活条件的不断改善，消费者的价值观念变化很快，市场需求出现多样化的特征，机械产品的种类日益增多，例如，各种金属切削机床、仪器仪表、重型机械、轻工机械、纺织机械、石油化工机械、交通运输机械、海洋作业机械、钢铁成套设备、办公设备、家用电器以及儿童玩具等。同时，这些机械产品的寿命周期也相应缩短。企业为了赢得市场，必须不断开发符合市场需求的产品。新产品的开发包括产品的设计与制造，其中设计是产品开发的第一步，是决定产品的性能、质量、水平、市场竞争力和经济效益的最主要因素。机械产品的设计是对产品的功能、工作原理、系统运动方案、机构的运动与动力设计、机构的结构尺寸、力和能量的传递方式、各个零件的材料和形状尺寸、润滑方法等进行构思、分析和计算，并将其转化为具体的描述，以作为制造依据的工作过程。其中机械产品的功能、工作原理、系统运动方案、机构的运动与动力设计、机构的结构尺寸、力和能量的传递方式等设计内容是机械原理课程的教学内容。

机械原理课程设计是机械原理课程的一个重要实践性教学环节，同时，又是机械类专业人才培养计划中的一个相对独立的设计实践，在培养学生的机械综合设计能力（重点在机械系统运动方案设计）及创新意识与能力方面，起着十分重要的作用。国家教育部高等工业学校机械原理课程教学指导小组 1998 年制定的《机械原理课程教学基本要求》对机械原理课程设计提出了明确的要求："按照一个简单机械系统的给定功能要求，综合运用所学知识，拟定机械系统的运动方案，并对其中的某些机构进行分析和设计。通过课程设计这一环节，使学生更好地掌握和加深理解本课程的基本理论和方法，进一步提高学生查阅技术资料、绘制工程图和应用计算机的能力。在课程设计中，要重视培养学生创新设计的能力。"

1.2 机械设计概述

1.2.1 机械设计的基本概念

机械设计是根据使用要求对机械系统的工作原理、结构、运动方式、力和能量的传递方式、各个零件的材料和形状尺寸、润滑方法等进行构思、分析和计算，并将之转化为具体的描述以作为制造依据的工作过程。设计是创造性劳动。设计的目的是在保证机械系统的功能前提下，建立性能好、成本低、价值最优的机械系统，以满足人类社会不断增长的物质和文化需要。所谓机械系统就是所有机械产品的统称。机械系统的输入与输出是能量、物料、信息，输入量经机械系统转变为要求的输出量，如图1.1所示。机械系统的功能是指产品的用途或机械系统能独立完成的任务。如洗衣粉包装机就是一个机械系统，它的输入量是电力、洗衣粉和各种控制信息，输出量是包装好的洗衣粉、产量和质量等信息。

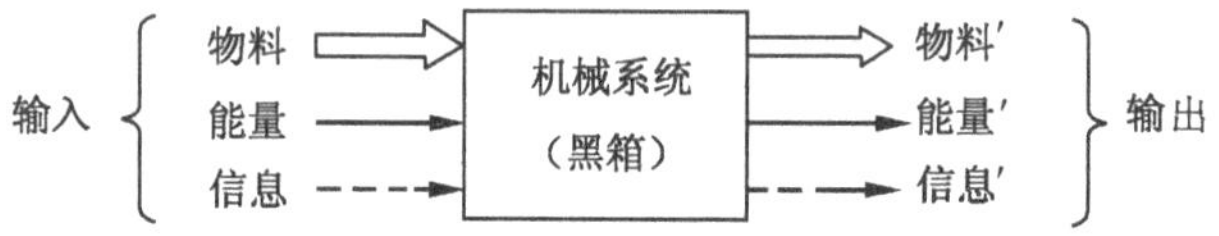

图1.1 机械系统

1.2.2 机械设计的基本特征

机械设计是一种反复决策、制定计划的活动，而这些计划的目的是把资源最好的变成满足人类需求的系统或器件。机械设计是一种社会实践活动，它具有如下基本特征：

①客观需求性　没有客观需求，就不会有设计任务。因此，设计来源于客观需求，而以满足这种需求为归宿。

②约束性　设计是在多种因素的限制和约束下进行的，其中包括科学、技术、经济等发展状况和水平的限制，也包括市场、用户所提出的特定要求和条件，同时还涉及环境、法律、社会心理、地域文化等因素。这些限制和要求构成了一组边界条件，形成了设计师进行谋划和构思的“设计空间”。设计师要想高水平地完成设计工作，就要善于协调各种关系，灵活处理，合理取舍，精心构思，而这只有充分发挥自己的创造力才能做到。

③多解性　满足一定目的的设计方案通常并不是唯一的，解决同一个设计问题的办法也是多种多样的。任何设计对象本身都是包括多种要素构成的功能系统，其功能原理、参数的选择、尺寸的确定、结构形式的设想等都有很强的选择性，因此，思维活动空间仍是很大的，最终的设计结果不是唯一的。

④相对性　设计结论或设计结果的好坏都是相对而言的，而不是绝对完备的。设计者经常处于相互矛盾之中。例如，既要降低成本，又要增加安全性、可靠性；既要满足近期需要，又要照顾长远发展；既要功能全，又要体积小，如此等。这种相互矛盾的要求给设计工作增加了难度，加上事先难以预料的一些不确定因素的影响，使得设计者对设计方案的选择和判定时只能做到在一定条件下的相对最佳满意。机械设计的这种相对性特点，一方面要求设计者必须

学会辩证思考,另一方面也给设计者提供了显示和发挥自己创造才能的机会。同样的设计要求,不同的人可以做出水平不同的设计成果。

1.2.3　机械设计的逻辑步骤

设计的目的是解决问题,而设计过程中寻找原理方案、构形方案等又都是要解决一个又一个的具体问题。解决问题的合理逻辑步骤如图1.2所示。

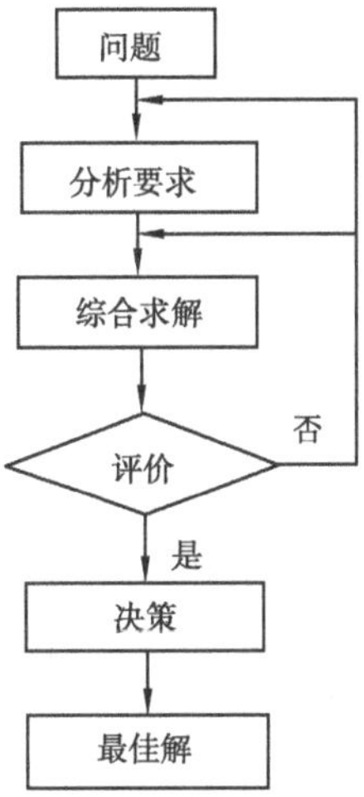

图1.2

分析是解决问题的第一步,其目的是明确任务的本质要求。

综合是在一定条件下对未知系统探寻解法的创造性过程。在综合过程中,需发挥创造性思维,采取“抽象”、“发散”、“搜索”等各种方法寻求尽可能多的解法。要敢于提出前人未用过的方案,对某些初看起来很荒谬的解法也不要轻易放弃。只有在多解的基础上才有更多机会找到较理想的最佳解。

评价是用科学的方法和评价准则对多种方案进行评价和比较,通过评价,给出各种方案的科学评价意见。

决策是在评价的基础上根据已定的目标作出行动的决定,即找出解决问题的最佳解法,选定多目标下整体功能最理想的最佳方案。

1.2.4　机械设计的具体内容和步骤

机械设计是机械工程的重要组成部分,既是机械生产的第一步,也是决定机械性能的最主要因素。机械设计的努力目标是:在各种限定的条件下(如材料、加工能力、理论知识和计算手段等),按具体情况权衡轻重,统筹兼顾,设计出具有最优综合技术经济效果的机械,即作出优化设计。

(1)机械设计的分类

机械产品的设计由于情况不同可以有三类不同的设计:

①开发设计　从对机械产品的新的功能要求出发,设计过去还没有过的机械。这类设计通常是在工作原理、结构等完全未知的情况下,应用成熟的科学技术,或经过实验证明是可行的新技术,进行方案设计、技术设计和施工设计。这是一种完全创新的设计。

②继承设计　已有同类机械产品可供参考,但需要按附加要求和技术的发展对系统结构及性能参数等方面进行设计更新。这类设计通常是在原理方案基本保持不变的前提下,对产品进行局部的变更或设计一新部件,特别是现代技术(如信息技术、控制技术等)的引入,使机械产品在质和量方面更能满足使用和市场的要求。

③变型设计　已有样机,仅在设计参数上加以改变。即在工作原理和功能结构都不变的情况下,变更现有产品的结构配置和尺寸,使之适应于更多的容量要求。这里的容量含义很广,如功率、转矩、加工对象的尺寸、传动比范围等。

在机械设计中,开发设计十分重要。即使是进行继承设计和变型设计,也应在“创新”上下功夫。“创新”可以使开发性设计、继承设计和变型设计别具一格,从而提高机器的工作性能和市场竞争能力。

(2)新产品设计的基本内容及步骤

机械新产品设计一般分为四个阶段:产品规划阶段、方案设计阶段、详细设计阶段和改进设计阶段。通常广泛实施和应用的流程可归纳成表 1.1 所示的流程框图。

表 1.1　机械设计的一般设计流程图

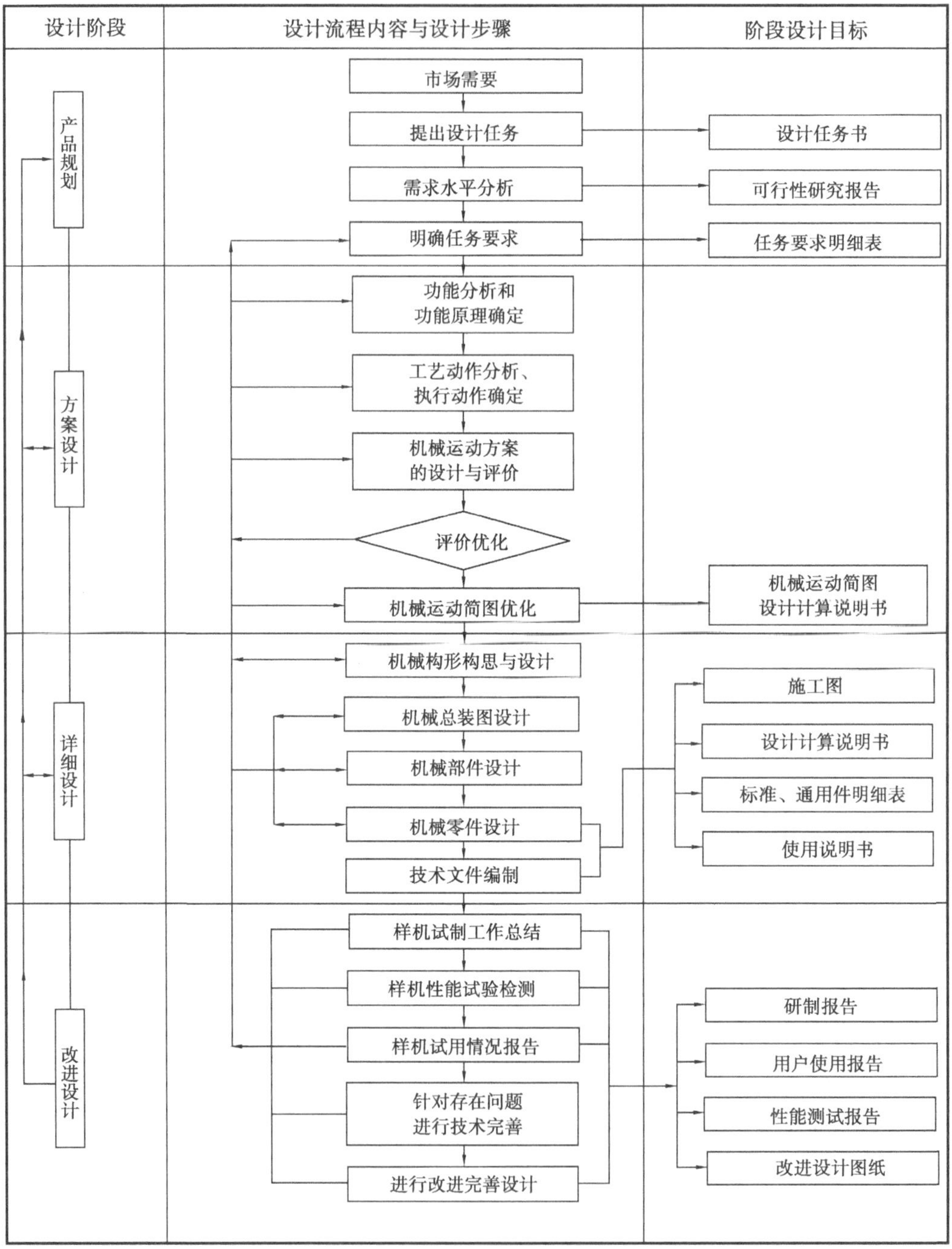

1)产品规划阶段

这个阶段的中心任务是进行需求分析、市场预测、可行性分析,确定设计参数及制约条件,最后给出详细的设计任务书、可行性研究报告、任务要求明细表等，作为设计、评价和决策的依据。

此阶段需对产品开发中的重大问题进行技术、经济、社会各方面的详细分析，对开发可行性进行综合研究，提出可行性报告，其主要内容有：

①产品开发的必要性，市场需求预测；

②有关产品的国内外水平和发展趋势；

③预期达到的最低目标和最高目标，包括设计水平、技术、经济、社会效益；

④提出设计、工艺等方面需要解决的关键问题；

⑤现有条件下开发的可能性及准备采取的措施；

⑥预算投资费用及项目的进度、期限。

2)方案设计阶段

需求是以产品的功能来体现的，功能与产品设计关系是因果关系，但又不是一一对应。体现同一功能的产品可以有多种多样的工作原理。因此，这一阶段就是在功能分析的基础上，通过创新构思、搜索探求、优化筛选取得较理想的工作原理方案。对于机械产品来说，在功能分析和工作原理确定的基础上进行工艺动作构思和工艺动作分解，初步拟订各执行构件动作协调配合的运动循环图，进行机构及机械系统运动方案的设计等，这就是机械产品方案设计的主要内容。这个阶段结束时应给出机械运动简图、方案和方案设计说明书。

3)详细设计阶段

这个阶段主要是将机械的构形、构思和机械运动简图转化为机器及零部件的合理结构。也就是完成机械产品的总体设计、部件设计和零件设计，完成全部生产图纸并编制设计说明书等有关技术文件。

详细设计时要求零件、部件设计满足机械的功能要求，零件结构形状要便于制造加工，常用零件尽可能标准化、通用化、系列化，总体设计还应满足总功能、人机工程、制造美学、包装和运输等方面的要求。

详细设计时，一般先由总装草图分拆成部件、零件草图，经审核无误后，再由零件工作图、部件工作图绘制出总装图。

最后还要编制技术文件，如施工图、设计说明书，标准件、外购件明细表，备件、专用工具明细表等。

4)改进设计阶段

根据样机性能测试数据、用户使用以及在鉴定中所暴露的各种问题，进一步作出相应的技术完善工作，以确保产品的设计质量。这一阶段是设计过程不可分割的一部分。通过这一阶段的工作可以进一步提高产品的效能、可靠性和经济性，使产品更具生命力。这一阶段结束时应给出研究报告、用户使用报告、性能测试报告、改进设计图纸等技术文件。

1.2.5 机械系统运动方案设计在机械设计中的作用和内容

(1)机械系统运动方案设计的作用和内容

机械系统运动方案设计是机械原理课程设计的主要内容，最适于用来培养学生的创新思维和创新能力，是本书的核心内容和精髓。

一个机械或机械系统的功能要求往往是较复杂的，一般要由若干机构组合才能实现这些功能要求。用什么样的工作原理、哪些机构以及如何组合起来才能实现给定的功能要求，这就是所谓的机械系统运动方案设计（也可称为机械运动简图设计）。机械系统运动方案设计是机械产品设计中的关键步骤，它是决定机械产品质量、水平高低、性能优劣和经济效益好坏的关键性一步。

机械系统运动方案设计主要包括下列内容：

①功能原理方案的设计和构思　根据机械所要实现的功能（功用）采用有关的工作原理，由工作原理出发设计和构思出工艺动作（即机械执行构件的运动）过程，这就是功能原理方案的设计。值得指出的是，一个灵巧的功能原理方案是创造新机械的出发点和归宿。

②机械系统运动方案的设计　机械系统运动方案通常用机械系统运动示意图来表示，它是根据功能原理方案中提出的工艺动作过程及各个动作的运动规律要求，选择相应的若干执行机构，并按一定的关系把它们组合成机械系统运动示意图。这个机械系统应能合理地、可靠地完成上述工艺动作。机械运动方案就是机械运动简图设计中的型综合。机械系统运动方案中所画出的表示机构结构形式、机构相互联接情况的示意图，是进行机构运动简图尺度设计的依据。

③机械运动简图的尺度综合　将机械系统运动方案中各个执行机构，根据工艺动作运动规律和机械运动循环图的要求进行运动学尺度综合（即机械运动简图的绘制）。机械运动简图中各机构的运动学尺寸（如有高副机构还应包括高副的形状）都要通过分析、计算加以确定。当然，在设计机械运动简图进行尺度综合时，应该同时考虑其运动条件和动力条件，否则不利于设计性能良好的新机械。

④机械系统运动方案的评价选择　在进行机械系统运动方案设计时，由于能实现同一种功能的机构不是唯一的，因此，选用不同的机构就能构成不同的方案。为了设计出最优的机械，设计者不仅是要提出若干个设计方案，而且还要从这些设计方案中找出最优方案。因此，如何建立合理的评价体系，采用正确的评价方法，从诸多方案中找出最优方案是机械系统运动方案设计的重要内容。

(2) 机械系统运动方案设计的一般程序

根据产品功能要求、工作条件等基本要求进行机械新产品的方案设计时，首先，将总功能分解成多个功能元，找出各功能元的解（即工作原理设计），并根据工作原理解进行工艺动作分解，确定机械执行构件的运动规律和动作过程；其次，按各机械执行构件的运动规律和动作过程确定机械运动示意图（即机械运动方案图）；最后，按各机械执行构件的运动规律、动作过程、动作性能等要求进行机械运动简图的尺度综合。机械系统运动方案设计的流程示意图如图 1.3 所示，该流程示意图表示机械系统运动方案设计包括的主要内容。

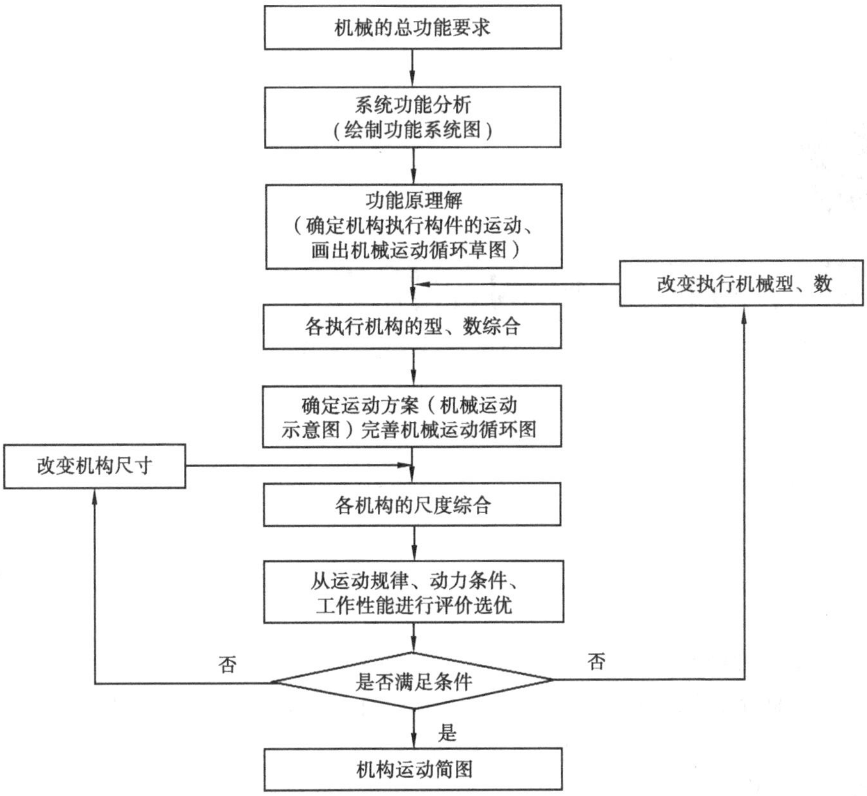

图1.3 机械系统运动方案设计流程示意图

第 2 章 现代设计方法与机构创新设计

2.1 设计方法及其发展

设计方法可以理解为设计中的一般过程及解决具体问题的方法、手段。设计方法的发展大致可以划分为四个阶段:17 世纪前的“直觉设计阶段”,17 世纪后的“经验设计阶段”及其后形成的“传统设计阶段”和目前的现代设计阶段。

(1)直觉设计阶段

人类祖先在还没有能力来抵御自然力、其他部落的掠夺和野兽的侵袭时,为了生存,最先利用自然材料制成刀、斧、棍棒、修建房屋、兴修水利。为了更有效地保存自己进行生产,又进一步学会了制作弓、箭、杠杆、辘轳、风车、水力机械等。那时人们或是从自然现象中直接得到启示,或是全凭直观感觉来设计制作工具和机械。只知道这些工具、机械能省力,能提高工效,但并不知道所以然,这就驱使人们去分析研究各种现有工具和机械的工作原理,并将其与数学结合起来,逐步产生了力学和机械学。这段时间人们把注意力放在对已有机械设计的分析上。

(2)经验设计阶段

自 17 世纪数学与力学结合后,人们开始应用经验数学公式来解决设计中的一些问题,如材料、结构件的应力和强度计算,机器功率及成本计算等。18 世纪工业革命后,创造发明像雨后春笋般地不断涌现。19 世纪成了科技发展史上的一个重要时期,但这个时期的人们,还不能提出更多的设计理论与方法来指导各类机械设计。借助图纸来设计是在 20 世纪初才出现的,当时先由主机械师完成一个发明,由绘图师将发明绘制在图纸上。之后人们才感到先将设计构思用图纸表达出来,再到车间加工制造,成本会低得多,因而,直到今天大多数设计者仍采用图纸设计法。这一阶段的设计特点主要是依靠个人的才能和经验,运用一些基本设计计算理论,借助类比、模拟和试凑等方法来进行设计。因此,设计仅能满足基本的功能要求,且设计的局限性很大,一个产品的完善周期往往很长,从发明到实际应用有时需要几十年甚至上百年的演变过程。当然随着科学技术的发展,这个周期越来越短,如蒸汽机从发明到实际应用用了 100 年,电动机用了 57 年,电视机用了 12 年,晶体管用了 5 年,而激光器仅用了 1 年。

(3)传统设计阶段

20 世纪以来,图纸设计法大大提高了设计效率和质量,减少了设计中的浪费。随着科学技术的进步,试验手段的加强,设计水平取得了很大的提高。

设计基础理论和各种专业产品设计机理的研究加强了,如材料应力应变理论、疲劳理论、材料的蠕变理论、流体润滑及弹性流体润滑理论、摩擦磨损理论、断裂力学、可靠性设计、机床与刀具设计以及各种专业产品(内燃机、压缩机、涡轮机、风机等)的原理与设计等,为设计提供了大量的信息,如设计数据、图表(册)、设计手册以及各种标准等。

关键零部件的设计研究加强了。一个产品的设计成功与否往往取决于关键零部件的设计,20 世纪 50 年代后期人们开始了加强关键零部件的模拟试验,大大提高了设计速度和成功率。加强了零件的标准化、部件通用化及产品系列化的研究,进一步提高了设计的速度、质量,降低了产品的成本。由于设计理论和方法研究的加强,与经验设计相比,大大减少了设计的盲目性,有效地提高了设计的效率和质量。至今,这种设计方法仍被广泛采用。这种设计方法称为传统设计方法,是因为这种设计方法的特点是静态的、经验的、手工式的,与经验设计阶段没有本质的差别。

(4)现代设计阶段

随着科学技术的发展,特别是系统论、信息论和计算机技术的发展,20 世纪 60 年代以来,工程设计进入了现代设计阶段。

现代设计方法与传统设计方法的区别如下:

①设计性质　传统的设计偏重于技术,现代设计则面向功能目标,将技术、经济和社会环境因素综合在一起统筹考虑,不但重视设计的内容,也注意设计的管理。

②设计进程　传统的设计在战略进程和战术步骤上有随意性,现代设计则强调设计进程及步骤的模式化。

③设计方式　传统设计以经验总结、规范依据为主,现代设计则强调预测与信号分析及创造性的相互配合。

④设计思维　传统的设计是面向结构方案的“收敛性思维”,现代设计则是面向整机总功能目标的“发散性思维”。

⑤设计方法　传统的设计采用少数的验证性分析以满足限定的约束条件,现代设计则是多元性方法直接综合,使其在各种条件下实现方案与全域优化目标。

⑥设计的评价　传统的设计采用单项与人为的准则(如强度、刚度、成本等),现代设计则采用科学的模糊综合评判。

总之,现代设计方法是以设计产品为目标的一个总的知识群体的总称,它应用了系统工程,实行人-机-环境系统一体化设计,使设计思想、设计进程、设计组织更合理化、现代化。大力采用许多动态分析方法,使问题分析动态化,设计进程和策略、设计方案和数据的选择广义优化,计算、绘图等计算机化。因此,有人以动态、优化、计算机化来概括其核心。

现代设计方法有如下特点:

①程式性　现代设计法研究设计的全过程,要求设计者从产品规划、方案设计、技术设计、总体设计、施工设计到试验、试制进行全面考虑,按步骤有计划地进行设计。强调设计、生产与销售的一体化。设计不是单纯的科学技术问题,是把市场需求、社会效益、经济成本、加工工艺、生产管理等问题统一考虑,最终反映到质高、价廉的产品上。

②创造性　现代设计突出人的创造性,充分发挥设计者的创造性思维能力及集体智慧,运用各种创造方法,力求探寻更多的突破性方案,开发创新产品。

③系统性　现代设计强调用系统工程处理技术问题。设计时分析各部分的有机联系,力求系统整体最优,同时要考虑系统与外界的联系,即人-机-环境的大系统关系。

④优化性　通过优化理论及技术,对技术系统进行方案优选,参数优化,结构优化,争取使技术系统整体最优,以获得功能全、性能良好、成本低、价值优的产品。

⑤综合性　现代设计法是一门综合性的边缘性学科,突破了传统、经验、类比的设计,采用逻辑、理论、系统的设计方法,在系统工程、创造工程的基础上运用信息论、相似论、模糊论、可靠性、有限元、人机工程学及价值工程、预测学等理论,同时采用集合、矩阵、图论等数学工具和计算机,总结设计规律,提供多种解决设计问题的途径。

⑥CAD　计算机技术全面引入设计,提高设计速度和质量。CAD 不仅在于计算和绘图,在信息储存、预测、评价决策、动态模拟、特别是人工智能方面,将发挥更大的作用。

2.2　现代设计方法的创新思维与创新技法

现代设计方法的一个重要特征在于它的创新性。具有创新特征的设计方法是工程设计方法的重要组成部分,它贯穿于工程设计的全过程之中。随着现代科技的发展,国际间经济的竞争日趋激烈,在工程技术设计和产品生产中,大力倡导并推广创新设计方法,显得尤为重要,同时也是提高产品设计水平,增强产品竞争能力的根本措施和手段。

2.2.1　创造力的构成及其思维方式

创新设计的主体是设计者,设计者要作出创新设计,关键是要有创造力。创造力是人的心理活动在最高水平上实现的综合能力,是保证创造活动得以实现的诸种能力和各种积极个性心理特征的有机结合,而不是一种单一能力。创造力既包括智力因素,也包括非智力因素。

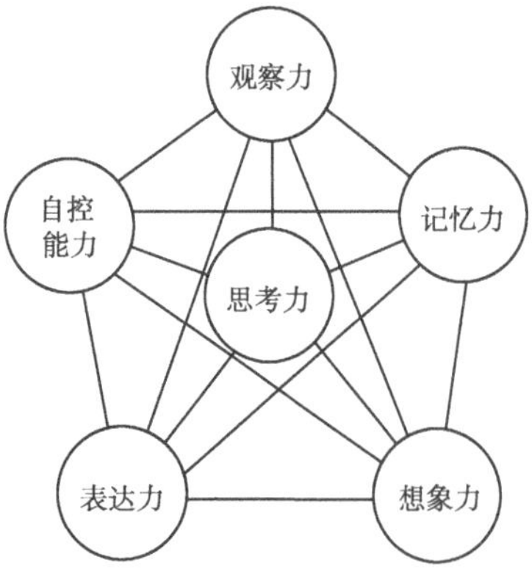

图 2.1

创造力所涉及的智力因素主要有观察力、记忆力、想象力、思考力、表达力和自控能力等,这些能力相互联结、相互作用,构成智力的一般结构如图 2.1 所示。

不同的人在智力和智力结构方面是不尽相同的,其差异主要反映在智力因素的品质上,而高创造力总是与智力因素的优良品质相联系。

观察力是有目的的感知事物的能力,它是一个人获得知识、信息的内在根据。

记忆力是将知识、经验、信息储存于大脑中的基础。

想象力和思考力是对知识进行加工、变换的能力,它们是创造性活动的两大支柱,其中思考力居于智力结构的中心,对其他智力因素起着支配的统御作用。流畅、灵活、独立的思考力和丰富、奇特的想象力是促使创造性成果出现的基本条件。所谓创造性思考力和创造性想象力就是与这些优良品质紧密联系在一起的,它是创造力的核心。

表达力是对头脑中已经产生的新知识、新信息的输出能力。

自控力是指创新设计者按照一定的目的和要求，对意识、心理和行为，进行自约束、自组织、自协调、自控制的能力。它使意识集中或者注重于创造目标和对象，把观察、记忆、想象、思维和表达等组织成一个统一的、一贯的过程，使之成为一个高效的系统；它保证创造者排除外在干扰，充分调动自己和内部潜能，并根据情况的变化及时对行为加以反馈调节，从而使创新设计活动稳定地趋于目标。创造力还包括很多非智力因素，如理想信念（它标志一个人的抱负水平）、需求与动机模式、兴趣、爱好、意志、性格等都同创造力有关。智力因素是创造力的基础性因素，而非智力因素则是创造力的导向、催化和动力因素，同时也是促使创造力由潜变显的制约因素。

2.2.2　创造性思维

创造发明的源泉是人类思维的创造性，也即创造性思维。创造性思维是整个创造活动中体现出来的思维方式。它是多种思维类型的复合体，特别是那些成对思维类型的辩证综合。机械创新设计是人类创造活动的具体领域，需要设计者对创造性思维的特点、本质、形成过程与其他类型思维的关系及创造性思维与创造原理、创造技法的关系等有所掌握和认识。下面从不同的角度介绍几种成对的思维类型。

(1)形象思维与抽象思维

形象思维与抽象思维是依据在思考问题的过程中所应用的“思维元素”的表达形式不同与思维活动运用的材料形式不同而划分的。

形象思维是理性认识，不是感性认识。它所使用的“材料”或思维“细胞”通常不是抽象的概念，而是形象化的“意象”。意象是对同类事物形象的一般特征的反映。例如，在设计一个零件或一台机器时，设计者在头脑中将想象中的零件或机器进行分解、组装等的思维活动，就属于形象思维。在工程技术的创新活动中，形象思维是基本的思维活动，工程师在构思新产品时，无论是产品的外形设计，还是内部结构设计以及工作原理设计，形象思维都起着不可忽视的作用。

抽象思维是以抽象的概念和推论为形式的思维方式。概念是反映事物或现象的属性或本质的思维形式。例如，“电脑”这一概念反映了各种型号的电子计算机在替代人脑进行计算、模拟和信息处理方面的共同特征。掌握概念是进行抽象思维，从事科学创新活动的最基本的手段。

形象思维和抽象思维作为人类理性思维认识中的两种思维形式，虽然运用的“思维元素”不同，但它们都是以感性认识为基础，都可以认识事物的本质，而且在大多数情况下，二者常常是相互渗透、交互作用的。任何一种形式的独立性都是相对的，在一种思维方法发生作用时，就有另一种思维方法的相助。现代科学的研究证明，形象思维一般属于右脑的功能，而抽象思维则属于左脑的功能。对于形象思维来说，它不存在固定不变的逻辑通道，这是创新的有利条件。对于抽象思维来说，它较为严密，但在灵活性和新奇性方面则是相对较差。因此，在实际创新过程中，应该把二者很好地结合起来，以发挥各自的优势，互相补充，相辅相成。

(2)发散思维与集中思维

发散思维又称辐射思维、求异思维或分殊思维。它是指思维者根据问题提供的信息，不依常规，而沿着不同的方向和角度，从多方面寻求问题的各种可能答案的一种思维方式，其模式

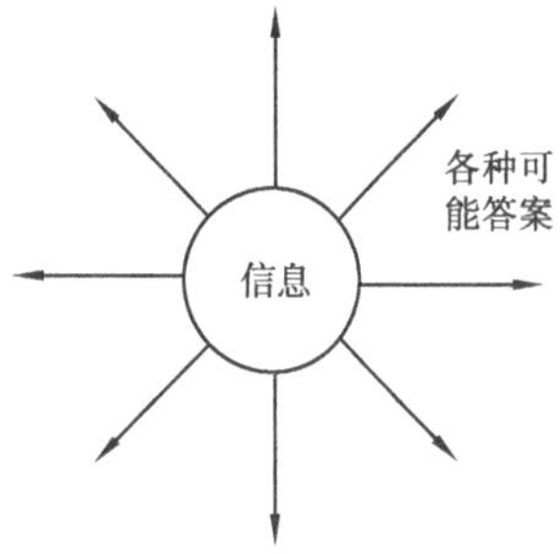

图 2.2

如图 2.2 所示。

发散思维在技术创新产品开发中具有特别重要的意义。在技术原理的开发方面,应用发散思维可以从多侧面、多角度、多领域、多场合地对同一技术原理的应用途径进行设想。例如,对超声波技术的应用进行开发,应用发散思维就可以使其大为扩展:它可以用于切削、溶解、烧结、研磨、探伤、焊接、锅炉除垢、雷达定向、医学上的体内碎石(如肾结石、胆结石等)、制造盲人探路手杖、盲人眼镜等,这样就可以促使多种新产品问世。总之,它可以使人摆脱习惯性思维的束缚,是独辟蹊径、推陈出新、出奇制胜的一种非常重要的思维方式。影响一个人发散思维能力高低的因素很多,首先,它取决于一个人的知识广博程度,知识是思维的材料,知识面越宽,涉猎的领域越多样化,才能越为发散思维提供更丰富的素材;其次,改善知识存储方式,活化知识。知识在头脑中的存储有一定方式,人们在记忆某些知识时总是离不开特定的情境,使人固守以往的经验,形成习惯性思维。活化知识是将知识从它的意境中“游离”出来重新组合,增强知识、经验的迁移能力。在技术创新中,一些非本专业的人有时反而能提出一些有价值的好点子,这是由于他们较少受专业思想束缚的缘故。

与发散思维相对应的是集中思维。集中思维也称辐合思维、聚合思维、求同思维、收敛思维等。它是一种在大量设想或方案的基础上,引出一两个正确答案或引出一种大家认为最好的答案的思考方式,其模式如图 2.3 所示。

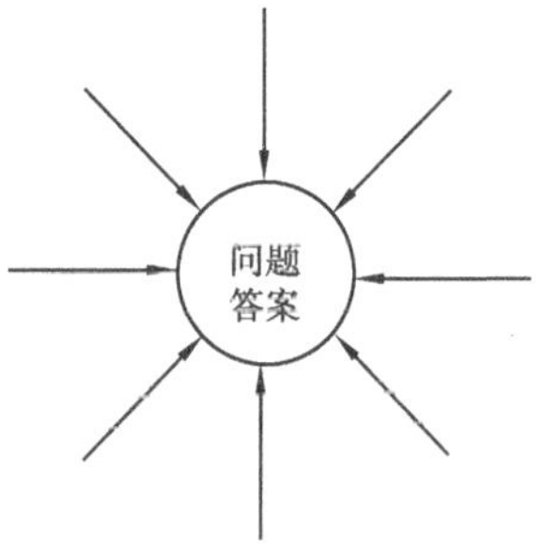

图 2.3

集中思维的特征是来自各方面的知识和信息都指向同一个问题。其目的在于通过各种相关知识和不同方案的分析、比较、综合、推理,从中引出答案。与发散思维相比,集中思维的操作更多地依赖于逻辑方法,也更多地渗透着理性因素,因而其结论一般较为严谨。

集中思维和发散思维作为两种不同的思维方式,在一个完整的创造活动中是相互补充、相辅相成的。发散思维能力越强,提出的可能方案越多样化,才能为集中思维进行判断时提供较为广阔的回旋余地,也才能真正体现集中思维的意义。但反过来,如果只是毫无限制地发散而无集中思维,发散也就失去了意义,因为在严格的科学实验和工程技术设计活动中,实验结果或设计方案最终只能是少数几个。因此,一个创新成果的出现,既需要以充分的信息为基础设想多种方案,又需要对各种信息进行综合、归纳,从多种方案中找出较好方案,即通过多次的发散、收敛、再发散、再收敛的循环,才能真正完成。

(3)逻辑思维与非逻辑思维

逻辑思维是迄今被研究得最多的一种思维类型。其操作方法主要是分析和综合、归纳和演绎。分析是把作为整体的认识对象分解为一定的部分、单元、环节、要素,再分别加以认识和把握的过程和方法。它的优点是可以把复杂的问题化繁为简,化整为零,便于将思考引向深入。其不足之处是,它“破坏”了对象的整体形象,容易发生认识上的片面性。综合是指在分析的基础上把对象的各个部分、单元、环节、要素按照其固有联系结合起来的思维方法。在实际认识过程中,综合与分析是相辅相成、相互依存、相互转化和相互渗透的。它们是深入、全面、完整地表达问题的重要方法。

所谓非逻辑思维，是同逻辑思维相对而言的另一种思维方式。其基本特征是：非逻辑思维不严格遵循逻辑格式，表现为更具灵活性的自由思维，而其成果或结论往往能突破常规，具有鲜明的新奇性，但一般或然性很大。正因为如此，非逻辑思维的基本功能在于启迪心智，扩展思路。

非逻辑思维的基本形式是联想、想象、直觉和灵感。

联想是指由一事物引发而想到另一事物的心理活动。想象、直觉、灵感以及逻辑思维都离不开联想。掌握联想的特点和规律性，增强联想能力，对于工程技术人员具有重要意义。

想象是在联想的基础上加工原有意象而产生出新意象的思维活动。它同联想不同，联想是将头脑中已知的意象联系在一起，其中并不伴随对原有意象的加工、改造和变换。而想象的特征则在于改造原有意象。如果这种改造的新意象具有超乎他人或前人的新颖性，则这种想象即为创造性想象。创造性想象是创造力的主要构成成分。爱因斯坦认为："想象力比知识更重要，因为知识是有限的，而想象力概括着世界上的一切，推动着进步，并且是知识进化的源泉。严格地说，想象力是科学研究中的实在因素。"

直觉是一种不受固定的逻辑规则约束而直接得出问题答案或领悟事物本质的思维形式。直觉实质上是一种快速推断，它是在经验相当丰富、推理判断技巧相当熟练而能"自动"进行时所出现的一种思维方式。人们常用禅宗用语"顿悟"一词称呼之，而把产生直觉的直觉能力称为"洞察力"。

直觉的基本特征是其产生的突然性、过程的突发性和成果的突破性。在直觉产生的过程中，不仅意识起作用，而且潜意识也发生重要作用。所谓潜意识是指平常处于意识层次之下，不易被自觉意识所意识到，且不能靠意志的努力而加以自觉支配的一种意识，它是因长期的经验积累而又不能为通常所应用的"弥漫态"知识构成的。潜意识发挥作用的机制是靠外在事物、现象或问题的"激发"。

直觉思维的结论并不总是可靠的，但它可以给人深刻启迪。直觉判断在创造性活动中的方向选择与转换、重点确定、问题的关键和实质的辨识、资料挑选、课题或成果的价值判定等方面都具有重要作用，也是产生新构思、建立新模型的基本途径之一。在技术创新活动中，对多种方案的选优虽然在很多情况下可以借助电子计算机和数学工具逻辑地进行，但工程技术人员的直觉判断仍是十分必要的。

灵感是当人们潜心于某一问题达到着迷的程度而又无从摆脱的情况下，由于某一机遇的作用，使得一个人的全部最积极的心理品质（其中包括某些无意识心理活动的作用）都得到调动的应激性的心理状态。在这种心理状态下思维极为活跃，智力和创造力可达到前所未有的水平，许多平常没有出现的新颖、独特的思想和观念迅速闪现，从而有可能使久思不得其解的问题一下子豁然开朗，大彻大悟。

灵感一般具有突发性、偶然性、短暂性等特点。它是一个人长期艰苦思考的产物。灵感是由潜意识进入意识产生的。潜意识不能控制，所以灵感也无法控制，但可以由以下几方面促使其产生：第一，意识的强烈集中，能对潜意识起定向作用；第二，意识活动越放松，潜意识活动越活跃，在紧张思考后，应适当放松（休息、散步、睡眠、听音乐）；第三，意识和潜意识之间的信息交流主要靠形象，所以用形象材料表达问题，有利于用共同语言沟通意识与潜意识。

总之，灵感是一种非常重要的创造心理现象。它在创造活动中起着十分重要的作用，科学上的重大发现,技术上的新发明、新突破,很多都得益于灵感,如阿基米德在洗澡时对浮力原理的顿悟,凯库勒受梦中环蛇形象的启迪而悟出苯环结构等,都是科学史上的典型事例。

(4)直达思维与旁通思维

思维的目的是为了解决问题。解决问题可以采用直接的方法,即始终不离开问题的情境和要求而进行思考;另一种方法则是通过对问题情境和条件的分析、辨识,将问题转换成为另一等价问题,或以某一问题为中介间接地去解决问题。前一种思考问题的方法称之为直达思维,后一种思考问题的方式可称为旁通思维,又称侧向思维。

直达思维的优点是直接面对问题情境,可以快速达到目标。它对于解决较为简单的问题特别有效,当这种努力遇到障碍或证明无效之后,才改为旁通思维。

旁通思维是一种灵活的思维方式,它没有固定的格式,它往往着眼于问题的外围,例如,要解决某个问题,首先分析问题的各种条件和要求;要分析或找出造成事故的原因,首先分析其结果;要解决工程技术结构问题,首先研究与之相类似的生物结构;要解决机械行业的某些技术产品问题,却从光、电等领域寻找方法;等等。

旁通思维在创造性活动中是一种非常有用的思维方式,除上面提到的具体表现之外,还有类比法、模拟法、仿生法、移植法、换元法、等价变换法等。

旁通思维和直达思维应是相互利用、互为补充的。尤其重要的是,只有旁通思维之后又反归直达思维,才能真正解决所提出来的问题。

2.2.3　创新技法

据统计创新技法已有300余种,归纳起来主要有下列几种:

(1)智力激励法(集思广益法)

1)智暴法

它是指抓住瞬间的灵感意识流而得到一些新想法的方法。这种想法有时可能不着边际,近于胡思乱想、五花八门,但它们却具有打破常规,突破"框框"的独创性的特点。设计人员抓住瞬间的"灵感"或"顿悟"等一闪念的意念,有可能得出解决问题的方法。灵感或顿悟不是靠天才,而是在知识和思索的基础上产生的,是在知识和经验积累及熟能生巧的前提下,经过苦思冥想才迸发出来的。例如,日本青年小田在下雨天路过一小道,忽然看见路旁一团卫生纸浸水后而展开,他便利用这纸干卷湿伸的原理,最后发明了纸型自动控制器。

2)集智会法

它是建立在个人"智暴"基础上的,类似我国的诸葛亮会。具体方法是:针对一个具体的目标,召集有关专家开会,充分让与会者各抒己见,自由发言;欢迎自由奔放地思考,思路越新越好,方案越多越好;允许与会者改进自己的设想,也可综合别人的设想;会议组织者只起引导作用,不作任何评价和结论,力戒"思维扼杀"。为了开阔思路,会议应有不同专业、不同经历的人参加。会议一般邀请5~10人,会议时间一般为0.5~1 h。也可以采用书面集智的形式,将问题编写一个意见征询表,并把表发给有关专家,请他们用书面充分发表意见和见解。然后将寄回的各种意见和见解进行统计,并整理成文,再编成意见征询表,再次分寄给同一批专家征求意见。经过这样多次反馈,意见和见解逐渐集中和明确,从而能获得较好的设想、预测和决策。这种方法也称"专家预测法"。

（2）提问追溯法

提问追溯法在思维方面具有逻辑推理的特点。它是通过对问题进行分析，加以推理以扩展思路，或把复杂问题进行分解，找出各种影响因素，再进行分析推理，从而寻求问题解答的一种创新技法。主要有：

1）设问探求法

提问能促使人们思考，提出一系列问题更能激发人们在脑海中推敲。大量的思考和系统的检核，有可能产生新的设想或创意。根据这种机理和事实，人们概括出设问探求法或检核表法。

创造活动离不开提出问题，但大多数人往往不善于提出问题。有了设问探求法或检核表法，人们就可以克服不愿提问或不善提问的心理障碍，从而为进一步分析问题和解决问题奠定基础。能够提出富有新意的问题，其本身就是一种创造。

美国创造学家奥斯本在他的著作《发挥创造力》一书中，介绍了为数众多的创意技巧。后来，美国创造工程研究所从这本书中选择 9 个项目，编制出《新意检核用表》，以此作为提示人们进行创造性设想的工具。借鉴这种工具，设问探求法也从以下 9 个方面进行分项检核，以促使设计者探求创意：

①有无其他用途　现有事物还有没有新的用途？或稍加改进能扩大它的用途？

②能否借用　能否借用别的经验？有无与过去相似的东西？能否模仿点什么？

③能否改变　意义、颜色、活动、音响、气味、式样、形状等能否作其他改变？

④能否扩大　能否增加什么？时间、频度、强度、高度、长度、厚度、附加价值、材料能否增加？能否扩张？

⑤能否缩小　能否减少什么？再小点？浓缩？微型化？再低些？再短些？再轻些？省略？能否分割化小？能否采取内装？

⑥能否代用　能否取而代之？其他材料？其他制造工艺？其他动力？其他场所？其他方法？

⑦能否重新调整　可否更换条件？用其他的型号？用其他设计方案？用其他顺序？能否调整速度？能否调整程序？

⑧能否颠倒过来　可否变换正负？颠倒方位？反向有何作用？

⑨能否组合　混成品、成套东西是否统一协调？单位、部分能否组合？目的能否综合？主张能否综合？创造设想能否综合？

设问探求法在创造学中被称为“创造技法之母”，因为它适合各种类型和场合的创造性思考。它所以有特点，主要基于以下几点原因：

①设问探求是一种强制性思考，有利于突破不愿提问的心理障碍。提问，尤其是提出具有创见的新问题，本身就是一种创造。运用设问探求法的顺藤摸瓜式自问自答，比起随机地东想西想来要规范些，目的性更强些。

②设问探求是一种多角度发散性思考，广思之后再深思和精思，是创造性思考的规律。由于习惯心理，人们很难对同一问题从不同方向和角度去思考。为了广而思之，固然可以进行非逻辑思考或使用别的创造技法，但是使用设问探求法，可以在一定程度上帮助人们克服广思障碍。因为设问探求特点之一是多向思维，用多条提示引导你去发散思考。如果设问探求中有 9 个问题，就可以从 9 个角度帮助你思考。你可以把 9 个思想点都试一试，也可以从中挑选一

两条集中精力深思。

③设问探求提供了创造活动最基本的思路。创造思路固然很多,但采用设问探求法这一工具,就可以使创造者尽快地集中精力朝提示的目标和方向思考。

现以自行车为创新设计对象,运用设问探求法提出有关自行车的新产品概念。运用设问探求法求解自行车的新概念结果如表2.1所示。

表2.1 自行车创新设计设问探求表

序号	设问项目	新概念名称	创意简要说明
1	有无其他用途	多功能保健自行车	将自行车改进设计,使之成为组合式多功能家用健身器
2	能否借用	自助自行车	借用机动车传动原理,使之成为自助车
3	能否改变	太空自行车	改变自行车的传统形态(如采用椭圆形链轮传动),设计出形态特殊的"太空自行车"
4	能否扩大	新型鞍座	扩大自行车鞍座,使之舒适,必要时还可储存物品
5	能否缩小	儿童自行车	设计各种儿童玩耍的微型自行车
6	能否代用	新材料自行车	采用新型材料(如复合材料、工程塑料)代替钢材,制作轻便型高强度自行车
7	能否重新调整	长度可调自行车	设计前后轮距离可调的自行车,缩小占地空间
8	能否颠倒	可后退自行车	传统自行车只能前进,开发设计可后退的自行车,方便使用
9	能否组合	自行车水泵	将小型离心泵与自行车组合成自行车水泵,方便农村使用
		三轮自行车	设计三轮自行车,供两人同乘

相类似的还有所谓的5W-1H法。即"What(什么)? Who(谁)? When(什么时候)? Wherc(什么地方)? Why(什么原因)? 和How(如何进行)?"的提问和回答问题的方法。

2)反向探求法

对现有的解决方案系统地加以否定或寻找其他的甚至相反的一面,找出新的解决或启发新的想法。可以细分为"逆向"和"转向"两类方法。例如,从车削螺纹发展旋风铣螺纹就是具有"逆向"的性质,而从工件不动发展为工件转动,从大干小发展到小干大则是"逆向"的做法。

3)缺点列举法

针对某一方案列出所有缺点和不足,研究改进方法,以探求新方案。

4)向前推演法

从一个最初的设想按一定方向逐步向前探索,寻找新的想法。例如,联接两个轴的离合器,其联接方式可以是牙嵌式的、齿形式的、摩擦锥式的、单片或多摩擦片式的、单向和双向超越离合器式的、电磁离合器式的等,而对摩擦式的联接,其压力的产生又可以有机械、液压或电动的方式等。

(3)联想类推法

通过启发、类比、联想、综合等创造出新的想法以解决问题。

1)相似联想法

通过相似联想进行推理,寻求创造性解法。例如,通过河蚌育珠的启示,在牛胆中埋入异物,刺激牛产生胆结石而得到珍贵的药材牛黄。通过直接刺激人的穴位针刺法推理联想到不直接接触皮肤而达到刺激穴位的尖端放电的磁刺法。再如,美国工程师斯潘塞在作微波空间分布情况的试验时,发现衣兜内的巧克力被熔化。常温下什么原因使巧克力熔化呢? 斯潘塞分析是微波使巧克力内部分子发生振荡，从而产生热能。他由此联想到，微波能熔化巧克力，一定也会使其他食品由于内部分子振荡而受热，通过联想发明了微波炉。

2）抽象类比法

用抽象反映问题实质的类比方法来扩大思路，寻找新解法。如要发明一种开罐头的新方法，可先抽象出“开”的概念，列出各种“开”的方法，如打开、撕开、拉开等，然后从中找出对开罐头的启发的方法。再如，从“移土”的不同原理和方法，可以设计出挖土机来，从利用氢气球的浮力载人升空的原理类比设计出带人下海底的潜水器，其方法是先在钢制潜水球内装入铁砂使之下沉，然后抛出铁砂，借助灌满汽油（密度比海水小）的浮筒的浮力升向海面。利用类似的原理人们又设计出各种充气装置和用具。

3）借用法、仿生法

有些在逻辑原理上看起来完全无关的东西，联系在一起也会产生新思想和方案。因此，要摆脱旧框框，从各个领域借用一切有用的信息诱发新的设想，这也是一种把无关的要素结合起来找出相似的地方的一种借用方法。例如，电模拟，以电轴代替丝杆传动等就是一种借用方法。

仿生法是通过对生物的某些特性进行分析和类比，启发出新的想法或创造性方案的一种方法。它是现代发展新技术的重要途径之一。例如，飞机构件中的蜂窝结构，响尾蛇导弹的引导系统等就是仿生法在设计中应用的例子。

（4）组合创新法

利用事物间的内在联系，用已有的知识和成果进行新的组合而产生新的方案。我们认识到，合理的组合也是一种创造。

1）组合法

组合法是把现有的技术或产品通过功能、原理、机构等的组合变化，形成新的技术思想或新的产品。组合的类型包括功能组合、系统组合等。例如，把刀剪、锉、锥等功能集中起来的“万能旅行刀”和“文房四宝”等都是组合的例子。

2）综摄法

综摄法是通过已知的东西作媒介，把毫无关联的、不相同的知识要素结合起来，摄取各种产品的长处将其综合在一起，制造出新产品的一种创新技法。它具有综合摄取的组合特点。例如，日本南极探险队在输油管不够的情况下，因地制宜，用铁管做模子，包上绷带，层层淋上水使之结成一定厚度的冰，做成冰管，作为输油管的代用品，就是这种方法的应用例子。

（5）形态分析法

1）形态分析的特点

形态分析法是一种系统搜索和程式化求解的创新技法。

因素和形态是形态分析中的两个基本概念。所谓因素，是指构成某种事物的特性因子。如工业产品，可以用若干反映产品特定用途或功能作为基本因素。相应的实现各功能的技术手段，则称之为形态。例如，将“控制时间”作为某产品的一个基本因素，那么“手动控制”、“机械定时器控制”和“电脑控制”等技术手段，则为相应因素的表现形态。

形态分析是对创造对象进行因素分解和形态综合的过程。在这一过程中，发散思维和收敛思维起着重要的作用。

在创造过程中，应用形态分析法的基本途径，是先将创造课题分解为若干相互独立的基本因素，找出实现每个因素要求的所有可能的技术手段（形态），然后加以系统综合而得到多种可行解，经筛选可获得最佳方案。

2）形态分析法的运用程序

①因素分析　因素分析就是确定创造对象的构成因素，它是应用形态分析法的首要环节，是确保获取创造性设想的基础。分析时，要使确定的因素满足 3 个基本要求：一是各因素在逻辑上彼此独立，二是在本质上是重要的，三是在数量上是全面的。要满足这些要求，一方面要参考创造对象所属类别的其他所有技术系统，都包含哪些共同的子系统或过程，哪些是可能影响最终方案的重要因素；另一方面要与可能的方案联系起来理解因素的本质及重要性。这就是要求必须预先在性质上感觉到经过聚合所形成的全部方案的粗略结构，这需要丰富的经验和创造性的发挥。

如果确定的因素彼此包含或不重要，就会影响最终综合方案的质量，且使数量无谓增加，为评选工作带来困难。如果不全面，遗漏了某些重要因素，则会导致有价值的创造性设想的遗漏。

②形态分析　形态分析，即按照创造对象对因素所要求的功能属性，列出多因素可能的全部形态（技术手段）。这一步需要发散思维，尽可能列出满足功能要求的多种技术手段，无论是本专业领域的还是其他专业领域的都需考虑。显然，情报检索工作是十分必要的。

③方案综合　在因素分析和形态分析基础上，可以采取形态学矩阵或综合表的形式进行方案综合。由形态学矩阵综合表 2.2 可见，若因素为 A、B、C，对应的形态分别为 3、5、4 个，则理论上可综合出 $3\times5\times4=60$ 个方案，如 A_1、B_2、C_3 为一组方案。在全体方案中，既包含有意义的方案，也包含无意义的虚假方案。

表 2.2　形态学矩阵

因　素	形　态				
A	A_1	A_2	A_3		
B	B_1	B_2	B_3	B_4	B_5
C	C_1	C_2	C_3	C_4	

④方案评选　由于系统综合所得的可行方案数往往很大，所以要进行评选，以找出最佳的可行方案。评选时先要制订选优标准，一般用新颖性、先进性和实用性二条标准进行初评，再用技术经济指标进行综合评价，好中选优。

2.3　机构创新设计方法

在机械原理教科书中介绍了各种基本机构的分析与设计方法，但大多数机械的功能是不能由这些单一的基本机构（如四连杆机构、凸轮机构、齿轮机构、间歇运动机构等）来实现的，因此，设计者必须在这些基本机构的基础上采用机构创新设计方法，才能设计出满足各种功能要求的机械。下面是机构创新设计常用的一些方法：

2.3.1　机构组合创新法

基本机构（如连杆机构、凸轮机构、齿轮机构、间歇运动机构等）能实现一些基本功能，在一些简单机械中被广泛应用。但随着生产过程机械化、自动化的发展,对机构输出的运动和动力特性提出了更高的要求,显然,单一基本机构已不能实现和满足这些要求。将若干基本机构按一定的原则和规律组合成一个复杂机构,往往可以用来实现某些复杂的运动和动力要求,达到意想不到的结果。因此,进行机构的组合设计是实现机构创新的一个重要途径。机构的组合可划分为:串联式机构组合,并联式机构组合,复合式机构组合和叠加式机构组合。

(1)串联式机构组合创新法

串联式机构组合创新法是将若干个单自由度的基本机构 A、B、C…顺序串联,每一个前置机构的输出运动是后置机构的输入。当联接点设在前置机构中作简单运动的连架杆上时,称其为Ⅰ型串联;当联接点设在前置机构中作平面复杂运动的构件上时,称其为Ⅱ型串联。机构串联的组合框图如图 2.4 所示。

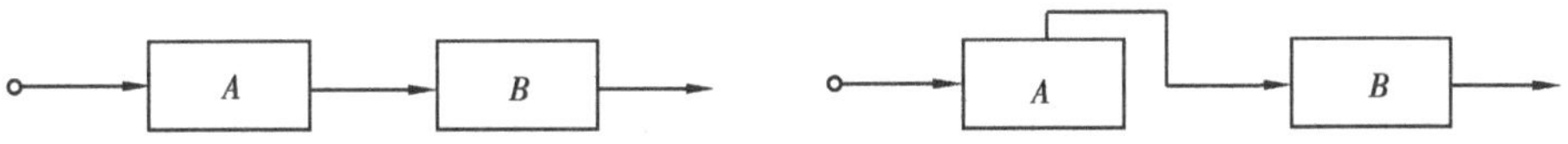

(a)　　(b)

图 2.4

Ⅰ型串联式组合机构常用于改善输出构件的运动和动力特性,或用于运动或动力的放大。Ⅱ型串联式组合机构常利用前置机构与后置机构联接点处的特殊运动轨迹,实现机构输出构件的特殊运动要求。

在对基本机构进行串联组合时,需要了解每种基本机构的性能特点,需要分析哪些基本机构在什么条件下适合作前置机构,又在什么情况下适合作后置机构,然后才能进行具体的组合。表 2.3 是几种常用的串联组合及其特点。

表 2.3　几种常用的串联组合及其特点

前置机构	后置机构	特　点
连杆机构	连杆机构	利用前置机构的变速转动输出作为后置机构的输入,可获得等速转动的输出,还可以利用杠杆原理,确定合适的铰接位置,在不减小机构传动角的情况下实现增程和增力的作用
	凸轮机构	利用前置机构的输出作为后置机构的输入,可获得变速凸轮、移动凸轮,使后置子机构的从动件获得更多的运动规律
	齿轮机构	利用前置机构的摆动和移动输出作为后置机构的输入,获得从动齿轮或齿条的大行程摆动或移动。还可利用前置机构变速转动输出作为后置机构的输入,进一步通过后置齿轮机构进行增速或减速
	槽轮机构	利用前置机构的变速转动输出作为后置机构的输入,减少槽轮转位的速度波动
	棘轮机构	利用前置机构的往复摆动和移动输出拨动棘轮作间歇转动
凸轮机构	连杆机构、齿轮机构、槽轮机构、凸轮机构等	后置机构利用前置凸轮机构输出构件的运动规律改善后置机构的运动特性,或使其运动行程增大,当前置凸轮机构演化成固定凸轮的凸轮机构时,从动件可实现平面复杂运动,这样也可采用Ⅱ型串联组合

续表

前置机构	后置机构	特　点
齿轮机构	齿轮机构、连杆机构、凸轮机构等	可获得各种减速、增速以及其他的功能要求

以下是一些串联式机构组合的例子：

1）曲柄摇杆机构与摇杆滑块的串联

曲柄摇杆机构与摇杆滑块的串联如图 2.5 所示。它是由曲柄摇杆机构 1-2-3-4 和摇杆滑块机构 3′-5-6-4 串联而成。这种串联的目的是使滑块 6 具有急回运动的特征，同时也可改善滑块 6 的速度波动。

2）凸轮机构与摇杆滑块机构的串联

凸轮机构与摇杆滑块机构的串联如图 2.6 所示，它是由凸轮机构 1-2-3 和摇杆滑块机构 2′-4-5-3串联而成。这种串联的目的可以获得滑块 5 的大行程的任意运动规律。

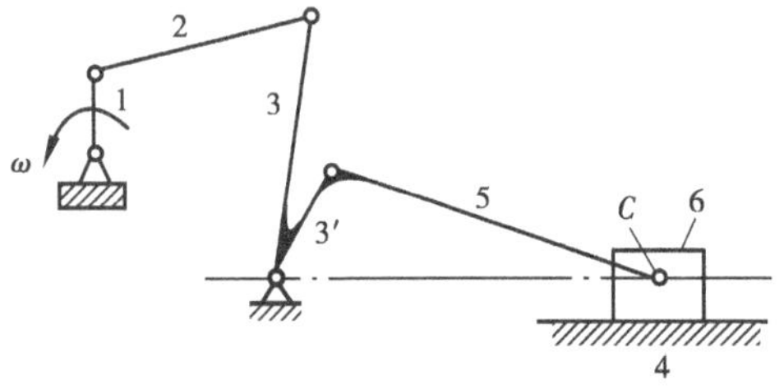

图 2.5

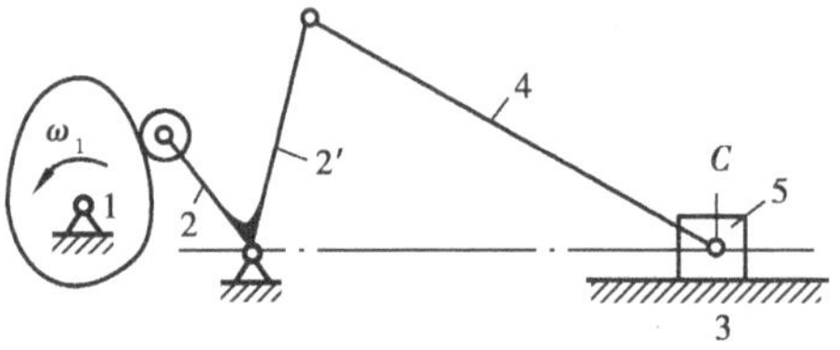

图 2.6

3）牛头刨床导杆机构

牛头刨床由转动导杆机构 *ADB* 和六杆机构 *BCEFG* 串联而成，图 2.7 所示。前置机构的输出杆 *BE* 作非匀速转动，由于 *BE* 杆又是后置机构的输入构件，从而中和了后置机构滑块 4 的速度变化，使后置机构的滑块 4 在某区段内作近似匀速往复运动。

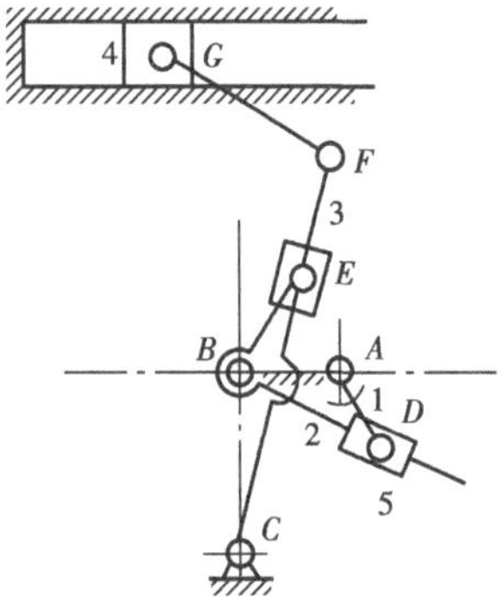

图 2.7

4）具有停歇的六杆机构

图 2.8 所示为一具有运动停歇的多杆机构。前置机构为 *OABD*，后置机构为 *EF*。前置机构连杆 *AB* 上一点 *E* 的轨迹有一段近似直线（图中虚线表示），以 *F* 点为转动中心的导杆，在图示位置，其导向槽与 *E* 点轨迹的近似直线段重合，所以当 *E* 点沿直线运动时导杆停歇。

5）实现从动件两次动程的六杆机构

图 2.9 所示为多杆机构，前置机构为 *BCDE*，后置机构为 *AF*。前置机构连杆 *CD* 上一点 *A* 的轨迹为一个有自交点的横向 8 字形连杆曲线（图中虚线表示），与连杆 2 铰接在 *A* 点的构件 4 又和沿固定导路移动的滑块 5 在 *F* 点铰接。这样就导致曲柄 1 回转一周时，滑块 5 可往复移动两次。

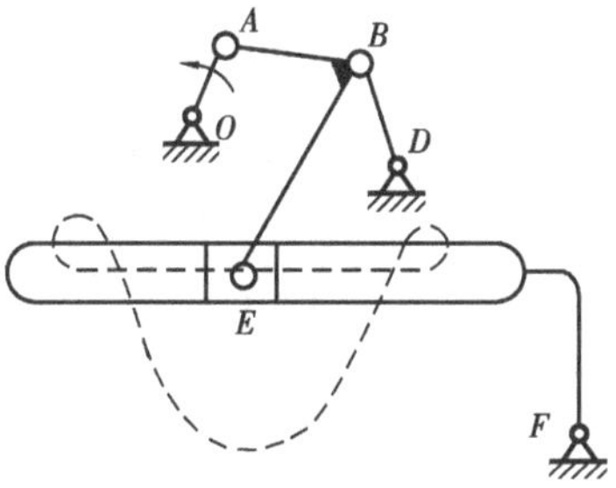

图 2.8

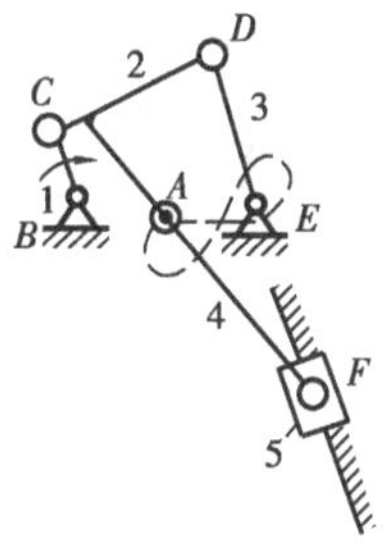

图 2.9

(2)并联式机构组合创新法

两个或多个基本机构并列布置,称为机构的并联式组合,其组合框图如图 2.10 所示。机构的并联有三种类型:当每个基本机构有各自的输入构件,而同时有一个输出构件时,称为Ⅰ型并联(图 2.10(a));当各个基本机构有共同的输入和输出构件时,称为Ⅱ型并联(图 2.10(b));当各个基本机构有共同的输入构件,而有各自的输出构件时,称为Ⅲ型并联(图 2.10(c))。

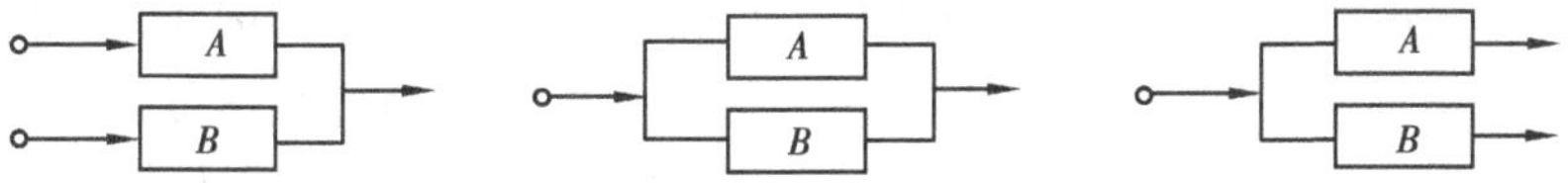

(a)　(b)　(c)

图 2.10

并联式机构组合按组合的目的和输出运动的性质可分为简单型和复杂型。

简单型并联要求并联的子机构的类型、形状和尺寸完全相同,并且对称布置。它主要用于改善机构的受力状态、动力特性,实现机构自身的动平衡,克服机构的死点,提高输出运动的可靠性等。

复杂型并联的各基本机构可以是不同类型的机构,可以是同一类型但具有不同结构尺寸的机构,也可以是经过串联组合的机构。这种并联主要用于实现复杂的运动或动作要求。以下是一些并联式机构组合的例子:

1)V 形双缸发动机

V 形双缸发动机的双曲柄滑块机构是由两个曲柄滑块机构并联组合而成,如图 2.11 所示。两汽缸作 V 形布置,它们的轴线通过曲柄回转轴的固定轴线,当分别向两个活塞输入运动时,则曲柄可实现无死点的定轴回转运动,并且还具有良好的平衡、减振作用。

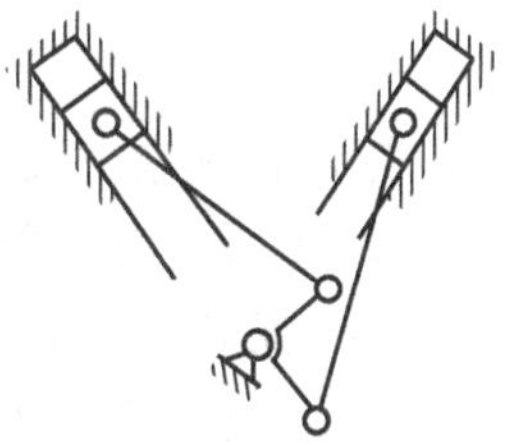

图 2.11

2)襟翼操纵机构

图 2.12 所示为某型飞机上采用的襟翼操纵机构,它是由两个齿轮齿条机构并联组合而成,用两个直移电机输入运动,这样可以使襟翼摆动速度加快。若一个直移电机发生故障,另一个直移电机可以单独驱动(这时襟翼摆动速度减半),这样就增大了操纵系统的安全程度。

3)缝纫机针杆机构

图 2.13 所示为可以实现从动件作平面复杂运动的两自由度机构,用于缝纫机中的针杆传

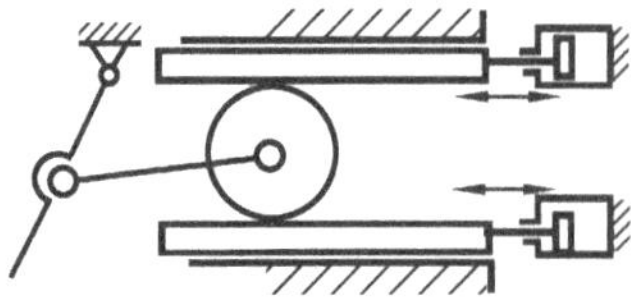

图 2.12

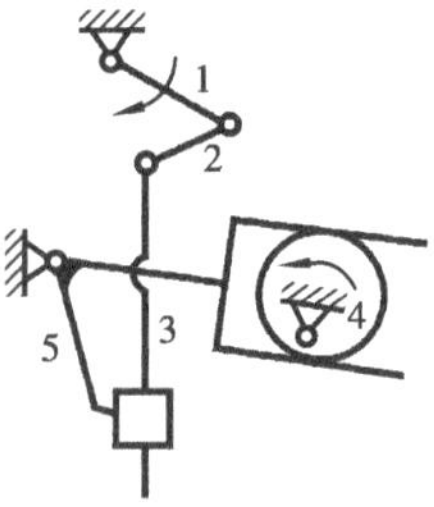

图 2.13

动。它由凸轮机构和曲柄滑块机构并联组合而成,原动件分别为曲柄 1 和凸轮 4,从动件是针杆 3,针杆 3 可以实现上下往复移动和摆动的平面复杂运动,若想改变摆角,可以通过调整偏心凸轮的偏心距来实现。

4)钉扣机针杆机构

图 2.14 所示为钉扣机的针杆传动机构,由曲柄滑块机构和摆动导杆机构并联组合而成,原动件分别为曲柄 1 和曲柄 6,从动件 3 可以实现平面复杂运动,用以完成钉扣动作。

5)活塞机的齿轮杠杆机构

图 2.15 所示为活塞机的齿轮杠杆机构,其中两个曲柄滑块机构 ABE 和 CDE 并联组合,同时与两个相啮合的齿轮连接,机构构件长度必须满足 $AB = CD$, $BE = DE$,同时要求两个齿轮的分度圆直径必须相等。AB 和 CD 与汽缸的轴线形成的夹角相等且对称布置。齿轮转动时,活塞将沿汽缸内壁作往复移动。若机构中的两齿轮和两连杆的质量分别相等,则汽缸壁上将不会受到因构件的惯性力而引起的动压力。

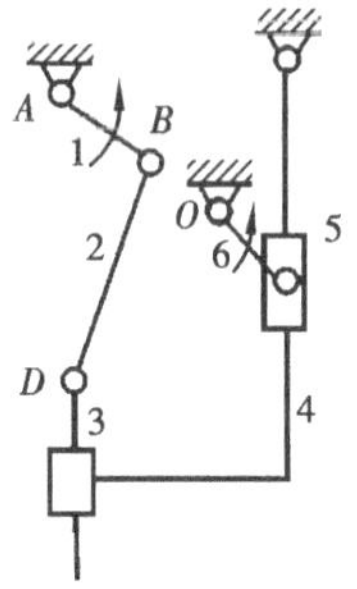

图 2.14

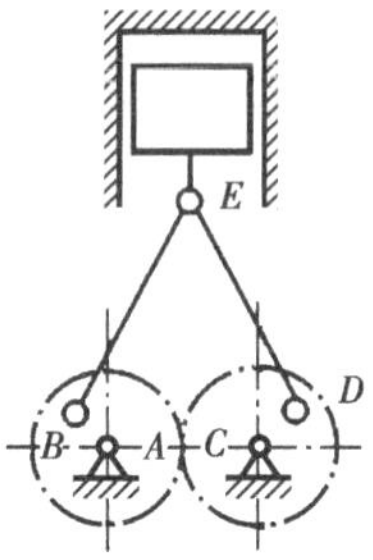

图 2.15

6)矩形轨迹输送机构

图 2.16 所示为一个自动输送机械装置,要求输送轨迹为矩形。具体工作过程是,原动件的输入轴上安装有两个凸轮,其中端面凸轮 1 控制输送托架左右往复移动;盘形凸轮 2 控制输送托架上下运动,从而使被输送的物料 5 沿矩形轨迹运动。

7)丝织机的开口机构

图 2.17 所示为丝织机的开口机构,两个摇杆滑块机构并联组合,共同连接一曲柄摇杆机构。当主动构件曲柄 1 转动时,通过摇杆 3 将运动传给两个摇杆滑块机构,使两个从动滑块 5 和 7 实现上下往复运动,完成丝织机织平纹丝织物的开口动作。

(3)复合式机构组合创新法

复合式机构组合是由一个具有两个自由度的基础机构 A 和一个附加机构 B 并接而成,这

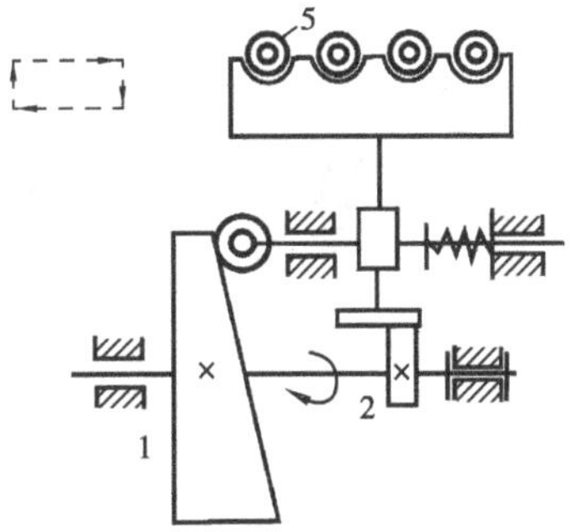

图2.16

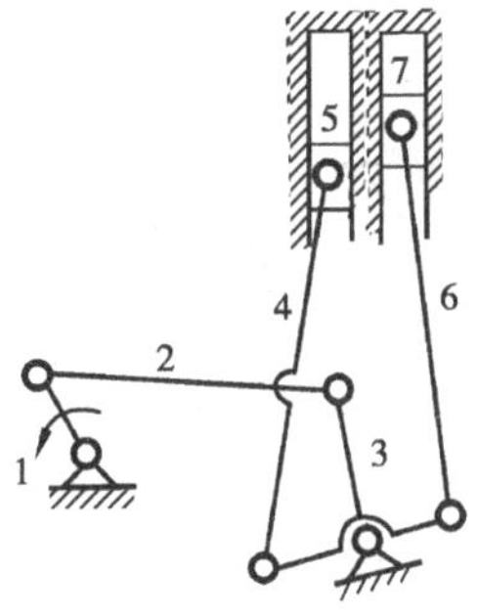

图2.17

是一种比较复杂的组合形式。复合式机构组合中的基础机构一般为二自由度机构，如差动齿轮机构、五连杆机构或空间运动机构，附加机构为各种基本机构。基础机构的两个输入运动，一个来自机构的主动构件，另一个来自附加机构。来自附加机构的输入有两种情况：一种是通过与附加机构的构件并接，另一种是通过附加机构的回接。其组合框图如图2.18所示。

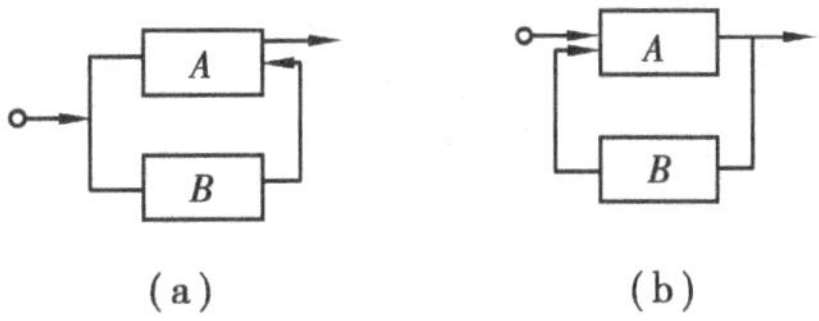

图2.18

复合式机构组合一般是不同类型的基本机构的组合。其主要功能是可以实现任意运动规律的输出，例如，一定规律的停歇、逆转、加速、减速、前进、倒退等，但设计比较复杂，缺乏共同的规律，需要根据具体的机构进行分析和综合。

以下是一些复合式机构组合的例子：

1）凸轮-行星机构

图2.19所示为凸轮-行星机构，该机构可以看成是具有两个自由度的差动轮系和摆动从动杆固定凸轮机构组合而成。机构中1为固定凸轮，从动杆2和行星齿轮3联在一起，其摆动中心和行星齿轮3的回转中心重合。差动轮系由中心轮5、系杆4和行星轮3构成。该组合机构中基础机构为差动轮系，附加机构为凸轮机构，摆杆与行星轮并接在一起，构件4既为差动轮系中的系杆又是凸轮机构中的活动机架。当系杆4为主动件以等角速度转动时，中心轮5则因凸轮的轮廓曲线变化可获得极其多样化的运动规律。

2）凸轮-连杆组合机构

图2.20所示为凸轮-连杆组合机构，五杆机构$ABCD$具有两个自由度，为基础机构。附加机构为固定凸轮机构。凸轮机构中的摆杆和连杆机构中的连杆BC并接，主动件AB既是连杆机构中的曲柄，又是凸轮机构中的活动机架。这种组合机构的设计，关键在于按输出的运动要求设计凸轮的轮廓。输出构件滑块D的行程比单一凸轮机构推杆行程增大几倍，而凸轮机构压力角仍可控制在许用值范围内。

3）齿轮连杆机构

图2.21所示为一齿轮连杆机构，齿轮1、2和系杆3组成了一个自由度为2的差动轮系，曲柄滑块机构ABC作为附加机构。主动构件为3，连杆BC与行星轮2并接，输出构件为中心轮1。当$BC = 2AB$，$z_2/z_1 = 4/5$时，中心轮1输出的运动线图如图2.22所示。从图中可以看

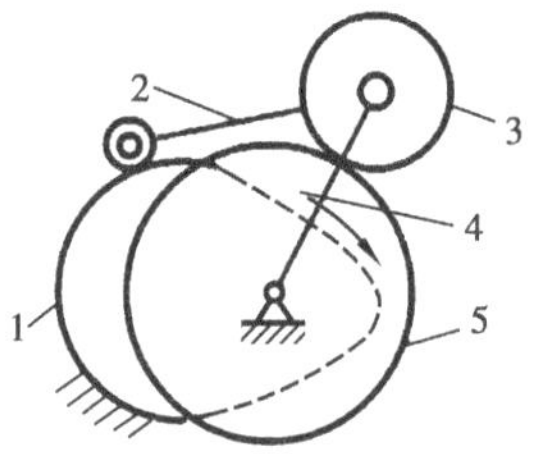

图 2. 19

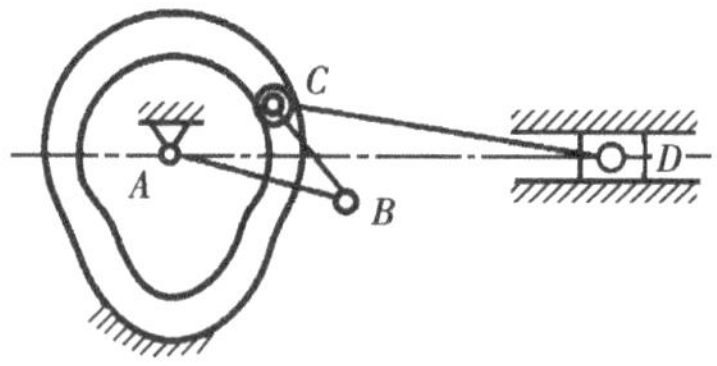

图 2. 20

出，当主动构件 3 转动一周时，从动轮 1 步进转角为 72°，并且在转位的开始和终了还有瞬时逆转现象。类似这样的齿轮连杆步进机构的组合形式可以有很多种，差动轮系可以由内啮合的齿轮组成，也可以由外啮合的齿轮组成。行星齿轮可以是一个，也可以是多个。附加机构可以是曲柄滑块机构，也可以是其他类型的四杆机构。其步进转角的大小、逆转角度的大小、停歇时间的长短，可以通过选择不同的齿数比和不同的杆长比来实现。

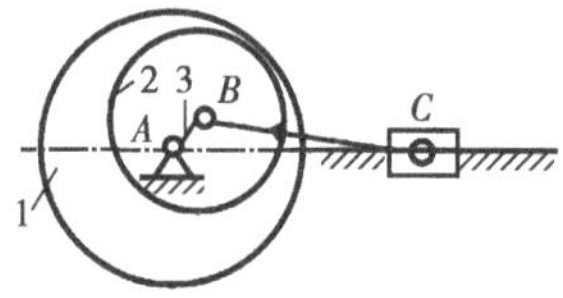

图 2. 21

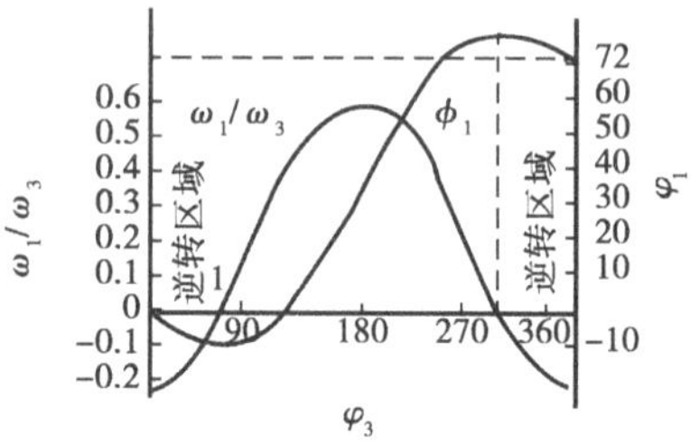

图 2. 22

4）传动误差补偿机构

图 2. 23 所示为一种齿轮加工机床的误差补偿机构，由具有两个自由度的蜗杆机构（蜗杆与机架组成的运动副是圆柱副）作为基础机构，主动构件为蜗杆 1。凸轮机构为附加机构，而且附加机构的一个构件又回接到主动构件蜗杆 1 上。从动构件是蜗轮 2，输入的运动是蜗杆 1 的转动，从而使蜗轮 2 以及与蜗轮 2 并接的凸轮实现转动。凸轮的转动又使蜗杆 1 实现往复移动，从而使蜗轮 2 的转速根据蜗杆 1 的移动方向而增加或减小。

（4）叠加式机构组合创新法

将一个机构安装在另一个机构的某个运动构件上的组合形式为叠加式机构组合，其输出的运动是若干个机构输出运动的合成。这种组合的运动关系有两种情况：一种是各机构的运动关系是相互独立的，称为运动独立式，常见于各种机械手；另一种是各机构之间的运动有一定关系，称为运动相关式，如摇头电扇的传动机构。其组合框图如图 2. 24 所示。图中仅表示了最基本的机构叠加形式，在此基础上还可以继续叠加 C、D 等一系列机构。

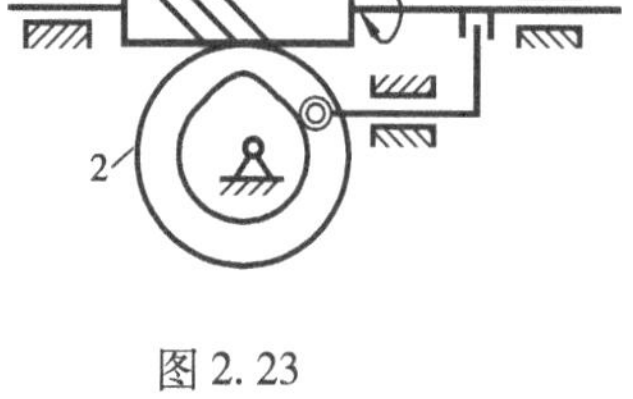

图 2. 23

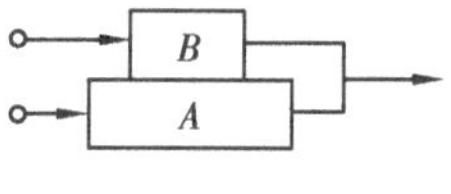

图 2. 24

叠加式机构组合的主要功能是实现特定的输出,完成复杂的工艺动作。

以下是一些叠加式机构组合的例子:

1)电动玩具马

图2.25所示为电动玩具马的传动机构,由曲柄摇块机构 ABC 安装在两杆机构的转动构件4上组合而成的。机构工作时分别由转动构件4和曲柄1输入转动,致使马的运动轨迹是旋转运动和平面运动的叠加,产生了一种飞奔向前的动态效果。

2)圆柱坐标型工业机械手

图2.26所示为一工业机械手。工业机械手的手指 A 为一开式运动链机构,安装在水平移动的汽缸 B 上,而汽缸 B 叠加在链传动机构的回转链轮 C 上,链传动机构又叠加在X形连杆机构 D 的连杆上,使机械手的终端实现上下移动、回转运动、水平移动以及机械手本身的手腕转动和手指抓取的多自由度、多方位动作效果,以适应各种场合的作业要求。

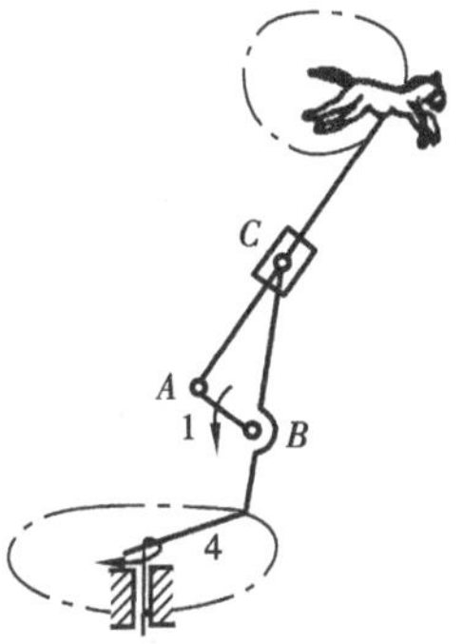

图2.25

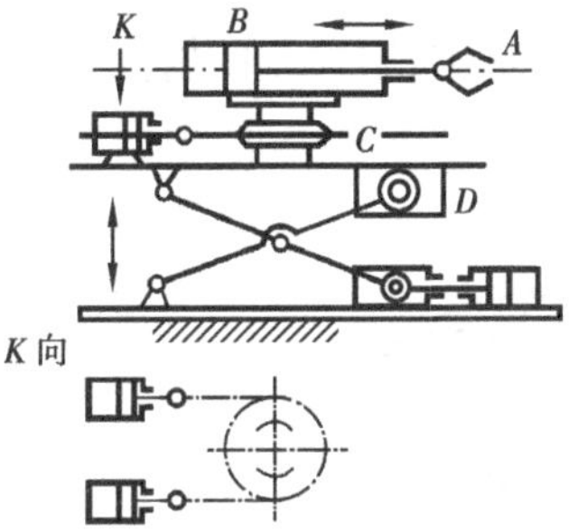

图2.26

3)液压挖掘机机构

图2.27所示为一液压挖掘机,由3套液压摆缸机构叠加组成。第一套液压摆缸机构1-2-3-4以挖掘机机身1为机架,输出构件是大转臂4,该机构的运动可以使大转臂4实现仰俯动作。第二套液压摆缸机构是4-5-6-7,叠加在第一套机构的大转臂4上,该机构的输出构件是小转臂7,其运动结果可使小转臂7实现伸缩摇摆。第三套机构是由7-8-9-10组成的液压摆缸机构,叠加在第二套机构的小转臂7上,最终使铲斗10完成复杂的挖掘动作。

4)电风扇摇头机构

图2.28所示为一电风扇摇头机构,电动机安装在双摇杆机构的摇杆上,向蜗杆输入转动,但两个机构的运动又通过蜗轮与连杆的固接互相影响,使得电扇在实现蜗杆快速转动的同时又以较慢的速度摆动。

2.3.2　机构变异创新法

机构的变异创新法是指以某种机构为原始机构,通过对原始机构的构件和运动副进行各种性质的改变或变换,演变发展出新机构的设计方法。以下是几种常用的变异创新方法。

(1)机构的倒置

在机械原理课程中曾介绍过机构倒置的典型实例,例如,铰链四杆机构在满足曲柄存在的

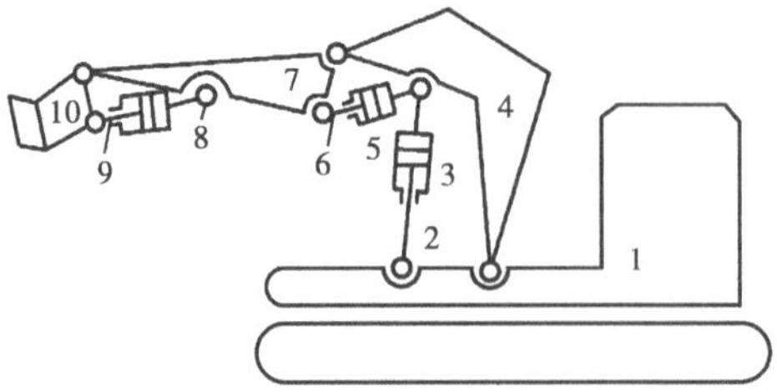

图 2. 27

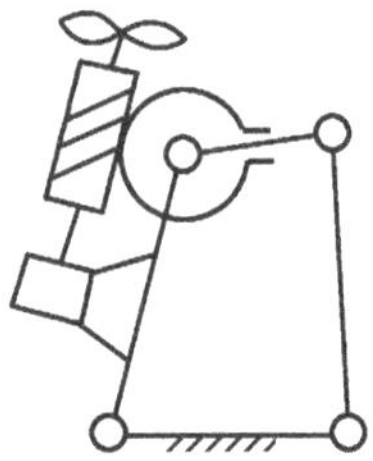

图 2. 28

条件下,取不同构件为机架,可以分别得到双曲柄机构、曲柄摇杆机构、双摇杆机构。若将定轴圆柱内啮合齿轮机构的内齿轮作为机架,则可得到如图 2. 29 所示的行星齿轮机构。由此可见,用机构倒置的原理去研究现有机构,可以发现机构各构件间的内在联系,并可由此启发人们采用机构倒置的变异方法,设计出新的机构。

(2)机构的扩展

以原有机构为基础,增加新的构件,构成一个新的机构,称为机构的扩展。机构扩展后,原有各构件间的相对运动关系不变,但所构成的新机构的功能和特性与原机构有很大的差别。

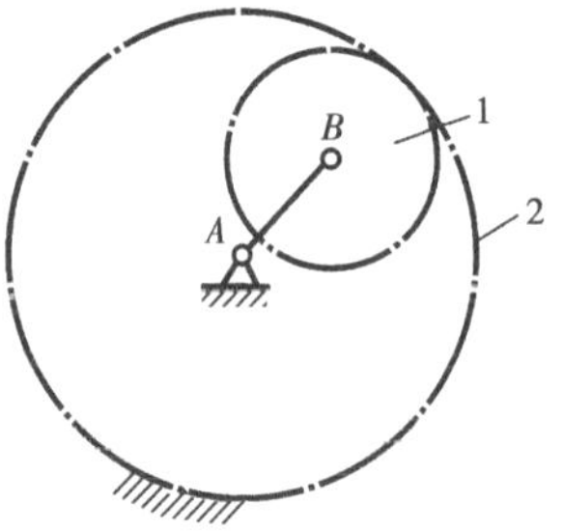

图 2. 29

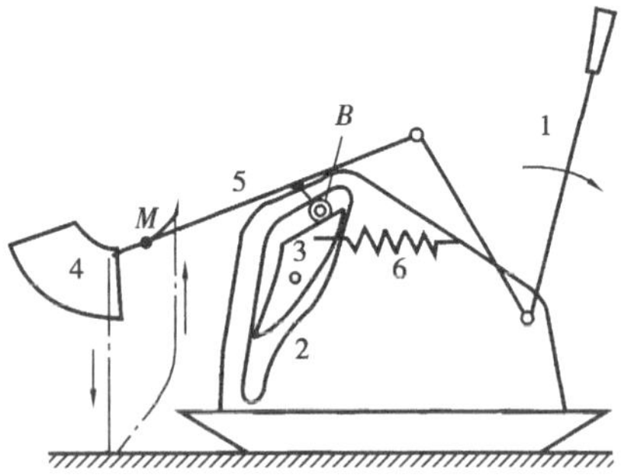

图 2. 30

图 2. 30 所示为插秧机的手动分秧、插秧机构。当用手来回摆动摇杆 1 时,连杆 5 上的滚子 B 将沿着机架上的凸槽 2 运动,迫使连杆 5 上 M 点沿着图示点画线轨迹运动。装于 M 点处的插秧爪,先在秧箱 4 中取出一小撮秧苗,并带着秧苗沿着铅垂路线向下运动,将秧苗插于泥土中,然后沿着另一条路线返回。为保证秧爪运行的正反路线不同,在凸轮机构中附加了一个辅助构件——活动舌 3。当滚子 B 沿左侧凸轮廓线向下运动时,滚子压开活动舌左端而向下运动,当滚子离开活动舌后,活动舌在弹簧 6 的作用下恢复原位,使滚子向上运动时只能沿着右侧凸轮廓线返回。在通过活动舌的右端时,又将其压开而向上运动,待其通过以后,活动舌在弹簧 6 的作用下又恢复原位,使滚子只能继续向前(即向左下方)运动。从而实现预期的运动。

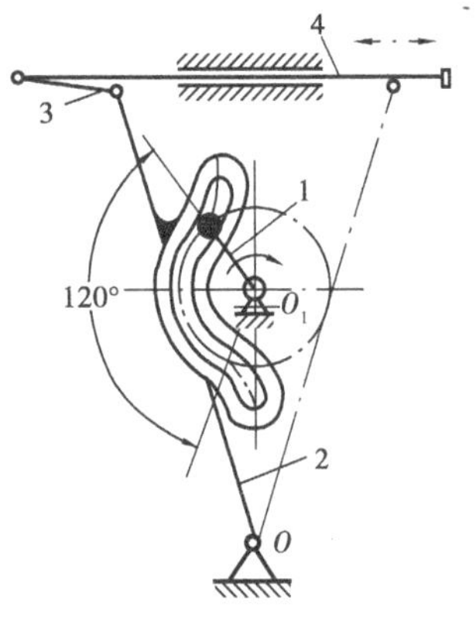

图 2. 31

(3)改变机构的局部结构

改变构件的局部结构,可以获得有特殊运动特性的机构。

图 2.31 所示为一种左边极限位置附近有停歇的导杆机构。此机构之所以有停歇的运动特性，是因为将导杆槽的中线某一部分做成为圆弧形，且圆弧半径等于曲柄的长度，而圆心在 O_1 点。

2.3.3　机构再生运动链创新法

机构再生运动链创新设计法是颜鸿森教授提出的。该方法的基本思想是：首先，将原有机构用机构运动简图表示，通过释放原动件、机架，将机构运动简图转化为一般运动链，并生成所有非同构运动链；然后，根据设计约束要求和现有技术特征，将所有非同构运动链再生为多个机构；最后，从多个机构中选出符合设计要求的最优机构。该方法可有效地改进原有机构的设计，有时会得到意想不到效果。该方法还可高效地获得能够达到现有专利技术要求，而不受专利法保护的技术方案。下面通过摩托车后悬置机构的创新设计实例，介绍这种机构创新设计方法。

再生运动链创新法设计步骤如图 2.32 所示。

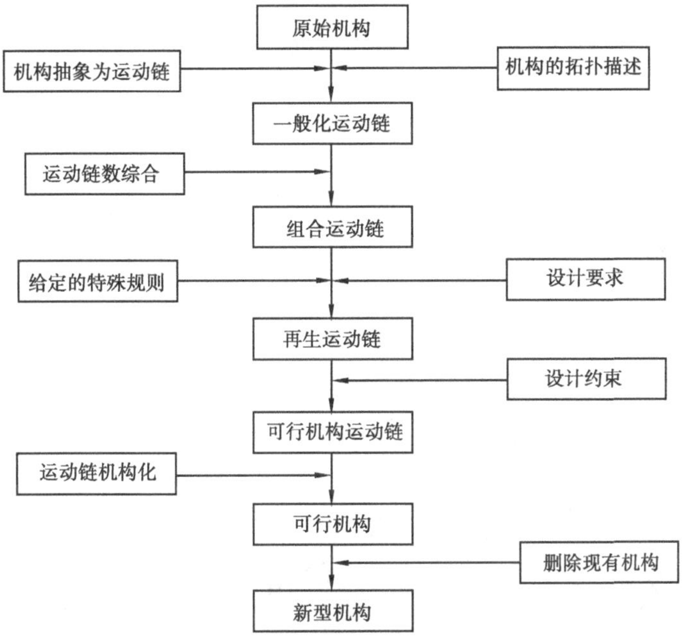

图 2.32

(1)确定原始机构

根据设计任务，经调研、类比等方法选定一机构为原始机构。原始机构也可以是要改进或仿制的机构。图 2.33 所示为五十铃 RM250X Full-floater 越野摩托车的后轮悬挂装置，是本例要改进和仿制的原始机构。

(2)求原始机构的一般化运动链

所谓原始机构的一般化运动链，是指把包含有不同类型杆件与运动副的原始机构，转化为只含连杆和转动副，且解除固定杆的约束和消除复合铰链而得的运动链。求原始机构的一般化运动链的目的是要找出原始机构的结构根源。求原始机构的一般化运动链过程按以下原则进行的：

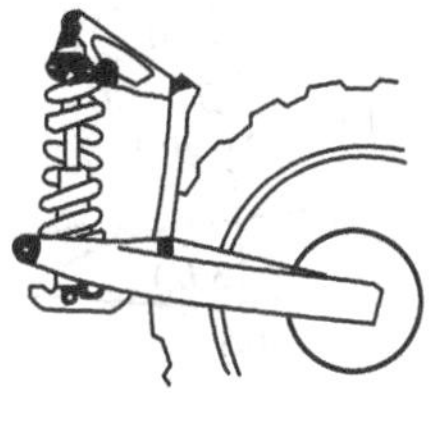

图 2.33

①将所有的运动副转化成转动副；

②将所有的构件转化成连杆；

③原始机构与其所对应的一般化运动链，所有构件与运动副之间的关系应保持一致；

④原始机构与其所对应的一般化运动链，其自由度数应保持不变。

根据上述原则，弹簧、滚动副、高副、移动副、液压缸的一般化方法见表 2.4。

表 2.4

名　称	图　例	一般化	说　明
弹簧		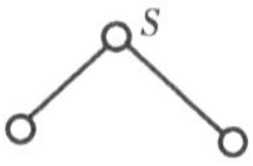	两构件之间的弹簧连接，用Ⅱ级杆组（A 型）代替，并在中间铰接点标记“S”
滚动副	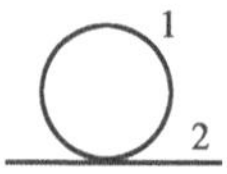		两构件之间纯滚动接触，形成滚动副，用转动副 R 代替
高副	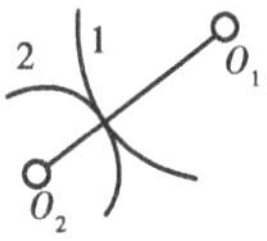	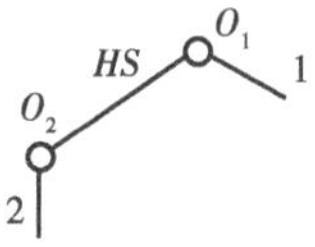	构件 1 和 2 组成高副，O_1 和 O_2 分别为该高副在接触点的曲率中心，以一杆（HS）、两转动副（O_1、O_2）代替
移动副		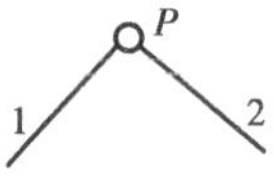	移动副用转动副代替并标记“P”
液压缸	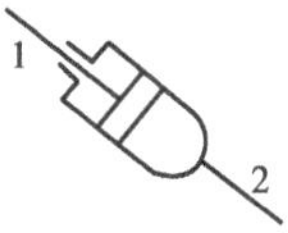	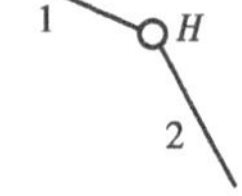	两构件之间构成变长度杆，用Ⅱ级组代替，并在中间铰接点标记“H”

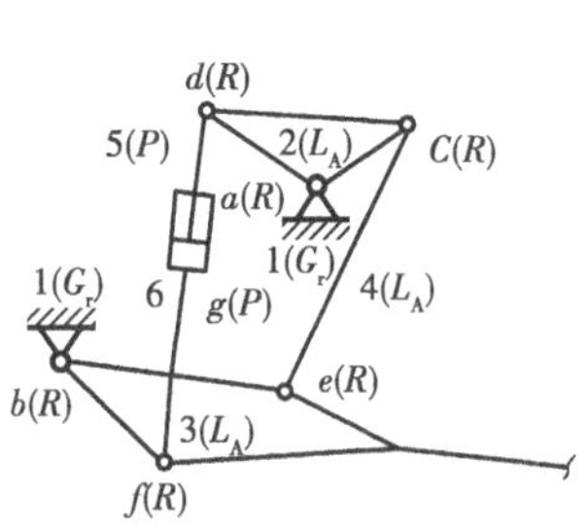

图 2.34

对于图 2.33 所示的五十铃 RM250X Full-floater 越野摩托车的后轮悬挂装置，若将车架（图 2.34 中的构件 1）固定，其机构运动简图如图 2.34 所示。

按求机构一般化运动链的原则和方法可得图 2.35 所示的一般化运动链，其具体过程如下：

①把图 2.34 中的固定杆（构件 1）转化成图 2.35 中的二副杆（杆 1）；

②把图 2.34 中的主动杆（构件 2）转化成图 2.35 中的三副杆（杆 2）；

③把图 2. 34 中的摆动杆(构件 3)转化成图 2. 35 中的三副杆(杆 3);

④把图 2. 34 中的浮动杆(构件 4)转化成图 2. 35 中的二副杆(杆 4);

⑤把图 2. 34 中的活塞和汽缸(构件 5 和 6)转化成图 2. 35 中的二副杆(杆 5 和 6);

⑥把图 2. 34 中移动副(P)转化成图 2. 35 中转动副;

⑦消除固定杆(构件 1)的约束。

(3)组合运动链(也称运动链发散)

根据机构结构的有关理论和方法,将与图 2. 35 所示的一般化运动链具有相同构件和运动副数的运动链全部寻找出来,即根据组成运动链的构件数、运动副数和自由度数,确定最多非同构基本运动链。对于图 2. 35 所示的六杆、七副单自由度运动链,其对应的最多非同构运动链有两种形式,如图 2. 36 所示。

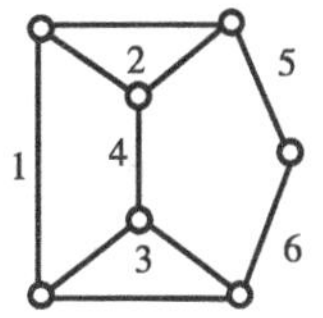

图 2. 35

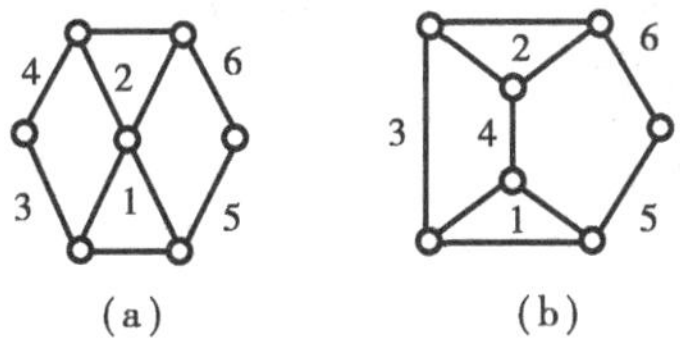

图 2. 36

(4)再生运动链

运动链再生的目的是:在满足一定的设计要求的条件下,从非同构运动链图中获得能满足设计要求的可行机构运动链形式。

对于摩托车后悬置机构,其设计要求如下:

①必须有一个固定杆作为机架;

②必须有吸震器;

③必须有一个摆动杆用于安装摩托车后轮;

④固定杆、吸震器和摆动杆必须是不同的构件。

下面将根据以上设计要求,将固定杆、减震器以及摆动杆等三种构件指定到图 2. 36 所示的两种运动链中,可得出再生的各种可行机构。其步骤和结果如下:

①固定杆(G_r)　对于图 2. 36(a)所示的运动链,当取不同的构件为机架时,其非同构的机构形式有两种,如图 2. 37(a)、(b)所示;对于图 2. 36(b)所示的运动链,取不同构件为机架,将产生三种非同构机构形式,如图 2. 37(c)、(d)、(e)所示。

②吸震器($S_s \sim S_s$)　对于图 2. 37(a)所示的运动链,任何一个二级组可作为吸震器(图2. 38(a))。对于图 2. 37(b)~(d)运动链,只有一个二级组可以被选作为吸震器(图 2. 38(b)~(d))。图 2. 37(e)所示的运动链不含有可用作为吸震器的构件。

③摆杆(S_w)　对于图 2. 38(a)所示的运动链,三个杆可以作为摆杆(图 2. 39(a)~(c))。对于图 2. 38(b)所示的运动链,三个杆可作为摆杆(图 2. 39(d)~(f))。对于图2. 38(c)所示的运动链,两个杆可作摆动杆(图 2. 39(g)~(h))。对于图 2. 38(d)所示的运动链,两个杆可作摆动杆(图 2. 39(i)~(j))。

5)可行机构的筛选

该步骤的目的是根据设计约束要求,从由运动链再生得到的可行机构中选择出能够满足约束要求的可行机构。对于实际设计问题,其约束是多变的,应视具体情况而定。对于该悬置

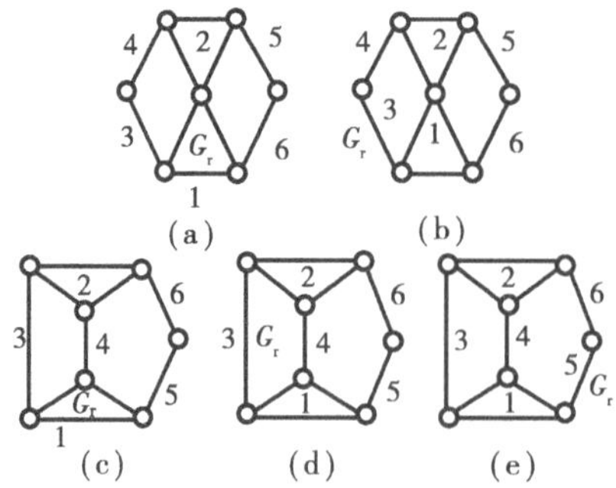

图 2.37

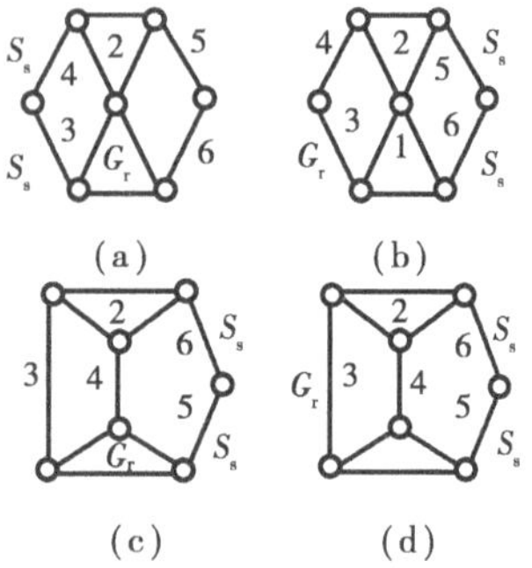

图 2.38

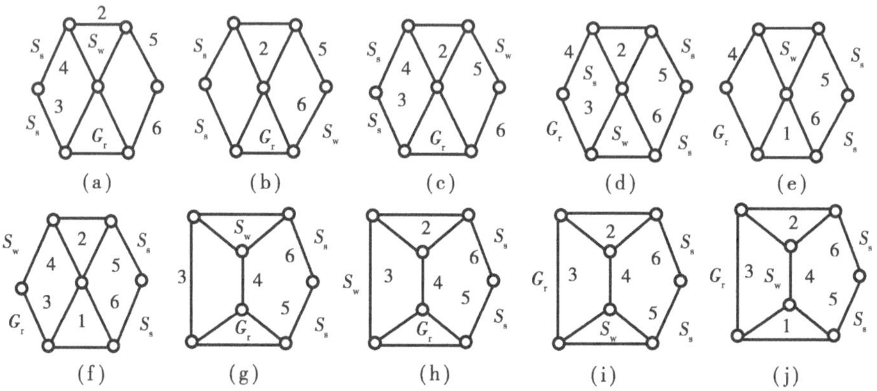

图 2.39

机构,如果没有实际约束,则图 2.39 所示的所有机构都是可行的。为了说明问题,在此,我们定义该机构创新设计的约束条件为:摆杆与固定杆相连。按此约束,图 2.39 中能够满足设计要求的可行设计方案只有六个,即图 2.39 中的(a)、(b)、(c)、(d)、(f)、(h)、(i)。这些可行机构对应的实际机构简图如图 2.40 所示。

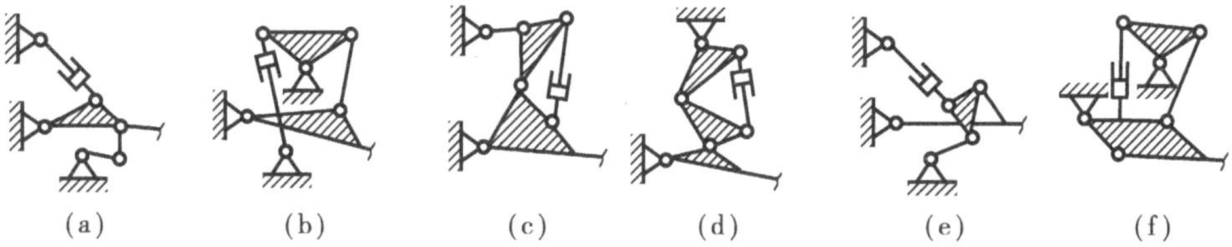

图 2.40

2.3.4 平动齿轮传动机构的创新示例

图 2.41(a)所示为常见的 K-H 型少齿差行星齿轮机构,1 为中心轮,2 为行星轮,3 为机架,H 为系杆,O_2 为原行星轮与系杆联接的转运副,O_1 为中心轮与机架和系杆联接的复合铰链。若将 O_2 改为原行星轮 2 与机架和系杆相联接的复合铰链,同时将 O_1 与机架的联接去掉(即仅为系杆与原中心轮 1 联接的铰链),则演化为图 2.41(b)所示的机构。图 2.41(b)所示机构的传动比关系为:

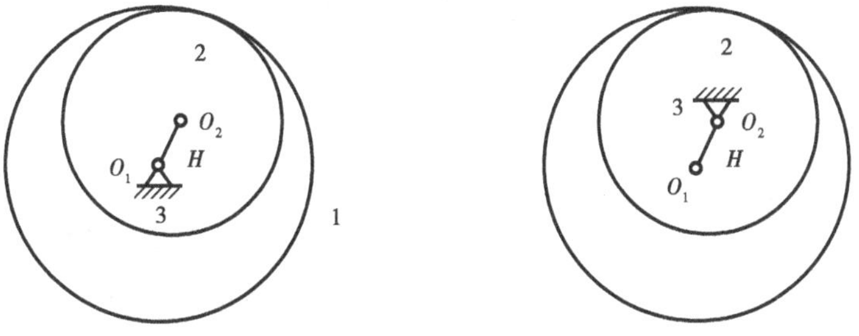

(a)　　　　　　　　　　　　(b)

图 2.41

$$\frac{\omega_1 - \omega_H}{\omega_2 - \omega_H} = \frac{Z_2}{Z_1}$$

由上式可得：

$$\omega_1 = \omega_2 \frac{Z_2}{Z_1} + \omega_H \frac{Z_1 - Z_2}{Z_1}$$

当取　$\omega_2 = \omega_H \dfrac{Z_2 - Z_1}{Z_2}$时，　$\omega_1 = 0$

即齿轮 1 作平动；反过来，若能使此机构的齿轮 1 作平动，则

$$\frac{\omega_H}{\omega_2} = \frac{Z_2}{Z_2 - Z_1} \tag{2.1}$$

由于齿轮 1 与齿轮 2 为少齿差，所以传动比$\dfrac{\omega_H}{\omega_2}$可从十几到 100 多。基于这种思想，创新出了平动齿轮传动机构。

(1) 平动齿轮传动机构的结构及传动原理

1) 平动齿轮机构的基本型

平动齿轮机构的基本型由外平动齿轮机构和内平动齿轮机构两种基本型组成。图 2.42 所示为外平动齿轮机构。外平动齿轮机构是指一个齿轮在另一个齿轮的外部作平动，驱动另一个齿轮作定轴转动。图 2.42(a) 所示为内啮合外平动齿轮机构，图 2.42(b) 所示为外啮合外平动齿轮机构。

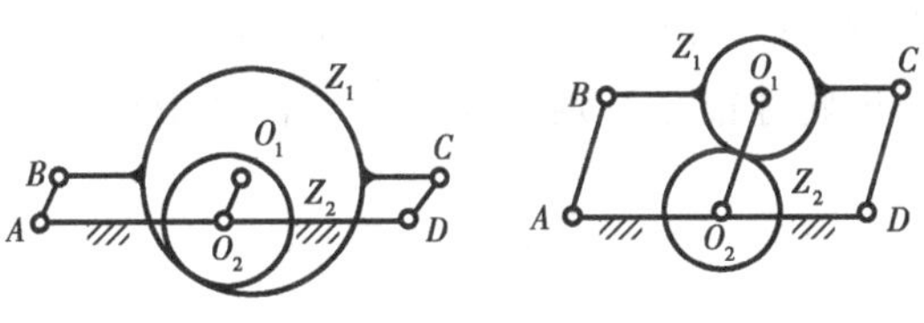

(a)　　　　(b)

图 2.42

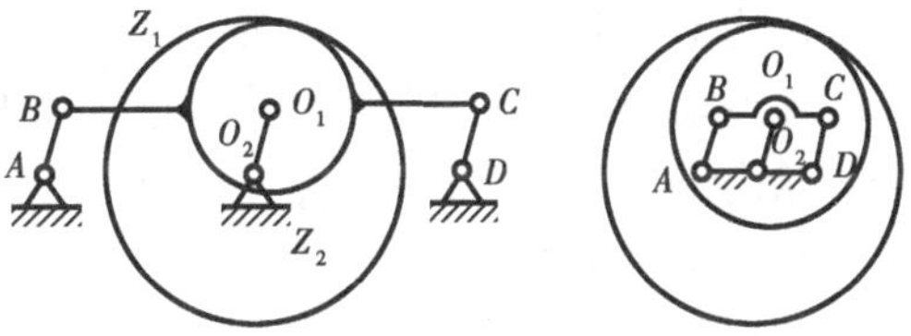

(a)　　　　(b)

图 2.43

图 2.43 所示为内平动齿轮机构。内平动齿轮机构是指一个齿轮在另一个齿轮的内部作平动，驱动另一个齿轮作定轴转动。

应用外平动齿轮机构的基本型，采用多环结构，可以演化成图 2.44 所示的二环减速器和三环减速器。

图 2.44(a) 所示为采用互成 180° 的两个内齿平动齿轮的二环减速器。由于二环减速器存

在运动不确定位置,还需采取必要的措施加以克服。图 2.44(b)所示为采用互成 120°的三个内齿平动齿轮的三环减速器。它们的特点是可以平衡惯性力,提高运动的平稳性和承载能力。

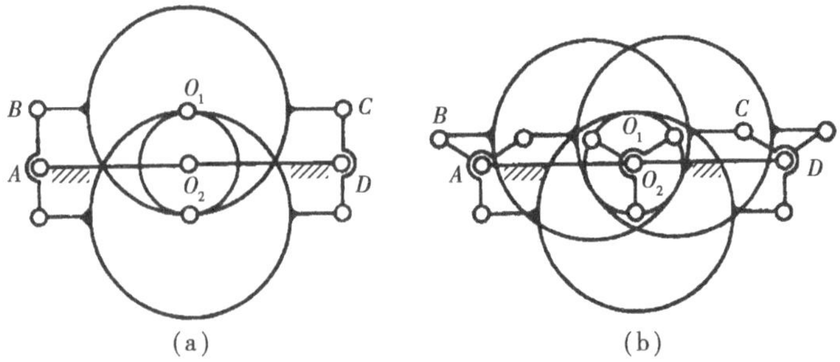

图 2.44

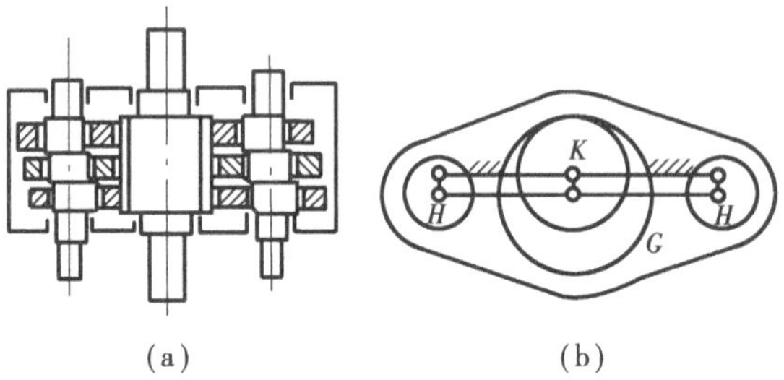

图 2.45

图 2.45 所示为三环传动的结构简图及传动原理图。由两根互相平行的各有三个偏心轴颈的高速轴 H、三个内齿轮 G 和一个宽齿外齿轮 K 组成。两个高速轴上的三个偏心轴颈的相位差 120°;三个内齿行 G 呈片状,又称内齿板,通过轴承安装在两个高速轴 H 上;宽齿外齿中心轮 K 与低速轴固联,其轴线与两根高速轴 H 的轴线平行。高、低速轴均通过轴承支承在机架上。三个内齿轮 G 同时与宽齿外齿轮 K 啮合,啮合的瞬时相位差呈 120°。

2)传动原理

当运动和动力从两个高速轴 H 之一输入时,支承在两高速轴上的内齿轮 G 作平面平动,并驱动与之啮合的定轴外齿中心轮 K,使运动和动力从与其固联的从动轴输出,从而实现了大速比减速。

运动和动力也可以同时从两个高速轴输入,它们的传动原理是相同的。

由图 2.45(b)知,两根高速轴上的偏心轴须与内齿轮形成了平行四边形双曲柄机构。由平行四边形双曲柄机构的运动特性知,当单轴输入时,每一片行星轮在 0°和 180°位置时,是不能传递运动和扭矩的,所以必须要用三片以上的内齿轮才能正常地工作。三环传动中选择三个环状内齿板 K 作平动齿轮,三环传动由此得名。

3)运动学分析

三环传动以高速轴 H 为主动件,从动件是外齿中心轮 K。由式(2.1)可得三环传动的传动比,即

$$\frac{\omega_H}{\omega_K} = -\frac{Z_K}{Z_G - Z_K} \tag{2.2}$$

式中,负号表示主、从动件回转方向相反。

式(2.2)表明传动比大小与平动齿轮 G 和中心轮 K 的齿数 Z_G、Z_K 及其齿数差 $\Delta Z = (Z_G - Z_K)$ 有关,在齿数差一定的情况下,齿数越多,传动比数值越大;在齿数一定的情况下,齿数差 ΔZ 越小,传动比数值越大。

4)外平动齿轮传动的特点

①传动比大、分级密集 少齿差行星传动类型的同轴线动轴传动,传动比大,单级传动比为11~99,双级传动比可达9 801。

②承载能力大 由于少齿差内啮合曲率半径接近,齿形相差极小,啮合时几乎是面接触,齿面赫兹应力小。单偏心轴中心输入改为双偏心轴外侧输入后,单个转臂轴承变换为多个转臂轴承分担载荷,转臂轴承的寿命可达两万小时,而K-H-V型的转臂轴承的寿命只有5 000~10 000 h,解决了少齿差行星传动转臂轴承为薄弱环节的技术难题,且转臂轴承等基本构件不受内齿轮尺寸的限制,可以按强度要求确定,利于按强度进行优化设计。由三个内齿轮同时驱动外齿中心轮,载荷由三个内齿轮分担,提高了整机的承载能力。瞬时过载能力突出,是额定载荷2.7~4.0倍,输出轴的转矩高达400 kN·m,对大、中、小功率的传动都适用。

③传动效率高 同K-H-V型少齿差行星传动相比,因省去了输出机构,且转臂轴承受力仅为K-H-V型少齿差行星传动转臂轴承受力的60%,所以传动效率高,单级传动效率可达92%~96%。

④结构紧凑,体积小,重量轻 三片内齿圈类似于三个行星轮,转速变换后的低转速由外齿轮直接输出,故没有一般行星齿轮传动的行星架和少齿差行星传动的输出机构,简化了机构,保留了同轴线动轴传动结构紧凑的特点。比普通圆柱齿轮减速器的重量相应减小1/3~2/3,比相同体积的摆线针轮减速器承载能力大40%,可变换多种结构形式。

⑤制造简单、维修拆装方便 零件种类少、易损件少,无须特殊材料及加工设备,制造成本低,使用寿命长。

⑥能单轴或多轴传输动力。

5)外平动齿轮传动存在的问题

①为避免传动发生渐开线齿廓重叠干涉,应满足不发生齿廓重叠干涉的限制条件。为此,内齿轮副应采用角变位齿轮传动中的正传动($x_1+x_2>0$),并降低齿高,形成非标准的短齿,当齿数差(Z_G-Z_K)甚少、又要避免发生齿廓重叠干涉时,则必须增大传动机构的正变位系数,传动机构的啮合角α'也将随齿数差(Z_G-Z_K)的减小而增大。啮合角α'值大致范围:$Z_G-Z_K=1, \alpha'=54°-56°$;$Z_G-Z_K=2, \alpha'=38°-41°$;$Z_G-Z_K=3, \alpha'=28°-30°$;$Z_G-Z_K=4, \alpha'=25°-27°$。啮合角$\alpha'$增加,使传动机构的动力学性能变差。

②结构上需要三个相位差120°的内啮合副,这为装配工艺增加了难度,因为必须满足一定的装配条件才能装配起来,同时也为精度设计增加了限制条件。

③传动机构的震动大、噪声高,并随着转速的提高迅速增加。工业产品达到的噪声级为74~82 dB。

上述存在的问题不是加工方法或结构参数选择不当造成的,而是这种传动的基本原理所决定的,所以克服这些缺点的难度很大。基于此,外平动齿轮传动除提高现有类型的性能外,改进传动原理,开发新的传动类型是平动齿行星轮传动发展的重要途径。

外平动齿轮机构的A、D两轴之距离受结构的限制,必须大于内齿轮的根圆直径与二倍偏心轴距之和,即

$$L_{AD}>d_o+d_{2e} \tag{2.3}$$

式中 d_o—— 内齿轮根圆直径;

d_{2e}—— 偏心轴距。

由于外平动齿轮机构的尺寸难以缩小,而且提供内齿轮作平动的曲柄轴只能有两个,限制了输入功率的分流,不利于传递过大的功率。

6)内平动齿轮机构的基本型及其演化

图2.43所示为内平动齿轮机构的基本型。应用内平动齿轮机构的基本型,可以演化成图2.46所示的内二环减速器和内三环减速器。

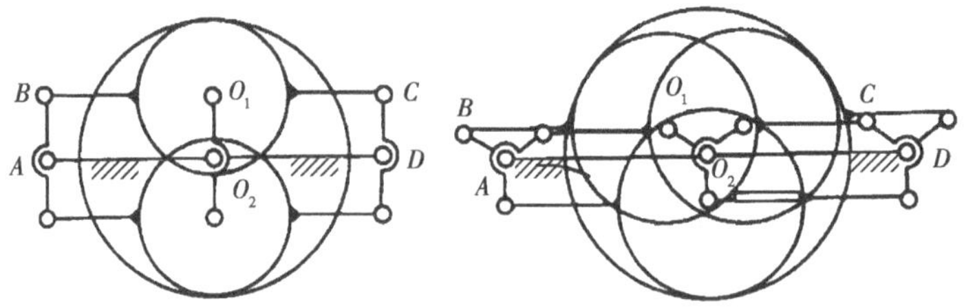

(a) (b)

图2.46

为减小机构尺寸,可把AB、CD两曲柄向内平移到平动齿轮的幅板内部,如图2.43(b)所示,其性能与图2.43(a)所示机构的性能完全相同,均能保证外齿轮作圆平动。因为内平动齿轮机构可获得较小尺寸和重量,其整机性能优于外平动齿轮机构。以此理论为基础设计的内平动齿轮减速器优于外平动齿轮减速器。

(2)平动齿轮传动的关键技术

平动齿轮传动的关键技术是采用了"圆平动齿轮"。作无自转行星运动的动轴齿轮称为圆平动齿轮,齿轮作平动,其圆心的运动轨迹是一个圆。与圆平动齿轮啮合的另一个齿轮作定轴转动,且为输出构件。使齿轮实现圆平动运动的机构为圆平动机构。常用的圆平动机构有:

1)用平行四边形机构实现齿轮圆平动

圆平动齿轮可以是内齿轮,也可以是外齿轮。图2.47(a)所示机构是通过外平行四边形机构实现内齿轮作圆平动的机构,外齿轮作定轴转动,且为输出构件。图2.47(b)所示机构是通过外平行四边形机构实现外齿轮作圆平动的机构,内齿轮作定轴转动,且为输出构件。图2.47(c)所示机构是通过内平行四边形机构实现内齿轮作圆平动的机构,外齿轮作定轴转动,且为输出构件。图2.47(d)所示机构是通过内平行四边形机构实现外齿轮作圆平动的机构,内齿轮作定轴转动,且为输出构件。

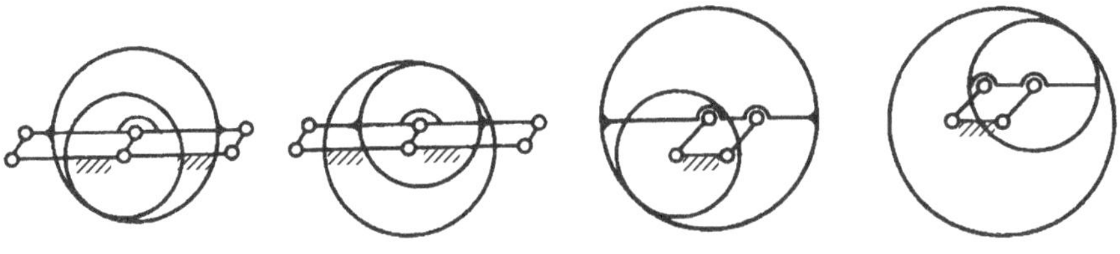

(a) (b) (c) (d)

图2.47

以平行四边形机构为原始机构,可以演化出多种性能相同而结构不同的圆平动机构。

2)用正弦机构实现齿轮圆平动

图 2.48 所示为实现齿轮圆平动的正弦机构。在图 2.48(a)中,正弦机构带动内齿轮作圆平动,外齿轮作定轴转动,且为输出构件。在图 2.48(b)中,正弦机构带动外齿轮作圆平动,内齿轮作定轴转动,且为输出构件。

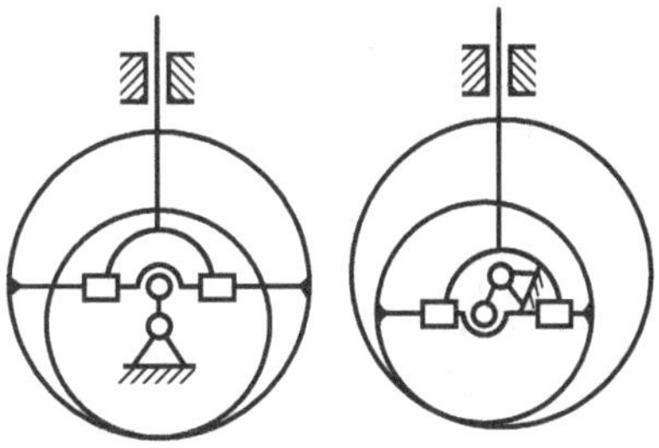

(a)　　(b)

图 2.48

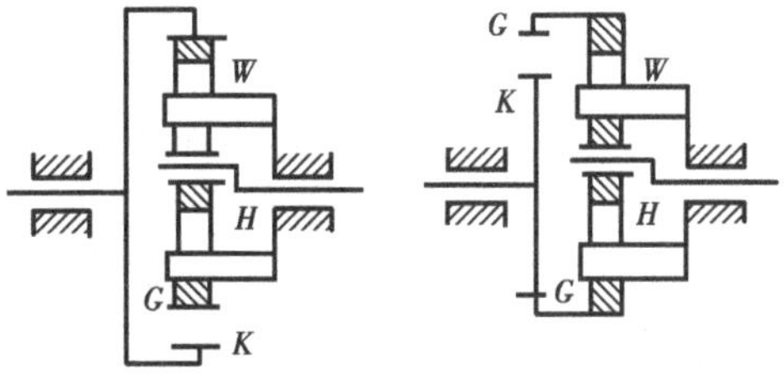

(a)　　(b)

图 2.49

3)用孔销机构实现齿轮圆平动

图 2.49 所示为实现齿轮圆平动的孔销机构,由设在齿轮上的销孔和与机架固联的柱销组成。在图 2.49(a)中,转臂 H 带动外齿轮 G 作行星运动,受固定柱销与外齿轮上的销孔连续接触的约束,外齿轮的角速度 $\omega_G = 0$,即外齿轮的运动状态为圆平动。在图 2.49(b)中,转臂 H 带动内齿轮 G 作行星运动,受固定柱销与内齿轮上的销孔连续接触的约束,限制了内齿轮的自转,使其实现了圆平动。

因为圆平动机构是平动齿轮传动的关键技术,它的性能决定了平动齿轮传动的性能,所以每综合出一种圆平动机构,就得到一种新型平动齿轮传动机构。

(3)平动齿轮机构的演化

平动发生器是平动齿轮机构的关键技术。不同的平动发生器,会演化出结构不同的平动齿轮机构,相同的平动发生器,结构不同,也会演化出性能差异很大的平动齿轮传动装置。

1)浮动盘式平动齿轮机构

用浮动盘式 W 机构去替代孔销式 W 机构,就形成了图 2.50 所示圆平动齿轮机构运动简图。

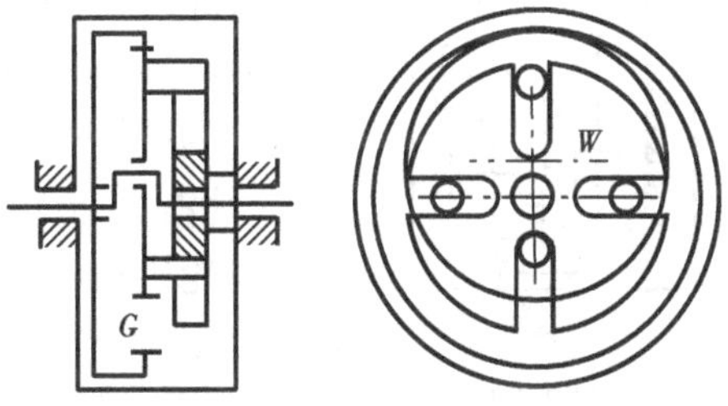

图 2.50

浮动盘式平动齿轮传动机构由 N 型少齿差差动机构和浮动盘式圆平动机构组合构成。浮动盘是一个动轴线圆盘,其上制作有通过几何中心的十字槽。两组销轴的一端分别放置在十字槽中,而另一端:一组销轴与轮 G 固联,另一组销轴与机架固联,使浮动盘 W 机构成为圆平动机构。轮 G 在浮动盘圆平动机构控制下,作圆平动运动。

传动原理:运动由转臂输入,带动行星轮作行星运动,由于浮动盘销轴的约束,行星轮 G 在行星运动中不能自转(即作圆平动运动),使少齿差差动机构的自由度变成 $F = 1$。于是,圆平动齿轮机构完成了转速变换。

圆平动齿轮机构的特点:①省去了采用孔销式 W 机构在行星轮 G 上必须设置的直径等于 2 倍销轴直径的孔。大幅度改善了转臂轴承尺寸的选择条件,解决了少齿差行星传动转臂轴承寿命不长的难题。②浮动盘 W 机构的几何中心可以在传力过程中自由浮动,使作用在浮动盘十字槽上的4个力实现均载，提高承载能力。③结构简单紧凑、体积小、重量轻。基本构件的工艺性好。

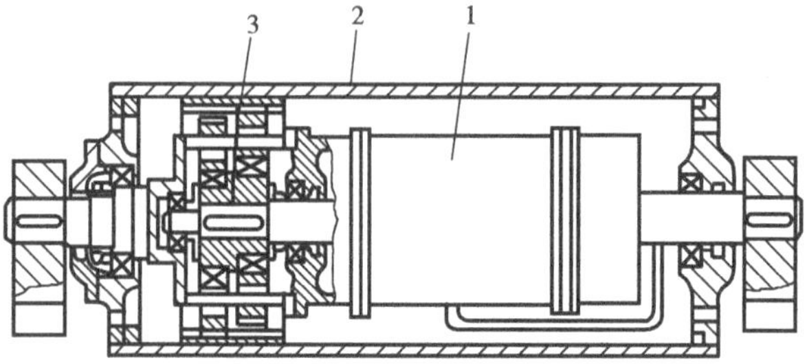

图2.51

2)平动齿轮减速滚筒

图2.51所示为平动齿轮减速滚筒结构简图，由电动机1、滚筒2和孔销式平动齿轮机构3串联组成。电动机平动发生器销轴与机架固联，内齿中心轮与卷筒固联为输出件，形成卷扬机型减速装置。

传动原理：主动件电动机轴通过偏心轴驱动平动齿轮Z，在孔销式平动发生器的约束下，作圆平动，平动齿轮Z与内齿中心轮啮合，实现齿差式减速，减速后的低转速由与中心轮固联的滚筒输出。

平动齿轮减速滚筒具有：传动比大、机械效率高、结构紧凑、尺寸和质量轻、均载性能好等优点。

3)双曲柄平动齿轮机构

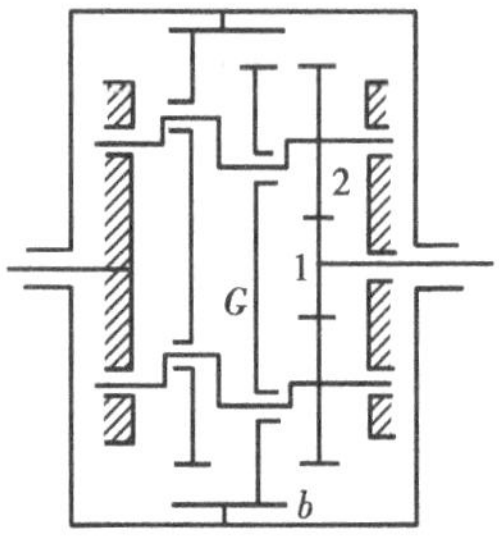

图2.52

由于前述三环减速器结构复杂，装配困难，要求加工精度高，使制造成本增加。为克服三环减速器的缺点，工程技术人员应用载荷分解原理，对平动齿轮机构进行演化，以二环减速器为原始机构，将单偏心轴输入演化为双偏心轴输入或多偏心轴输入，仍保持输入、输出轴的同轴性，并能大幅度提高机构的承载能力，开发出结构更加合理，性能更加优良，以及实用性更强的组合二环减速器——多曲柄平动齿轮机构，如图2.52所示。

多曲柄平动齿轮机构的传动原理：输入轴的转速经第一级减速后，由平动发生器传递给平动齿轮Z_G，同时限制了平动齿轮Z_G的自转，再经第二级减速后，由内齿中心轮Z_b输出。这种由内齿中心轮输出的曲柄平动齿轮机构适用于卷扬机、绞车、滚筒等，可以置于输出件内部的传动装置，其传动比统一表达式为：

$$i_{ib}^{H}=\frac{Z_2Z_b}{Z_1(Z_bZ_G)}=i_1i_2 \tag{2.4}$$

式中　i_1—— 第一级减速传动比；

i_2—— 第二级传动比。

在不改变第二级参数的条件下，仅调整第一级齿轮副的齿数Z_1、Z_2(保持齿轮副Z_1、Z_2的中心距不变)，即可改变整机的传动比。这一特点为双曲柄平动齿轮机构的标准化、系列化创造了有利的条件，使这种减速器具有极大的应用前景。

2.3.5　机构演变与创新示例(自行车的演变与创新)

(1)自行车的演变史

17 世纪初期,人们开始研究用人力驱动车轮的交通工具。机械师加赛纳首先提出一种手驱动的方式,驾驶者骑在车座上,用力拉一条绕在车上并能带动轮子转动的环状绳子,使车前进。

1816 年至 1818 年在法国出现了两轮间用木梁联接的双轮车,骑车者骑坐在梁上,用两脚交替蹬地来推动车子前进。这种车称为“趣马”(Hobby Horse),如图 2.53(a)所示。当时它是贵族青年的玩物,不久就过时了。

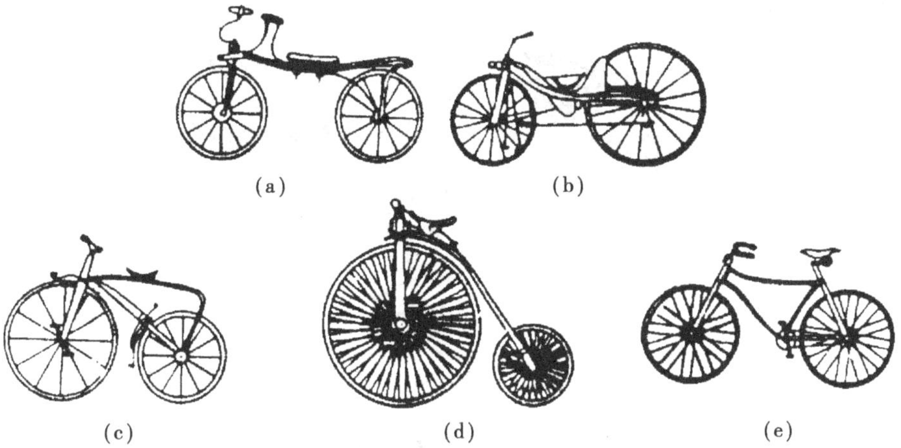

图 2.53

一种真正的双轮自行车(Bicycle)是 1830 年由苏格兰铁匠麦克米伦发明的。他在两轮小车的后轮上安装曲柄,曲柄与脚踏板用两根连杆相连,如图 2.53(b)所示,只要反复蹬踏悬在前支架上的踏板,驾驶者不用蹬地就可驱动车子前进。

为了提高骑行的速度,法国人拉利门特在 1865 年对自行车进行了改进,将回转曲柄置于前轮上,骑行者直接蹬踏曲柄驱车前进。此时前轮装在车架前端可转动的叉座上,能较灵活地把握方向;后轮上有杠杆制动,骑行者对车的控制能力加强了,如图 2.53(c)所示。这种自行车脚踏板转动一周,车子前进的距离与前轮周长相等。为了加快速度,人们不断地增大前轮直径(但为了减轻重量,同时将后轮缩小),有的前轮大至 56 in(1.42 m)、64in(1.63 m),甚至 80 in(2.03 m),如图 2.53(d)所示。如此结构使骑行者上下车很不方便且不安全,影响了这种“高位自行车”的使用。

1879 年英格兰人劳森又重新考虑采用后轮驱动,设计了链传动的自行车,采用较大的传动比,从而排除了采用大轮子的必要性,使骑行者安全地骑坐在合适高度的座位上,它称为安全自行车,如图 2.53(e)所示。在这时期随着科学技术的发展,自行车结构还作了不少改进。如采用受力合理的菱形钢管支架,这样既提高了强度,又能减轻重量,用滚动轴承提高效率。1888 年邓洛普引入充气轮胎,使自行车行走更加平稳。由此,自行车逐渐定型,成为普遍使用的交通工具。

由于不断提出新的需求,经过种种改革,使自行车的功能和结构逐步完善起来,而从开始研究到定型差不多经过了80年。

(2)新型自行车的开发

随着科学技术的发展,人们生活水平不断提高,发现原有自行车有不少缺点,同时也根据需要提出一些希望点,在此基础上开发了多种新型自行车。

1)助力车

为省力开发出多种助力车,为避免对环境的污染,电动车较受欢迎,小巧的电机和减速装置放于后轮毂中,直接驱动车轮,电源则采用干电池。

2)考虑宜人性的新型车

英国发明家伯罗斯发明躺式三轮车(图2.54),车上座位根据人体工程学设计,躺式蹬车省力,时速可达50 km/h。

图2.54

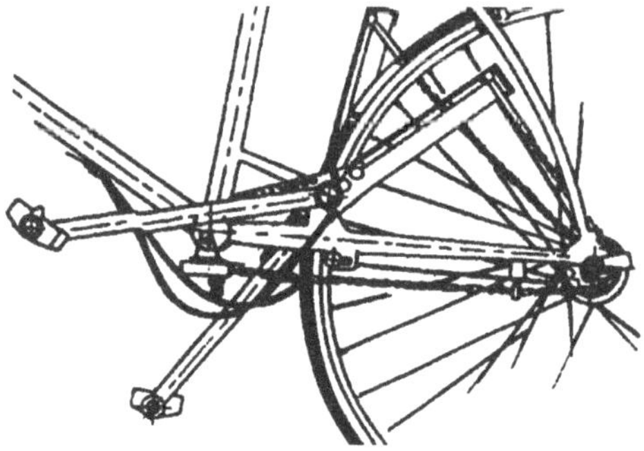

图2.55

摇杆式自行车(图2.55)将回转蹬踏变为两脚往复蹬踏,这样能充分使人蹬车时在90°~120°范围内做有用功,而去除做无用功的动作。两摆杆通过链条分别带动超越离合器使后轮转动。

3)传动系统的变异

链传动易磨损掉链。新开发的齿轮传动自行车(图2.56)脚蹬带动齿轮通过传动轴将运动传至后轮,提高传动效率。传动体包覆,无绞人裙摆、裤脚之忧。

根据需要将单速车改型为变速车,最多可达15种变速。开发自适应调速装置,在上坡或蹬踏阻力大处自动调至低速挡。

4)塑料自行车

图 2.56

工程塑料的引入对自行车性能有很大改进。碳纤维自行车采用碳纤维模压做成整体无骨架式车身(图 2.57)。其特点是强度高,避免有焊接薄弱点;无横梁,重心低,行车便于控制;流线外形,风阻小;质量轻(约 11 kg,比金属架车轻 1.5 kg);速度快(比金属架车每公里快 3 秒)。在巴塞罗那奥运会,一名美国车手骑着定做的一辆碳纤维自行车取得金牌并破世界纪录。

图 2.57

图 2.58 所示为全塑自行车,其车架、车轮皆为塑料整体结构,一次模压成型。车把为整流罩式全握把,整车呈流线型。日本某公司开发的全塑自行车整车重量仅 7.5 kg。

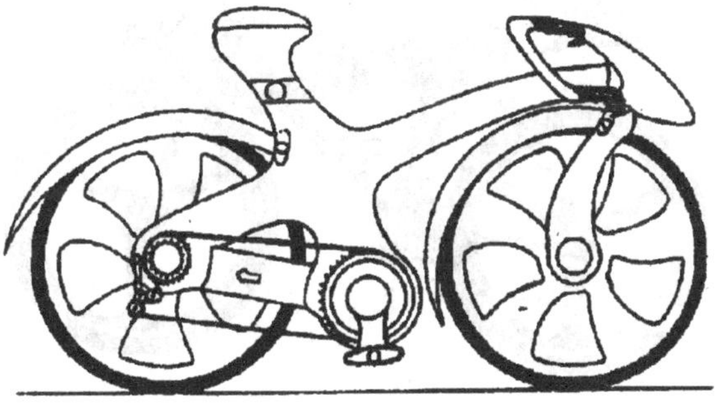

图 2.58

5)高速自行车

美国加利福尼亚大学学生弗朗斯等人设计的半躺式 Dexter Hyol"猎豹"自行车车速达

110.6 km,创世界新纪录(猎豹奔跑时速可达 110 km)。

图 2.59 所示的这种高速自行车具有以下特点:

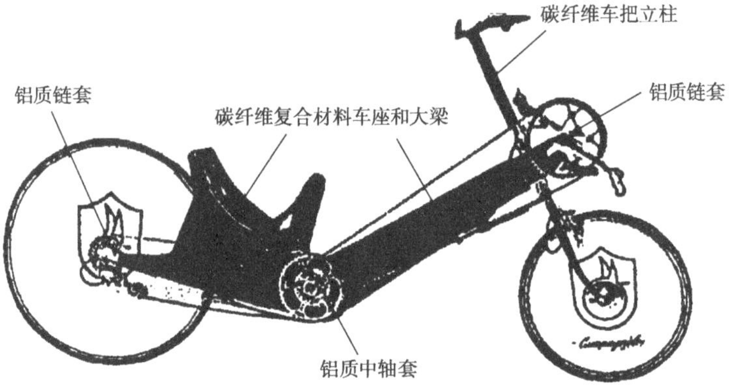

图 2.59

①采用“躺式”,骑车者能发挥最大动力,并减小风阻面积。

②双级链传动升速。

③以高强度碳纤维复合材料注塑整体车座和大梁。采用碳纤维车把和立柱,铝制链套和中轴套,连同碳纤维车外罩,全车总重量只有约 13.4 kg。

④采用 Hysol 宇航黏合剂取代传统紧固件,既减轻重量,又使载荷和应力均布在更大面积上,增加强度,减少震动。

⑤运用空气动力学原理对车外罩形状进行优化设计,形成笼罩骑车者的流线型封闭舱,提高空气动力学效率 30% 以上。

6)多功能自行车

根据需要增加辅助功能,如在自行车上加车灯、气筒(或自动打气装置)、饮水器、载物载人装置等。

图 2.60 所示为巡警用自行车,车上装有内藏式无线电通话设备、手电筒支架,还配备了便于上坡追击用的电动助力装置。

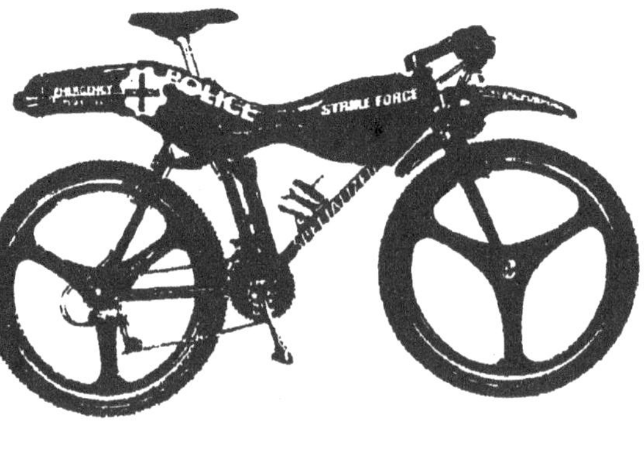

图 2.60

双人自行车或家庭型自行车(双人前后蹬踏,中间有几个孩子的车座)由两个人驱动,分别设有单向离合器,使驱动力同时推动车轮而不互相干涉。

7)小型自行车

为便于搬上高楼或放在汽车后厢外出旅游运动，开发了多种折叠式小型自行车。美国开发的一种便于携带的折叠式自行车，折叠后最小体积仅 0.68 m×0.21 m，可放于汽车或火车座位底下，打开时间只需 15 秒。

(3) 几点启示

①小小普通的自行车可以有多种新型原理和结构，而且还会不断改进、翻新。可见处处有创新之物，创新设计是大有可为的。

②人类和社会的需要是创造发明的源泉。社会的需要促使了自行车的演变，也正是社会的需要产生了各种新型功能和结构的自行车。紧紧抓住社会的需要，将使创新设计更具有生命力。

③不断发展的科学理论和新技术的引入，使产品日趋先进和完善。如高速自行车的开发中考虑到空气动力学和人体力学，采用了新型材料和先进结构，还应用计算机辅助手段进行优化，故具有先进的性能。实践证明，充分利用先进设计理论和科学技术是创新设计中必须重视的问题。

④由自行车的演变和开发可见，创新的过程是一个逐渐发展的过程，一个完备的产品，不是一次就能创造出来的，它通常是通过若干人（有时是几代人）一点一点地创造积累起来的，因此，对每一点微小的创新都要给予足够的重视。创新者要为自己的创新成果（哪怕是微乎其微的一点创新）感到自豪，树立强烈的创新意识。

第3章 机械系统的组成及各部分的特点

3.1 机械系统的组成

机械系统通常由原动机、传动装置、工作机(有时又称执行机构)和控制系统及其他辅助零部件组成。工作机是机械系统中的执行部分,系统通过这部分中的某些构件的运动实现系统的功能。原动机是机械系统中的驱动部分,它为系统提供能量或动力,并将能量转化为系统所需要的运动形式。传动装置则是把原动机和工作机有机联系起来,实现能量传递和运动形式转换的重要装置。执行机构有时又称工作机(有时仅是指工作机中的一部分),它是利用机械能实现某种特定功能的机械装置,是机械系统中必不可少的部分。控制系统的功能是通过控制元件或控制装置对系统进行控制。辅助零部件的作用是保证系统正常工作,改善操作条件,延长使用寿命等,如系统中使用的冷却装置、润滑装置、消声装置、安全保险和防尘装置等。机械系统的组成如图3.1所示。

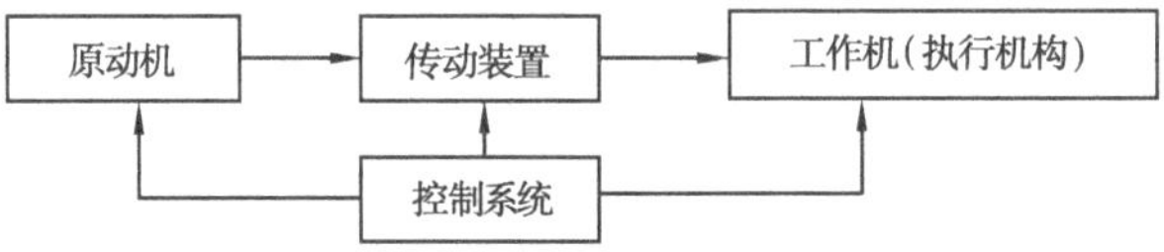

图3.1

3.2 常用原动机的种类和选择

原动机是机械系统中必不可少的,在机械系统方案设计中必须根据系统的特点,考虑和选择合适的原动机。

3.2.1 常用原动机的分类

原动机的种类按其输入能量的不同可以分为两类:

①一次原动机　此类原动机是把自然界的能源直接转变为机械能,因此称为一次原动

机。属于此类原动机的有柴油机、汽油机、汽轮机和燃汽轮机等。

②二次原动机　此类原动机是将发电机等变能机所产生的各种形态的能量转变为机械能，因此称为二次原动机。属于此类原动机的有电动机、液压马达、气动马达、汽缸和液压缸等。

3.2.2　常用原动机的输出运动形式

原动机的输出运动形式有三种：

①转动　具有这种输出运动形式的原动机有电动机、液压马达、气动马达、柴油机、汽油机、汽轮机和燃汽轮机等。

②往复移动　具有这种输出运动形式的原动机有直线电动机、汽缸、液压缸。

③往复摆动　具有这种输出运动形式的原动机有摆动油缸、摆动汽缸。

3.2.3　常用原动机的特点

一次原动机的特点及性能比较见表 3.1。

表 3.1　一次原动机的性能比较

类　别	工业汽轮机		汽油机		柴油机	燃气轮机
机械特性	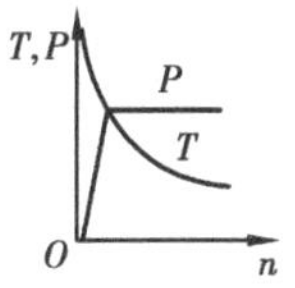		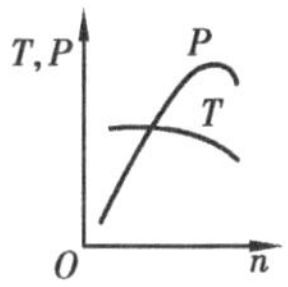		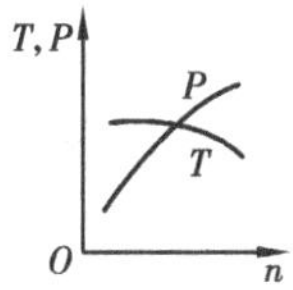	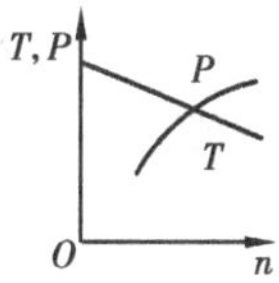
功率范围/kW	小型 100～1 000	大型 10 000～600 000	四冲程 1.0～260	二冲程 0.6～110	5～38 000	50～25 000
功率/质量	较大		大		较大	最大
热效率（包括锅炉效率）或油耗/（$N \cdot kW^{-1} \cdot h^{-1}$）	冷凝，约 15%	冷凝，约 25%	3.4～2.75	5.1～4.2	2.5～2	4.2～2.5
特　点	启动力矩大，转速高，变速范围较大，运转平稳，寿命长 设备复杂，制造技术要求高，初始成本高 中型汽轮机的效率在大型和小型之间		结构紧凑，重量轻，便于移动，转速高（四冲程达 5 000 r/min，二冲程达 8 000 r/min），能很快启动达到满载运转 热效率约为 25% 燃料价高，易燃，废气会造成大气污染		工作可靠，寿命长，维护简便，运转费低，燃料较安全 热效率约为 36% 初始成本较高，废气会造成大气污染	结构紧凑，质量轻，启动快而力矩大，运转平稳，用水少，可用廉价燃油，维护简便 热效率约为 30% 设备较复杂，制造技术要求高，初始成本高，燃料消耗较多
应　用	适用于大功率高速驱动，如压缩机、泵、风机、发电		多用于汽车		应用很广，如各种车辆、船舶、农业机械、挖掘机、压缩机	用于大功率高速驱动，如机车、飞机、原油输送、发电

二次原动机的特点及性能比较见表3.2。

表3.2 二次原动机的性能比较

类 别	电动机	气压马达(汽缸)	液压马达(液压缸)
尺寸	较大	较小	最小
功率/质量	大	比电动机大	最大
输出刚度	硬	软	较硬
调速方法和性能	直流电动机可改变电枢的电阻、电压或改变磁通进行调速。交流电动机通常是不调速的,需要时则也可通过变频、变极或变转差率进行调速	用气阀控制,简单、迅速,但不精确	通过阀控或泵控改变流量,调速范围大
反转性能	通常是单向回转的,需要时可采用反向开关或特殊电路反向,简单	通过方向控制阀反向供气,简单、迅速	通过方向控制阀反向供油或使变量装置超过中心位置,简单
运行温度的控制	在正常环境温度下使用,电机采用风冷,温升应低于允许值	排气时空气膨胀而自冷	对油箱进行风冷或水冷
高温使用性能	受绝缘的限制,采用耐热的绝缘材料和特殊设计,可提高使用温度	取决于结构材料的允许使用温度	受油液最高使用温度的限制,采用高温油可提高使用温度
防燃爆性能	需采用防爆电动机	介质不会燃爆,可用于易燃、易爆的大气中	用于易燃环境时,必须使用防燃性油
恶劣环境适应性	需采用防护式或封闭式电动机	适用于多尘、潮湿和不良的大气中	需用密封结构
故障反应	运转故障或严重过载,可能烧坏电动机,需考虑过载保护装置	过载不引起部件损坏	过载不引起部件损坏
噪声	噪声小	噪声较大,排气口应安装消声器	噪声较大
初始成本	低	较高	高
运转费用	最低	最高	高
维护要求	较少	少	较多
功率范围	0.3 ~ 10 000 kW,范围极广	受气压、马达尺寸限制,与供气压力有关。使用范围:15 kW以下,与马达类型有关。特别适用于0.75 kW下的高速传动	受实际油压(一般最大为34 N/mm^2)和马达尺寸的限制。小功率(0.75 kW以下)效率低,成本高

常用电动机结构特征、优缺点及应用范围,见表3.3。

表 3.3　常用电动机的结构特征、优缺点及应用范围

类　型	名　称	结构特征	优缺点及应用范围
一般异步电动机	Y 系列三相异步电动机	该系列电机能防止水滴、灰尘、铁屑或其他杂物浸入电机内部，它是我国近年来研制成功的节能型电动机	运行可靠寿命长，使用维护方便，性能优良，体积小，质量轻，转动惯量小，用料省等 适用于不含易燃、易爆或腐蚀性气体的场所和无特殊要求的机械上。如：金属切削机床、水泵、鼓风机、运输机械、矿山机械、搅拌机、农业机械、食品机械等
	YZ、YZR 系列起重及冶金用三相异步电动机	采用封闭式外部风冷结构	具有较高的机械强度及过载能力，能承受经常的机械冲击及震动，转动惯量小，过载能力大，适用于经常快速启动及逆转、电气及机械制动的场合，还适用于有过负荷、有显著震动和冲击的设备，如：各种形式的起重、牵引机械及冶金设备的电力拖动
变速异步电动机	YD 系列变极多速三相异步电动机	取代 JDO_2 系列变极多速三相异步电动机的更新换代产品，其机械结构与 Y 系列相同	具有双速、三速、四速三种调整范围，转速可逐级调节，适用于各式万能和专用金属切削机床、木工机床以及起重传动设备等需要多级调速传动的装置，还可驱动高频发电机，借以改变高频电动机的转速
防爆异步电动机	YB、JAO_2 系列防爆三相异步电动机	结构与 Y 系列相似，为了满足防爆，适当加固	具有运行可靠，使用安全，寿命长，维修方便，性能优良，重量轻，体积小，转动惯量小和用料省等优点。适用于具有爆炸危险性混合物的场所
电磁调速三相异步电动机	YCD 电磁调速三相异步电动机	有组合式和整体式两种结构。这两种调速电动机均为防护式，空气自冷，卧式安装，且无碳刷，集电环等滑动接触部件	具有结构简单、可靠、速度调节均匀平滑，无失控区，使用维护方便等优点。对于启动力矩高、惯性大的负载有缓冲启动的作用，同时有防止过载等保护作用。适用于恒转矩负载的速度调节和张力控制的场合。更适合于鼓风机和泵类负载场合。它广泛用于纺织、印染、水泥、造纸、印刷、食品、冶金、橡胶、塑料、制糖、搅拌、鼓风、水泵、纤维、线缆等工业部门，作动力、传输、自控用等
直流电动机	Z4 系列直流电动机	采用多角形结构，空间利用率高。定子磁扼为叠片式，磁极安装有精确定位，因而换向良好	具有运行可靠，技术经济指标较高，用料省，体积小，质量轻、性能好，工艺先进合理，广泛用于金属切削机床和造纸、水泥、钢铁、染织等部门
控制电机	BF 系列步进电动机	步进电动机的机械角位移与脉冲数量严格成正比，以改变脉冲频率实现调速	BF 系列步进电动机具有定位精度高，同步运行特性好，调速范围宽，能快速启动、反转和定位等特点，广泛应用于数控机床、计算机外围设备、各种自动控制装置、自动调节器仪表装置中作执行和驱动元件
	SL 系列交流伺服电机	SL 系列交流伺服电动机为鼠笼转子式两相伺服电动机	其功用是将电信号转变为轴上的机械转矩。它具有良好的可控性，启动和制动迅速，无自转现象，电机运行平稳。转速随转矩的增加而均匀下降。本系列伺服电动机广泛用于自动控制随动系统和计算机技术装置中作执行元件
	SZ 系列直流伺服电机	SZ 系列直流伺服电动机系电磁式直流伺服电动机	它具有机械特性、调节特性线性度好、调速范围广，启动转矩大等优点。广泛用于自动控制系统中作执行元件，亦可作驱动元件

3.2.4 选择原动机时应考虑的因素

①必须考虑到现场能源供应情况。在有电源的条件下尽可能选择电力驱动，因为它的成本低，操作控制方便，机械活动范围广，离电源远或无电源时可考虑选择柴油机作为原动机。当有现成气源时（如铸造车间）可选用气力驱动（气动马达和汽缸）。

②必须考虑到原动机的机械特性和工作制度与工作机相匹配。例如，挖掘机在工作中当遇到大的阻力（如巨石、枯树根等）时，为保护整个机械装置，它应能立即停止工作（称此为挖掘特性），所选原动机也必须具有此特性。又如纺织机械上用的电动机应选用连续工作制，而起重机械上用的电动机应根据该起重机工作的频繁程度选取相应的工作制度（FC = 15% ~60%）

③必须考虑到工作机对原动机提出的启动、过载、运转平稳性、调速和控制等方面的要求。如电力机车要求原动机启动力矩大、调速范围宽。

④必须考虑到工作环境的因素。如防爆、防尘、防腐蚀等。例如，对于食品机械必须考虑到不能污染食品以及便于清洗等要求。因此，在考虑选择油缸和汽缸作为原动机时，应选择汽缸，而油缸的漏油会污染食品。

⑤必须考虑工作可靠，操作简易，维修方便。比如在单机集中驱动和多机分别驱动两者之间，考虑到操作维修方便往往选择多机分别驱动为好。

⑥为了提高机械系统的经济效益，必须考虑经济成本：包括初始成本和运转维护成本。

此外，所选原动机的额定功率必须满足负载需要，但也不宜过大。对电动机来说所选电动机功率过大造成功率因素过低也是不经济的。

3.3 传动装置的类型、特点及选择

3.3.1 机械系统中传动装置的作用

机械系统中的传动装置是指把原动机输出的机械能传递给执行机构并兼实现能量的分配、转速的改变和运动形式的改变等作用的中间装置，其作用有：

①将原动机输出的速度降低或提高，以适应执行机构的需要。

②用原动机进行调速不经济和不可能时，采用变速传动来满足执行机构经常调速的要求。

③将原动机输出的转矩变换为执行机构所需的转矩或力。

④将原动机输出的等速回转运动转变为执行机构所要求的，其速度按某种规律变化的回转或非回转运动。

⑤实现由一个或多个动力机驱动若干个速度相同或不相同的执行机构。

⑥由于受机体的外形、尺寸的限制，或为了安全和操作方便，执行机构不宜与原动机直接联接时，也需要用传动装置来联接。

3.3.2 传动的分类

传动的类型按工作原理分类见表3.4。此外，可根据传动比或输出速度的变化、能量流动路线、速度高低、功率大小、自由度的多少、轴线的相对位置以及传动的用途等进行分类。

表 3.4　传动按工作原理分类

传动类型				说　明
机械传动	摩擦传动	摩擦轮传动		圆柱形、槽形、圆锥形、圆柱圆盘式
		挠性摩擦传动		带传动:V 带(普通带、窄形带、大楔角带、特殊用途带),平带,楔带,圆带绳及钢丝绳传动
		摩擦式无级变速传动		定轴的(无中间体的、有中间体的)、动轴的、有挠性元件的
	啮合传动和推动	齿轮传动	圆柱齿轮传动	啮合形式:内、外啮合,齿条 齿形曲线:渐开线,单、双圆弧,摆线 齿向曲线:直齿,螺旋(斜)齿,曲线齿
			圆锥齿轮传动	啮合形式:外、内啮合,平顶及平面齿轮 齿形直线:渐开线,单、双圆弧 齿向曲线:直齿,斜齿,弧线齿
			动轴轮系	渐开线齿轮行星传动(单自由度、多自由度) 摆线针轮行星传动 谐波传动(三角形齿、渐开线齿)
			非圆齿轮传动	可实现主、从动轴间传动比按周期性变化的函数关系
		章动传动		一种大传动比、高效率、低噪声的互包络线机构
		蜗杆传动	圆柱蜗杆传动	按形成原理: 直纹面(普通)圆柱蜗杆传动(阿基米德渐开线、延长渐开线) 曲纹面圆柱蜗杆传动(轴面、法面圆弧齿,锥面、环面包络的圆柱蜗杆)
			环面蜗杆传动	直线型环面蜗杆传动,平面包络环面蜗杆传动(平面一次包络环面蜗杆传动、平面二次包络环面蜗杆传动)
			锥蜗杆	
		挠性啮合传动		链传动:滚子链,套筒链,弯板链,齿形链 带传动:同步带
		螺旋传动		摩擦形式:滑动,滚动,静压 头数:单头,多头
		连杆机构		曲柄摇杆机构,双曲柄机构,曲柄滑块机构,曲柄导杆机构,液压缸驱动的连杆机构
		凸轮机构		直动和摆动从动件的,反凸轮机构,凸轮无级变速器
		组合机构		齿轮-连杆机构,齿轮-凸轮机构,凸轮-连杆机构,液压连杆机构
流体传动	气压传动			运动形式:往复移动,往复摆动,旋转
	液压传动			速度变化:恒速,有级变速,无级变速
	液力传动			液力变矩器 液力耦合器
	液体黏性传动			与多片摩擦离合器相似,借改变摩擦片间的油膜厚度与压力,以改变油膜剪切力进行无级变速传动
电力传动	交流电力传动			恒速,可调速(电磁滑差离合器、调压、串级、变频、无换向器电动机等)
	直流电力传动			恒速,可调速(调磁通、调压、复合调速)
磁力传动				可透过隔离物传动:磁吸引式,涡流式 不可透过隔离物传动:磁滞式,磁粉离合器

3.3.3 传动类型的选择

机械传动类型的选择关系到整个机械系统的运动方案设计,机器工作性能、可靠性、尺寸、质量和成本,只有通过多种方案的分析比较,才能较合理地选用传动的类型,下面给出一些选择的依据和原则供参考。

选择传动类型的依据:

①工作机的性能和工况。

②原动机的机械特性和调速性能。

③对机械传动系统的尺寸、质量和布置上的要求。

④工作环境,如对多尘、高温、低温、潮湿、腐蚀、易燃、易爆等恶劣环境的适应性与噪声的限制等。

⑤经济性:如工作寿命和传动效率,初始费用,运转费用,维修费用等。

⑥操作方式和控制方式。

⑦其他要求:如国家的技术政策(标准化和系列化),现场的技术条件(能源、制造能力等),环境保护等。

⑧上述条件有时是相互矛盾的,不能全部得到满足,应根据具体情况,全面分析,妥善解决。

传动类型选择的原则:

①对小功率传动,应在满足工作性能的需要下,选用结构简单的传动装置,尽可能降低初始费用。

②对大功率传动,应优先考虑传动的效率,节约能源,降低运转费用和维修费用。

③当执行机构要求变速时,若能与动力机调速比相适应,可直接联接或采用定传动比的传动装置;当执行机构要求变速范围大,用动力机调速不能满足机械特性和经济性要求时,则应采用变传动比传动;除执行机构要求连续变速者外,尽量采用有级变速。

④执行机构上载荷变化频繁,且可能出现过载,这时应加过载保护装置。

⑤主、从动轴要求同步时,应采用无滑动的传动装置。

⑥传动装置的选用必须与制造水平相适应,尽可能选用专业厂生产的标准传动装置,如减速器、变速器和无级变速器等。

3.3.4 定传动比传动类型的选择

选择定传动比传动的类型时应考虑以下因素:

1)功率范围

当传动功率小于 100 kW 时,各种传动类型都可以采用。但传动功率较大时,宜采用齿轮传动,以降低传动功率的损耗;聚酰胺片基平带传动也能传动较大的功率,且传动效率接近于齿轮传动。对于传动中小功率,宜采用简单而可靠的传动类型,如带传动,其传动效率是次要的。

2)传动效率

对于大功率传动,传动效率至关重要。传动功率愈大,愈要采用效率高的传动装置。

3)传动比范围

各种传动类型的最大单级传动比是选择传动类型的重要因素之一。当单级传动比不能满足要求时,可采用多级传动,但应安排好传动的次序。

4)传动的次序

在机械传动系统中,确定各种传动的先后次序时,应充分注意各种传动的特点和适用条件。下面是这方面的几个例子:

①带传动　为发挥其过载保护作用和减小传动尺寸,一般放在传动系统的第一级。

②圆柱齿轮传动　为缩小传动装置的尺寸,闭式传动应放在高速级,而开式传动可放在低速级;斜齿轮传动较平稳,宜放在高速级,而直齿轮传动可放在低速级。

③锥齿轮传动　当两轴都是水平放置时,为减小齿轮尺寸,一般都放在高速级。但是,当机构结构要求有垂直方向的立轴时,为便于轴承组合的设计,锥齿轮传动可放在传动系统的末级。

④摩擦轮传动　由于结构简单和制造容易,通常不用于高速级;但各种摩擦式无级变速器,由于结构复杂和制造困难,为减小外廓尺寸,一般都放在高速级。

此外,合理安排各种传动的先后次序,还能保证传动系统的可靠性,否则传动会出故障。

⑤结构尺寸和安装布置要求　当主、从动轴平行时,可以选用带、链或圆柱齿轮传动。主从动轴间距很大,或主动轴需同时驱动多根距离较远的平行轴时,则可选用带或链传动,同时要求主从动轴同步时,可采用链或同步带传动。要求两轴在同一轴线上,可采用二级、多级齿轮传动或行星传动。两轴相交时,可采用锥齿轮传动或圆锥摩擦轮传动。两轴交错时,可采用蜗杆传动或交错轴斜齿轮传动。后一种情况,也可采用平带传动。

当传动要求尺寸紧凑时,应优先采用齿轮传动。行星齿轮传动外廓尺寸小、质量轻、效率高,能传递大功率,如果传动功率较小或间歇工作可选用摆线针轮行星传动。

传动装置的噪声日益受到重视。链和齿轮传动噪声较大,其程度与其种类及制造精度有关。带和摩擦传动的噪声较小。

在冶金、矿山、化工、轻工及纺织等设备上的机械传动装置常采用独立齿轮蜗杆减速器(少数为增速器),其中有些已标准化。设计时,应尽量选用标准减速器。

表3.5列出了各种定传动比传动的特点和性能,供选择传动类型时参考。

表3.5　机械传动的特点和性能

类　别	齿轮传动	蜗杆传动	螺旋传动
特　点	承载能力和速度范围大;传动比恒定,采用行星传动可获得很大传动比,外廓尺寸小,工作可靠,效率高 制造和安装精度要求高,精度低时,运转有噪声;无过载保护作用	结构紧凑,单级传动能得到很大的传动比;传动平稳,无噪声;可制成自锁机构;传动比大、滑动速度低时效率低;中、高速传动需用昂贵的减摩材料(如青铜);制造精度要求高,刀具费用贵	将旋转运动变成直线运动,并能以较小的转矩得到很大的轴向力;结构简单,传动平稳,无噪声;滑动螺旋可制成自锁机构;工作速度一般都很低

续表

类　别	齿轮传动	蜗杆传动	螺旋传动
功率 P /kW	各种齿轮的 P_{max}： 圆柱齿轮 直齿 750 斜齿和人字齿 50 000 圆弧齿轮 6 000 圆锥齿轮 直齿 1 000 曲线齿 15 000 摆线针轮传动 250 谐波传动 2 200	$P_{max}=750$ 通常只用到 50	
速度 $v/(m\cdot s^{-1})$	受动载荷和噪声的限制 圆柱齿轮 7 级精度 ≤25 5 级精度以上的斜齿轮 5～130 实验室已达 300 圆锥齿轮 直齿 <5 曲线齿 5～40	受发热条件限制 精密传动，滑动速度 $v_{max}=15$，个别可达 35	
效率 η	与速度和制造精度有关 圆柱齿轮 直齿 0.95～0.98 斜齿和螺旋齿 0.96～0.99 圆锥齿轮 直齿 0.95～0.98 曲线齿 0.96～0.98 摆线针轮传动 0.90～0 94 谐波传动 0.69～0.90	与螺纹升角、滑动速度和制造精度有关 自锁蜗杆 0.4～0.46 单头蜗杆 0.7～0.75 双头蜗杆 0.75～0.82 三头以上蜗杆 0.8～0.92 球面蜗杆 0.85～0.95	滑动螺旋 0.3～0.6 滚动螺旋 ≥0.90 静压螺旋 0.99
单级传动比 i	受结构尺寸的限制 一般 ≤10 摆线针轮传动 11～18 谐波传动 50～500	$8\leq i\leq 100$ 分度机构可达 1 000	
寿命	取决于轮齿材料的接触和弯曲疲劳强度以及抗胶合与抗磨损能力	制造精确，润滑良好，寿命较长；低速传动，磨损显著	滑动螺旋磨损较快，滚动螺旋和静压螺旋寿命都很长
应用举例	金属切削机床、汽车、起重运输机械、冶金矿山机械以及仪器等	金属切削机床（特别是分度机构）、起重机、冶金和矿山机械、焊接转胎等	螺旋压力机、千斤顶、金属切削机床的传导螺旋和传力螺旋、汽车、拖拉机的转向机构

续表

类　别	摩擦轮传动	带传动	链传动
特点	运转平稳，噪声小；可在运转中平稳地调整传动比；有过载保护作用，结构简单 轴和轴承上的作用力很大，有滑动，工作表面磨损较快	轴间距范围大，工作平稳，噪声小，能缓和冲击，吸收震动；摩擦型带传动有过载保护作用；结构简单，成本低，安装要求不高；外廓尺寸较大；摩擦型带有滑动，不能用于分度链；由于带的摩擦起电，不宜用于易燃易爆的地方；轴和轴承上的作用力大，带的寿命较短	轴间距范围大；传动比恒定；链条组成件间形成的油膜能吸震，对恶劣环境有一定的适应能力，工作可靠；作用在轴上的载荷小；运转的瞬时速度不均匀，高速时不如带传动平稳（齿形键较好）；链条工作时，特别是因磨损产生伸长以后，容易引起共振，因而需增设张紧和减震装置
功率 P/kW	$P_{max}=200$ 通常，≤20	P_{max}： 聚酰胺片基平带　3 500 普通 V 带　500 窄 V 带　750 同步带　100	$P_{max}=3\ 500$ 通常，≤100
速度 $v/(m\cdot s^{-1})$	受发热限制，在润滑条件下，发热使油膜的承载能力降低，打滑增大，传递功率减小 通常，≤20	受带与带轮间产生气垫、带体发热和离心力的限制 v_{max}： 聚酰胺片基平带　60 普通 V 带　25～30 窄 V 带　40～50 同步带　100	受链条啮入链轮时的冲击、链条磨损和胶合的限制 $v_{max}=30\sim40$ 通常，≤20
效率 η	平摩擦轮　0.85～0.92 槽摩擦轮　0.88～0.90 圆锥摩擦轮　0.85～0.90	平带　0.94～0.98 V 带　0.90～0.94 同步带　0.96～0.98	滚子链 $v\leq10$ m/s　0.95～0.97 $v>10$ m/s　0.92～0.96
单级传动比 i	受外廓尺寸的限制 通常　≤7～10 有卸载装置　≤15 仪器，手传动　≤25	受小带轮的包角和外廓尺寸的限制 平带　≤4～5 V 带　≤7～10 同步带　≤10	受小链轮包角的限制 通常，≤8 工作条件良好可达 10
寿命	取决于材料的接触强度和抗磨损能力	带轮直径大，带的寿命长 普通 V 带　3 500～5 000 h （优质窄 V 带可达 2 000 h） 窄 V 带　2 000 h	与制造质量有关 5 000～15 000 h
应用举例	摩擦压力机、摩擦绞车、机械无级变速器以及各种仪器等	金属切削机床、锻压机床、输送机、通风机、农业机械和纺织机械等	农业机械、石油机械、矿山机械、运输机械和起重机械等

3.3.5 有级变速传动的选择

有级变速传动常采用直齿圆柱齿轮变速装置（如汽车上的变速器），通过杠杆、拨叉移动交换齿轮或离合器进行换挡，其变速范围大、尺寸小、寿命长、工作可靠、操作方便，但不能在快速运转中变速，也难以实现自动控制。对于简单的小功率传动，可以采用带、链的塔轮装置变速。

3.3.6 无级变速传动类型的选择

无级变速传动主要有各种无级变速器和液力变矩器。摩擦式无级变速器结构紧凑，传动平稳，噪声低，有过载保护作用，但传递功率小，使用寿命较短，耐冲击能力差。

采用无级变速传动能在一定范围内连续改变执行机构的转速，利用无级变速装置可组成各种高性能的自动控制系统。

3.3.7 传动装置的总传动比及其分配

有时由于原动机与工作机的转速差别太大，或由于位置等特殊原因，需要采用多级传动，这时就要进行各级传动比的分配。

(1)确定总传动比

原动机选定后，根据原动机的额定转速 $n_{原}$ 和工作轴的转速 $n_{工}$，可确定传动装置的总传动比 $i_{n总}$，即

$$i_{n总} = n_{原}/n_{工}$$

根据总传动比按各级传动进行分配，即

$$i_{n总} = i_{n1}\ i_{n2}\ i_{n3}\cdots i_{nn}$$

式中，i_{n1}，i_{n2}，i_{n3}，…，i_{nn}为各级传动的传动比。

(2)传动比的分配原则

传动比的合理分配是传动装置设计中的一个重要问题。它将直接影响到传动装置的外形尺寸、质量、润滑条件、装拆性能和整个机器的工作能力，因此，它是运动计算的重要组成部分。

传动比分配的一般原则：

①各级传动比应在推荐范围内选取（各种传动类型的推荐传动比见表3.5），在特殊情况下也不要超过所允许的最大值；

②使各级传动的承载能力得到充分发挥，并使其结构尺寸协调和匀称；

③使各级传动具有最小的外形尺寸，最小的质量和中心距；

④在两级或多级齿轮减速器中，使各级大齿轮的浸油深度大致相等，以利实现浸浴润滑；

⑤所有的传动零件应便于装配和拆卸；

⑥为提高传动链的传动精度，减小空间，应使最后一级的减速比最大；

⑦对于周期性变化的载荷，为避免某几个轮齿的磨损过分集中，应建议用不可约分的传动比。如 $i=25/27$、$17/31$ 等；

⑧在经常正反转的传动链中希望传动链总转动惯量最小。

要使分配传动比的方案满足上述所有原则是不可能的，也是不现实的。因此，设计时应拟定不同的分配方案，在各个指标上进行对比，最后确定一个最合理的方案。

3.4　工作机(执行机构)及其机械特性

工作机(或称执行机构)是机械系统中必不可少的部分。它的作用是利用机械能实现某种特定功能。在进行机械系统方案设计时,工作机的机械特性是一个非常重要的设计因素,它涉及到原动机和传动装置的选择。工作机的机械特性是指工作机输入构件的转速和转矩之间的函数关系($n = f(T)$)。表 3.6 是工作机的几种典型机械特性。

表 3.6　工作机的几种典型机械特性

类型	$n = f(T)$ 曲线	特　性	特点及应用举例
恒力矩	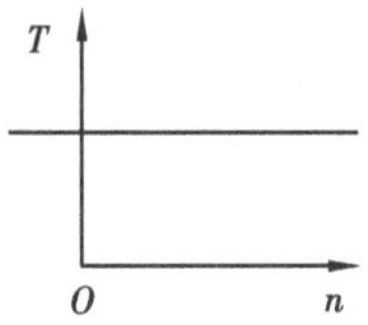	$T = C$ C 为常数	此类机械特性的特点是执行机构输入构件的转矩 T 为常数。属于这一类的执行机构有提升机构、提升机的行走机构、皮带运输机以及金属切削机床等
直线规律	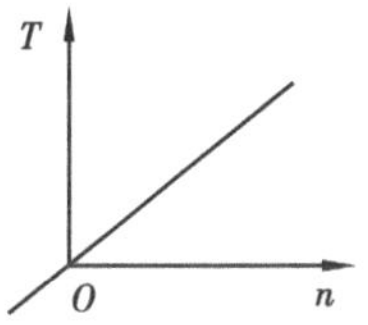	$T \propto n$	此类机械特性的特点是执行机构输入构件的转矩 T 随转速 n 的增加成正比的增大。属于此类的执行机构有实验室中作模拟负载用的他励直流发电机和滑动轴承试验台(润滑油的黏滞阻力矩)等
抛物线	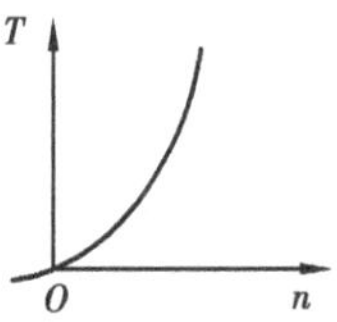	$T \propto cn^2$	此类机械特性的特点是执行机构输入构件的转矩 T 与转速 n 成抛物线关系。属于此类的执行机构有离心式鼓风机、水泵等
恒功率	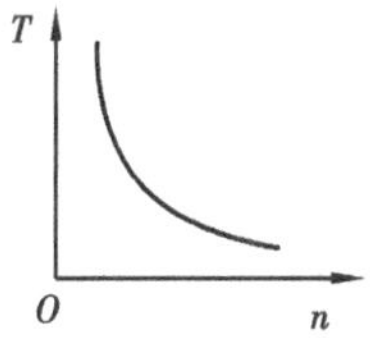	$P = nT = C$	此类机械特性的特点是执行机构输入构件的转矩 T 与转速 n 的乘积为常数。属于此类的执行机构有造纸、纺织工业和轧钢设备中的卷取机构
恒转速	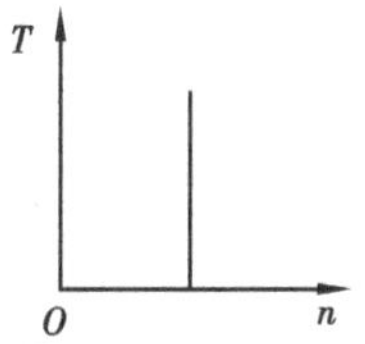	$n = C$	此类机械特性的特点是执行机构输入构件的转速 n 为常数。属于此类的执行机构如交流发电等

3.5 控制系统

任何一个机械系统在其运行过程中,各执行机构都按要求以一定的顺序和规律动作。在受控的机械系统中,执行机构运动的开始、结束及运动规律都由控制系统保证。

机械控制系统一般要控制各执行机构按要求的运动方向和速度以一定的顺序和规律实现运动,完成给定的作业循环,有时还要求对产品进行检测、预测、预报事故、报警及消除故障等。

3.5.1 控制系统及其组成

图3.2所示为数控机床进给系统中使用的控制系统,图中 $x(t)$ 是输入位移指令,$y(t)$ 是工作台位移。为了保证工作台5能按输入位移指令作随从运动,控制装置1同时接收 $x(t)$ 信号和角位移测量装置6发出的表示 $y(t)$ 的信号,并根据差异 $x(t)-y(t)$ 控制直流电动机3驱动工作台以减小差异。为了改善这一闭环随动系统的动态性能,在直流电动机上还装有测速发电机2,并将后者发出的信号以负反馈的形式送入控制装置。

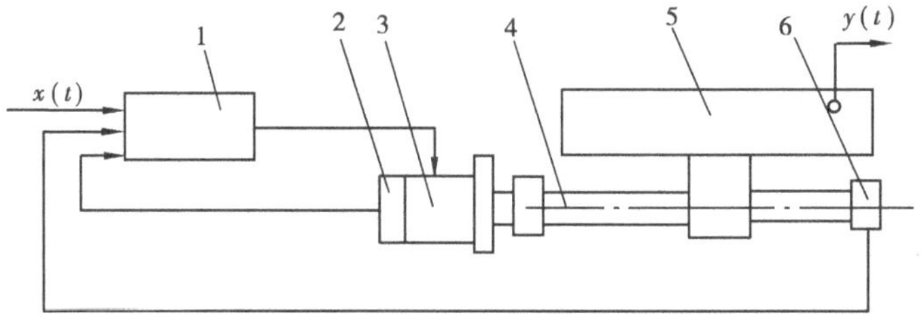

图3.2

1—控制装置;2—测速发电机;3—直流电动机;

4—滚球丝杆螺母副;5—工作台;6—角位移测量装置

从物理结构来看,控制系统的组成是多种多样的,但就控制的作用来看,控制系统主要由控制部分和被控制部分组成。控制部分的功能是接受指令信号和被控部分的反馈信号,并对被控部分发出控制信号。被控部分则是接受控制信号,发出反馈信号,并在控制信号的作用下实现被控运动。无论多么复杂的控制系统,都是由一些基本环节或元件组成的。图3.3所示为一个典型的闭环控制系统方框图,它由以下几个环节组成:

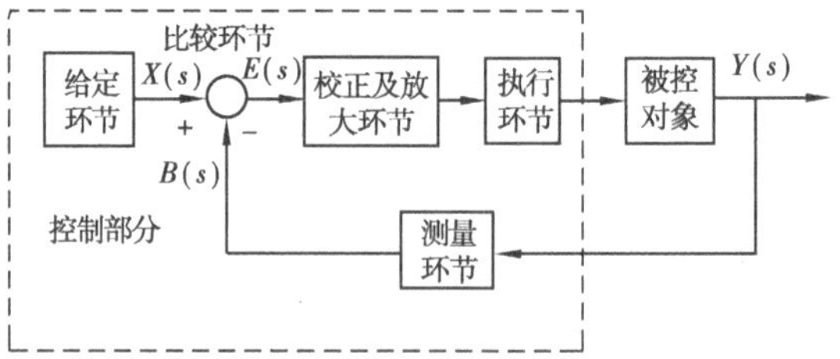

图3.3

①给定环节　给定环节是给出与反馈信号同样形式和因次的控制信号,用于确定被控对

象“目标值”的环节。给定环节的物理特性决定了给出的信号可以是电量、非电量，也可以是数字量或模拟量。

②测量环节　测量环节用于测量被控变量，并将被控变量转换为便于传送的另一物理量(一般为电量)的环节。例如，电位计可将机械转角转换为电压信号，测速发电机可将转速转换为电压信号，光栅测量装置可将直线位移转换为数字信号，这些都可作为控制系统的测量环节。一般测量环节是一个非电量的电测量环节。

③比较环节　比较环节是将输入信号 $X(s)$ 与测量环节发出的有关被控变量 $Y(s)$ 的反馈量信号 $B(s)$ 进行比较的环节。经比较后得到一个小功率的偏差信号 $E(s)=X(s)-B(s)$，如幅值偏差、相位偏差、位移偏差等。如果 $X(s)$ 与 $B(s)$ 都是电压信号，则比较环节就是一个电压相减环节。

④校正及放大环节　为了实现控制，要将偏差信号作必要的校正，然后进行功率放大以便推动执行环节。实现上述功能的环节即为校正及放大环节。常用的放大类型有电流放大、电压—液压放大等。

⑤执行环节　执行环节是接收放大环节的控制信号，驱动被控对象按照预期的规律运行的环节。执行环节一般是能将外部能量传送给被控对象的有源功率放大装置，工作中要进行能量转换，如把电能通过电机转换成机械能，驱动被控对象作机械运动。

给定环节、测量环节、比较环节、校正及放大环节和执行环节一起，组成了控制系统的控制部分，实现对被控对象的控制。

3.5.2　自动控制系统的分类

自动控制的种类很多，应用范围也很广，因此，系统的分类方法也很多，其中主要有以下几种主要的分类法。

(1) 按自动控制的方式分类

①顺序自动控制　从目的上说，这是一类定性控制，其系统构成是开环回路。控制方法是执行预先给出的顺序命令。例如，工厂自动线的自动控制即为顺序控制。

②反馈自动控制　这是一类定量控制，其系统由闭环回路构成。控制方法按偏差原理进行，是应用得最广泛的自动控制方式。例如，工厂电阻炉炉温自动控制系统即为反馈控制。

(2) 按给定量分类

①恒值控制　其特点是被控制量保持恒定或基本恒定的系统。例如上述电阻炉炉温控制系统。在恒值控制系统中，输入信号所保持的恒定值即为给定值，它与被控制量所要求的值是对应的。

②随动控制　其特点是与被控制量相对应的给定值的变化规律预先不能确定，而被控制量却能准确、迅速地再现给定值的变化。例如国防上的雷达跟踪系统即属此类。

③程序控制　其特点是被控制量按一定的预先确定的规律变化。例如金属冶炼时，冶炼炉的温度往往要按一定的规律变化，才能满足要求。

(3) 按被控量分类

①过程控制　所谓过程，是指在某设备中将原料经过适当处理得到产品的这段生产过程。被控量是温度、压力、流量、液位、黏度、pH 值等过程控制量，其系统主要是用已被规格化生产的各类仪表所构成，故又称其为仪表控制。

②伺服系统　指被控量为位移、旋转角度等力学量的一类自控系统，其目的往往是用小功率信号去推动大功率装置并令其跟随变动。由于被控量能迅速而精确地响应指令输入的变化，所以伺服系统已成为机电一体化机械设备的核心组成部分。

③自动调整　被控量是电网电压、频率等电量和原动机转速等一类物理量，控制方法基本是定值控制。这类系统中有很多是把对象和自控装置做成一体的结构形式。

第4章 机械系统运动方案设计

4.1 机械运动简图的表示和绘制

机械系统运动方案通常用机械运动简图来表示，机械运动简图中的构件和运动副要用规定的代表符号来表示，表4.1列出了各种运动副所属类型、代号及表示符号，表4.2是机构运动简图中构件及其与运动副相联接的表达方法，表4.3列出了常用的凸轮机构、齿轮机构及原动机的简图符号。

表4.1 运动副的类型及表示符号(GB 4460—84)

名称	代号	运动副类型	图	基本符号	可用符号	自由度	引入约束	
							转动	移动
球与平面副		空间1级高副				5	0	1
圆柱与平面副		空间2级高副	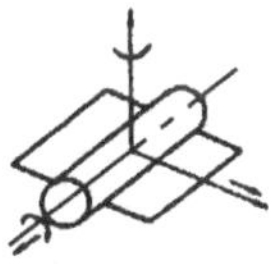			4	1	1
球与圆柱副		空间2级高副	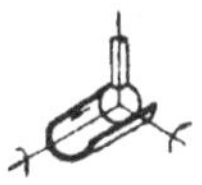			4	0	2
球面副	S	空间3级低副	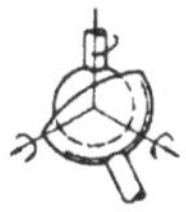			3	0	3

续表

名称	代号	运动副类型	图	基本符号	可用符号	自由度	引入约束	
							转动	移动
平面与平面副	*E*	平面3级低副	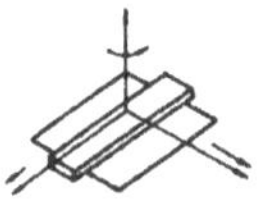			3	2	1
球销副	*S*′	空间4级低副				2	1	3
圆柱副	*C*	空间4级低副			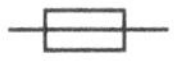	2	2	2
平面高副		平面4级高副				2	2	2
螺旋副	*H*	空间5级低副	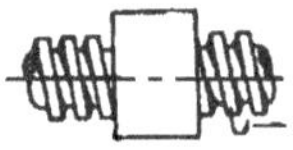			1	2或3	3或2
移动副	*P*	平面5级低副			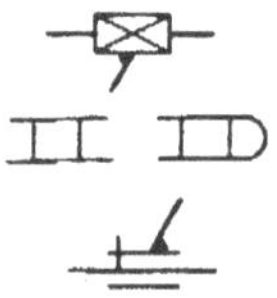	1	3	2
转动副	*R*	平面5级低副			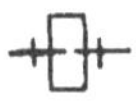	1	2	3

表 4.2　构件及其与运动副相联接的表达法

名　称	表示内容	常用符号	备注
机架		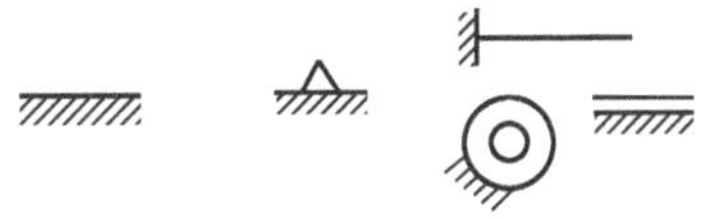	
固定联接	构件的永久联接	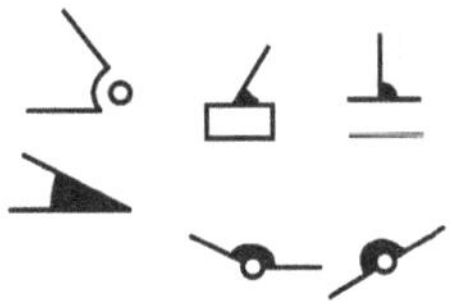	
	构件与轴的固定联接		
可调联接			
两构件以运动副相联接(两构件与一内副)①	两活动构件以转动副联接	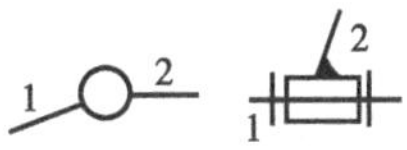	
	活动构件与机架以转动副相联接	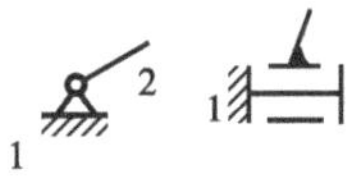	
	两活动构件以移动副相联接	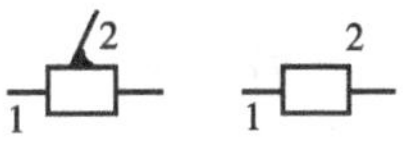	
	活动构件与机架以移动副相联接	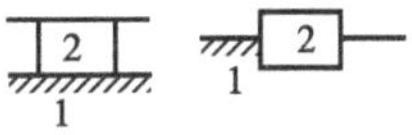	

续表

名　称	表示内容	常用符号	备注
两构件以运动副相联接（两构件与一内副）①	两活动构件以平面高副相联接		
	活动构件与机架以平面高副相联接		
双副构件（一构件与两外副）②	带两个转动副的构件	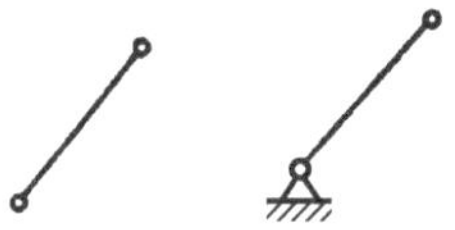	
	带一个转动副一个移动副的构件	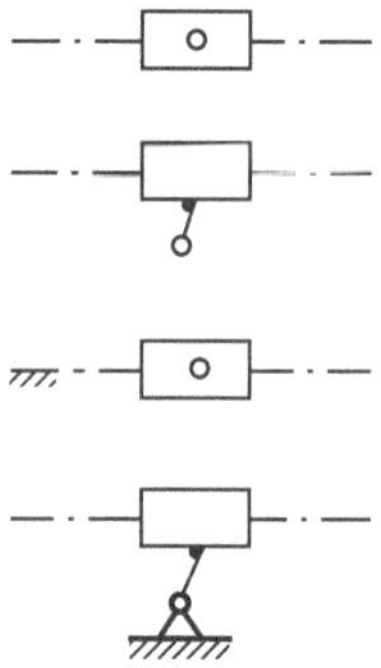	点划线代表以移动副与其相联接的其他构件
双副构件（一构件与两外副）②	带一个转动副一个平面高副的构件	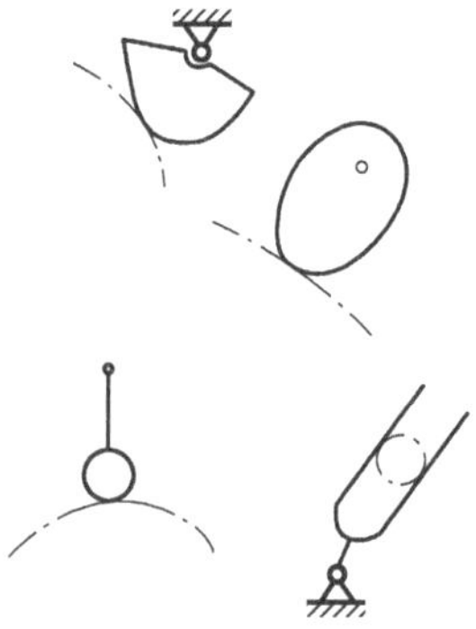	点划线代表以平面高副与其相联接的其他构件

续表

名　称	表示内容	常用符号	备注
双副构件（一构件与两外副）②	带两个移动副的构件	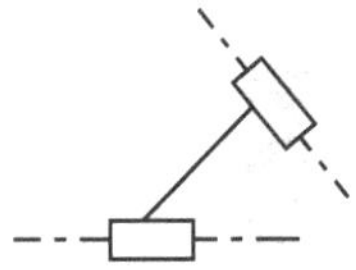	
	偏心轮		可用曲柄代替
三副构件（一构件与三外副）	带三个转动副形成封闭三角形的构件		
	带三个转动副的杆状构件	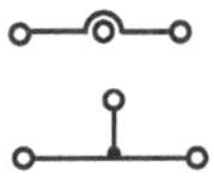	
	带两个转动副一个移动副的构件		点划线代表的意义同前①②
	带一个转动副两个移动副的构件	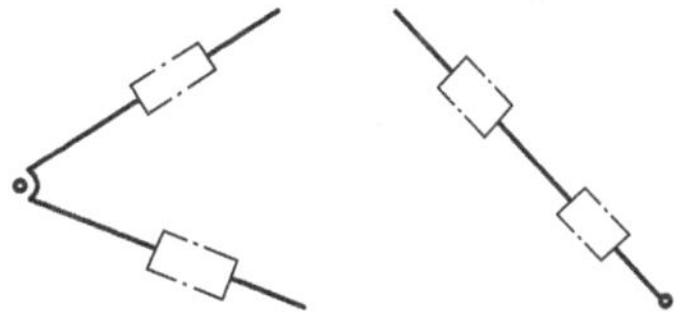	

注：①内副为联接所研究的两个构件的运动副；

②外副是指研究的构件将与其他构件相联接的运动副。

表 4.3　常用机构的简图符号

名　称	立体图形	基本符号	可用符号
凸轮机构（平面凸轮）（a）盘形凸轮	槽凸轮 	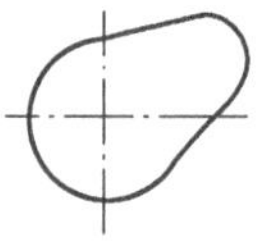	槽凸轮 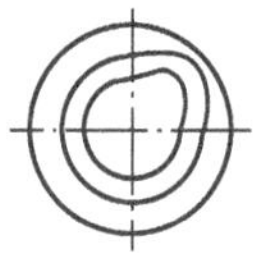
（b）移动凸轮		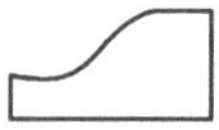	
齿轮机构（a）圆柱齿轮机构		外啮合　内啮合 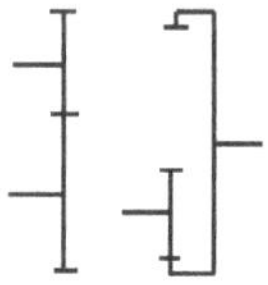	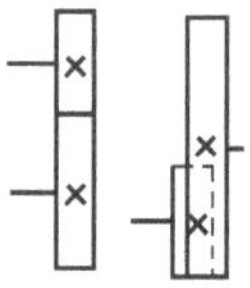
（b）非圆齿轮机构		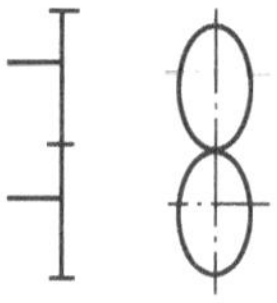	
（c）圆锥齿轮机构		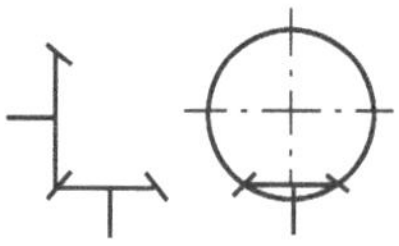	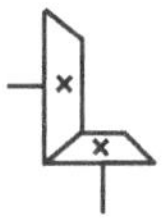
（d）交错轴斜齿轮机构		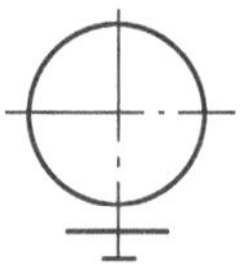	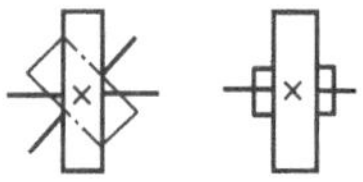

续表

名　称	立体图形	基本符号	可用符号
(e)蜗杆蜗轮机构	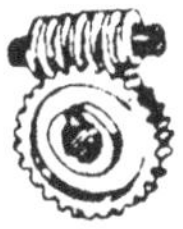	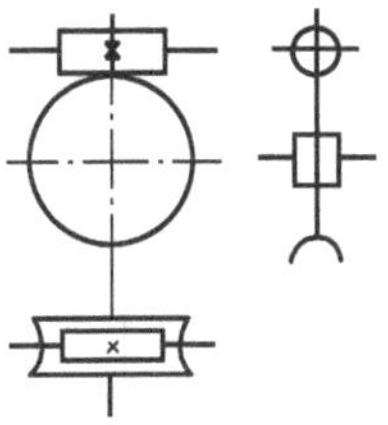	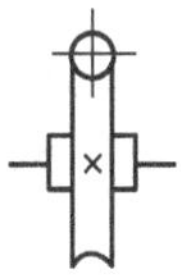
(f)齿轮齿条机构		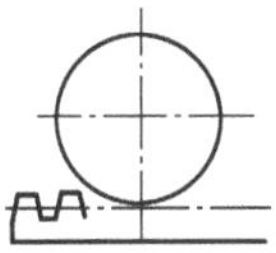	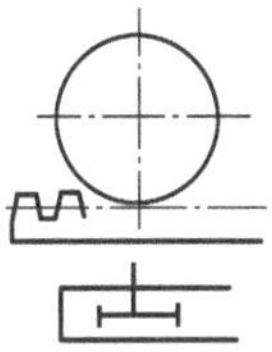
原动机 (a)通用符号(不指明类型) (b)电动机(一般符号) (c)装在支架上的电动机		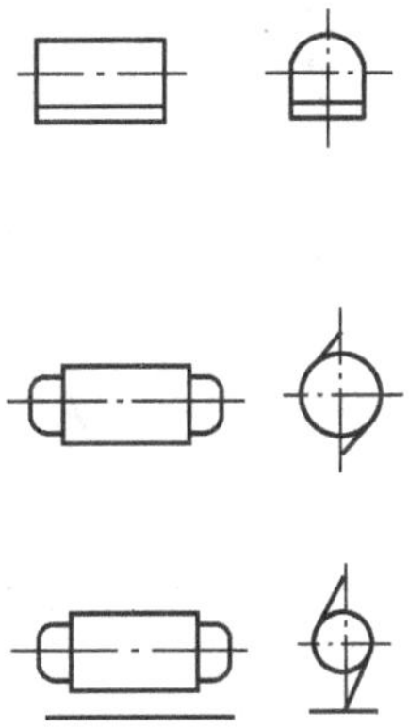	

机械运动简图的绘制在《机械原理》教材中有详细的说明,这里不再赘述。一般情况下,机械运动简图用平面图表示,图 4.1 表示牛头刨及其机械运动简图。

牛头刨机械运动简图中画出了小齿轮 2、大齿轮 3、滑块 4 和 6、导杆 5、刨头 7、机架 10,工作台 8、丝杠 9 和电动机 1 未画出。

有时机械系统的运动关系用平面图不能表达清楚,可用轴测图表示,图 4.2 表示平压印刷机的机械运动简图,它采用轴测投影方法表示。图中构件 1 和构件 2 为齿轮机构,构件 1 为原动件。构件 2 的右端有一曲柄,它通过连杆 3 使摆杆 4(印头)摆动。摆杆 4 再通过连杆 5 使

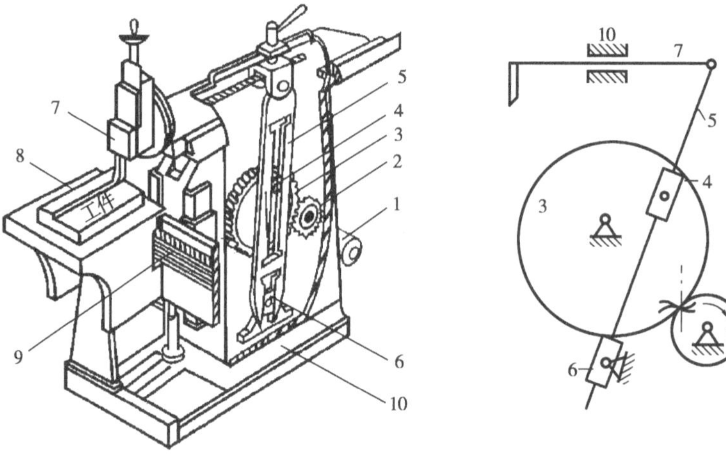

图 4.1

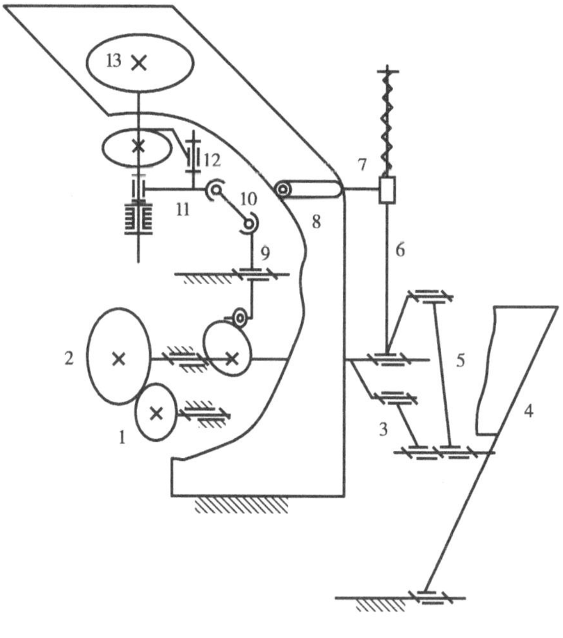

图 4.2　平压印刷机机械运动简图

另一摆杆 6 摆动。摆杆 6 上装有构件 7，构件 7 一端用移动副和构件 6 相联接，另一端装有墨滚 8，由于弹簧的作用，摆杆 6 摆动时，构件 7 上的墨滚 8 压在工作台上来回滚动。构件 2 的中间有一凸轮，它使摆杆 9 作有规律的摆动，摆杆 9 通过空间连杆 10 使另一摆杆 11 摆动，摆杆 11 上装有棘爪 12。构件 11 摆动时，棘爪推动构件 13 上的棘轮使其作间歇转动。

4.2　机械系统执行构件的协调设计和运动循环图

4.2.1　机械系统中的执行机构与执行构件

每一台机器都是按某种需要设计的，所以它必须具有满足这种需要的功能。这些功能是通过机械系统中与工作对象相关的构件的运动表现出来的，这些构件称为执行构件，有时也称为输出构件。如挖掘机的铲斗、起重机的吊钩、铣床铣刀轴、牛头刨的刨头、轧钢机的轧辊、缝纫机的针头、工业机器人的手爪等。机械系统中直接带动执行构件运动的机构称为执行机构。如挖掘机中推动铲斗运动的多杆机构、使飞机轮子起落的杆机构、使牛头刨床刨头作直线往复运动的多杆机构等。

4.2.2　执行构件的协调设计

(1)机械系统执行构件的时序协调设计

机械系统为了实现所需的功能，通常有不止一个执行构件，这些执行构件的运动必须按一定的时间顺序进行。如牛头刨床的刨头作切削运动时工作台不能运动，只有当刨头完成切削运动且当刨刀退出工件后，工作台才能作进给运动，同样当工作台作进给运动时，刨头不能作切削运动，否则，工件和刨刀会碰撞而发生打刀事故，严重的还会损坏机器，因此，刨头和工作台的运动有时间上的先后次序要求。再如，图 4.2 所示的平压印刷机，机器运行时，首先由墨滚把油墨刷在铅字上，然后印头把纸压在铅字上，完成印字动作。当印头退回时，操作工人就取出纸片。这两个执行构件(墨滚 8 和印头 4)的动作先后次序不能搞乱，即当墨滚还在铅字上刷油墨时，印头不能压上去，否则印头会压在墨滚上，两执行构件动作相互干涉，严重的还会损坏机器。因此，在进行机械系统的运动方案设计时，要进行机械系统执行构件的时序协调设计。

(2)机械系统执行构件的空间协调设计

机械系统执行构件的运动除了要在时间上保持协调外，在空间位置上也必须协调一致，以免相互干涉。如图 4.3 所示的粉料压片机械系统，当送料机构的料斗 3 送料返回后，上冲头 9 要向下压，为了避免上冲头和料斗发生碰撞，料斗返回后要让出足够的空间位置，以便上冲头顺利下压。因此，在进行机械系统的运动方案设计时，要进行机械系统执行构件的空间协调设计和校核。否则，执行构件可能发生碰撞和干涉，严重的将损坏机器。

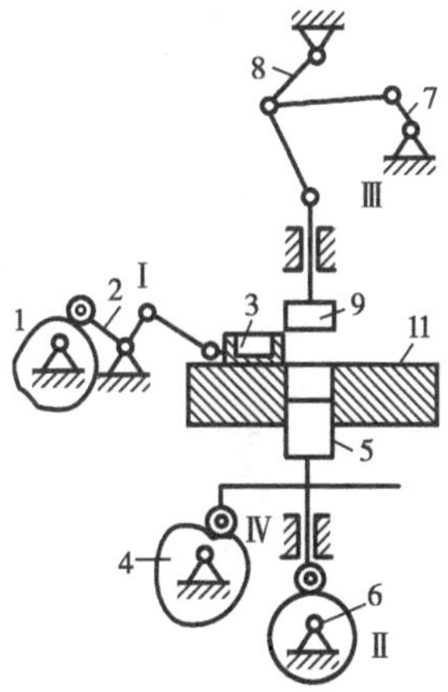

图 4.3

4.2.3　机械系统执行构件的运动循环图

(1)运动循环图的表示法

机械系统的工作方式有两大类：其一，是机械系统各执行机构的运动没有周期性，执行构件的运动常因工作条件不同而随时改变，例如起重机等工程机械就是如此；其二，是机械系统各执行机构的运动是周期性地重复着，每经过一定的时间间隔完成一个运动循环。生产中的大部分机械系统都是这种有周期性运动循环的机器。机械系统运动循环图就是用来描述机械系统各执行构件之间运动协调配合关系的图(通常又称工作循环图)。该图是将各执行构件在一个循环中的运动状态按同一时间(或分配轴的转角)比例尺,并以某一主要执行构件的运动起点为基准绘制在一起的总图。机械运动循环图能很清楚地表示各执行机构运动循环的相对动作顺序,因此,它是设计机器时首先要研究和绘制的图纸,也是以后机器设计、安装、调试的依据。

机械运动循环图常用的表示方法有三种形式,见表4.4。

表4.4 机械运动循环图的分类、表示方法和优缺点

形 式	绘制方法	特 点
直线式(图4.4)	将机械在一个运动循环中各执行构件运动的起止时间和先后顺序,按比例绘制在直线坐标轴上	绘制方法简单,能清楚地表示出一个运动循环内,各执行构件运动的相互顺序和时间关系;直观性差,不能表示各执行构件的运动规律
同心圆式(图4.5)	将机械在一个运动循环中各执行构件运动的起止时间和先后顺序,按比例绘制在圆形坐标上	能比较直观地表示各执行构件的运动在分配轴上所处的相位,便于各机构的设计、安装和调试;执行构件太多时,由于同心圆太多看起来不清楚,也不能很好表示各执行构件的运动规律
直角坐标(图4.6)	用横坐标表示机械主轴或分配轴转角,以纵坐标表示各执行构件的角位移或线位移	能清楚表示各执行构件动作的先后顺序,而且能表示出各执行构件在各区间的运动规律(为了简明起见,通常用线性运动规律代表各种运动规律)。有利于指导各执行机构的几何尺寸设计

分配轴转角	0° 30° 60° 90° 120° 150° 180° 210° 240° 270° 300° 330° 360° 195°		
印头机构	印头印字		印头退回
油辊机构	油辊退回沾油墨		油辊给铅字刷油墨
油盘机构	油盘静止	油盘转动	油盘静止

图4.4 平压印刷机运动循环图(直线式)

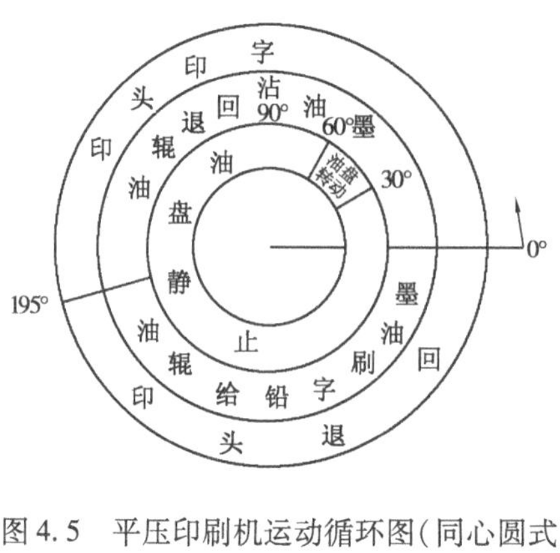

图4.5 平压印刷机运动循环图(同心圆式)

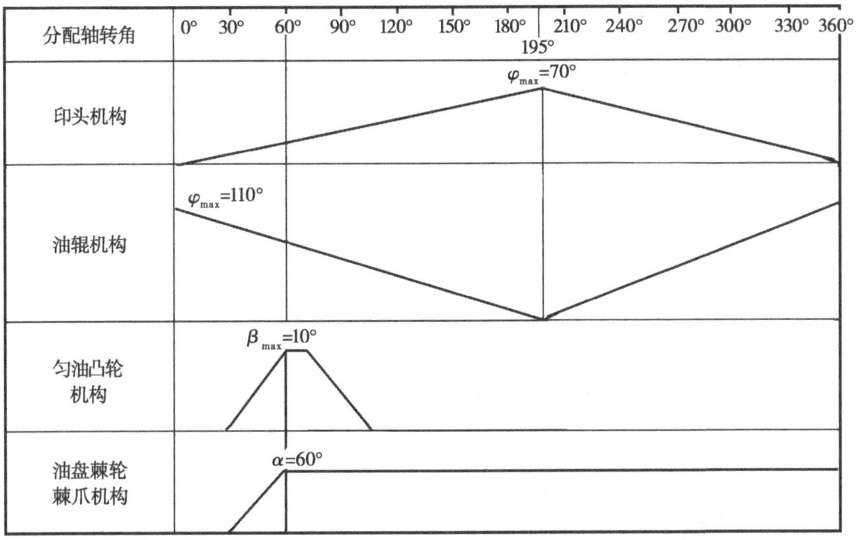

图 4.6　平压印刷机运动循环图(直角坐标式)

(2)运动循环图的设计

1)机械运动循环图的设计

现以图 4.7 所示的电阻压帽自动机为例说明机械运动循环图的设计。图中 1 为电阻坯料,2 为电阻帽,3-4-4′-5-6 为凸轮机构,3-4-6 与正弦机构 4′-5-6 串联而成的送料机构,直动从动件凸轮机构 7-8-6 为夹紧机构,两个完全相同的串联凸轮连杆机构 9-10-10′-11-6 和 12-13-13′-14-6 为送帽压帽机构(简称压帽机构)。这四个机构的原动凸轮3、7、9、12 均固联在同一分配轴 15 上。图 4.7 (b)表示未压帽前的电阻坯料和电阻帽。图 4.7(c)表示压帽后的成品。该自动机的生产率 $Q=30$ 个/min。

①机械的运动循环时间　机械的运动循环时间是指作循环运动的机械完成一个运动循环所用的时间,通常用 T 表示。机械的运动循环时间往往与各执行构件的运动循环时间一致,因为执行构件的运动节奏就是整台机器的运动节奏。执行构件的运动循环一般由若干个动作组成,因此,执行构件的运动循环时间 $T_{执}$ 可以表示为:

$$T_{执}=T=t_1+t_2+\cdots+t_n$$

式中,t_1, t_2,⋯, t_n是执行构件各个动作所需的时间,这些动作可以是工作动作、空回动作,也可以是停歇动作。

②机械运动循环图的设计步骤　在设计机械运动循环图时,由于机械系统的功能是已知的,理论生产率已确定,即机械系统运动循环时间 T 已基本确定,各执行构件的运动方式已初步拟定,机械运动循环图可按如下步骤进行:

A. 确定机械运动循环时间 T

$$T=1/Q$$

式中,Q 为生产率,如图 4.7 所示的电阻压帽自动机,生产率 $Q=30$ 个/min,则

$$T=1/Q=(1\times 60)/30\ \text{s}=2\ \text{s}$$

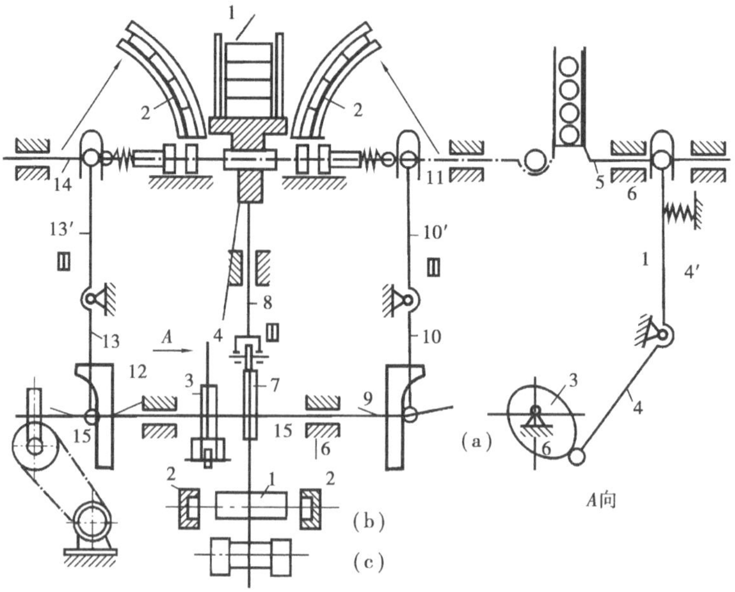

图 4.7

B. 确定各执行构件的简化运动线图

图 4.7 所示的电阻压帽自动机有三个执行构件,它们分别是送料杆 5、夹紧杆 8 和压帽杆 11。由调查研究、试验、类比等方法确定了各执行构件的动作、时间和相应的分配轴转角,如表 4.5 所示。

表 4.5

执行构件	动　作	时　间/s	分配轴转角
送料杆 Ⅰ	送料行程 工作位置停歇 空回行程 初始位置停歇	$t_{\text{I}1}=1/2$ $t_{\text{I}2}=1/3$ $t_{\text{I}3}=1/2$ $t_{\text{I}4}=2/3$	$\varphi_{\text{I}1}=90°$ $\varphi_{\text{I}2}=60°$ $\varphi_{\text{I}3}=90°$ $\varphi_{\text{I}4}=120°$
夹紧杆 Ⅱ	夹紧行程 工作位置停歇 空回行程 初始位置停歇	$t_{\text{II}1}=5/12$ $t_{\text{II}2}=11/12$ $t_{\text{II}3}=5/12$ $t_{\text{II}4}=1/4$	$\varphi_{\text{II}1}=75°$ $\varphi_{\text{II}2}=165°$ $\varphi_{\text{II}3}=75°$ $\varphi_{\text{II}4}=45°$
压帽杆 Ⅲ	快速送帽行程 慢速压帽行程 空回行程 初始位置停歇	$t_{\text{III}1}=5/12$ $t_{\text{III}2}=23/36$ $t_{\text{III}3}=1/2$ $t_{\text{III}4}=4/9$	$\varphi_{\text{III}1}=75°$ $\varphi_{\text{III}2}=115°$ $\varphi_{\text{III}3}=90°$ $\varphi_{\text{III}4}=80°$

用表中数据可绘出送料杆、夹紧杆和压帽杆的简化运动线图,如图 4.8 所示。

C. 协调各执行构件的动作顺序

现以送料杆的简化运动线图为基础,协调其他两个执行构件的运动。由送料与夹紧的关系知，只有当送料杆将零件送到位后，夹紧杆才能去夹紧，但夹紧杆从静止运动至夹紧位置有一段行程，为了节省时间，可以在送料杆尚未送到位时，夹紧杆就开始运动，只要保证送料杆送到位后夹紧杆才运动至夹紧位置和两执行构件不发生空间碰撞即可。由于机构运动的误差，应在送料杆送到位后一小段时间，夹紧杆才运动至夹紧位置。按此原则，将夹紧杆运动至夹紧位置的时间滞后送料杆送到位的时间 0. 166 s，即滞后分配轴转角 30°。同理，将压帽杆开始慢压的时间滞后夹紧杆运动至夹紧位置的时间 0. 083 s，即滞后分配轴转角 15°。

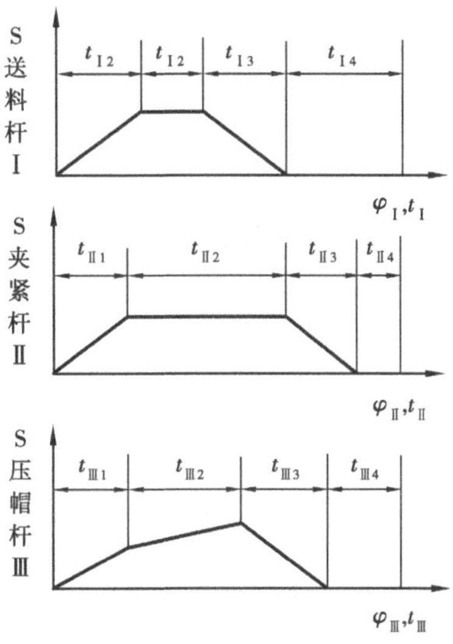

图 4. 8

D. 绘制机械运动循环图

按上述协调后各执行构件的运动顺序，可初步绘制机械运动循环图如图 4. 9 所示。由图可见，在 315° ~ 360°内，送料杆为送料前的停歇，而夹紧杆和压帽杆各有一段返回行程。又在 0° ~ 45°内，夹紧杆和压帽杆均为初始位置停歇，而送料杆有一段送料行程。因此，将 315° ~ 360°区段并入 0° ~ 45°区段并不影响自动机的工作，但却能减少送料的停歇时间，它相当于 0. 25 s 或 45°转角，如图 4. 10 所示。这样修正后的自动机运动循环时间为 $T = (2 - 0.25)\mathrm{s} = 1.75\ \mathrm{s}$。生产率变为：$Q = 60/T = 60/1.75 = 34.3$（件/min）

由于一个循环的分配轴转角为 360°，因此将图 4. 10 的横坐标按比例换成 360°，变换后即得该自动机的机械运动循环图，如图 4. 11 所示。

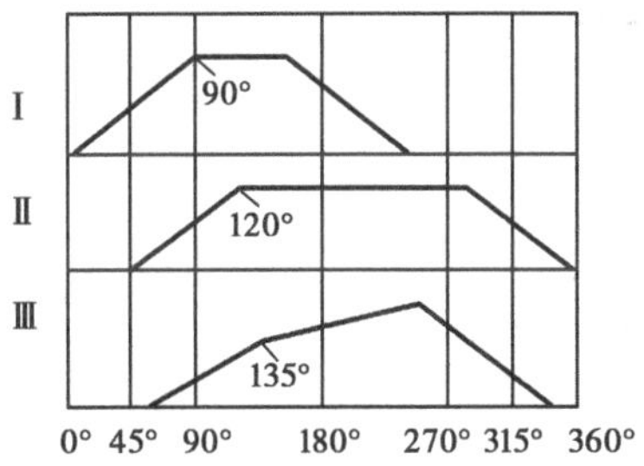

图 4. 9

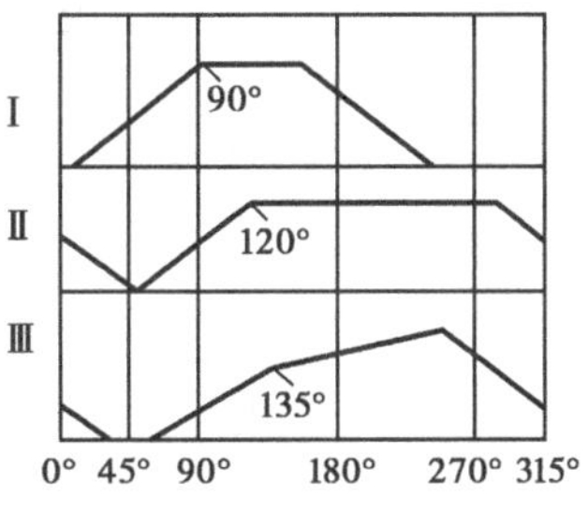

图 4. 10

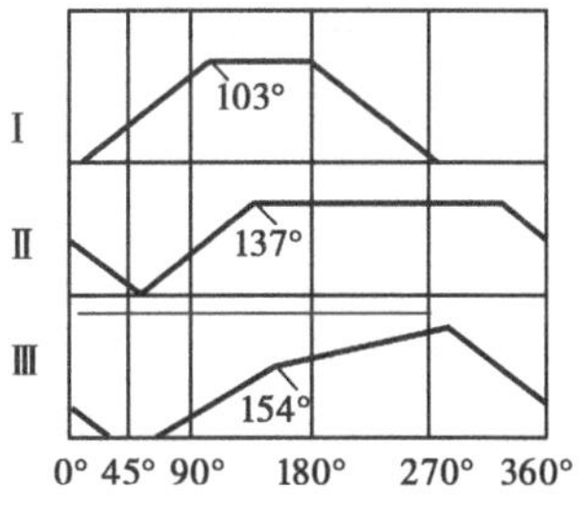

图 4. 11

2）机械运动循环图示例

①铆钉自动冷镦机的机械系统示意图和运动循环图（图 4. 12）。

②粉料压片机的机械系统示意图和运动循环图（4. 13）。

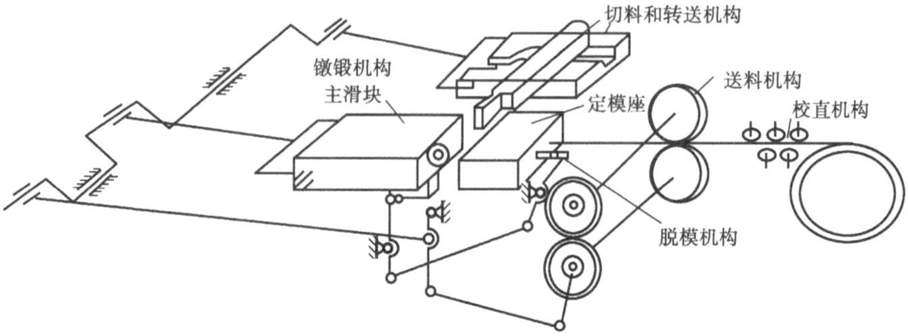

(a)铆钉自动冷镦机的机械系统示意图

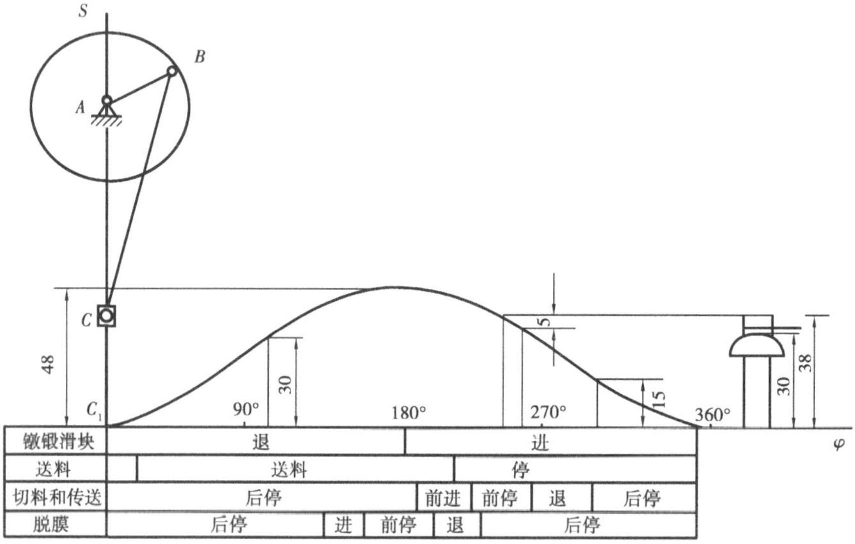

(b)铆钉自动冷镦机的运动循环图

图 4.12

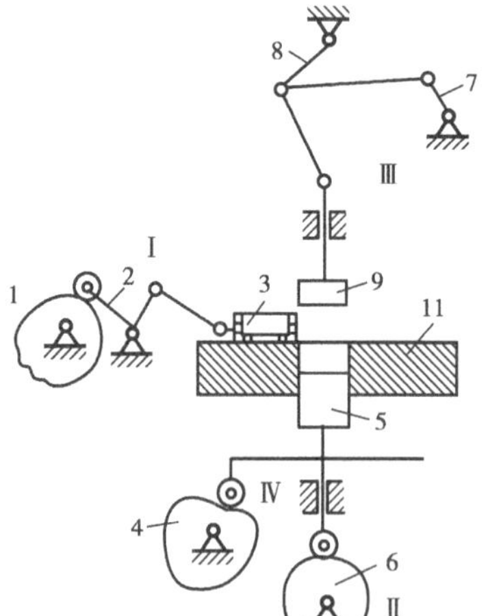

(a)粉料压片机的机械系统示意图

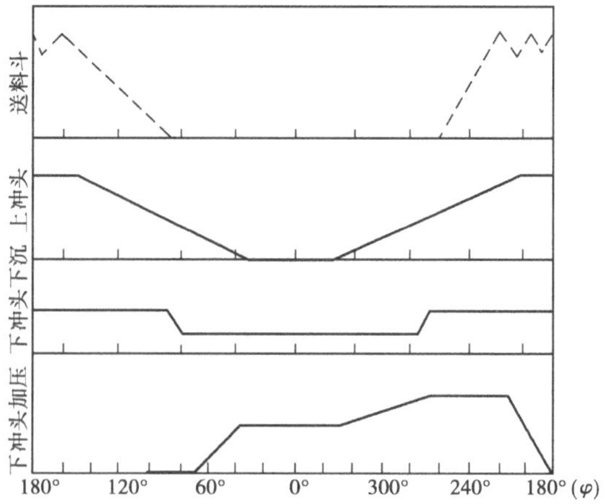

(b)粉料压片机的运动循环图

图 4.13

4.3　机械系统运动方案的构思与拟定

机械系统运动方案的构思与拟定一般是按机械系统运动方案设计的流程（见第 1 章表 1.2）进行的。下面介绍构思中要考虑的原则和常用到的一些方法：

4.3.1　机械系统运动方案构思与拟定的原则

由于设计的多解性和复杂性，满足某种特殊功能要求的机械系统运动方案可能会有多种，因此，在构思机械系统运动方案时，除了满足基本的功能要求外，还应遵循以下几项原则。

(1) 机械系统尽可能简单

1) 机构运动链尽量简短

在构思机械系统运动方案时，要选用和设计一些机构，在保证实现功能要求的前提下，应尽量采用构件数和运动副数少的机构，这样可以简化机器的构造，从而减轻重量，降低成本。此外，也可以减少零件的制造误差而形成的运动链的累积误差，从而提高零件加工工艺性和增强机构工作可靠性。运动链简短也有利于提高机构的刚度，减少产生震动的环节。

2) 适当选择运动副

由机构的组成原理知，机构中有高副和低副。从减少构件数和运动副数，以及设计简单等方面考虑，应优先考虑采用高副机构。但从低副机构的运动副元素加工方便、容易保证配合精度以及有较高的承载能力等方面考虑，应优先考虑采用低副机构。究竟选择何种机构，应根据具体设计要求全面衡量得失，尽可能做到扬长避短。在一般情况下，应优先考虑低副机构，而且尽量少用移动副（制造中不易保证高精度，运动中易出现自锁）。在执行构件的运动规律要求复杂，采用连杆机构很难完成精确设计时，应考虑采用高副机构，如凸轮机构或连杆-凸轮组合机构。

3) 适当选择原动机

机械系统的运动与原动机的形式密切相关，选择原动机时，不要局限于选择传统的回转电动机驱动形式。在只要求机构执行构件实现简单工作位置变换的机构中，采用图 4.14 所示的气压或液压缸作为原动机比较方便，与采用电动机驱动相比，可省去一些减速传动机构的运动变换机构，从而可缩短运动链，简化结构，且具有传动平稳，操作方便，易于调速等优点。当然也带来增加气源（或液压源）及控制装置等问题，因此，要综合权衡利弊，正确选择。

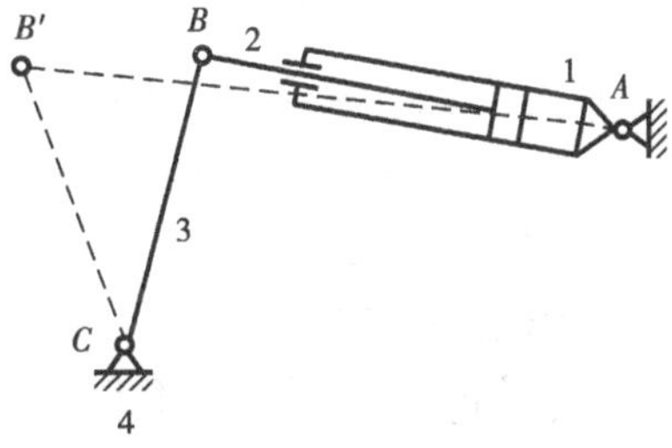

图 4.14

此外，在具有多个执行构件运动的复杂机器中，若由单一原动机驱动形式改为多原动机驱动形式，虽然增加了原动机的数目和电控部分的要求，但传动部分的运动链却可大为简化，功率损耗也可减少，机构简单紧凑。随着控制技术的发展，多原动机驱动形式将广泛用于机械系统中。

(2)尽量缩小机构尺寸

机械的尺寸和重量随所选用的机构类型不同而有很大差别。众所周知，在相同的传动比情况下，周转轮系减速器的尺寸和质量比普通定轴轮系减速器要小得多。在连杆机构和齿轮机构中，也可利用齿轮传动时节圆作纯滚动的原理，或利用杠杆放大或缩小的原理来缩小机构尺寸。在图 4.15 所示的连杆-齿轮机构中，因为利用了小齿轮 3 的节圆与活动齿条在 E 点相切作纯滚动，而与固定齿条在 D 点相切作纯滚动，且为绝对瞬心。因此，活动条上 E 点的位移是 C 点位移的 2 倍，是曲柄长的 4 倍。显然，在输出位移相同的前提下，其曲柄比一对心曲柄滑块机构的曲柄长可缩小一半，从而可缩小整个机构尺寸。

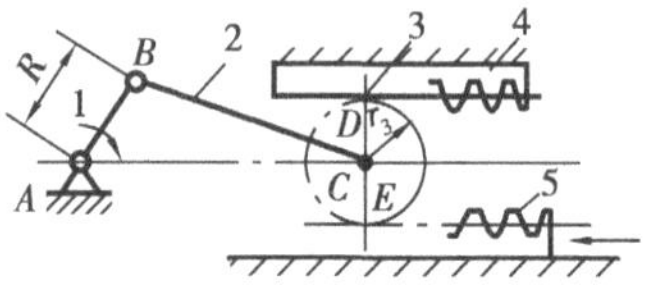

图 4.15

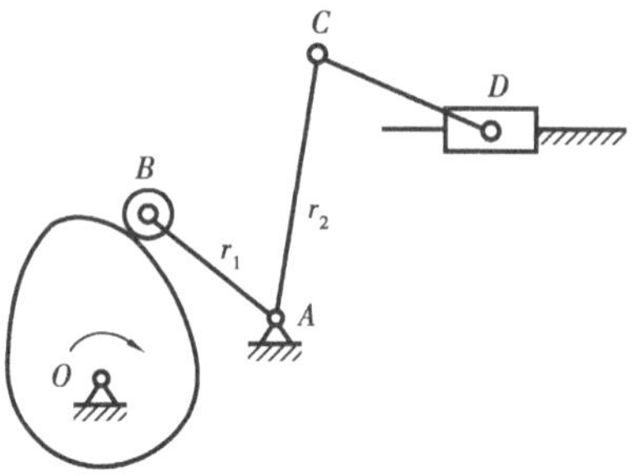

图 4.16

盘状凸轮机构的尺寸也可借助杠杆原理相应缩小。在图 4.16 所示的凸轮-连杆机构中，利用一个输出端半径 r_2 大于输入端半径 r_1 的摇杆 BAC，使 C 点的位移大于 B 点的位移，从而可在凸轮尺寸较小的情况下，使滑块获得较大行程。

(3)机构应具有较好的动力特性

机构在机械系统中不仅传递运动，而且还要起到传递和承受力(或力矩)的作用，因此要选择有较好动力学特性的机构。

1)采用传动角较大的机构

要尽可能选择传动角较大的机构，以提高机器的传力效益，减少功耗。尤其对于传力大的机构，这一点更为重要。如在可获得执行构件为往复摆动的连杆机构中，摆动导杆机构最为理想，其压力角始终为零。从减小运动副摩擦，防止机构出现自锁现象考虑，则尽可能采用全由转动副组成的连杆机构，因为转动副制造方便，摩擦小，机构传动灵活。

2)采用增力机构

对于执行构件行程不大，而短时克服工作阻力很大的机构(如冲压机械中的主机构)，应采用“增力”的方法，即瞬时有较大机械增益的机构。如图 4.17 所示为某压力机的主机构，曲柄 AB 为原动件，滑块 5 为冲头。当冲压工件时，机构所处的位置是 α 和 θ 角都很小的位置。通过分析可知，虽然冲头受到较大的冲压阻力 F，但曲柄传给连杆 2 的驱动力 F_{12} 很小。当 $\theta\approx 0°$、$\alpha\approx 2°$ 时，F_{12} 仅为 F 的 7% 左右。由此可知，采用了这种增力方法后，即使该瞬时需要克服的工作阻力很大，但电动机的功率不需要很大。

3)采用对称布置的机构

对于高速运转的机构，其作往复运动和平面一般运动的构件，以及偏心的回转构件的惯性力和惯性力矩较大，在选择机构时，应尽可能考虑机构的对称性，以减小运转过程中的动载荷和震动。如图 4.18 所示的摩托车发动机机构，由于有两个曲柄的曲柄滑块机构以点 A 为对称,所以在每一瞬间所有惯性力完全相抵消,达到惯性力的平衡。

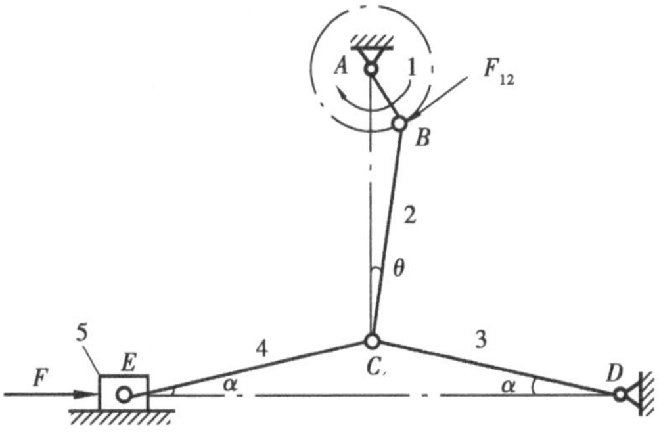

图4.17

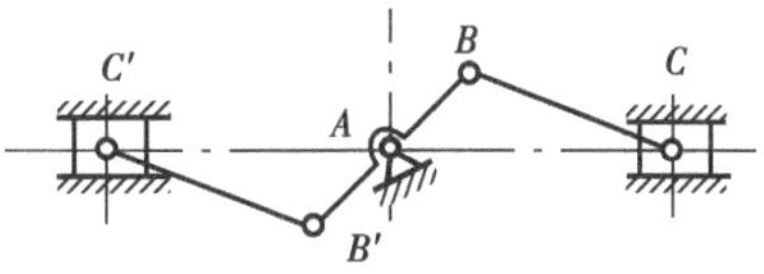

图4.18

(4)机械系统应具有良好的人-机性能

任何机械系统都是由人类来设计,并用来为人类服务的,而且大多数机械系统都要由人来操作和使用,因此,人和机械系统之间就存在一定的关系。为了使人能有效的利用机械和保护人的身心健康,在进行机械设计时,必须考虑人的生理特点,以求得人与机械系统的和谐统一。在这种思想指导下,在进行机械系统方案设计时,要考虑如下因素:

①设计的机器应能适合90%以上的工人操作,即应以人体测量参数作为工作岗位设计的依据。

②机器的工作频率会影响工人的劳动强度和作业负荷,设计时要使工人的劳动强度和作业负荷符合劳动卫生原则,这样能确保职工的身心健康。

③机器的信号显示和操纵部分的设计应便于观察和操作,操纵器的用力方向和大小要适合人体生理特点。

④设计的机械系统应符合环保的要求。

4.3.2　机械系统的功能分析

(1)功能分析的目的和意义

机械系统的功能一般是指代替人的劳动并完成有用的机械功,但对某个特定的机械系统而言,是指该系统的功用、效用、作用、用途等的特定的功能与要求。机械系统的功能分析有两方面的意思:首先是在设计一机械系统以满足某专业(或用户)提出的总功能要求时,一般很难直接求得满足总功能的系统解,因此,必须对总功能进行分解,将总功能分解成若干便于实现的子功能。机械系统通过这些子功能的配合实现系统的总功能,这些子功能是今后进行机械系统方案设计的依据。经过这样的功能分解,下一步的设计工作才能进一步地开展。其次是机械产品开发人员为了满足不断发展的社会需求,创造性地主动开发出一种具有新功能的机械系统。为了使这种机械产品得到社会的承认和接受,必须对这种产品的功能进行分析,经过分析确定出合理的机械产品功能和功能目标,为下一步的开发设计提供设计依据。

(2)机械系统的功能定义

机械系统的功能就其物品本身来讲,是指机械系统的功用、效用、作用、用途等。一个机械系统,一般可划分为许多构成要素,这些要素就是机械系统的零部件,这些零部件在系统中都有各自的功能(用途),这些功能称为系统的分功能,正是这些看似独立的分功能的相互配合而形成系统的总功能。

用“功能分析法”进行机械系统运动方案设计时，对系统每一个功能都要给它下一个明确的定义。给机械系统或其构成要素（零部件）下定义，就是指出此机械系统或零部件的本质属性。无论是机械系统这个产品或其零部件，从现象来看，它具有作为一种产品具有的结构形状，但现象的背后存在着物品的本质东西，这就是功能。给功能下定义是对功能本质进行思考的基础，需要用简明的语言来描述，一般用一个动词和一个名词来给功能下定义。如传动轴用“传递扭矩”，钻床用“打孔”来给其功能下定义。使用动词和名词来表达功能的目的之一是便于构思方案。为此，在给功能下定义时，动词要使用扩大思路的较抽象的词汇。例如要设计一夹紧装置，可以有很多夹紧方式，如用“螺旋夹紧”来下定义，自然就会想到丝杆、螺母、螺旋副，思路就会限制得很窄。若抽象一些，下为“机械夹紧”，就可想到杠杆夹紧，偏心夹紧等，思路就会开阔一些。如果再抽象一些，定义为“压力夹紧”，就可能想到机械、液压、气压等夹紧装置，思路会进一步打开，这样就可能创造出较为理想的方案来。

(3) 机械系统的功能逻辑体系

一个机械系统一般有一个总功能和许多分功能，这些功能之间存在一定的关系。这种关系称为系统的功能逻辑体系。一个机械系统的功能逻辑体系可以用“功能系统图”来表示。功能系统图是一种树状结构图，如图4.19所示。系统各功能之间存在上下从属关系和并列关系。功能的上下从属关系是指在一个功能系统中某些功能之间存在着目的和手段的关系。如甲功能是乙功能的目的，则乙功能就是甲功能的手段。我们把目的功能称为上位功能，把手段功能称为下位功能。目的和手段，上位和下位是相对的。一个功能对其上位来说是手段，对其下位来说是目的。有时一个目的功能同时有几个手段功能，这几个手段功能的关系就是并列关系。绘制功能系统图时，把目的功能放在左边，把手段功能放在右边，如图 4.19 所示。图中 *F*0 是系统的总功能，也是系统的最上位功能，可称为一级功能，*F*1、*F*2 是 *F*0 的手段，也可称为 *F*0 的下位功能，是并列的二级功能，以此类推，*F*11、*F*12、*F*13 是 *F*1 的下位功能，是并列的三级功能。

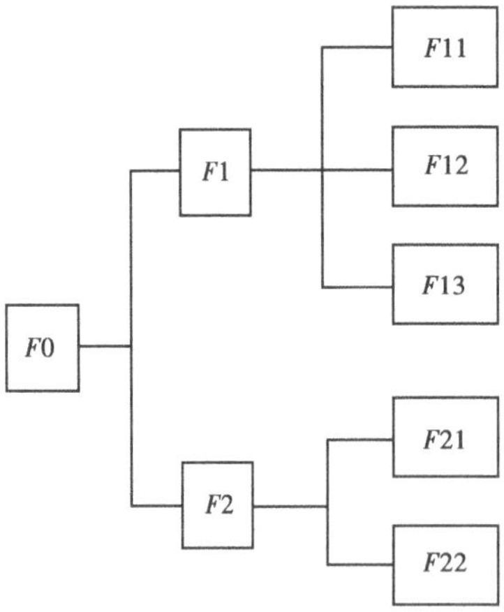

图 4.19

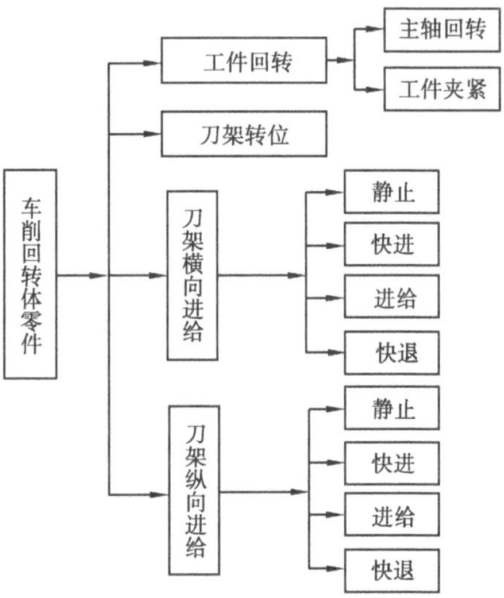

图 4.20

(4)功能的分解和功能系统图的绘制

在设计一个机械系统或机械装置时,一般是根据设计任务书提出的此系统或装置的总功能要求进行设计。但对于复杂的机械系统或机械装置来说,很难直接求得满足总功能的系统解,因此,必须将总功能分解成若干便于实现的子功能,系统通过各子功能的配合来实现系统的总功能。例如,要设计一自动车床,自动车床的总功能是"车削回转体零件",可以把"车削回转体零件"这个总功能分解为"工件回转"、"刀架转位"、"刀架横向进给"和"刀架纵向进给"四个子功能。对于"工件回转"功能可以进一步分解为"主轴回转"和"工件夹紧"两个子功能,对于"刀架横向进给"可以进一步分解为"静止"、"快进"、"进给"和"快退"四个子功能,同样对于"刀架纵向进给"也可以分解为"静止"、"快进"、"进给"和"快退"四个子功能。将总功能分解成若干子功能后,按这些子功能的关系绘制成功能系统图,如图 4.20 所示。

4.3.3　机械系统的功能原理设计

在进行机械系统方案设计时,如上所述,对系统进行功能分析后会形成若干子功能。每一个子功能都可通过不同的工作原理来实现其功能目标。例如,要设计一点钞机,将钞票逐张分离的功能就可以通过图 4.21 所示不同工作原理来实现。这种寻找合适工作原理来实现功能的构思称为"功能原理设计"。显然,进行功能原理设计时,首先要考虑应用某种"物理效应"(如图中的摩擦、离心力、气吹等),然后利用某种"作用原理"(如图中的摩擦轮、转运架、气嘴等),最后达到实现功能目标的结果。

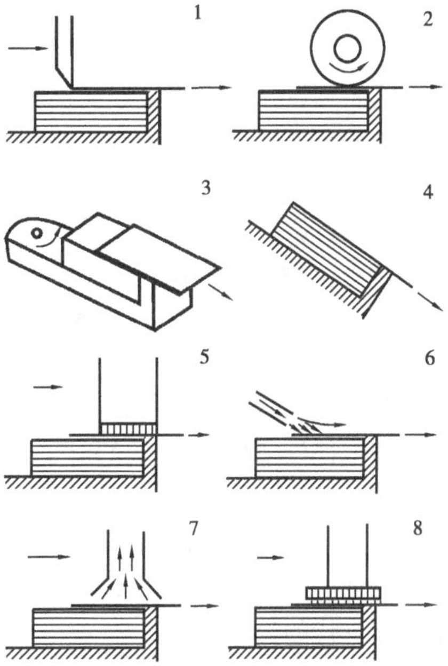

图 4.21　点钞机分离功能原理构思
1—推括;2—摩擦;3—离心力;
4—重力;5—黏力;6—气吹;
7—气吸;8—静电

(1)功能原理设计的任务和设计过程

简要地说,功能原理设计是:"针对某一确定的功能要求,寻找一些物理效应并借助某些作用原理来求得一些实现该功能目标的解法原理。"

例如,要实现金属表平面的加工功能,可以采用图 4.22 所示的刨削、铣削或磨削三种方式。

①刨削方式　刨刀作直线往复运动切削金属表面(图 4.22(a));

②铣削方式　铣刀作旋转运动切削金属表面(图 4.22(b)为卧铣、(c)为立铣);

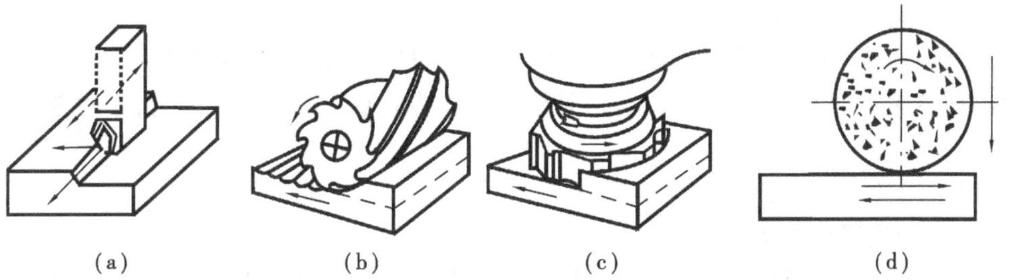

图 4.22

③磨削方式　砂轮作旋转运动磨削金属表面(图4.22(d))。

又例如,要实现颗粒糖果的包装功能,可以采用三种包装方式,如图4.23所示。

①扭结式包装　将糖果裹包后两端扭结(图4.23(a));

②接缝式包装(又称枕式包装)　将糖果裹包后对糖纸纵封和横封使之成枕形(图4.23(b));

③折叠式包装　将糖果裹包后两端再折叠成形(图4.23(c))。

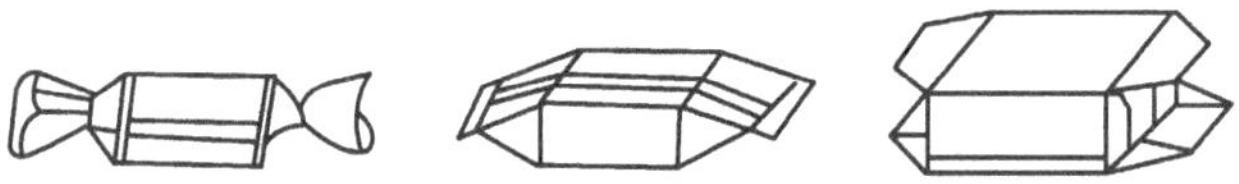

(a)　(b)　(c)

图4.23

功能原理设计一般按如下步骤进行:

1)明确所要设计的任务的功能目标

由设计任务书提出的设计任务往往是十分笼统的,在很多细节上是不明确、不具体的。设计者必须亲自调查分析、确定合理、明确的功能目标。

2)调查、分析已有的解法原理

在技术相当发达的今天,技术产品已经普及到几乎每一个生活和生产领域。对任何一种新提出的任务来说,寻找类似的技术作为参考是不会有太多困难的。调查和分析已有的解法原理对于启发思路是十分重要和有益的。已有技术一方面反映了别人的构思和实践的结晶;另一方面也提供了分析、比较的对象,使设计者能在已有技术的基础上,提出更新、更巧妙的构思来。

3)进行创新构思、寻求更合理的解法原理

设计者应该有一个信念:现有的产品绝不是顶峰,肯定会有更好的设计出现。要争取由自己推出新一代的设计。

功能原理设计是一个创新过程。创新构思本来是不应该有约束的,但是要把构思变为有竞争力的产品,就不能像画抽象画那样随心所欲。如果没有科学知识作前提,创新工作常常成为空想。设计者应重视基本科学知识的积累,避免违反科学原理。例如,有人设计一种机械式的"功率增大器",认为能把小功率输入变为大功率输出,他采用了一种特殊的行星齿轮机构来实现他的理想。显然,这是违反力学基本原理的。有的年轻人还在设计永动机,这是因为他们不知道能量守恒的原理。

4)认真进行原理性试验

在进行创新构思时,尽管设计者反复检验过他的发明原理,但是应该作一下试验,试验中往往会出现意想不到的问题。经过试验,确认提出的功能原理解可靠无误后,才能进入下一步设计。

5)评价、对比、选出较优原理解

(2)功能原理设计举例

为了设计一种新型的修剪草地的机械,如何进行新型剪草机的功能原理设计呢?现按上述设计步骤设计如下:

1)明确设计的任务的功能目标

设计任务是设计一种新型的剪草机,功能是将草地的草按一定高度修剪整齐。

2)调查、分析已有的解法原理

将草截断的方法有:

①用拉力拉断　可以拉断草,但无法控制被拉断草的高度,无法使草地整齐。

②用割断力割断　像农夫割麦一样,需要握住草的上部才能割断。

③用剪力剪断　利用剪刀刃合拢,可以剪断草。

3)进行创新构思,寻求更合理的解法原理

经过对上述 3 种截断方法的分析,可以排除前 2 种方法,第 3 种方法较为合理,可以采用,但第 3 种方法也有不理想之处。一是实现剪刀往复剪切运动的机构较复杂,二是工作效率低,三是安全性差,即金属剪刀刀刃可能会伤及人。是否还有其他更好的方法呢? 杂技演员在舞台上用鞭子可以把报纸抽断,这提示人们,即使不用刀,用软的物体也可以切断某些物体,只要有足够快的速度就行,于是,一种新型割草机的功能原理就产生了。它的原理特别简单,如图 4.24 所示。用一根高速旋转的尼龙线(直径约 2 mm),就可以又快又好地来修剪草地了,而且实现尼龙线高速旋转的机构十分简单。这种思想还可以推广到用高压水喷射可以切割木材、钢板、布料等。

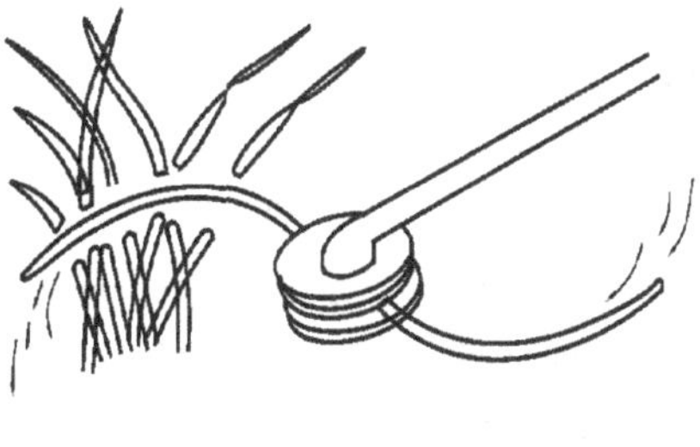

图 4.24

4)进行原理性试验

经过实验,用一根高速旋转的尼龙线(直径约 2 mm),确实可以又快又好地修剪草地。

5)评价、对比、选出较优原理解

通过比较,用高速旋转的尼龙线(直径约 2 mm)修剪草地的工作原理,工作可靠,工作效率高,实现尼龙线高速旋转的机构简单,安全性好,决定采用此方案。

4.3.4　机械系统设计中的人-机工程学

任何机械系统都是由人类来设计,并用来为人类服务的,而且大多数机械系统都要由人来操作和使用,因此,人与机械系统之间就存在一定的关系。为了使人能有效的利用机械和保护人的身心健康,在进行机械设计时,必须考虑人的生理特点,以求得人与机械系统的和谐统一。

(1)人-机工程学的基本概念

人-机工程学把人的工作环境视作三大系统,即机器系统、人的系统以及人-机系统,如图 4.25 所示。机器系统是由机器装备形成的工程技术系统,它们之间的关系由工程技术学科来研究和解决;人的系统是由人与人之间的关系形成的组织系统和社会系统,它们之间的关系由社会学、社会心理学、社会组织学等学科来研究解决。任何机器或机器系统都由人来操纵和使用,因此,在人和机器之间存在一个结合部,这便构成了人-机系统。人-机工程学主要研究在工程技术设计中

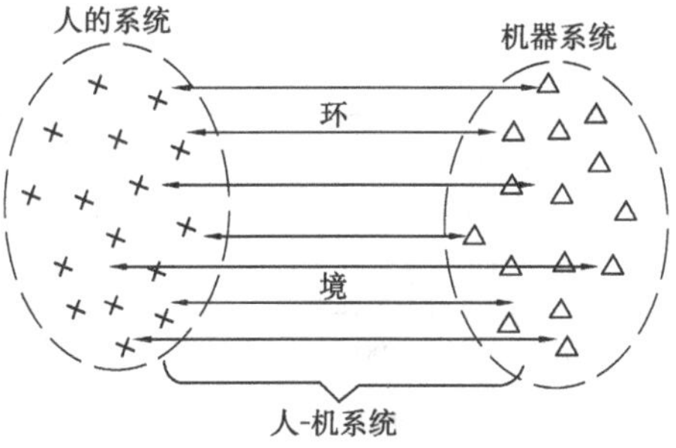

图 4.25

人和机器之间的相互联系，以便在设计机器时，根据人的生理特性进行设计，使人与机器有效地配合。

人-机工程学研究和应用的范围甚广，其中与机械系统方案设计有关的是机器及工作岗位设计。机器及工作岗位设计的主要内容是根据人体尺寸、能力及伸展范围来考虑机器尺寸大小、操作控制系统、动力辅助、按钮和指示器摆放及工作地其他物品的布置等。

人机工程学的原则改变了传统的只考虑机器的设计思想，提出了同时考虑人和机器两方面的因素，以获得最佳效果的人-机系统。在这种思想指导下，在进行机械系统运动方案设计时，要考虑如下因素：

①设计的机器应能适合90%以上的工人操作，即应以人体测量参数作为工作岗位设计的依据；

②机器的工作频率会影响工人的劳动强度和作业负荷，设计时要使工人的劳动强度和作业负荷符合劳动卫生原则，这样能确保职工的身心健康；

③机器的信号显示和操纵部分的设计应便于观察和操作，操纵器的用力方向和大小要适合人体生理特点。

(2)人体测量及其应用

人体测量是指人体各部分生理尺寸、动作区域范围、各种姿势的出力等方面参数的测量。这些参数是通过大量抽样调查获得的，一般用平均值、标准偏差以及最大、最小值等指标来表示。由于各国人种的体格条件不同，人体测量参数也是有差别的，一般都由本国工效学会或研究部门统一制定和颁布，提供有关方面使用。

人体测量参数应用范围很广，主要用于以下两个方面：

①为产品设计提供依据。应用人体测量参数进行产品设计相当广泛，从日常衣食住行的各种用品，到生产劳动中由人操纵和使用的各种机器、仪表，以及较为复杂的各种飞行器的驾驶舱等都离不开人体测量参数。

②在工作岗位设计中操纵机构的设置，工位器具及原材料的摆放都要考虑人体各部的测量参数，以尽可能消除各种无效劳动，提高操作的有效性。

(3)人体各部分生理尺寸、动作区域范围及其应用

人体各部分生理尺寸包括很多，但与工作岗位较为密切的生理尺寸主要是人体站立和坐着时的高矮及长度方面的尺寸。表4.6列出了我国各地区人体的各部分生理尺寸。站立和坐着姿势的各部分尺寸的定义如图4.26所示。图中各部分符号和表中列出的人体各部分符号是一致的。

表4.6　我国各地区人体各部分平均尺寸/mm

符　号	人体各部	身长较高地区（河北、山东、辽宁）		身长高的地区（长江三角洲）		身长较矮地区（四川）	
		男	女	男	女	男	女
①	身高	1 690	1 580	1 670	1 560	1 630	1 530
②	眼水平高	1 578	1 474	1 547	1 443	1 521	1 420
③	肘高（接近肘水平）	992	948	988	925	980	920

续表

符　号	人体各部	身长较高地区（河北、山东、辽宁）		身长高的地区（长江三角洲）		身长较矮地区（四川）	
		男	女	男	女	男	女
④	指关节高	633	612	616	590	606	575
⑥	上臂侧向伸展	867	795	843	787	848	791
⑩	正坐眼水平高	1 203	1 140	1 181	1 110	1 114	1 078
⑨	坐高	893	846	877	825	850	798
⑪	坐立肘水平	243	240	239	230	220	216
⑬	大腿水平长	450	435	445	425	443	422
⑤	座椅高	414	390	407	382	402	382

与人体各部分生理尺寸紧密联系的便是人体动作区域范围，包括四肢、头部、躯干的活动范围。在测量双手活动范围时，一般以人体躯干不活动为原则，这样可以减少劳动消耗，提高工作效率。图 4.27 表示坐着或站立时双手平面和空间的活动范围；图 4.28 表示人体不同距离的垂直平面（A、B、C）上双手所能及的范围。它是以肘关节及肩关节为中心，前臂及臂为半径作圆所构成的范围。

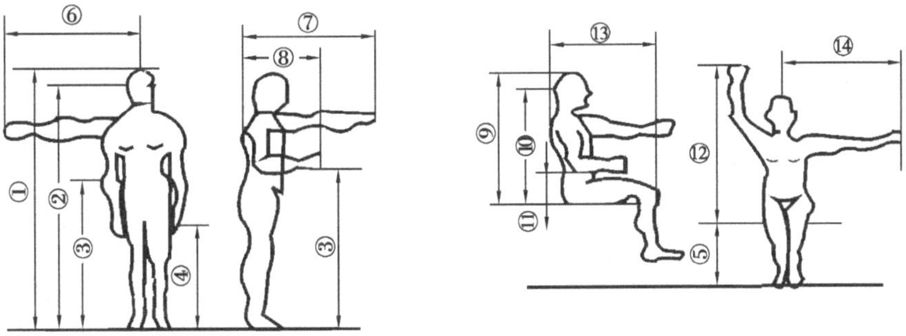

（a）站立尺寸　　　　（b）坐立尺寸

图 4.26

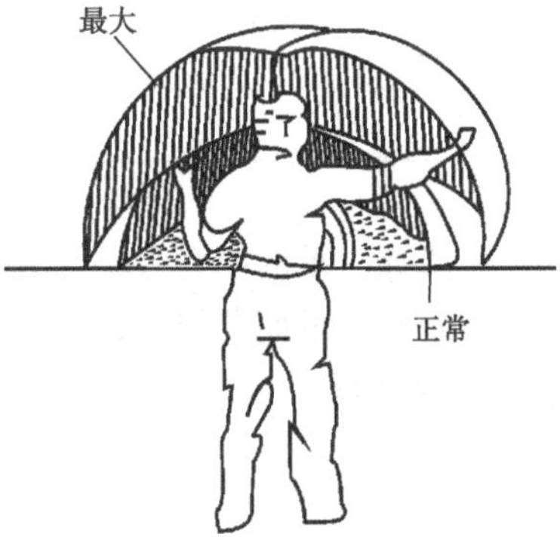

图 4.27

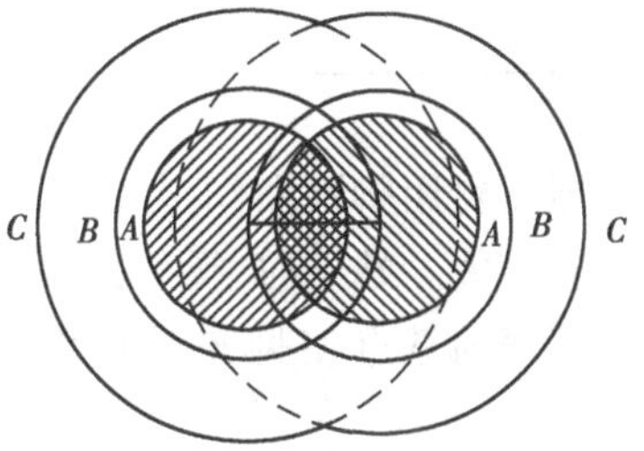

图 4.28

人体各部分生理尺寸对进行工作岗位设计有重要意义。例如,人体站立时向上伸展高度,就限制了工作地各种物料的摆放高度;对显示装置进行监视的场所,装置的高度应在视平线的上下(不论是站立还是坐着)。美国工作研究专家伯恩斯很早就指出,工作台面高度在肘下 3 in 时,操作最为方便、轻松。因此,工作台和椅子的高度应根据肘高尺寸(站立或坐着)来设计等。

(4)肢体出力范围

人们进行操作活动及劳动动作,都需要将人体内能量转变为各式各样的力,如拉力、推力、握力、担力和负重等,并通过肢体和躯干来实现。如果在设计人-机系统时,操纵器及劳动作业加在人体上的负荷超过人体正常情况下的出力,不仅不能很好地完成各项劳动动作,而且可能危及操作者身体健康。手出力的一般规律为,手朝向身体的拉力较离开身体的拉力大;左右方向推拉时,推力比拉力大;瞬时用力比持续用力大得多;手的拉力大于握力和提力。表 4.7 列出了应用手柄操纵时最合适的力。表 4.8 列出了一些操纵机构允许的最大用力。

表 4.7　应用手柄操纵时最合适的力

手柄距地面的高度/mm	手的用力/kg					
	左			右		
	向上	向下	向侧方	向上	向下	向侧方
500 ~ 650	14	7	4	12	12	3
650 ~ 1 050	12	12	6	12	10	4
1 050 ~ 1 400	8	8	6	6	6	4
1 400 ~ 1 600	9	14	4	4	6	3

表 4.8　一些操纵机构所允许的最大用力

操纵机构形式	允许的最大用力/kg	操纵机构形式	允许的最大用力/kg
轻型按钮	0.5	前后动作杠杆	15
重型按钮	3	左右动作杠杆	13
脚踏按钮	2 ~ 9	手轮	15
轻型转换开关	0.45	方向盘	15
重型转换开关	2		

许多机器需要用脚踏操作,如汽车的刹车、油门、离合器等。足的踏力大小与人的姿势、脚的位置和方向有关。站立时,操作踏板的蹬力是借助于身体的重量而获得的;坐着时操作踏板的蹬力是以膝盖为基点使脚伸展而获得的。坐着且有靠背支撑时,足蹬力的分布如图 4.29 所示。

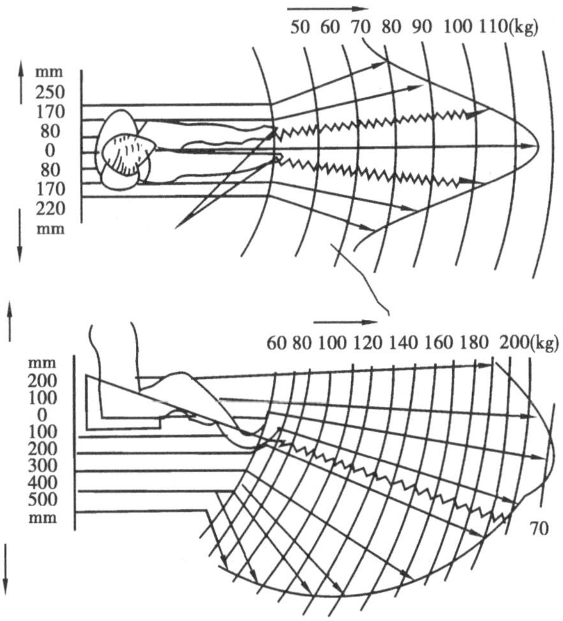

图4.29

4.3.5　机械系统运动方案的构思和拟定

机械系统运动方案的构思和拟定按如下步骤进行：

(1)进行功能分解和功能原理解设计

按"4.3.2 机械系统的功能分析"和"4.3.3 机械系统的功能原理设计"所介绍的方法进行。

(2)功能原理解的工艺过程分解及机械执行构件运动设计

1)功能原理解的工作过程分解

对于不同的功能原理解，其工艺过程不一样，有的只需一道工序即可完成，有的则需几道工序才能完成。例如，对于包装颗粒糖果的折叠式包装方式（图4.23（c）所示），其工艺过程可分解为6道工序如图4.30所示。工序1完成送料，工序2完成上、下、前面三个面的包装，工序3完成后面及两端折角包装，工序4完成两端下面折边，工序5完成两端上面折边，工序6将折叠式最终包装好的糖果输出。将功能原理解分解成若干工序过程是一个创造性设计的过程，采用简单的、合理的工序过程，可以使机械系统方案简单、合理和完善。

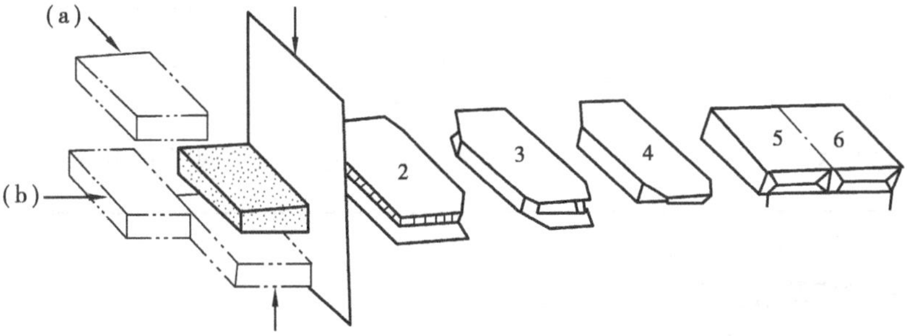

图4.30

2）机械执行构件的运动设计

功能原理解经工艺过程分解后，就可以根据工序要求确定机械执行构件的数目、各执行构件的运动形式和基本运动参数。执行构件的运动形式和基本运动参数是以后选择或设计执行机构的依据。如对于金属表面加工的刨削原理解，执行构件有两个，一个是刨头，另一个是工作台。刨头的运动形式是直线往复运动，基本运动参数是刨头的往复运动距离和速度等；工作台的运动形式是直线进给运动，基本运动参数是进给量和进给速度等。设计执行构件运动形式时，在满足工序要求的前提下，尽量选择简单和易实现的运动形式，使以后机械系统方案简单，设计方便，制造容易。

（3）根据执行构件运动形式选择机构

经过功能原理解的工艺过程分析，确定合适的机械执行构件运动形式后，接下来的工作就是选择或设计一种能实现所要求的执行构件运动形式的机构。一般地说，一个执行构件的运动形式可由几种不同形式的机构来实现。例如，作直线往复运动的执行构件，可由液压油缸机构、杆机构、凸轮机构、螺旋机构等来实现。

为了便于按机械执行构件运动形式选择机构，用一些符号来表示机械执行构件的运动形式。表 4.9 给出了机械执行构件的常见运动形式、表达符号及其相匹配的机构，供设计者参考。

表 4.9　机械执行构件的常见运动形式、表达符号及其匹配机构

运动形式	符　号	可选择机构或载体
连续转动		平行四杆机构、双万向节机构、齿轮机构、轮系、摩擦轮机构、带传动机构、链传动机构、连杆机构、电动机
间歇转动		棘轮机构、槽轮机构、不完全齿轮机构、凸轮式间歇运动机构、组合机构、控制电机
往复摆动		曲柄摇杆机构、曲柄摇块机构、摆动导杆机构、凸轮机构、组合机构
间歇摆动		特殊连杆机构、凸轮机构、连杆齿轮机构、齿轮摆杆机构、组合机构
直线移动		齿轮齿条机构、螺旋机构、带传动机构、链传动机构
往复移动		曲柄滑块机构、移动导杆机构、正弦机构、正切机构、凸轮机构、齿轮齿条机构、组合机构
间歇往复移动		凸轮机构、连杆机构、组合机构
平面复杂运动		连杆机构、行星齿轮机构、组合机构

（4）用形态学矩阵法创建机械系统运动方案

1）机械系统运动转换功能图及其绘制

在机械系统中，驱动执行构件的执行机构都需要由原动机驱动，有的执行机构可以由原动机直接驱动；有的执行构件则由于运动形式、速度、位置等原因，不能由原动机直接驱动，在原动机与执行机构之间必须加入传动机构，把原动机的运动传递转换为执行构件的运动。因此，如何描述原动机与执行构件之间的运动传递转换关系，对于构思机械运动方案是十分重要的。

构思机械系统运动转换功能图的步骤：

①选择原动机　分析执行构件运动形式与原动机运动形式之间的关系，合理选择原动机。有的机械系统只需要一个原动机驱动一个或几个执行构件，有的机械系统则可由几个原动机分别驱动不同的执行构件。由几个原动机分别驱动不同执行构件将使机械系统设计与制造较为简单，但几个原动机之间的运动控制要求较高。随着电子技术与控制技术的发展，几个原动机分别驱动不同执行构件的设计方案将越来越普遍。

②在原动机与执行构件之间确定运动转换关系　由于执行构件与原动机之间在运动形式、速度、位置等方面的原因，原动机不能直接驱动执行构件，这时需要在原动机与执行构件之间加入传动装置。由于在开始构思机械系统运动方案时，尚不清楚要加入什么具体传动装置，因此，只能考虑在原动机与执行构件之间需要什么样的运动转换，才能将原动机的运动或动力传给执行构件。表 4.10 列出了常用运动转换基本功能代表符号及其相匹配的机构，以供设计者考虑运动转换时参考。

表 4.10　运动转换基本功能、代表符号及其相匹配的机构

名　称	符　号	匹配的机构或载体
转动变单向间歇转动	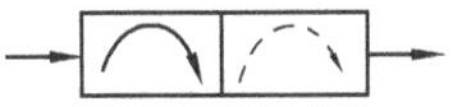	槽轮机构、平面凸轮间歇机构、不完全齿轮机构、圆柱凸轮分度机构、针轮间歇转动机构、蜗杆凸轮分度机构、偏心轮分度定位机构、内啮合行星轮间歇机构、组合机构
转动变双向摆动		曲柄摇杆机构、摆动从动件凸轮机构、曲柄摇块机构、电风扇摇头机构、摆动导杆机构、曲柄六连杆机构、组合机构
转动变双向间歇摆动	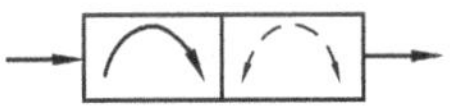	摆动从动件凸轮机构、连杆曲线间歇摆动机构、曲线槽导杆机构、六杆机构两极限位置停歇摆动机构、四杆扇形齿轮双侧停歇摆动机构、组合机构
转动变实现预定轨迹	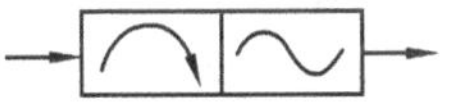	连杆机构、连杆凸轮组合机构、行星轮直线机构、联动凸轮机构、起重机近似直线机构、铰链六杆椭圆轨迹机构、曲柄凸轮式直线机构、行星轮摆线正多边形轨迹机构、组合机构
摆动变单向间歇转动	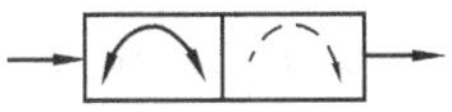	棘轮机构、摩擦钢球超越单向机构、组合机构
转动变单向直线移动	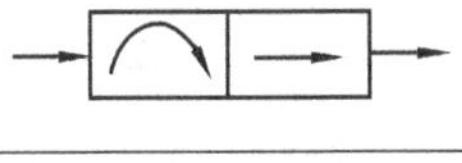	齿轮齿条机构、螺旋机构、带传动机构、链传动机构、组合机构
转动变往复直线移动	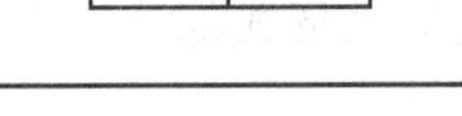	曲柄滑块机构、六连杆滑块机构、移动从动件凸轮机构、不完全齿轮齿条机构、连杆凸轮组合机构、正弦机构、正切机构、组合机构

续表

名　称	符　号	匹配的机构或载体
转动变往复间歇移动	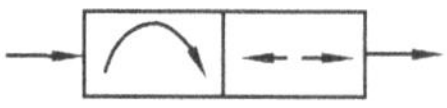	连杆单侧停歇曲线槽导杆机构、移动凸轮间歇移动机构、行星轮内摆线间歇移动机构、不完全齿轮齿条往复移动间歇机构(用于印刷机)、不完全齿轮移动导杆间歇机构、移动从动件凸轮机构、八连杆滑块上下端停歇机构(用于喷气织机开口机构)、组合机构
运动缩小 运动放大	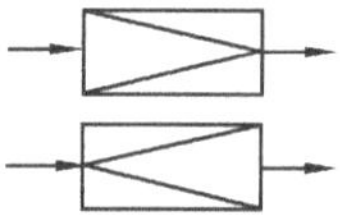	齿轮传动机构、谐波传动机构、带传动机构、链传动机构、行星传动机构、摆线针轮传动机构、摩擦轮传动机构、蜗杆机构、螺旋传动机构、连杆机构、液体传动机构
运动合成	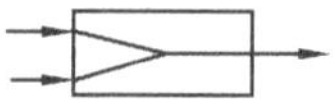	差动螺旋机构(用于测微机、分度机构、调节机构、夹具等)、差动轮系、差动连杆机构
运动分解	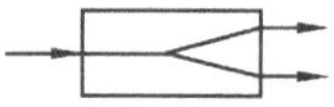	差动轮系、二自由度机构
运动换向		凸轮换向机构、棘轮换向机构、滑移齿轮换向机构、摩擦差动换向机构、行星轮换向机构、离合器锥齿轮换向机构
运动轴线变向	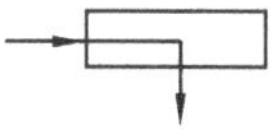	圆锥齿轮传动、半交叉带传动、螺旋齿轮传动、双曲面齿轮传动、蜗杆传动、单万向连轴节传动
运动轴线平移	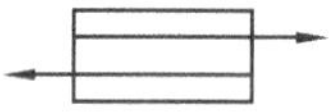	圆柱齿轮传动、带传动、链传动、平行四边形机构、双万向连轴节、圆柱摩擦轮传动
运动分支	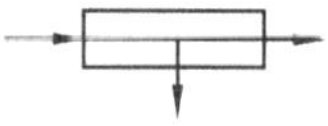	齿轮系、带轮系、链轮系
运动联接	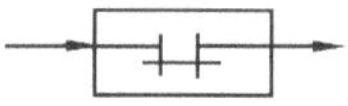	弹性联轴节、十字滑块联轴节、齿式联轴器、套筒联轴节、凸缘联轴节、万向联轴节
运动离合	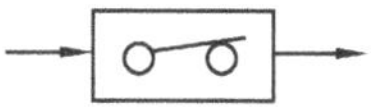	摩擦离合器、电磁离合器、牙嵌离合器、自动离合器、超越离合器
过载保护		带传动、摩擦轮传动、安全联轴节、安全离合器
有级调速	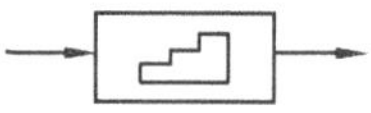	塔轮变速机构、配换挂轮变速机构、离合器变速机构
无级调速	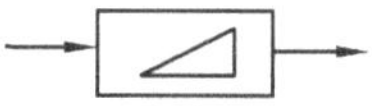	带式无级变速器、钢球无级变速器、摩擦盘无级变速器

③根据选择的原动机和运动转换关系,绘制机械系统运动转换功能图。

现以图4.7所示电阻压帽自动机为例,说明机械系统运动转换功能图的绘制。由电阻压帽自动机的功能要求,经功能分析,功能原理解,功能原理工艺过程分解后,确定了三个执行构件,它们是送料杆、夹紧杆和压帽杆。这三个执行构件的运动形式都是直线往复运动。为了减少控制环节，决定采用一个电动机的驱动方式。由于电动机的转速与执行构件的运动速度有较大的差距，因此，在电动机与执行构件之间要有两级减速装置，由于电动机的运动是连续转动，要得到执行构件的往复移动，还必须要有变转动为往复移动的装置。由这些要求，可绘制出如下的运动转换功能图（图 4.31）。

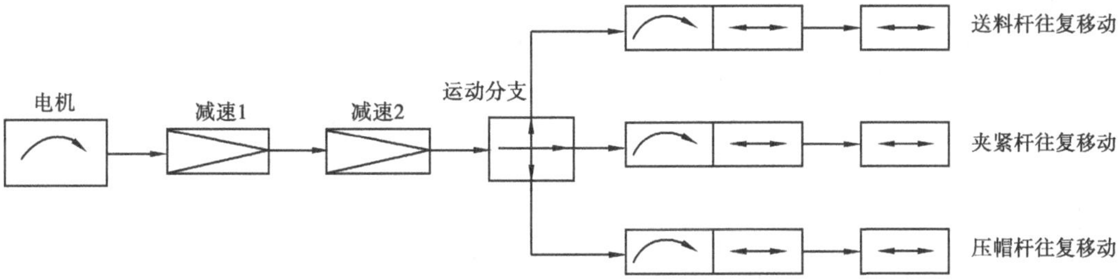

图 4.31

2）用形态学矩阵法创建机械运动方案

绘制了机械系统运动转换功能图后，把运动转换功能框图列为纵坐标，与对应功能框图匹配的机构列为横坐标，构成形态学矩阵，通过排列组合可构成多种机械系统运动方案。

表 4.11 是电阻压帽自动机系统方案的形态学矩阵。由于各执行构件的运动规律要求较复杂，因此表中列出了凸轮机构 + 正切机构的组合机构。

如表 4.11 所示的形态学矩阵有：

$$N = 5^5 = 3\ 125$$

即 3 125 种方案。

用形态学矩阵法构成的众多机械系统方案，并不一定都能实现执行机构所需的运动和性能要求，所以必须从中优先出一些较好的方案，并进行机构尺度综合，运动分析，动力分析等，最后经方案评价选出最优方案。

表 4.11 中用实线连接的方案为图 4.7 表示的机械系统运动方案。

表 4.11　电阻压帽自动机系统方案的形态学矩阵

功能元		功能元解（区配机构）				
		1	2	3	4	5
减速 1		带传动	链传动	蜗杆传动	齿轮传动	摆线针轮转动
减速 2	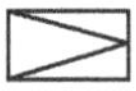	带传动	链传动	蜗杆传动	齿轮传动	摆线针轮转动
送料杆往复移动	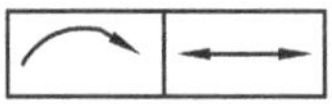	曲柄滑块机构	平面凸轮机构	空间凸轮机构	平面凸轮机构 + 正切机构	空间凸轮机构 + 正切机构
夹紧杆往复移动	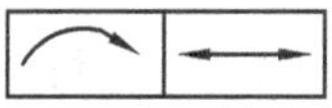	曲柄滑块机构	平面凸轮机构	空间凸轮机构	平面凸轮机构 + 正切机构	空间凸轮机构 + 正切机构
压帽杆往复移动	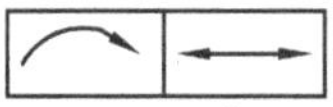	曲柄滑块机构	平面凸轮机构	空间凸轮机构	平面凸轮机构 + 正切机构	空间凸轮机构 + 正切机构

4.3.6 机械系统运动方案设计实例

现以锁梁自动切削,扳弯机系统运动方案设计为例,说明机构系统运动方案设计的过程与方法。应当指出的是,所举实例仅起启迪思维、开阔思路的作用,切勿将此例所叙述的步骤与方法看作教条模仿。

实例 锁梁自动切削、扳弯机系统运动方案设计示例

(1)锁梁自动切削、扳弯机的功能与设计要求

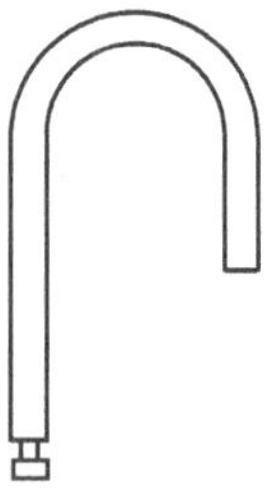

图4.32

图4.32所示为挂锁的一个零件,称为“锁梁”。锁梁自动切削、扳弯机的功能是将金属材料自动加工成“锁梁”。

设计要求和参数为:

①“锁梁”的形状如图4.32所示;

②连续自动生产;

③生产能力为10件/min;

④加工质量要达到规定的技术要求;

⑤机械系统运动方案应力求简单、可靠。

(2)功能原理设计

将金属材料加工成图4.32所示零件,可采用直径与零件外径相同的圆形卷料,只需加工出沟槽和扳弯即可。加工沟槽的常用方法是采用“车削”。车削有两种加工方式:一种是常规加工方式,即工件旋转,刀具只作切削进给运动;另一种加工方式是“飞刀切削”,即工件不动,刀具绕工件旋转并作切削进给运动。由于设计要求为连续自动生产,因此,原材料选用断面为圆形的卷料,采用“飞刀切削”方式较为合理。图4.33为飞刀切削的工作原理。

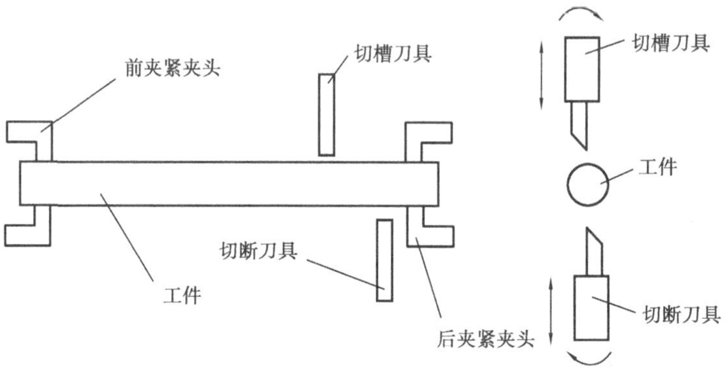

图4.33

(3)功能分解

为了实现将金属卷料加工成锁梁的总功能,可将总功能分解为如下分功能:

①金属卷料校直功能;

②金属卷料送料功能;

③送料定位功能;

④工件夹紧功能;

⑤工件切槽功能；

⑥工件切断功能；

⑦工件扳弯功能。

其功能逻辑图如 4.34 所示：

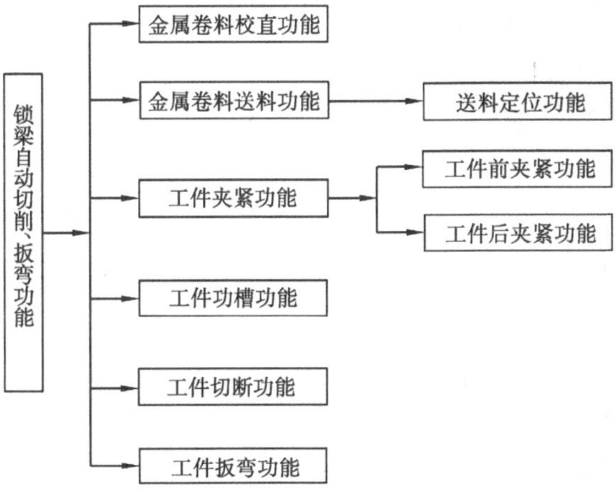

图 4.34

(4)功能原理的工艺过程分解

①金属卷料校直功能　用校直器进行校直。校直器的工作原理如图 4.35 所示。带轮带动一系列交错安装的滚子旋转，卷料从一系列滚子中穿过，当卷料通过校直器后就被校直。

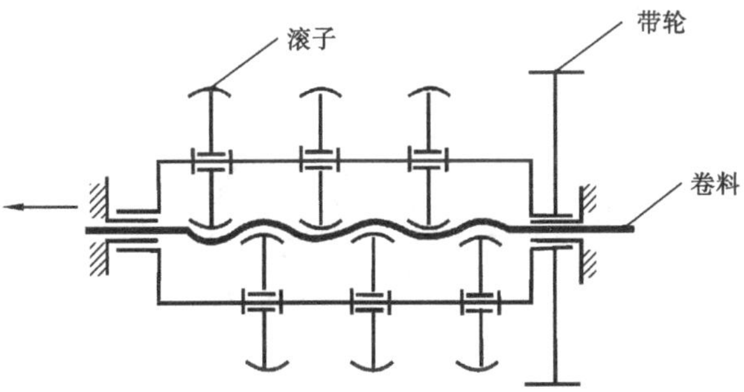

图 4.35

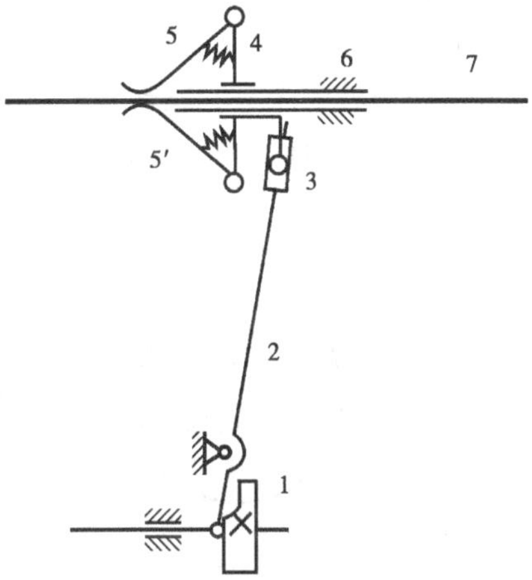

图 4.36

②金属卷料送料功能　用一自锁式夹持器作间歇往复直线运动实现送料。如图 4.36 所示，夹持器由构件 4-5-5′组成，夹持器由凸轮机构通过摆动导杆驱动作间歇往复直线运动，当夹持器向左运动时，由推爪 5 和 5′利用自锁的摩擦力推动卷料 7 向左运动，以实现送料，当夹持器向右运动时，推爪 5 和 5′在卷料 7 上打滑，从而实现单向送料。

③送料定位功能　采用一活动定位杆进行定位。

④工件夹紧功能　采用弹簧夹头进行夹紧，弹簧夹头的结构如图 4.37(a)所示，它是切有

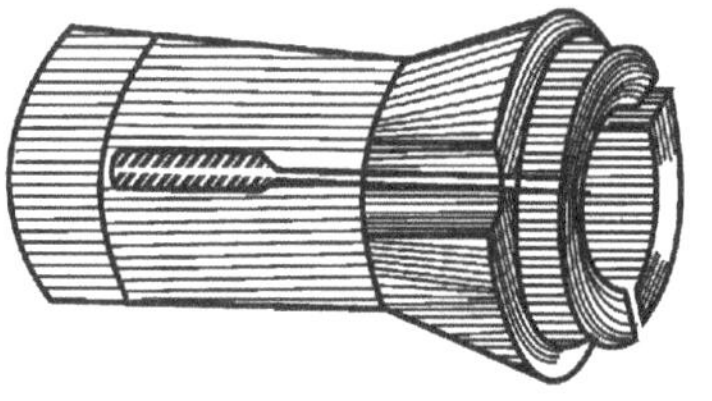

(a)

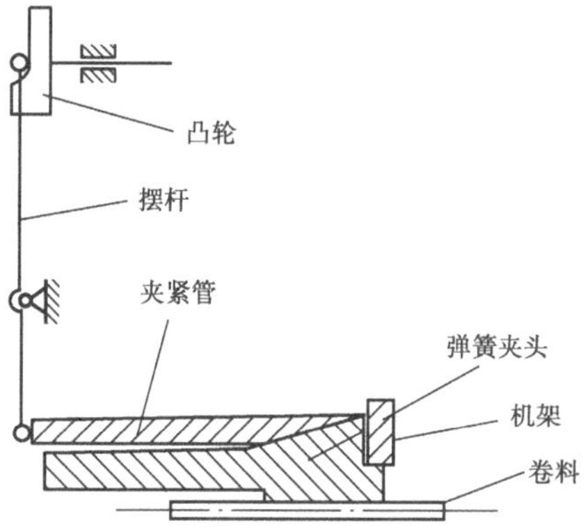

(b)

图 4.37

沟槽淬过火的钢套，其夹爪具有弹性，夹爪外部成锥体，在弹簧夹头的外面有一具有内锥的夹紧管，当夹紧管左右移动时，利用夹紧管与弹簧夹头的锥面实现夹紧与松开，夹紧管的左右移动由图 4.37（b）所示的凸轮机构实现。

⑤工件切槽功能　由于采用飞刀切削，刀具不仅要绕工件旋转，同时还要作横向切削进给运动。为了使结构简单，当横向直线进给运动的行程不大时，可用弧线进给运动代替，弧线进给运动是间歇往复回转运动，刀具绕工件的旋转运动是连续的回转运动。图 4.38 为实现切槽和切断功能的机构示意图。回转刀架由带传动使其绕工件作回转运动（图中未画出带传动），在回转刀架上安装有能绕回转刀架作相对转动的切槽刀杆和切断刀杆，刀杆一端安装有刀具，另一端与锥套组成高副联接。锥套与回转刀架为键联接，可相对回转刀架作轴向移动。加工时，锥套与回转刀架一起旋转，同时由其他机构使其作相对刀架的轴向移动，此时，锥套与刀杆组成的高副使刀杆摆动，从而实现切槽和切断功能。

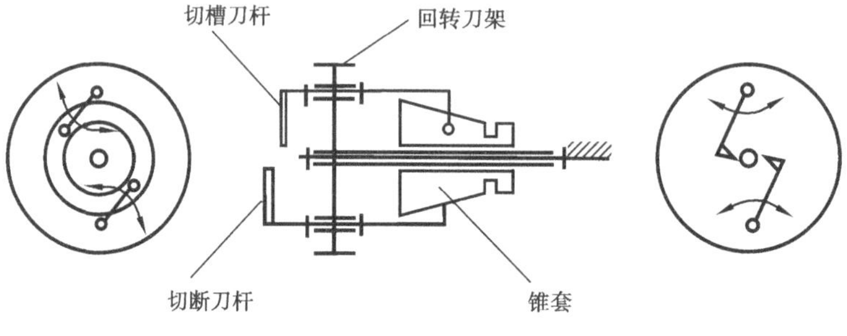

图 4.38

⑥工件切断功能　同切槽功能，只是切断刀具相对切槽刀具较薄，横向切削进给运动进行到将工件切断为止。

⑦工件扳弯功能　用一扳弯滚子将工件压在一圆弧模块上，然后绕圆弧模块转一角度，即可将工件扳成与圆弧模块半径相对应的弧形，其扳弯原理如图 4.39 所示。

(5) 根据工艺过程确定执行构件的运动形式

①由校直器的工作原理和结构知，校直器执行构件为滚子支架，它作回转运动；

②送料功能的执行构件是自锁式夹持器，它作间歇往复移动；

③送料定位的执行构件是定位杆，它的运动也是间歇往复移动；

④由弹簧夹头的工作原理知，它的执行构件是弹簧夹头外的夹紧管，它的运动是间歇往复移动；

⑤由图 4.38 所示切槽与切断功能的机构示意图知，此功能的执行构件是刀杆，它的运动是回转运动与间歇摆动的复合运动；

⑥由扳弯的工作原理知，扳弯的执行构件是扳弯滚子支架，它的运动是往复回转运动。

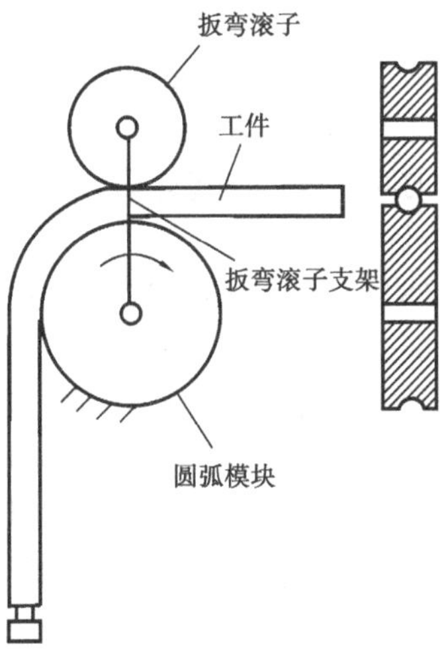

图 4.39

(6) 绘制机械系统运动转换功能图

根据执行构件的运动形式，绘制机械系统运动转换功能图如图 4.40 所示。

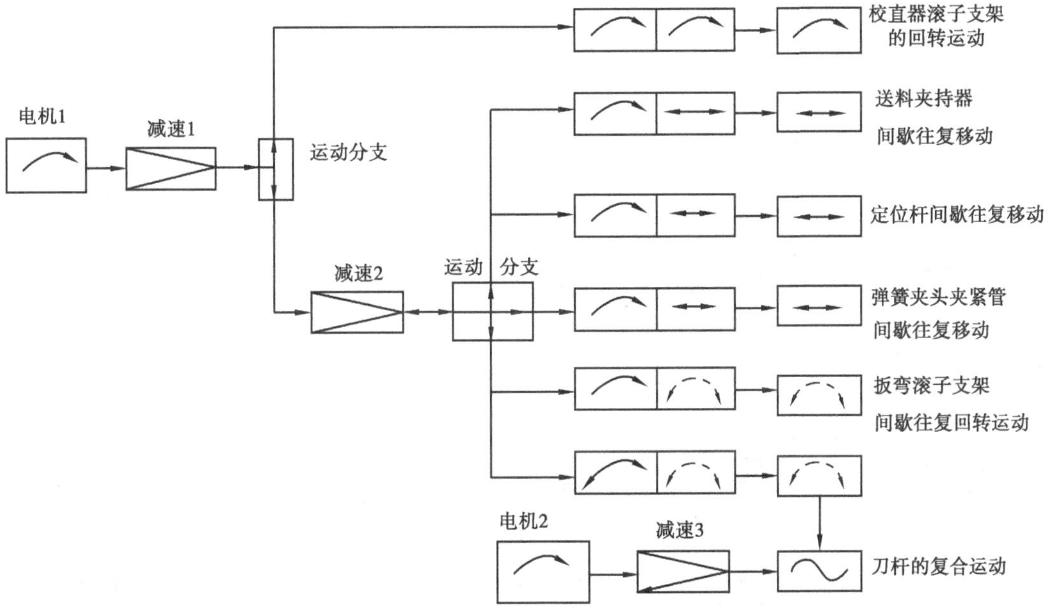

图 4.40

(7) 根据执行构件的运动形式选择机构

①校直器滚子支架的回转运动　由表 4.9 可选用带传动、齿轮传动。

②送料夹持器间歇往复移动　由表 4.9 和表 4.10 可选用凸轮机构、连杆机构、组合机构（如凸轮机构 + 连杆机构）等。

③定位杆间歇往复移动　同样可选用凸轮机构、连杆机构、组合机构（如凸轮机构 + 连杆机构）等。

④弹簧夹头夹紧管间歇往复移动　同样可选用凸轮机构、连杆机构、组合机构（如凸轮机构 + 连杆机构）等。

⑤扳弯头的间歇往复回转运动　由表 4.9 和表 4.10 可选用凸轮机构、齿轮摆杆机构、组合机构(凸轮机构 + 连杆机构 + 链传动等)。

⑥刀具的复合运动　对于复合运动的回转运动,可选用齿轮机构、带传动机构;对于复合运动的间歇往复回转运动,可选凸轮机构、齿轮摆杆机构、组合机构(如空间凸轮机构 + 移动凸轮机构等)。

(8)用形态学矩阵法创建机械系统运动方案

根据机械系统运动转换功能图(图 40)可构成形态学矩阵(表 4.12)。由表 4.12 所示的形态学矩阵可求出锁梁自动切削、扳弯机系统运动方案数为

$$N = 3 \times 3 \times 3 \times 2 \times 3 \times 3 \times 3 \times 3 \times 3 \times 2 = 26\ 244$$

可由给定的条件,各机构的相容性,各机构的空间布置,类似产品的借鉴和设计者的经验等,从中选出若干个较为实际可行的方案,然后从选出的若干个方案中用评价方法选出最优方案。

表 4.12

功能元		功能元解(匹配机构)		
		1	2	3
减速 1		带传动	齿轮传动	蜗杆传动
减速 2		带传动	齿轮传动	蜗杆传动
减速 3		带传动	齿轮传动	蜗杆传动
校直器滚子支架的回转运动		带传动	齿轮传动	
送料夹持器间歇往复移动		凸轮机构	连杆机构	凸轮+连杆机构
定位杆间歇往复移动		凸轮机构	连杆机构	凸轮+连杆机构
弹簧夹头滑套间歇往复移动		凸轮机构	连杆机构	凸轮+连杆机构
扳弯滚子支架的间歇往复回转运动		凸轮机构	齿轮摆杆机构	凸轮机构+连杆机构+链传动机构
刀具的复合运动的间歇往复回转运动		凸轮机构	齿轮摆杆机构	空间凸轮机构+移动凸轮机构
刀具的复合运动的回转运动		带传动	齿轮传动	

(9)画出机械系统运动方案简图

图4.41表示了形态学矩阵(表4.12)中用实线连接的方案的运动简图。该系统由两个电动机驱动。电动机1通过带传动驱动构件2,构件2一端用齿轮驱动分配轴3,另一端通过带传动驱动校直器滚子支架5转动,实现校直功能;分配轴3上的凸轮A通过摆杆6、转块7,使送料器的自锁式夹持器8作间歇往复移动,实现送料功能,需要指出的是,凸轮A的回程是实现送料,推程是使自锁式夹持器8返回,这是因为自锁式夹持器8在送料时,可能会有局部打滑。设计时有意使送料的行程(由凸轮A的回程决定)略大于实际所需行程,同时设计定位杆20与工件接触的部位为一长孔,工件从长孔中穿过,送料过程中,定位杆在弹簧的作用下压在工件上,当送料到位时,定位杆在弹簧在作用下卡入工件,从而实现送料定位,同时也解决了自锁式夹持器8与工件打滑送料不准的问题;分配轴3上的凸轮B通过摆杆9,使后夹紧机构的夹紧管10作间歇往复移动,实现夹紧功能;分配轴3上的凸轮C通过摆杆11,使旋转刀架13上的锥套12作间歇往复移动,实现刀具的横向进给功能;电动机16通过带传动驱动旋转刀架13转动,实现飞刀切削功能;分配轴3上的凸轮D通过摆杆18,使前夹紧机构的夹紧管19作间歇往复移动,实现夹紧功能;分配轴3上的凸轮F使从动件20作间歇往复移动,实现定位功能;分配轴3上的凸轮E通过摆杆21和连杆22,使链轮23作间歇往复摆动,链轮23通过链条24使小链轮25作间歇往复摆动,与小链轮一体的系杆带动行星滚子26实现扳弯功能。

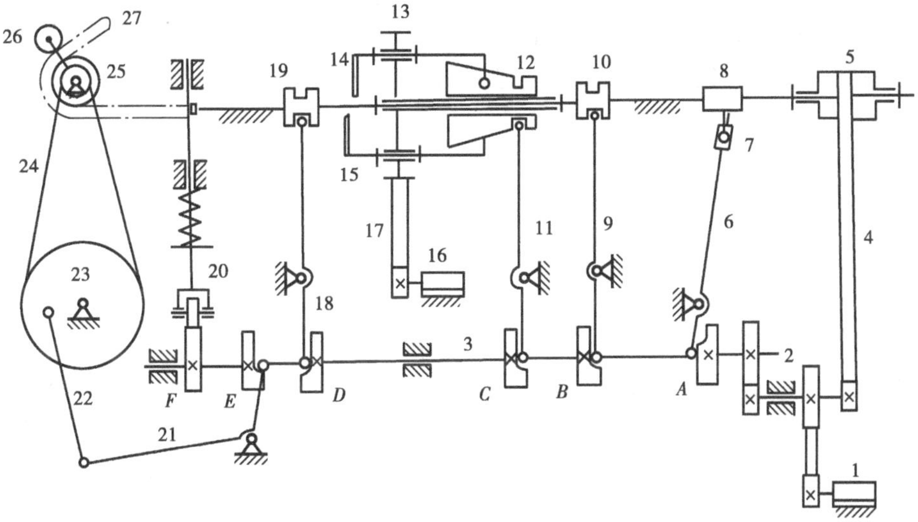

图4.41

(10)根据工艺动作顺序和协调要求拟定运动循环图

图4.41所示的机械系统运动方案有5个执行构件需要进行运动协调设计,它们是送料夹持器(构件8)、定位杆(构件20)、弹簧夹头夹紧管(构件10和19)、实现切削进给运动的锥套(构件12)、实现扳弯功能的小链轮(构件25),在图4.42所示的运动循环图中,分别用送料、定位、夹紧、进给和扳弯来表示。图4.42的横坐标表示分配轴(构件3)的转角,送料的纵坐标表示送料夹持器的运动(由右向左为正),定位的纵坐标表示定位杆的运动(由下向上为正),夹紧的纵坐标表示弹簧夹紧管的运动(对于前夹紧由左向右为正,对于后夹紧由右向左为正,图中只画出后夹紧管的运动关系)、进给的纵坐标表示进给锥套的运动(由右向左为正),扳弯

的纵坐标表示小链轮的运动(顺时针转向为正)。

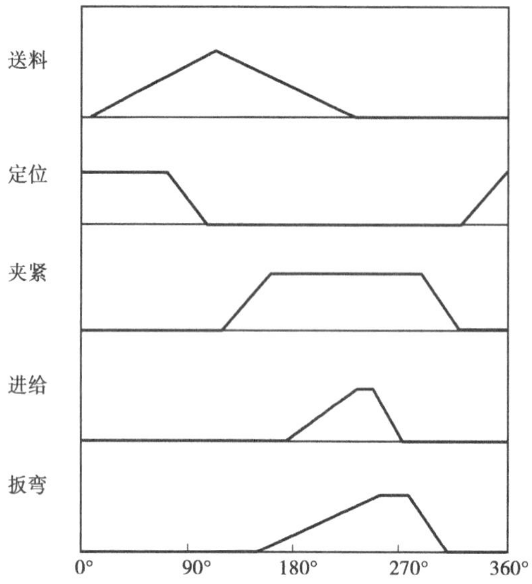

图 4.42

(11)机构的运动学、动力学尺度设计计算

可根据《机械原理》教科书中介绍的方法进行,在此不再赘述。

第5章 机械系统运动方案评价

5.1 机械系统运动方案评价概述

(1)机械系统运动方案评价的重要性

在进行机械系统运动方案设计时,由于能实现给定任务的功能原理解是多方案的,而在功能原理解确定后,实现同一种功能的机构也不是唯一的,因此,选用不同的机构,就能构成不同的方案。如用形态矩阵法就可以创建出若干个备选方案。设计者的任务不仅是要提出若干个备选方案,而且还要从这些备选方案中找出最优方案。对于一个系统,追求的往往不是一个而是多个目标,而目标的属性又是多种多样的,这样,"最优"这个词的含意又不是十分明确的,且评价是否为"最优"的尺度(准则),也会随着评价者的不同立场或不同评价时期而有所变化和发展。因此,如何建立合理的评价体系,采用正确的评价方法,从诸多方案中找出最优方案是十分重要的。

(2)价值的概念

所谓系统评价,就是评价系统的价值。什么叫价值?从哲学意义上讲,价值就是评价主体(即从事评价的个人或集体)对某个评价对象(如待开发的系统、待决策的系统行为等)在理论上或实践上所具有的作用和意义的认识与估计。从经济学意义上讲,价值通常被理解为根据评价主体的效用观点对评价对象能满足某种需求的认识或估计。有一个常被用来举例的价值问题,即"一杯水和一颗钻石哪个有价值"的问题,其答案因评价它们的人是处于正常生活环境下还是处在无人烟的沙漠里而截然不同。由此可见,就某具体评价对象来说,由于评价主体所处的立场、观点、环境、评价目的等的不同,对其价值的评定也就会有所不同。甚至对于人类极宝贵的"生命"来说,对它的价值的评价也并不是完全一致的。但另一方面,由于人类形成社会,过着群体生活,从而人们有机会经常交流对事物的认识和估计,所以在价值观上又会表现出某种程度的共同性和客观性,从而形成所谓的社会价值观。如何把个人的价值观和社会的价值观合理地统一起来,这是系统评价的重要任务之一。

从上述的观点看,价值并不是孤立地依附于某一评价对象的,同时也没有计量(认识)价值的绝对尺度(准则)。也就是说,评价对象的价值不是对象本身所固有的,而是根据评价对象、评价主体和其所处的环境条件等的关系相对确定的。既然没有计量价值的绝对尺度，因此，在系统评价时采用相对比较是必不可少的一种方法。故对评价技术来说，首先要引进或建立“评价尺度（准则）”，而后通过评价尺度对评价对象进行测定以确定其价值。如何确定评价尺度将在评价方法中予以介绍。

（3）评价的原则

机械系统运动方案评价的原则是：

1）要保证评价的客观性

评价的目的是为了找出最优方案，因此，评价是否客观，就会影响选出的最优方案的真实性，为了保证评价的客观性，必须尽力做到：评价资料具有全面性和可靠性；防止评价人员带有倾向性；评价人员组成要有代表性，不能只邀请单方面人员参加；评价人员能自由发表意见等。

2）要保证方案的可比性

各备选方案在保证实现系统的所需功能上要有可比性和一致性。即各备选方案只有在能实现系统所需功能的情况下进行比较才有意义。否则它们之间不能互相代替，也就是说它们不具备互相比较的基础。

3）要有合理的评价项目和指标体系

评价项目和指标要包括机械系统方案所涉及的各方面的要求和指标，评价项目必须与机械系统方案有关，且能确切反映评价系统的价值，评价项目要全面，保证评价不出现片面性。同时，评价项目的总数应尽可能地少，如果能用一个评价项目就可以确切地反映系统某方面的价值时，就不允许再用其他评价项目来反映，否则，徒增重复和评价的难度。对各项评价指标（包括定性问题的指标）要进行量化。评价指标体系的建立要依据科学知识和专家的经验，建立的评价指标体系要有合理性、科学性和全面性。

（4）机械系统运动方案评价的步骤

机械系统运动方案评价的步骤是：

①对各评价方案作出简要说明，使方案的特点、优缺点清晰明了，便于评价人员掌握。

②选择评价项目，并确定各评价项目的相对重要性，即权重。

③确定各评价项目的评价尺度。

④选用合适的评价方法进行评价。

⑤选出最优方案。

5.2 机械系统运动方案的评价指标体系

（1）机械系统运动方案评价指标体系的构成

机械系统运动方案评价体系由评价项目、评价项目的权重和项目的评价尺度三者组成。评价指标体系应反映出所要解决问题的各项目标要求，评价指标体系的构成要实际、合理、科学，并基本上能为有关人员和部门所接受。

机械系统运动方案评价指标体系通常可考虑如下方面：

①功能性指标　包括是否能顺利地实现机械系统的预定功能目标，与同类系统比较是否更先进，其工作原理是否有创新与突破等。

②技术性指标　包括系统的性能、寿命、可靠性、可操作性、人机关系等。

③经济性指标　包括制造的难易程度、制造和维护成本、能耗大小等。

(2)机械系统运动方案评价项目集

机械系统评价项目集由若干项目组成,用 $F = (f_1, f_2, \cdots, f_n)$ 表示。机械系统方案评价项目的选择要根据具体机械系统的情况和特点进行,下面给出常用机械系统运动方案评价项目以供参考:

①功能目标完成情况(包括预定主要功能和次要功能目标实现的程度);

②工作原理的先进性(包括工作原理的先进性,可行性,可靠性等);

③系统的工作性能(包括系统的运动和动力性能、机械效率、使用寿命等);

④系统的工作效率(如系统的生产率、工作速率等);

⑤系统机械传动的精度;

⑥系统的复杂程度(包括机构结构的复杂程度,制造的难易程度);

⑦系统方案的实用性;

⑧系统方案的可靠性;

⑨系统方案的新颖性;

⑩系统方案的经济性(包括设计制造费用、运行维护费用等);

⑪系统方案的可推广性;

⑫系统方案的可操作性;

⑬系统方案的先进性;

⑭系统方案的环保问题。

(3)评价项目的评价指标量化

评价项目选择好后,可由评价小组的专家来确定每一评价项目的评价尺度(即评价指标的量化)。一般一个评价项目可分为 n 个等级,每个等级有一个评价尺度(即评分)。如评价项目 f_i 的评价尺度可确定为 $E = (e_1, e_2, e_3, \cdots, e_n)$。通常可采用 5 级评价尺度 $E = (e_1, e_2, e_3, e_4, e_5)$ = (很好,好,较好,不太好,不好) = (1.00,0.80,0.50,0.25,0.00)。

(4)评价项目相对重要性(即权重)的确定

评价项目相对重要性(即权重)常用两种方法确定,现分别介绍如下:

1)逐对比较法

逐对比较法是确定项目相对重要性(权重)的有效方法之一,具体方法如表 5.1 所示。

表 5.1　用逐对比较法计算评价项目的权重

评价项目	得分序号										累计得分	权　重
	1	2	3	4	5	6	7	8	9	10		
f_1	1	1	1	1							4	0.4
f_2	0				1	1	1				3	0.3
f_3		0			0			1	0		1	0.1
f_4			0			0		0		0	0	0.0
f_5				0			0		1	1	2	0.2

表中的f_1、f_2、f_3、f_4、f_5表示各评价项目，将各评价项目逐对进行比较，比较结果相对重要的项目得分，如项目f_1与f_2相比，f_1相对重要，项目f_1得1分，在f_1行与得分序号1列交叉点填入1；项目f_1与f_3相比较，f_1相对重要，项目f_1得1分，在f_1行与得分序号2列交叉点填入1；……项目f_4与f_5相比，f_5相对重要，项目f_5得1分，在f_5行与得分序号10列交叉点填入1。然后累计各评价项目的得分，经过一定的换算（如按百分比）以求得各评价项目的权重如表中最后一列所示。

2）古林法

当对各项目间的重要程度可以作出定量估计时，古林法（A. J. Klee）就显得比逐对比较法较优越。具体方法如表5.2所示。

表5.2　用古林法计算评价项目的权重

评价项目	R_j	K_j	W_j（权重）
f_1	3	4.50	0.580
f_2	3	1.50	0.194
f_3	2	0.50	0.065
f_4	0.25	0.25	0.032
f_5	—	1	0.129
合计		7.75	1.00

首先，按评价项目自上而下地两两比较重要性，并用数值表示其重要程度，然后将其数值填入表中R列中。如项目f_1与f_2相比，f_1的重要性是f_2的3倍，则将3填入f_1行的R列；如项目f_2与f_3相比，f_2的重要性是f_3的3倍，则将3填入f_2行的R列；如项目f_3和f_4相比，f_3的重要性是f_4的2倍，则将2填入f_3行的R列；如项目f_4与f_5相比，f_4的重要性是f_5的0.25倍（反过来说，f_5的重要性是f_4的4倍），则将0.25填入f_4行的R列；由于项目f_5已经没有别的项目与之相比，故没有R值。接着，以最后一个评价项目（这里为f_5）的K值为1，自下而上地计算其他项目的K值，其方法是用下一行的K值乘以当前行的R值，得当前行的K值。如表中K列的最后一个K值（f_5行）为1，用1乘以上一行的R值，得$1\times0.25=0.25$，0.25即为上一行（f_4行）的K值，然后用（f_4行的）0.25乘以上一行（f_3行）的R值得$0.25\times2=0.50$，0.50即为上一行（f_3行）的K值，如此可求出各行的K值如表所示。最后将K列的数值相加得7.75，再分别除以各行的K值（即标准化），所得结果即分别为各评价项目的权重，例如：

$$W_1=\frac{K_1}{\sum K_j}=\frac{4.50}{7.75}=0.580$$

余可类推。

5.3　机械系统运动方案的评价方法

系统评价方法发展到今天已不下数十种之多。这里仅就常用的几种方法介绍如下：

(1)评分法

评分法是常用的一种评价方法。应用评分法对系统进行评价时,首先是选择和确定评价对象的评价项目;其次是确定每一评价项目的评分等级和评价分数(即确定评价尺度);最后按评价项目给不同替代方案评分并累计分数,累计分数最大者为最优方案。评分法又可分为加法评分法,连乘评分法和加乘评分法等。

1)加法评分法

表 5.3 所示为加法评分法的实例,从表中可知,该例共选择了 10 个评价项目,每个评价项目可按前述评价项目的评价指标量化方法确定 3 到 5 个评分等级,每个等级可以赋予不同的评价分数。接着可对每个替代方案进行评分,评分后累加分数,累计分数最高者为最优方案。加法评分法的缺点在于各替代方案的累计评价分数差距不大时,对于哪个方案最优的问题很难得出明确的结论,为此,出现了另一种评分方法,即连乘评分法。

表 5.3　加法评分法实例

序　号	评价项目	评价等级	评价尺度(评价分数)
1	功能目标完成情况	很好 好 较好 不太好 不好	10 8 5 3 0
2	工作原理的先进性	先进 较先进 一般 落后	10 8 4 0
3	系统的工作效率	高 较高 一般 低	10 8 4 0
4	系统机械传动的精度	高 较高 一般 低	10 8 4 0
5	系统的复杂程度	简单 较复杂 复杂	10 5 0
6	系统方案的实用性	实用 一般 不实用	10 5 0
7	系统方案的可靠性	可靠 较可靠 一般 不可靠	10 8 4 0

续表

序　号	评价项目	评价等级	评价尺度(评价分数)
8	系统方案的新颖性	新颖 较新颖 一般 不新颖	10 8 4 0
9	系统方案的经济成本	低 较低 高 较高	10 8 4 0
10	系统方案的环保问题	好 较好 不好	10 5 0
评价分数累计			100 ~ 0

2)连乘评分法

连乘评分法的特点是将各项评价得分予以连乘,乘积最大者为最优方案。这样可以使各替代方案的得分差距拉大,所以具有灵敏度高的特点。但由于连乘后分数值也相应增大,因此评分等级不宜过多是其缺点,为此又出现了一种加乘评分法。

3)加乘评分法

加乘评分法是吸取加法评分法和连乘评分法的特点综合而成的一种评分法,即将评价项目分成几个相关组,然后在每个相关组内将评价项目所得的分数相加,最后将每个相关组的累加得分相乘,乘积最大者为最优方案。表5.4所示为加乘评分法的实例。

表5.4　加乘评分法的实例

分组序号	评价项目	评价等级	评价尺度(评价分数)		评价分数合计
1	功能目标完成情况	很好 好 较好 不太好 不好	10 8 5 3 0	A	$A+B$
	工作原理的先进性	先进 较先进 一般 落后	10 8 4 0	B	
2	系统的工作效率	高 较高 一般 低	10 8 4 0	C	C

续表

分组序号	评价项目	评价等级	评价尺度(评价分数)		评价分数合计
3	系统机械传动的精度	高 较高 一般 低	10 8 4 0	D	$D+E$
	系统的复杂程度	简单 较复杂 复杂	10 5 0	E	
4	系统方案的实用性	实用 一般 不实用	10 5 0	F	$F+G+H$
	系统方案的可靠性	可靠 较可靠 一般 不可靠	10 8 4 0	G	
	系统方案的新颖性	新颖 较新颖 一般 不新颖	10 8 4 0	H	
5	系统方案的经济成本	低 较低 高 较高	10 8 4 0	I	$I+J$
	系统方案的环保问题	好 较好 不好	10 5 0	J	
加乘评分总数	$(A+B)\times(C)\times(D+E)\times(F+G+H)\times(I+J)$				

(2)关联矩阵法

关联矩阵法是常用的综合评价方法。其方法是用矩阵形式来表示各替代方案有关评价项目的评价值,然后计算各方案评价值的加权和,其值最大的方案为最优方案。

设 $A_1, A_2, \cdots, A_m$ 是某评价对象的 m 个替代方案。$f_1, f_2, \cdots f_n$ 是该评价对象的 n 个评价项目。$w_1, w_2, \cdots, w_n$ 是 n 个评价项目的权重,可用前述评价项目相对重要性(即权重)的确定方法确定。$v_{i1}, v_{i2}, \cdots, v_{in}$是第 i 个替代方案 A_i 的关于f_j 评价项目($j=1,2,\cdots,n$)的价值评定量(评价尺度),可按前述评价项目的评价指标量化方法确定。则相应的关联矩阵法的表现形式如表 5.5 所示。评价时,按表中数据和公式计算各 v_i值,v_i值最大的第 i 个方案为最优方案。

表 5.5

	f_1	f_2	…	f_j	…	f_n	
	w_1	w_2	…	w_j	…	w_m	v_i
A_1	v_{11}	v_{12}	…	v_{1j}	…	v_{1n}	$v_1 = \sum_{j=1}^{n} w_j v_{1j}$
A_2	v_{21}	v_{22}	…	v_{2j}	…	v_{2n}	$v_2 = \sum_{j=1}^{n} w_j v_{2j}$
⋮	⋮	⋮		⋮		⋮	⋮
A_m	v_{m1}	v_{m2}	…	v_{mj}	…	v_{mn}	$v_m = \sum_{j=1}^{n} w_j v_{mj}$

(3)模糊评价法

1)模糊评价法的程序

模糊评价法是应用模糊集理论对系统进行综合评价的一种方法,一般按如下程序进行评价:

①邀请各方面专家组成评价小组,小组成员一般不超过10人左右为宜。

②确定系统评价项目集和评价尺度集,经过评价小组成员讨论,选择和确定系统评价项目集,用 $F = (f_1,f_2,\cdots,f_n)$ 表示。并对每个评价项目确定评价尺度集,用 $E = (e_1,e_2,\cdots,e_m)$ 表示。

③确定各评价项目的权重,各评价项目的权重可以用前述的方法确定,并用 $W = (w_1, w_2,\cdots,w_n)$ 表示。

④按照已经制定的评价尺度、对各替代方案的评价项目进行模糊评定,建立隶属矩阵。

⑤计算替代方案 A_k 的模糊综合评定向量 S_k。

⑥计算替代方案 A_k 的优先度 N_k。

⑦根据各替代方案优先度的大小,确定最优方案。

2)隶属矩阵

按上述已经制定的评价尺度对各替代方案的评价项目进行评定,这种评定是一种模糊映射。即使是对同一个评价项目的评定,由于不同的评价人员可以作出不同的评价,因此,评价的结果只能用"第 f_i 个评价项目的第 e_j 个评价尺度的可能度的大小"来表示。这种可能程度就称为隶属度,记作 r_{ij}。因为有 m 个评价尺度,所以对第 i 个评价项目 f_i 就有一个相应的隶属度向量 $r_i = (r_{i1}, r_{i2},\cdots, r_{ij},\cdots,r_{im})$, $i = 1,2,\cdots,n$。则替代方案 A_k的评价项目集的隶属度,可用隶属度矩阵 R_k 表示,即

$$R_k = [r_{ij}^k] = \begin{bmatrix} r_{11}^k & r_{12}^k & \cdots & r_{1j}^k & \cdots & r_{1m}^k \\ r_{21}^k & r_{22}^k & \cdots & r_{2j}^k & \cdots & r_{2m}^k \\ \vdots & \vdots & & \vdots & & \vdots \\ r_{i1}^k & r_{i2}^k & \cdots & r_{ij}^k & \cdots & r_{im}^k \\ \vdots & \vdots & & \vdots & & \vdots \\ r_{n1}^k & r_{n2}^k & \cdots & r_{nj}^k & \cdots & r_{nm}^k \end{bmatrix} \tag{5.1}$$

在矩阵 R_k 中,元素

$$r_{ij}^k = d_{ij}^k / d$$

式中，d 表示参加评价的专家人数。d_{ij}^k指对替代方案 A_k 的第 i 个评价项目 f_i作出第 e_j 个评价尺度的专家人数。由此可见，r_{ij}值大，说明对 f_i作出 e_j 评价的可能程度就越大。

3）模糊综合评定向量

根据模糊集理论的综合评定概念，替代方案模糊综合评定向量 S_k 可以用模糊矩阵形式表示，即

$$S_k = W R_k$$

式中，$W = (w_1, w_2, \cdots, w_n)$为评价项目的权向量。展开后可得：

$$[s_1^k, s_2^k, \cdots, s_m^k] = [w_1, w_2, \cdots, w_n] \begin{bmatrix} r_{11}^k & r_{12}^k & \cdots & r_{1m}^k \\ r_{21}^k & r_{22}^k & & r_{2m}^k \\ \vdots & \vdots & & \vdots \\ r_{n1}^k & r_{n2}^k & \cdots & r_{nm}^k \end{bmatrix} \tag{5.2}$$

由此可见，模糊综合评定向量 S_k 是描述所有评价项目属于 e_j 评价尺度的加权和。

4）替代方案的优先度

替代方案 A_k 的优先度 N_k 由下式计算，即

$$N_k = S_k E^T$$

展开后可得：

$$N_k = [s_1^k, s_2^k, \cdots, s_m^k] \begin{bmatrix} e_1 \\ e_1 \\ \vdots \\ e_m \end{bmatrix} \tag{5.3}$$

根据计算的优先度大小可决定替代方案的优先顺序，优先度最大的方案为最优方案。

5.4　机械系统运动方案评价举例

设计一冲制薄壁零件的冲床，其基本功能要求如下：

如图 5.1 所示，上模先以较大速度接近坯料，然后以匀速进行拉延成形工作，接着上模继续下行将成品推出型腔，最后快速返回。上模退出下模后，送料机构从侧面将坯料送至待加工位置，完成一个冲压工作循环。上模的运动规律要求如图 5.2 所示。经过方案构思与筛选，提出了四种较合理的方案作方案评价，现需从中选出最优方案。

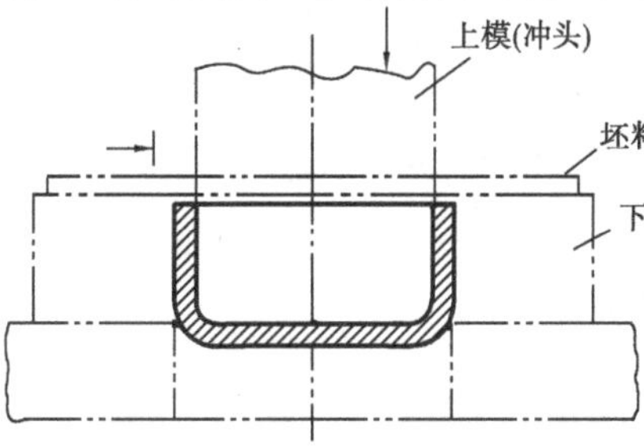

图 5.1

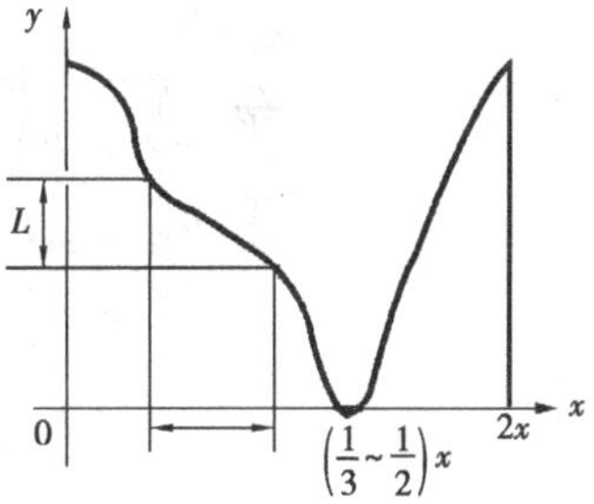

图 5.2

①方案 1　齿轮-连杆冲压机构(凸轮-连杆送料机构)(图 5.3);
②方案 2　导杆-摇杆滑块冲压机构(凸轮送料机构)(图 5.4);
③方案 3　六连杆冲压机构(凸轮-连杆送料机构)(图 5.5);
④方案 4　凸轮-连杆冲压机构(凸轮-连杆冲压机构)(图 5.6)。

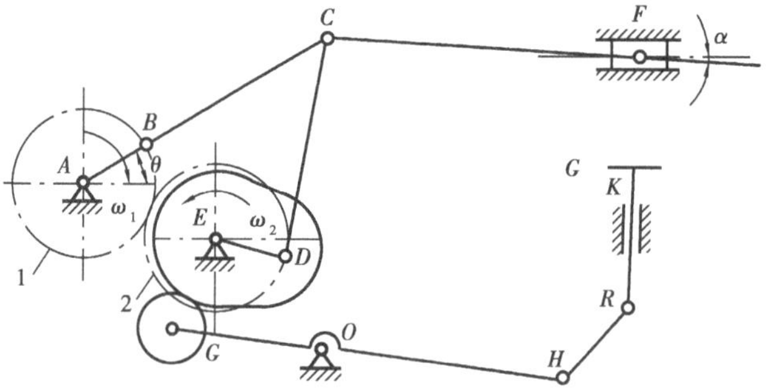

图 5.3　齿轮-连杆冲压机构

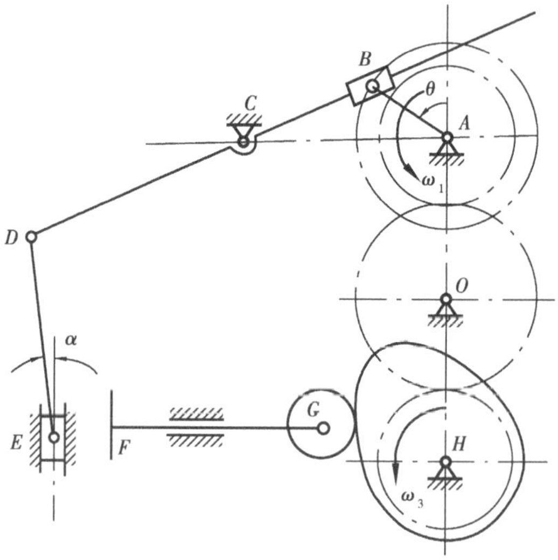

图 5.4　导杆-摇杆滑块冲压机构

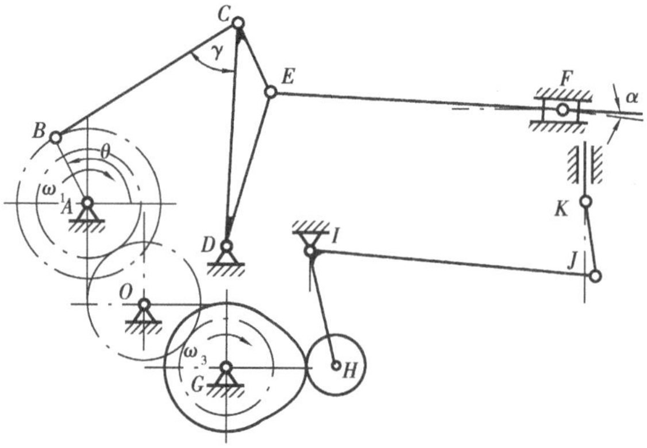

图 5.5　六连杆冲压机构

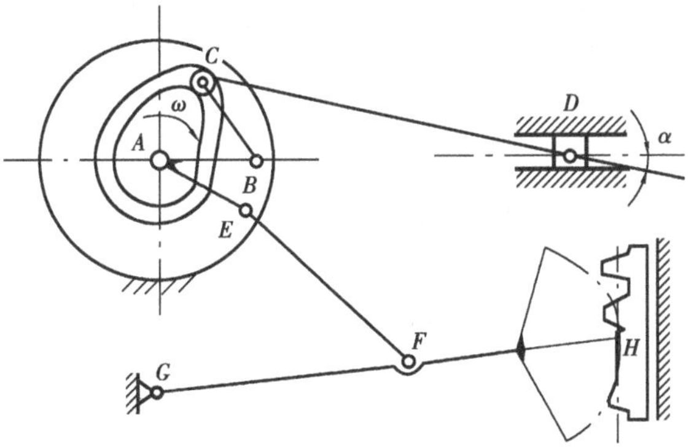

图 5.6　凸轮-连杆冲压机构

(1)采用评分法进行评价

经过评价专家的选择,共确定了 5 个评价项目和相应的评价尺度如表 5.6 所示。

表 5.6　冲制薄壁零件冲床方案评价体系

评价项目(f_i)	得分等级	评价分数(评价尺度)
功能目标完成情况(f_1)	完全实现系统的功能要求 基本实现系统的功能要求 部分实现系统的功能要求 不能实现系统的功能要求	10 5 2 0
系统的工作性能(f_2)	准确实现上模所需运动规律 基本实现上模所需运动规律 部分实现上模所需运动规律 不能实现上模所需运动规律	10 5 2 0
系统的复杂程度(f_3)	简单 不复杂 复杂	10 5 0
系统方案的经济性(f_4)	设计、制造费用低 设计、制造费用较低 设计、制造费用高	10 5 0
系统方案的实用性(f_5)	实用、维护简单、工作可靠 较实用、维护较简单、工作可靠 不实用、维护困难、工作不可靠	10 5 0

专家对各替代方案的评价打分如表 5.7 所示:

表中:A_1 代表齿轮-连杆冲压机构方案;

A_2 代表导杆-摇杆滑块冲压机构方案;

A_3 代表六连杆冲压机构方案;

A_4 代表凸轮-连杆冲压机构方案。

由表 5.7 的评价结果知方案 A_1(齿轮-连杆冲压机构方案)为最优方案。

表 5.7　专家对各替代方案的评价打分

方　案	评价项目					评价分数合计
	f_1	f_2	f_3	f_4	f_5	
A_1	10	10	10	5	10	45
A_2	10	5	5	5	10	35
A_3	10	5	5	5	5	30
A_4	10	10	10	5	5	40

(2)采用模糊评价法进行评价

①邀请有关专家组成 10 人的评价小组。

②经过评价小组讨论,选择和确定系统的评价项目集,即

$$F = (f_1, f_2, f_3, f_4, f_5)$$

式中,评价项目符号及对应名称如表 5.8 所示。

表 5.8　评价项目符号及对应名称明细表

评价项序号	评价项目符号	评价项目名称
1	f_1	功能目标完成情况
2	f_2	系统的工作性能
3	f_3	系统的复杂程度
4	f_4	系统方案的经济性
5	f_5	系统方案的实用性

③经专家讨论,确定每一个评价项目的评价尺度集 E 为五个等级,即

$$E = (e_1, e_2, e_3, e_4, e_5) = (\text{很好,好,较好,不太好,不好})$$
$$= (1.00, 0.75, 0.50, 0.25, 0.00)$$

④确定各评价项目的权重。本例采用古林法确定各评价项目的权重。经专家讨论,认为:

a. 评价项目 f_1 的重要性是评价项目 f_2 的 2 倍;

b. 评价项目 f_2 的重要性是评价项目 f_3 的 3 倍;

c. 评价项目 f_3 的重要性是评价项目 f_4 的 0.5 倍;

d. 评价项目 f_4 的重要性是评价项目 f_5 的 2 倍。

按古林法计算出各评价项目的权重如表 5.9 所示。

表 5.9　用古林法计算各评价项目的权重

评价项目	R_j	K_j	W_j(权重)
f_1	2	6	0.46
f_2	3	3	0.23
f_3	0.5	1	0.08
f_4	2	2	0.15
f_5	—	1	0.08
合　计		13	1

⑤建立隶属度矩阵。

10 名专家对方案 A_1 的评价如表 5.10 所示。

表 5.10　专家对方案 A_1 的评价表

评价项目集		f_1	f_2	f_3	f_4	f_5
评价尺度	1.00	10	8	7	8	6
	0.75	0	1	2	2	2
	0.50	0	1	1	0	2
	0.25	0	0	0	0	0
	0.00	0	0	0	0	0

根据表 5.10 的信息，可以计算隶属度，即

$$r_{11}^1 = \frac{d_{11}^1}{d} = \frac{10}{10} = 1 \qquad r_{21}^1 = \frac{d_{21}^1}{d} = 8/10 = 0.8 \qquad r_{31}^1 = \frac{d_{31}^1}{d} = \frac{7}{10} = 0.7$$

$$r_{41}^1 = \frac{d_{41}^1}{d} = \frac{8}{10} = 0.8 \qquad r_{51}^1 = \frac{d_{51}^1}{d} = \frac{6}{10} = 0.6$$

$$r_{12}^1 = \frac{d_{12}^1}{d} = \frac{0}{10} = 0 \qquad r_{22}^1 = \frac{d_{22}^1}{d} = \frac{1}{10} = 0.1 \qquad r_{32}^1 = \frac{d_{32}^1}{d} = \frac{2}{10} = 0.2$$

$$r_{42}^1 = \frac{d_{42}^1}{d} = \frac{2}{10} = 0.2 \qquad r_{52}^1 = \frac{d_{52}^1}{d} = \frac{2}{10} = 0.2$$

……

方案 A_1 的隶属矩阵，即

$$R_1 = [r_{ij}^1] = \begin{bmatrix} 1 & 0 & 0 & 0 & 0 \\ 0.8 & 0.1 & 0.1 & 0 & 0 \\ 0.7 & 0.2 & 0.1 & 0 & 0 \\ 0.8 & 0.2 & 0 & 0 & 0 \\ 0.6 & 0.2 & 0.2 & 0 & 0 \end{bmatrix}$$

10 名专家对方案 A_2 的评价如表 5.11 所示。

表 5.11　专家对方案 A_2 的评价表

评价项目集		f_1	f_2	f_3	f_4	f_5
评价尺度	1.00	0	0	0	0	0
	0.75	8	2	6	5	6
	0.50	2	6	4	4	2
	0.25	0	2	0	1	1
	0.00	0	0	0	0	0

根据表 5.11 中信息求得方案 A_2 的隶属矩阵，即

$$R_2 = [r_{ij}^2] = \begin{bmatrix} 0 & 0.8 & 0.2 & 0 & 0 \\ 0 & 0.2 & 0.6 & 0.2 & 0 \\ 0 & 0.6 & 0.4 & 0 & 0 \\ 0 & 0.5 & 0.4 & 0.1 & 0 \\ 0 & 0.6 & 0.2 & 0.1 & 0 \end{bmatrix}$$

10 名专家对方案 A_3 的评价如表 5.12 所示。

表 5.12　专家对方案 A_3 的评价表

评价项目集		f_1	f_2	f_3	f_4	f_5
评价尺度	1.00	1	0	0	0	0
	0.75	7	2	3	5	4
	0.50	2	6	5	4	5
	0.25	0	2	2	1	1
	0.00	0	0	0	0	0

根据表 5.12 中信息求得方案 A_3 的隶属矩阵，即

$$R_3=[r_{ij}^3]=\begin{bmatrix}0.1 & 0.7 & 0.2 & 0 & 0\\ 0 & 0.2 & 0.6 & 0.2 & 0\\ 0 & 0.3 & 0.5 & 0.2 & 0\\ 0 & 0.5 & 0.4 & 0.1 & 0\\ 0 & 0.4 & 0.5 & 0.1 & 0\end{bmatrix}$$

10 名专家对方案 A_4 的评价如表 5.13 所示。

表 5.13　专家对方案 A_4 的评价表

评价项目集		f_1	f_2	f_3	f_4	f_5
评价尺度	1.00	3	7	6	5	0
	0.75	5	2	3	4	3
	0.50	2	1	1	1	6
	0.25	0	0	2	0	1
	0.00	0	0	0	0	0

根据表 5.13 中信息求得方案 A_4 的隶属矩阵，即

$$R_4=[r_{ij}^4]=\begin{bmatrix}0.3 & 0.5 & 0.2 & 0 & 0\\ 0.7 & 0.2 & 0.1 & 0 & 0\\ 0.6 & 0.3 & 0.1 & 0.2 & 0\\ 0.5 & 0.4 & 0.1 & 0 & 0\\ 0 & 0.3 & 0.6 & 0.1 & 0\end{bmatrix}$$

⑥计算模糊综合评定向量。

$$[s_1^1\quad s_2^1\quad s_3^1\quad s_4^1\quad s_5^1]=[0.46\quad 0.23\quad 0.08\quad 0.15\quad 0.08]\begin{bmatrix}1 & 0 & 0 & 0 & 0\\ 0.8 & 0.1 & 0.1 & 0 & 0\\ 0.7 & 0.2 & 0.1 & 0 & 0\\ 0.8 & 0.2 & 0 & 0 & 0\\ 0.6 & 0.2 & 0.2 & 0 & 0\end{bmatrix}$$

$$=[0.868\quad 0.085\quad 0.047\quad 0\quad 0]$$

$$[s_1^2 \quad s_2^2 \quad s_3^2 \quad s_4^2 \quad s_5^2] = [0.46 \quad 0.23 \quad 0.08 \quad 0.15 \quad 0.08]\begin{bmatrix} 0 & 0.8 & 0.2 & 0 & 0 \\ 0 & 0.2 & 0.6 & 0.2 & 0 \\ 0 & 0.6 & 0.4 & 0 & 0 \\ 0 & 0.5 & 0.4 & 0.1 & 0 \\ 0 & 0.6 & 0.2 & 0.1 & 0 \end{bmatrix}$$

$$= [0 \quad 0.585 \quad 0.338 \quad 0.069 \quad 0]$$

$$[s_1^3 \quad s_2^3 \quad s_3^3 \quad s_4^3 \quad s_5^3] = [0.46 \quad 0.23 \quad 0.08 \quad 0.15 \quad 0.08]\begin{bmatrix} 0.1 & 0.7 & 0.2 & 0 & 0 \\ 0 & 0.2 & 0.6 & 0.2 & 0 \\ 0 & 0.3 & 0.5 & 0.2 & 0 \\ 0 & 0.5 & 0.4 & 0.1 & 0 \\ 0 & 0.4 & 0.5 & 0.1 & 0 \end{bmatrix}$$

$$= [0.046 \quad 0.499 \quad 0.37 \quad 0.085 \quad 0]$$

$$[s_1^4 \quad s_2^4 \quad s_3^4 \quad s_4^4 \quad s_5^4] = [0.46 \quad 0.23 \quad 0.08 \quad 0.15 \quad 0.08]\begin{bmatrix} 0.3 & 0.5 & 0.2 & 0 & 0 \\ 0.7 & 0.2 & 0.1 & 0 & 0 \\ 0.6 & 0.3 & 0.1 & 0.2 & 0 \\ 0.5 & 0.4 & 0.1 & 0 & 0 \\ 0 & 0.3 & 0.6 & 0.1 & 0 \end{bmatrix}$$

$$= [0.422 \quad 0.384 \quad 0.186 \quad 0.024 \quad 0]$$

⑦计算各方案的优先度。

$$N_1 = S_1E^{\mathrm{T}} = [0.868 \quad 0.085 \quad 0.047 \quad 0 \quad 0]\begin{bmatrix} 1.00 \\ 0.75 \\ 0.50 \\ 0.25 \\ 0.00 \end{bmatrix} = 0.955$$

$$N_2 = S_2E^{\mathrm{T}} = [0 \quad 0.585 \quad 0.338 \quad 0.069 \quad 0]\begin{bmatrix} 1.00 \\ 0.75 \\ 0.50 \\ 0.25 \\ 0.00 \end{bmatrix} = 0.625$$

$$N_3 = S_3E^{\mathrm{T}} = [0.046 \quad 0.499 \quad 0.37 \quad 0.085 \quad 0]\begin{bmatrix} 1.00 \\ 0.75 \\ 0.50 \\ 0.25 \\ 0.00 \end{bmatrix} = 0.626$$

$$N_4 = S_4E^{\mathrm{T}} = [0.422 \quad 0.384 \quad 0.186 \quad 0.024 \quad 0]\begin{bmatrix} 1.00 \\ 0.75 \\ 0.50 \\ 0.25 \\ 0.00 \end{bmatrix} = 0.809$$

⑧由上述计算可知，各方案的优先顺序为 A_1、A_4、A_3、A_2，最优方案为 A_1。

第 6 章

匀速与非匀速连续转动机构

匀速连续转动机构是指主动件作匀速转动时，从动件亦作匀速转动的机构，即主、从动件之间的瞬时传动比是恒定值，故又称为定传动比连续转动机构。定传动比有定值传动比、有级可调定值传动比、无级可调定值传动比（无级变速器）三类。

这类机构可实现平行轴、交错轴和相交轴间的定传动比传动。

非匀速连续转动机构是指主动件作匀速转动时，从动件作非匀速转动的机构，也称为非定传动比转动机构。

6.1 定值传动比连续转动机构

6.1.1 摩擦轮机构

摩擦轮机构主要由主动轮、从动轮和压紧装置等组成。工作时，通过压紧装置使主动轮与从动轮在接触处产生相互压紧力，转动时产生摩擦力，从而带动从动摩擦轮转动。

摩擦轮机构的优点是结构简单，运转平稳，超载时接触处自动打滑，可起安全保护作用。缺点是靠摩擦力传动，因而承载能力低，效率低；可能产生相对滑动，使传动比得不到严格保证。

(1) 圆柱摩擦轮机构

功能：圆柱摩擦轮机构用于传递平行轴间的运动和动力。

结构和工作原理：图 6.1 所示为两摩擦轮外切与内切的两种类型，图(a)中两轮外切，图(b)中两轮内切。轮 1 和轮 2 间的传动比为 $i_{12}=\dfrac{n_1}{n_2}=\pm\dfrac{R_2}{R_1(1-\varepsilon)}$，式中：$R_1$、$R_2$ 为两摩擦轮半径；n_1、n_2 为两轮的转速；ε 为滑差率，通常 $\varepsilon=0.01\sim0.02$。符号“－”、“＋”分别用于外切和内切，表示两轮转向相反或相同。

压紧装置所产生的压紧力 Q 由下式确定，即

$$Q\geqslant\frac{M_1k}{fR_1}=\frac{M_2k}{fR_2}$$

式中：M_1、M_2 为作用在轮 1、轮 2 上的力矩；f 为两轮之间的滑动摩擦系数；k 为安全系数，一般

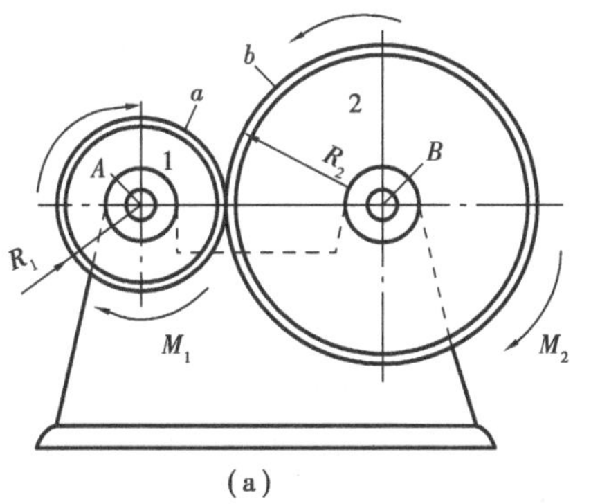

图 6.1

取 $k = 1.5 \sim 2.0$。

(2) 圆锥摩擦轮机构

功能:用于传递相交轴间的运动和动力。

结构和工作原理:如图 6.2 所示,主动圆锥摩擦轮 1 的外圆锥面与从动圆锥摩擦轮 2 的外圆锥面相切。当两圆锥角 $\delta_1 + \delta_2 \neq 90°$ 时,其传动比为 $i_{12} = \dfrac{n_1}{n_2} = \dfrac{\sin \delta_2}{\sin \delta_1 (1 - \varepsilon)}$;当 $\delta_1 + \delta_2 = 90°$ 时,其传动比为 $i_{12} = \dfrac{n_1}{n_2} = \dfrac{\tan \delta_2}{1 - \varepsilon}$,式中:$\varepsilon$ 为滑差率;n_1、n_2 分别为轮 1 和轮 2 的转速;δ_1 和 δ_2 分别为锥轮 1 和锥轮 2 的圆锥角。两轮上的轴向压紧力 Q_1、Q_2 应符合下列条件:

$$Q_1 \geqslant \frac{M_1 \sin \delta_1}{fR_1} k, \quad Q_2 \geqslant \frac{M_2 \sin \delta_2}{fR_2} k$$

式中:R_1 和 R_2 分别为轮 1 和轮 2 接触处的中点半径;M_1、M_2 为作用在两轮上的力矩;f 为两轮之间的滑动摩擦系数;k 为传动安全系数。

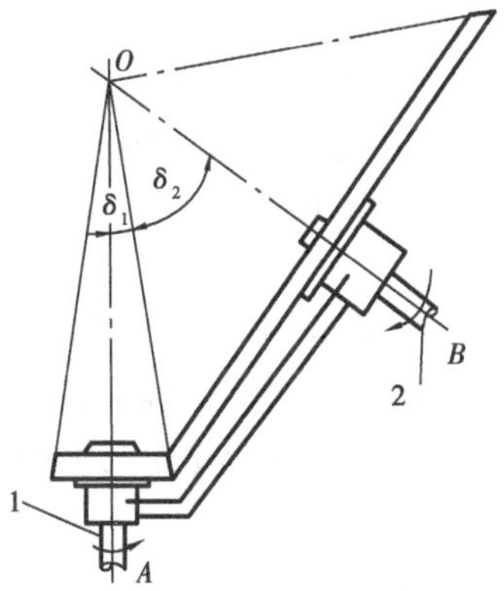

图 6.2

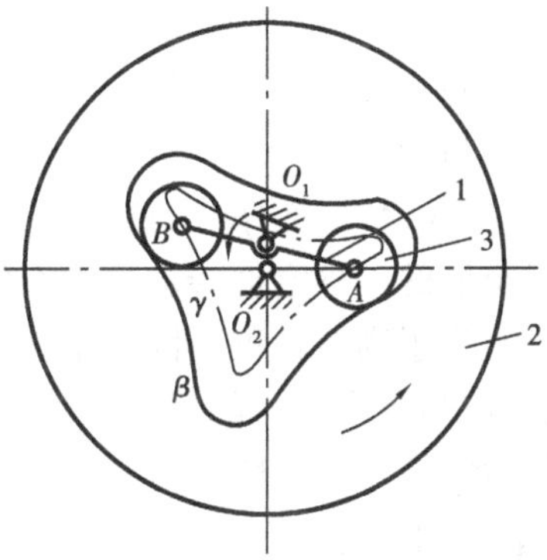

图 6.3

(3) 内滚轮机构

功能:用于平行轴间的减速传动。

结构和工作原理:如图 6.3 所示,双臂曲柄 1 为主动件,通过曲柄两端的滚轮 3 驱动从动轮 2 绕固定轴 O_2 与主动件同向转动。滚轮中心 A、B 相对于轮 2 的轨迹 γ 为摆线,且为轮 2 内侧曲线β的等距线,两线相距滚轮半径r,该机构中主、从动轴中心距应符合要求:$O_1O_2 \leqslant \frac{AO_1}{2}$,否则$\gamma$曲线将出现交叉。主、从动轮的传动比为$i_{12} = \frac{n_1}{n_2} = \frac{3}{2}$,式中:$n_1$、$n_2$分别为曲柄1和构件2的转速。

(4)压紧力可调的摩擦轮机构

功能:用于两平行轴间运动与动力的传递。

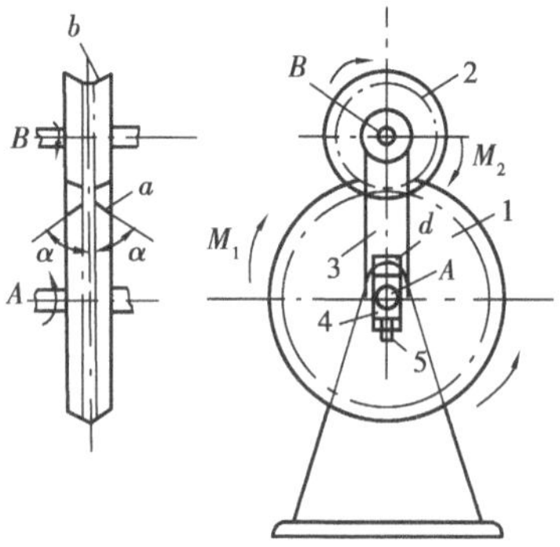

图6.4

结构和工作原理:为了增大机构的承载能力,将摩擦面设计成楔形沟槽,如图6.4所示。摩擦轮1绕固定轴线A转动,其凸楔形回转面a与摩擦轮2上的凹楔形回转面b接触并压紧,使摩擦轮2绕固定轴线B转动。轮1和轮2间的传动比为$i_{12} = \frac{n_1}{n_2} = -\frac{R_2}{R_1(1-\varepsilon)}$,式中:$n_1$和$n_2$分别为轮1和轮2的转速;$R_1$和$R_2$分别为轮1和轮2的共轭半径;$\varepsilon$为滑差率。两轮间的径向压紧力$Q$由下式确定:

$$Q \geqslant \frac{M_1 \sin\alpha}{fR_1}k = \frac{M_2 \sin\alpha}{fR_2}k$$

式中:f为两楔形面a和b之间的滑动摩擦系数;k为传动安全系数;α为楔形半角;M_1和M_2分别为作用于轮1和轮2上的力矩。

为了调节压紧力Q附加了构件3,3与轮2组成转动副与滑块4组成移动副,滑块4与轮1铰接于A点。需调节时,旋转螺杆5使滑块4沿构件3的槽d移动,从而改变压紧力Q。

6.1.2 齿轮机构

齿轮机构属高副机构,它是通过一对齿廓曲面的高副接触(啮合)并产生推压力,来实现主、从动轴间运动与动力的传递。由于齿轮机构可用来传递空间任意两轴间的运动与动力,并具有传递功率范围大,传动效率高,传动比准确,使用寿命长,工作安全可靠等优点,因而成为应用最广泛、最重要的一种定值传动比连续转动机构。

工程实际中,为了满足各种不同的工作要求,只用一对齿轮进行传动往往是不够的,多采用一系列齿轮依次啮合所组成的传动系统即轮系。根据轮系在运转过程中各轮几何轴线在空间的相对位置关系是否变动,轮系可分为定轴轮系、周转轮系和混合轮系三大类。

(1)平面齿轮机构

由两个齿轮组成的齿轮机构中,两齿轮绕各自的回转中心转动,其传动比为$i_{12} = \frac{n_1}{n_2} = \pm\frac{z_2}{z_1}$,式中:$n_1$、$n_2$表示齿轮1、2的转速;$z_1$、$z_2$为其齿数。符号“-”、“+”分别用于外啮合与内啮合,表示两轮的转向相反或相同。

1)直齿圆柱齿轮机构

功能:实现两平行轴间运动与动力的传递。

(a)　　　　(b)

图6.5

结构和工作原理：如图6.5所示，齿轮上轮齿均匀分布于圆柱体的外表面（外齿轮）或内表面（内齿轮）上，且齿廓曲面的母线与轴线平行。（图a）所示的外啮合中，两轮转向相反；图b）所示的内啮合中，两轮转向相同。啮合的两齿廓的齿面接触线是与齿轮轴线平行的直线，故两齿轮是以整个齿廓同时进入和同时退出啮合的，传动平稳性较差。

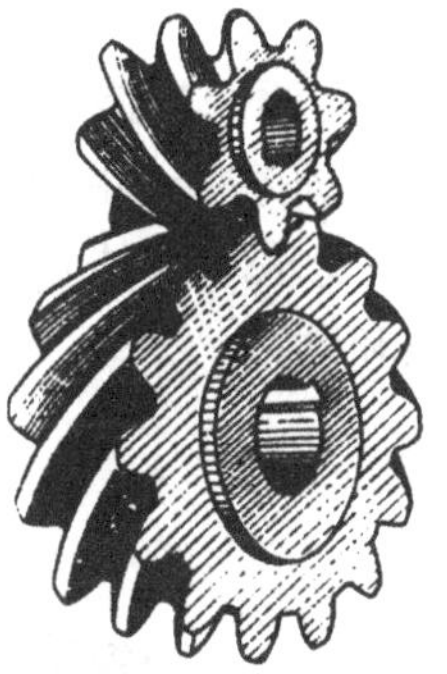

图6.6

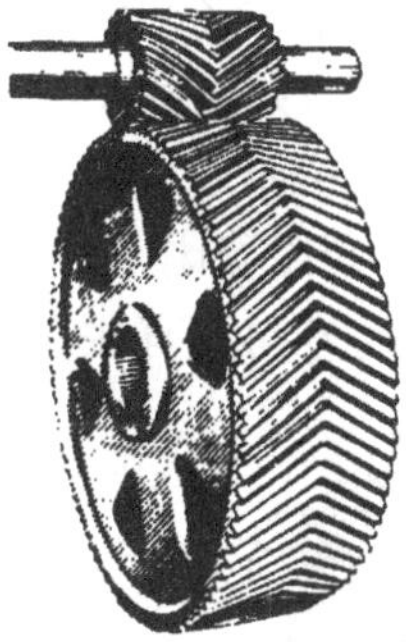

图6.7

2）斜齿圆柱齿轮机构

功能：实现两平行轴间运动与动力的传递。

结构和工作原理：如图6.6所示的齿轮机构中，齿廓曲面的母线与齿轮的轴线偏斜一个角度。斜齿圆柱齿轮机构也有外啮合和内啮合传动两种。图6.6所示的外啮合传动中，两齿轮的螺旋角 $\beta_1 = -\beta_2$，符号“ - ”表示两轮的旋向相反；内啮合传动中，两齿轮的螺旋角 $\beta_1 = \beta_2$，即两轮的旋向相同。啮合的两齿廓的齿面接触线与齿轮轴线是倾斜的，传动时，其长度由短变长，再由长变短，故传动平稳。适用于高速重载的场合。

3）人字齿轮机构

功能：实现两平行轴间运动与动力的传递。

结构和工作原理：如图6.7所示，单个人字齿轮可看作是由螺旋角大小相同方向相反的两个斜齿轮组成的，可制成整体式或拼合式。啮合传动时，轴向力自行抵消。适用于重载机械中。

4）圆弧齿轮机构

功能：实现两平行轴间运动与动力的传递。

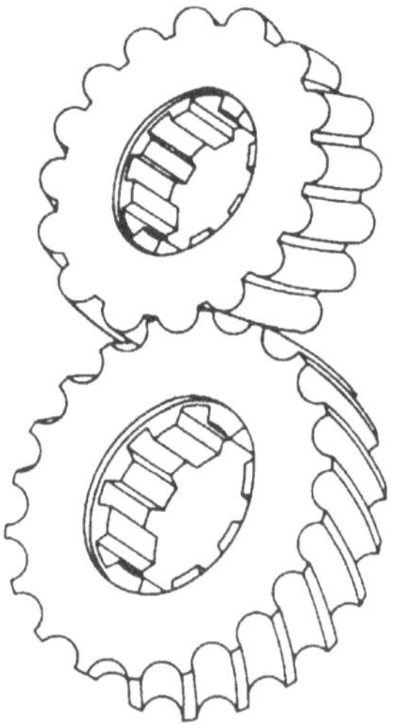

图 6.8

结构和工作原理:如图 6.8 所示,两啮合齿轮的端面齿廓或法面齿廓为圆弧,其中小齿轮为凸圆弧,大齿轮为凹圆弧。由于端面重合度为零,为了保证传动的连续性,故只能作成斜齿。圆弧齿轮在使用的初期为点接触,经磨合之后逐渐变为线接触。具有对制造误差和变形不敏感、综合曲率半径大和径向尺寸小等优点。

(2)空间齿轮机构

1)圆锥齿轮机构

功能:实现相交轴间运动与动力的传递。

结构和工作原理:如图 6.9 所示,锥齿轮的轮齿分布在截圆锥体的表面上,有直齿(图 a)、斜齿(图 b)和曲线齿(图 c)之分。一对圆锥齿轮两轴线的夹角根据需要可任意选择。两轮的传动比为 $i_{12}=\dfrac{n_1}{n_2}=\dfrac{z_2}{z_1}=\dfrac{\sin\delta_2}{\sin\delta_1}$。当两轮分度圆锥角 $\delta_1+\delta_2=90°$ 时,$i_{12}=\cot\delta_1=\tan\delta_2$。

2)交错轴斜齿轮机构

功能:实现两相错轴之间运动与动力的传递。

结构和工作原理:如图 6.10 所示,交错轴螺旋齿轮机构由两个螺旋角不相等的斜齿圆柱齿轮组成,就单个齿轮而言,就是一个斜齿圆柱齿轮。其优点是在中心距不变时,可通过改变螺旋角的大小来改变传动比,也可通过改变齿轮的旋向来改变从动轮的转向。但两齿廓为点接触,沿齿高和齿长方向均有相对滑动,会产生较大的摩擦和磨损。

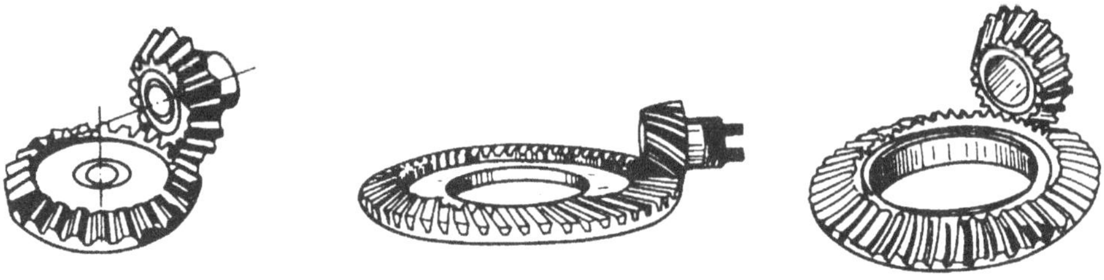

(a) (b) (c)

图 6.9

图 6.10

图 6.11

3）蜗杆机构

功能：实现两相错轴之间运动与动力的传递，交错角一般为90°。

结构和工作原理：如图6.11所示，小齿轮的分度圆直径很小，轴向长度较长，螺旋角β_1又很大，所以其齿数（头数）很少，以致每个轮齿能在分度圆柱上缠绕一周以上，称其为蜗杆。与蜗杆相啮合的是蜗轮。其优点是传动比大、结构紧凑、传动平稳且有自锁性。但效率低，磨损严重。

（3）轮系

1）定轴轮系

功能：实现大传动比传动，分路传动、变速传运、换向传动等。

结构和工作原理：如图6.12所示为一滚齿机工作台传动机构，工作台与蜗轮9固联。电动机带动主动轴转动，通过该轴上的齿轮1和3分两路传动，一路经锥齿轮1和2啮合后带动单线滚刀A转动；另一路经齿轮3-4-5-6-7-8-9带动轮坯B转动，保证滚刀与轮坯之间具有确定的对滚关系，从而实现分路传动。适当地选配挂轮组5-6-7的齿数，便可切制出不同齿数的齿轮。

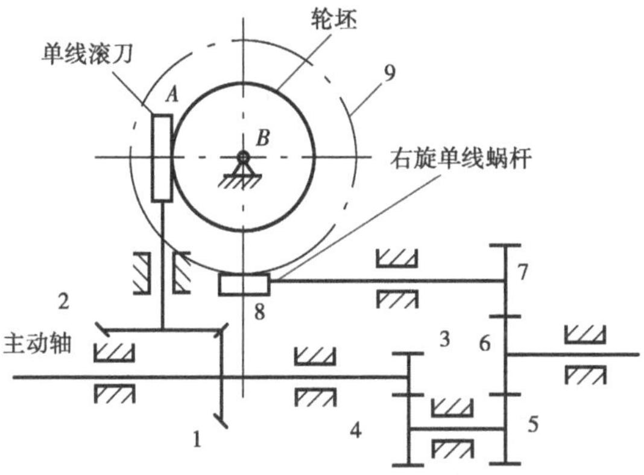

图6.12

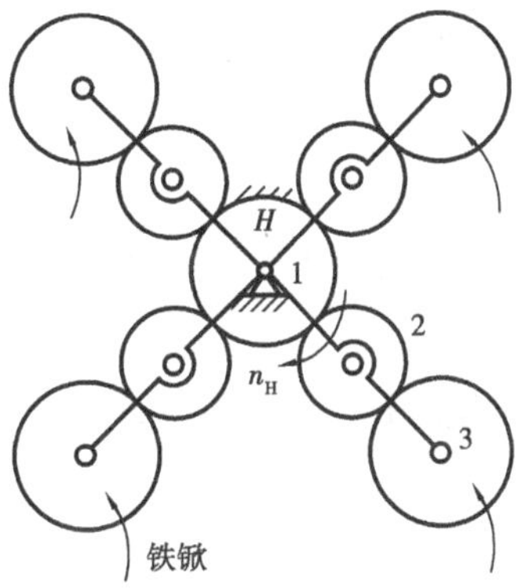

图6.13

2）有一个中心轮的周转轮系

功能：行星轮作平动。

结构和工作原理：如图6.13所示为马铃薯挖掘机中的行星轮系，它是由完全相同的4套机构组成。系杆H上铰接了两个行星轮2和3，仅有一个中心轮且固定不动。系杆H的转速n_H和行星轮3的转速n_3的关系为$n_3 = n_H\left(1 - \frac{Z_1}{Z_3}\right)$，式中，$Z_1$、$Z_3$分别为齿轮1和3的齿数。当$Z_1 = Z_3$时，$n_3 = 0$，这说明行星轮3并无转动，而与固定于其上的铁锹一起只作平动，以利于马铃薯的挖掘工作。

3）2K-H型行星轮系（正号机构）

功能：实现大传动比传动。

结构和工作原理：图6.14所示为万能刀具磨床工作台横向微动进给装置，齿轮4的轴与丝杠相连并通过螺旋副传动至工作台。摇动系杆H上的手柄，经轮系、丝杠使工作台作微量进给。

此轮系中中心轮1固定，双联齿轮2—3为行星轮，H为运动输入构件，中心轮4为运动输

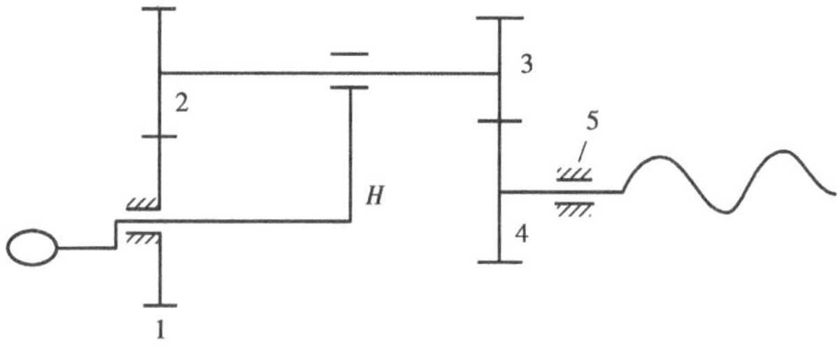

图 6.14

出构件。机构的自由度为 1，基本构件为两个中心轮 2K 和一个系杆 H，故称为 2K-H 型行星轮系。又因为该轮系中 $i_{14}^{\mathrm{H}}>0$，故称其为正号机构。该轮系的传动比为 $i_{\mathrm{H4}}=\dfrac{1}{1-\dfrac{z_1z_3}{z_2z_4}}$，当 H 为输入件时，可获得极大的传动比。但随着传动比的增加，效率急剧下降。

4）2K-H 型差动轮系

功能：实现运动的合成。

结构和工作原理：如图 6.15 所示的轮系中，两个中心轮 1 和 3 均为活动构件，机构的自由度为 2，称为差动轮系，为了使其具有确定运动，需要两个原动件。该轮系的基本构件为两个中心轮和一个系杆，又称为 2K-H 型差动轮系。当系杆 H 为运动输出构件时，$n_{\mathrm{H}}=\dfrac{n_1+\dfrac{z_3}{z_1}n_3}{1+\dfrac{z_3}{z_1}}$，即行星架的转速是轮 1、3 转速的合成。

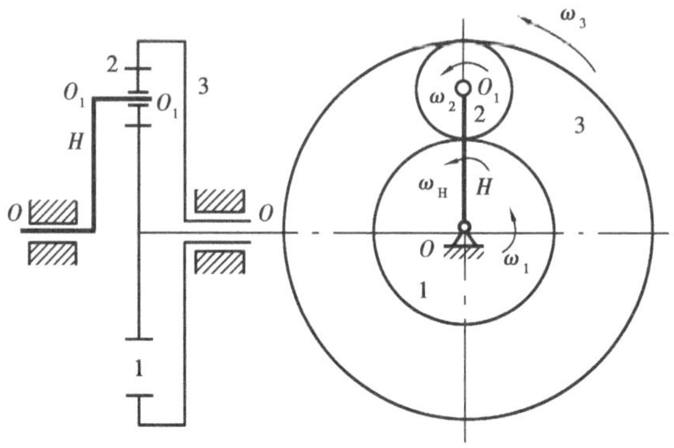

图 6.15

5）3K 型周转轮系

功能：实现大传动比传动。

结构和工作原理：图 6.16 所示为用于车床电动三爪卡盘的行星减速装置。电动机带动齿轮 1 转动，通过一行星轮系带动内齿轮 4 转动，从而使内齿轮 4 右端面上的阿基米德螺旋槽转动，驱使三个卡爪作径向移动，以夹紧或放松工件。

该轮系中，双联行星轮 2-2′分别与三个中心轮 1、3、4 相啮合，其基本构件为三个中心轮，且中心轮 3 固定，所以称为 3K 型行星轮系。该轮系的传动比为 $i_{14}=\dfrac{\left(1+\dfrac{z_3}{z_1}\right)}{\left(1-\dfrac{z_2{}'z_3}{z_4z_2}\right)}$。

6）复合轮系（A）

功能：实现结构紧凑的大功率传动。

结构和工作原理：如图 6.17 为国产某蜗轮螺旋桨发动机主减速器的传动简图。齿轮 1、2、3 和系杆 H 组成一个 2K-H 型差动轮系，齿轮 3′、4、5 组成一个定轴轮系。定轴轮系将差动轮系的内齿轮 3 和系杆 H 的运动联系起来，构成了一个自由度为 1 的封闭差动轮系。差动轮系部分采用了三个行星轮 2 均匀分布的结构，定轴轮系部分有五个中间惰轮 4（图中均只画了一个）。动力由中心轮 1 输入后，由系杆 H 和内齿轮 3 分成两路输往左部，最后在系杆 H 与内齿轮 5 的接合处汇合，输往螺旋桨。由于功率是分路传递，加上采用了多个行星轮均匀分布承担载荷，从而使整个装置在体积小、重量轻的情况下，实现大功率传递。

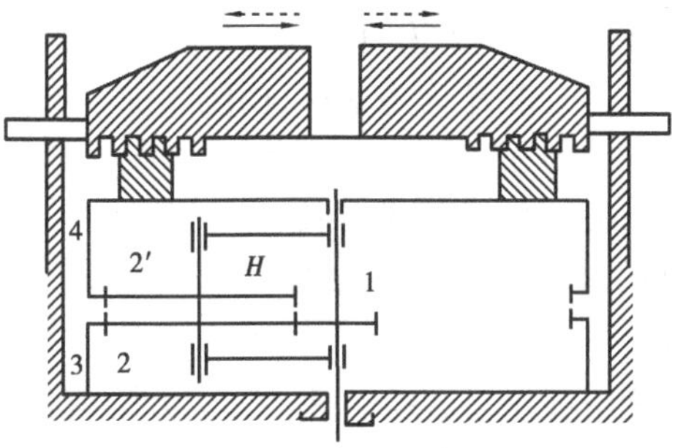

图 6.16

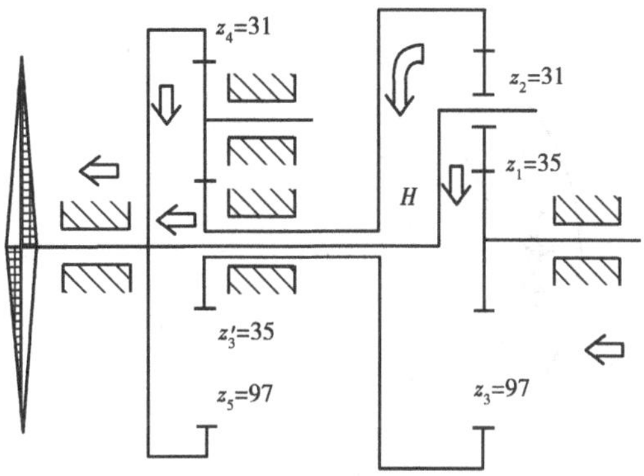

图 6.17

7）复合轮系（B）

功能：实现变速传动。

结构和工作原理：在主动轴转速不变的条件下，从动轴可以得到若干种不同的转速，这种传动称为变速传动。如图 6.18 所示的变速器中，由 1、2、3、H 和 4、5、6、3（H）分别组成两套差动轮系。当通过制动器 A、B 分别固定不同的中心轮 3 或 6 时，可使从动轴 H 得到两种不同的转速。这种变速器虽较复杂，但操作方便，可在运动中变速，目前已被广泛应用于各种车辆上。

8）摆线针轮机构

功能：实现两平行轴之间运动与动力的传递。

结构和工作原理：如图 6.19 中，1 为针轮，Z_1 个圆柱针销均匀地分布在以 O_1 为圆心的圆周上；2 为摆线行星轮，回转中心为 O_2，齿数为 Z_2，其轮廓曲线为变态外摆线；H 为系杆，3 为输出机构。其传动比为：

$$i_{HV}=i_{H2}=\frac{n_H}{n_2}=-\frac{z_2}{z_1-z_2}$$

由于 $z_1-z_2=1$，故 $i_{HV}=-Z_2$。其优点是传动比较大，结构紧凑，效率高以及承载能力高，但加工工艺复杂，成本高。

9）谐波齿轮机构

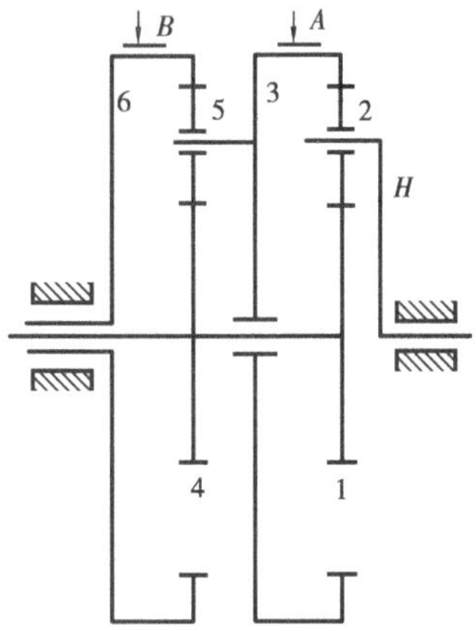

图 6.18

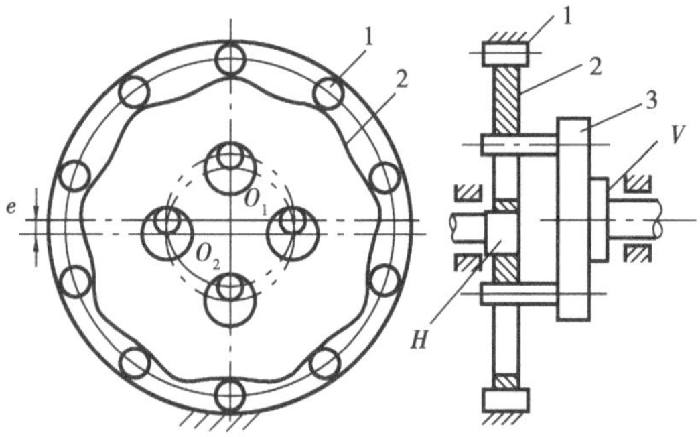

图 6.19

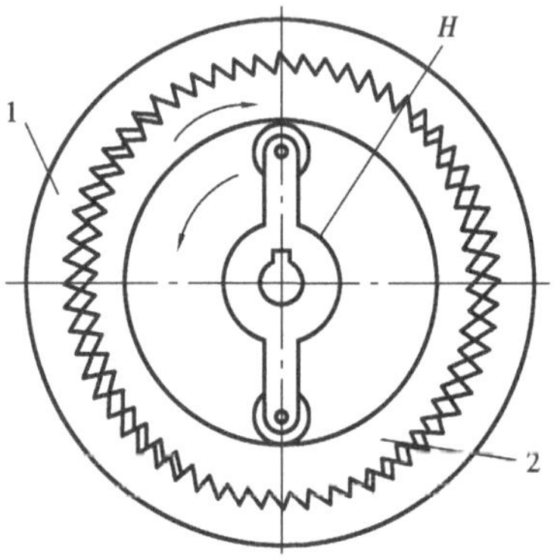

图 6.20

功能:实现两平行轴之间运动与动力的传递。

结构和工作原理:如图 6.20 所示,构件 1 为具有 Z_1 个齿的内齿刚轮,构件 2 为具有 Z_2 个齿的外齿柔轮,H 为波发生器。通常 H 为主动件,而刚轮和柔轮之一为从动件,另一个为固定件。当 H 装入柔轮后,迫使柔轮变形为椭圆,椭圆的长轴两端附近的齿与刚轮的齿完全啮合;短轴附近的齿与刚轮的齿完全脱开。至于其余各处,或处于啮入状态,或处于啮出状态。当 H 转动时,柔轮的变形部位也随之转动,柔轮与刚轮之间就产生了相对位移,从而传递运动。

当刚轮 1 固定、H 主动、2 从动时,传动比为 $i_{H2}=\frac{n_H}{n_2}=-\frac{z_2}{z_1-z_2}$,主、从动件转向相反;当 2 固定、$H$ 主动、1 从动时,传动比为 $i_{H1}=\frac{n_H}{n_1}=\frac{z_1}{z_1-z_2}$,主、从动件转向相同。

6.1.3 连杆机构

(1)平行四边形机构

功能:传递平行轴间的运动和动力。

结构和工作原理:在铰链四杆机构中,若相对两杆平行且长度相等,则成为平行四边形机构,如图 6.21(a)中 $ABCD$ 所示。两连架杆 AB、CD 作同速转动,传动比为 $i_{24}=1$;连杆 BC 作平动。当机构运动到各杆处于同一直线时,从动曲柄 4 可能出现与主动曲柄 2 相同或相反的两种转动方向。在实用中利用从动件本身质量的惯性导向,或附加质量的惯性导向,或加装辅助曲柄,或用几套平行四边形机构同时工作等方法克服反转,以保证曲柄 2、4 作同向同速转动。

1)多头钻机构

图 6.21(b)所示的多头钻是由多个平行四边形机构组成,偏心轴 1 为主动件,通过圆盘制

成的连杆 2 带动四个具有相同偏心距的多个钻头 3 作同向同速转动。该机构结构紧凑,用于加工多孔、小孔距的工件,但要求较高的制造精度。

2)雷达天线转动的环形支座

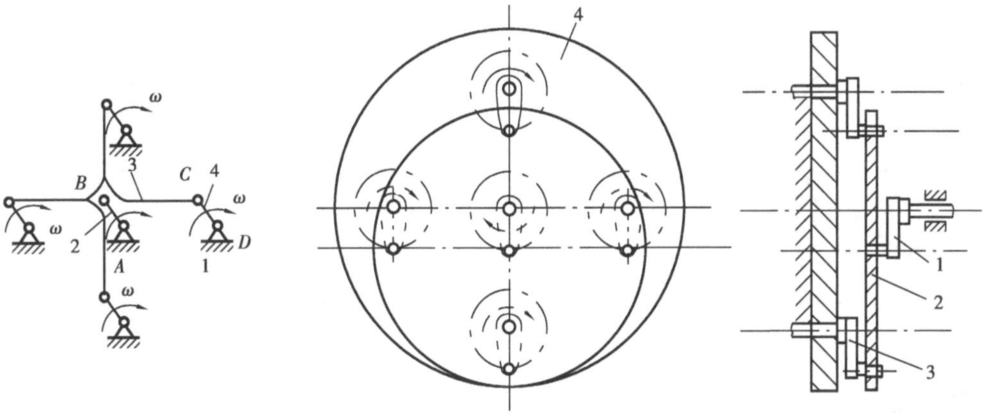

(a)　　　　　　(b)

图 6.21

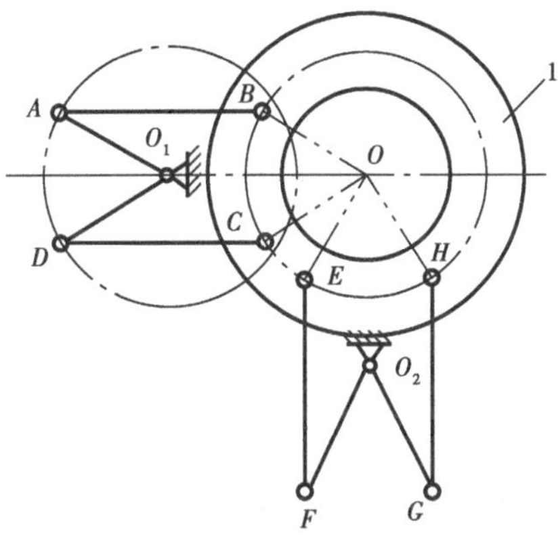

图 6.22

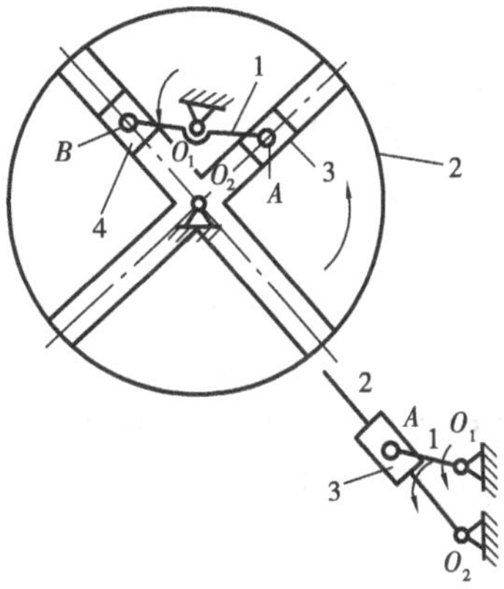

图 6.23

图 6.22 中,构件 1 为雷达天线转动的环形支座,操纵直径为 7.93 m 的大型雷达天线,要求支座 1 绕固定轴 O 转动又不设转轴。图中用两组平行四边形机构 $O_1ABOCDO_1$ 和 $O_2FEOHGO_2$ 按如图所示连接,环形支座 1 取代了两组平行四边形机构的 OBC 和 OEH 杆,支座 1 可绕 O 作无轴转动。

(2)转动导杆减速机构

功能:用于传递平行轴间的运动和动力。

结构和工作原理:图 6.23 中,主动曲柄 1 绕固定铰链中心 O_1 转动,曲柄 1 的两端 A、B 分别与滑块 3、4 铰接,滑块 3、4 可在盘 2 的垂直导槽中滑动,从动件盘 2 绕 O_2 同向匀速转动。尺寸条件为$\overline{O_1O_2}=\overline{O_1A}=\overline{O_1B}$。传动比为 $i_{12}=\dfrac{n_1}{n_2}=2$。

(3)双万向联轴器

功能:传递平行轴或相交轴间的运动和动力。

结构和工作原理:图 6.24(a)为单万向联轴节,轴Ⅰ和轴Ⅱ的末端各有一叉,均用铰链同中间“十字形”构件相连。双万向联轴器由两个单万向联轴节通过中间轴 3 联接而成,中间轴 3 做成两部分用滑键联接以调节其长度,如图(b)。双万向联轴器可传递平行或相交轴间的运动,若要求瞬时传动比不变(恒等于 1),则需符合下列两个条件:

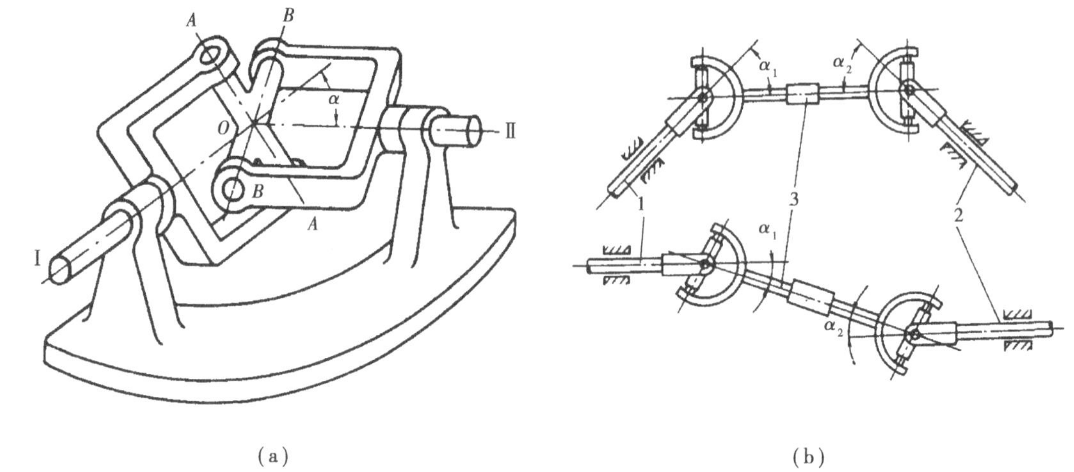

图 6.24

①主、从动轴 1、2 与中间轴 3 的夹角 α_1、α_2 必须相等;

②中间轴上两个叉头须在同一平面内。

工作时,主动轴与从动轴之间允许一定的相对位移,但只要保证上述条件,两轴的传动比仍为 1。

(4)十字滑块联轴器

功能:传递平行轴间的运动和动力。

结构和工作原理:如图 6.25 所示十字滑块联轴器由主动盘 1、中间盘 2 和从动盘 3 组成。中间盘 2 的左侧凹槽与右侧凸肩相互垂直,其凸肩嵌入主动盘 1 的凹槽内,2 的凹槽内又嵌入从动盘 3 的凸肩,三个构件之间均以移动副联接,并使从动盘 3 作同向转动,其传动比 $i_{13}=1$。

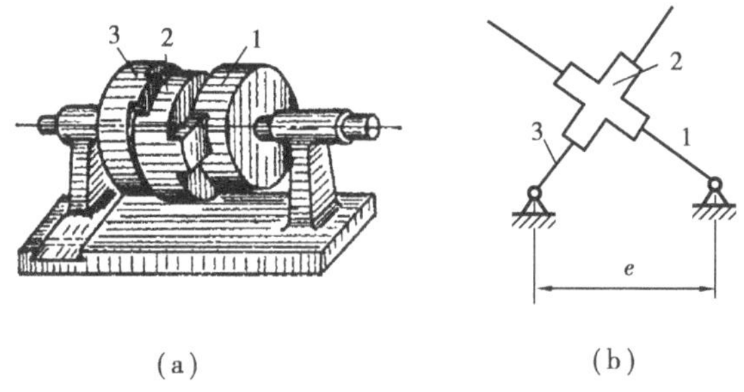

图 6.25

该联轴器常用于两轴间有偏距 e 或两轴线不易重合的平行轴间的联接传动。但偏距 e 越大,中间盘产生的离心力越大,同时相对滑动严重,故 e 不宜太大。

6.1.4　带传动

功能:传递平行轴或交错轴间的运动和动力。

结构和工作原理:带传动通常是由主动轮 1、从动轮 2 和张紧在两轮上的环形带 3 所组成(图6.26)。由于张紧,在带与带轮的接触面间产生压力。当主动轮转动时,依靠带与带轮接触面间的摩擦力拖动从动轮转动,而传递一定的运动和动力。传动比为 $i_{12}=\dfrac{n_1}{n_2}=\dfrac{d_2}{d_1(1-\varepsilon)}$,式中:$n_1$、$n_2$ 分别为主、从动轮转速;d_1、d_2 分别为主、从动轮直径;ε 为滑差率。

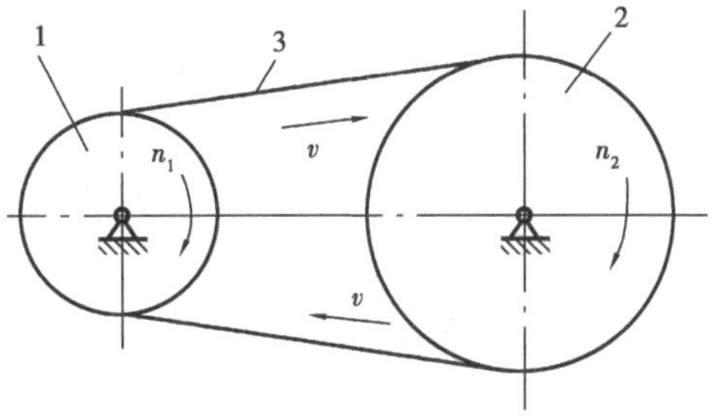

图 6.26

在上述摩擦型传动带中,根据带的截面形状可分为平带传动(图 6.27(a)),V 带传动(图 6.27(b))和多楔带传动(图 6.27(c))三种。其中 V 带只和轮槽的两个侧面接触,根据槽面摩擦的原理,在同样的张紧力下,V 带传动较平带传动能产生更大的摩擦力,应用最广泛。多楔带不仅传递的功率大,并解决了多根 V 带长短不一而使各带受力不均的问题,适用于传递功率较大,而结构要求紧凑的场合。

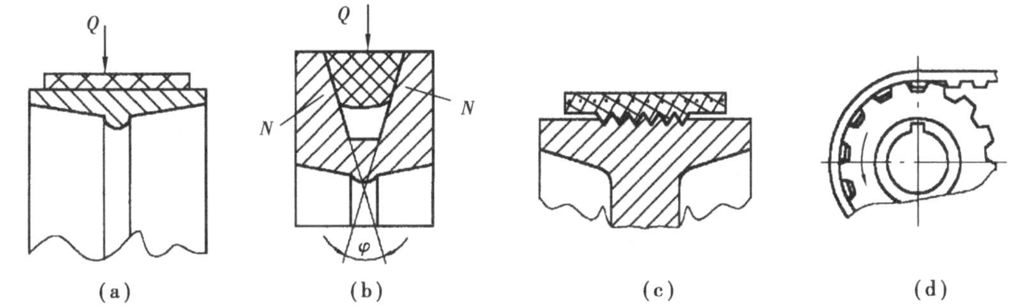

图 6.27

带传动主要适用于两轴平行,且回转方向相同的场合,即开口传动。其优点是结构简单,可用于相距较远的两轴之间运动和动力的传递,且过载时打滑,有安全保护作用。但传动精度低,且带轮轴承上的压力大。

图 6.27(d)所示为同步带传动,其横截面为矩形,工作面为具有等距横向齿的侧面。带轮轮面上也制成相应的齿形,工作时靠带齿与轮齿啮合传动。由于带与带轮间无相对滑动,能保证两轮圆周速度相等,且传动功率较大。

6.1.5　链传动

功能:用于传递平行轴间的运动和动力。

结构和工作原理:链传动主要是由主动链轮、从动链轮和由刚性链节组成的挠性件链组成(图 6.28(a))。链轮上制有特殊齿形的齿,工作时依靠链轮轮齿与链节的啮合来传递运动与动力。平均传动比为 $i_{12}=\dfrac{n_1}{n_2}=\dfrac{Z_2}{Z_1}$,但瞬时传动比呈周期性变化,传动比为 $i_{12}=\dfrac{\omega_1}{\omega_2}=\dfrac{R_2\cos\beta}{R_1\cos\alpha}$,

式中：n_1、n_2 分别为两链轮的转速；ω_1、ω_2 分别为两链轮的角速度；Z_1、Z_2 分别为两链轮的齿数；R_1、R_2 分别为两链轮的分度圆半径。

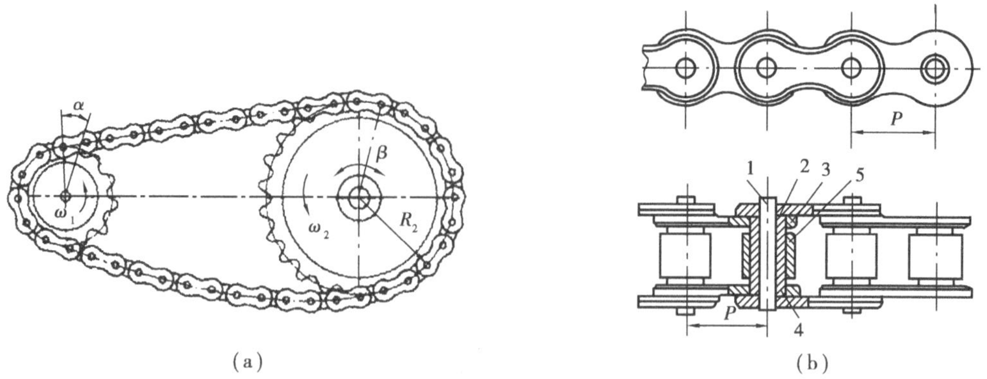

图 6.28

链传动中应用最广泛的是套筒滚子链（图 6.28(b)）。与带传动相比，链传动没有弹性滑动和打滑，能保证准确的平均传动比；作用在轴上的径向压力小；结构紧凑；能在温度较高、有油污等恶劣环境条件下工作。与齿轮传动相比，链传动的制造和安装精度较低，中心距大时传动结构简单。但链传动的瞬时链速和瞬时传动比不是常数，因而传动的平稳性较差，工作中有一定冲击和噪声。链传动主要用在要求工作可靠，且两轴相距较远，以及其他不宜采用齿轮传动的场合。

6.2 可调定值传动比连续转动机构

6.2.1 有级可调定值传动比机构

(1)三轴滑移齿轮变速机构

功能：用于两平行轴间的多级变速传动。

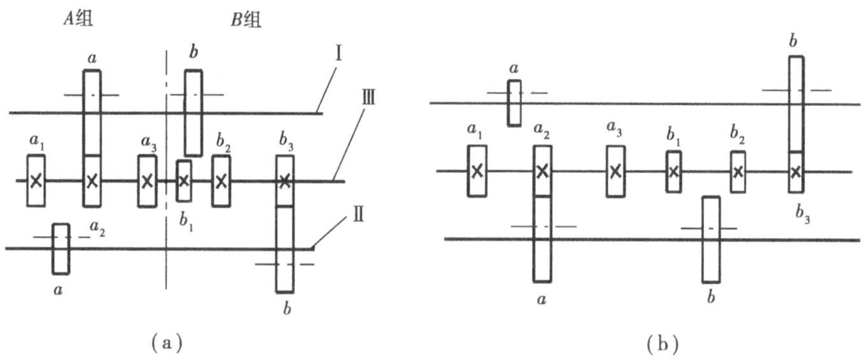

图 6.29

结构和工作原理：如图 6.29 所示的定轴轮系中，轴Ⅰ、Ⅱ、Ⅲ互相平行，且轴Ⅰ、Ⅲ和轴Ⅱ、Ⅲ的中心距相等。在轴Ⅰ、Ⅱ上各有两个滑移齿轮 a、b，可分别与轴Ⅲ上的 A、B 两组公用固联齿轮依次啮合。同一组中齿轮模数相等,齿数不同但齿数差小于4,利用齿轮变位原理凑配中心距,实现无侧隙啮合,获得多级变速。设轴上有 N 个公用齿轮,变速级数为 K,则 $K=N(N-1)+1$。

这种机构若用作切制公制和英制螺纹的基本传动组时,不需改变传动路线,可省去转换机构的麻烦和简化操作。

(2)圆周布置的齿轮变速机构

功能:用于两平行轴间的多级变速传动。

结构和工作原理:如图6.30所示,轴Ⅰ至轴Ⅷ依定长半径沿周向均布,各轴上以不同的轴向位置安装大、小两个齿轮,所有大小齿轮的齿数分别相同。除轮1不与轮6啮合外,其余前一轴的小齿轮分别与后一轴的大齿轮啮合。主动轮1匀速转动,通过各轴的小轮带动下一轴的大轮,最后经与轮3啮合的小轮通过轮3将运动传递给从动轮4。转动手柄5,可使惰轮3分别与各轴的小齿轮啮合,而使主动轴Ⅰ与从动轴Ⅸ间获得不同的传动比。当惰轮3与第 k 轴上的小齿轮啮合时,第 k 挡1、4轮间的传动比为 $i_{14}=(-1)^{k-1}\dfrac{Z_4}{Z_1}\times\left(\dfrac{Z_{大}}{Z_{小}}\right)^{k-1}$,式中:$Z_1$、$Z_4$ 分别为轮1、4的齿数;$Z_{小}$、$Z_{大}$ 分别为Ⅰ轴至Ⅷ轴上小、大齿轮的齿数。此外,从动轮在单数挡和双数挡的转向相反。

(3)复合轮系变速机构

功能:用于同轴线两轴之间的多级变速传动。

结构和工作原理:如图6.31所示的组合轮系由四套简单的2K-H型周转轮系经过较复杂的联接组成。运动由轴1输入,由轴Ⅱ输出。

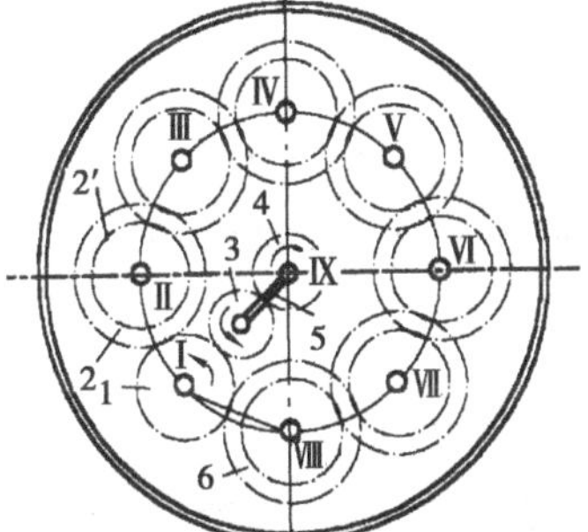

图6.30

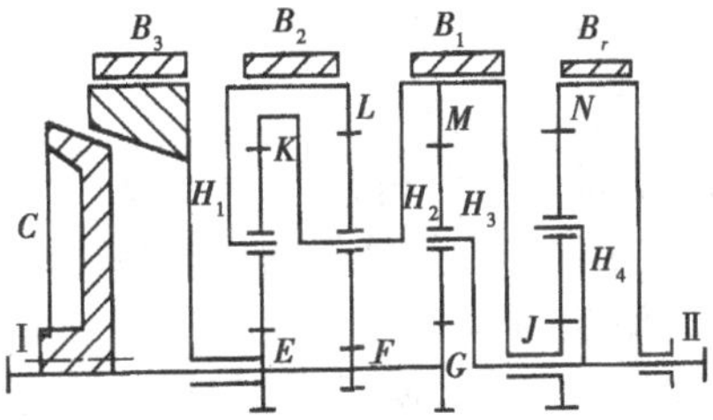

图6.31

国产红旗高级轿车中的自动变速系统采用了这种组合轮系。图中 B_3、B_2、B_1 和 C 是由液力变扭器控制的带式制动器和锥面离合器,B_r 是由司机控制的倒车制动器。当制动器 B_1、B_2、B_3、锥面离合器 C 和制动器 B_r 分别起作用时,输出轴Ⅱ即可得到五种不同的转速,即四个前进挡和一个倒车挡。从而方便地实现了变速传动和换向传动。

(4)双电机行星差动变速机构

功能:用于两平行轴间的多级变速传动。

结构和工作原理:图6.32所示为一复合轮系,其中齿轮4、5、6、H 组成一差动轮系,A、B 为两台电动机,11、12为制动器。输出轴可获得四种不同的转速:大功率电机 A 停,11制动;小功率电机 B 停,12制动;两电机 A、B 同向转动;两电机 A、B 反向转动。若在输出轴阻力矩不变的情况下设计机构时,应保证小功率电机 B 单独驱动时有足够的功率,这时 B 单独驱动时得到较低转速，A 单独驱动时得到较高转速。

由于采用两只电机，所以机构兼有防止因一只电机发生故障而造成停车事故的优点。

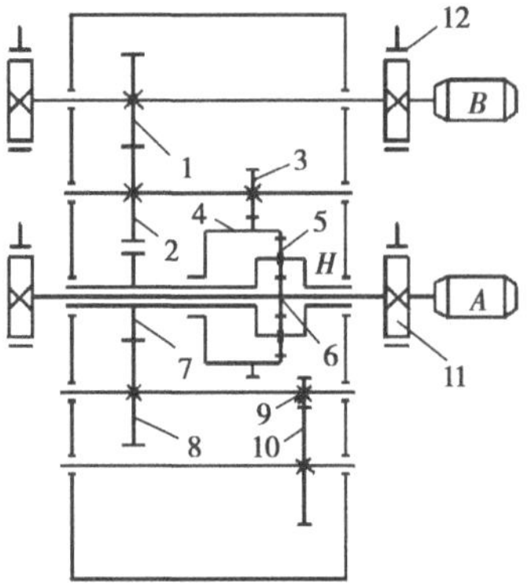

图 6.32

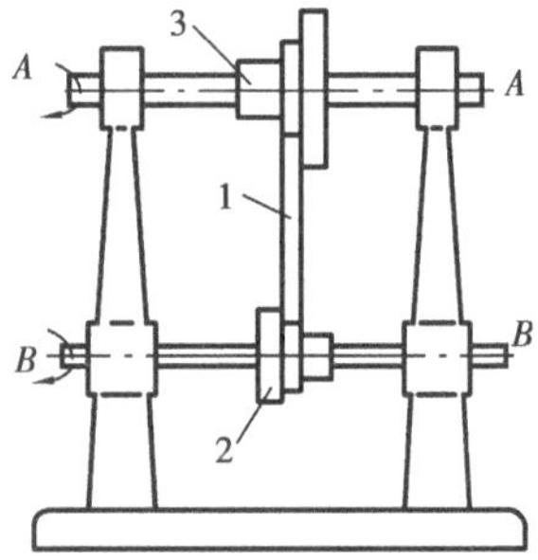

图 6.33

(5)带传动变速机构

功能：用于实现平行轴间的多级变速传动。

结构和工作原理：如图 6.33 所示，圆柱形的三联带轮（塔轮）3 绕固定轴线 A-A 转动，圆柱形的三联带轮（塔轮）2 绕固定轴线 B-B 转动，带轮 2 和 3 之间用平带 1 传动。根据带轮 2 和 3 的不同直径，本机构可以获得三种不同的传动比。设计时，各级带轮半径应按保证带的长度 L 不变的原则选定。传动比为 $i_{23}=\dfrac{n_2}{n_3}=\dfrac{R_3}{R_2(1-\varepsilon)}$，式中：$R_2$、$R_3$ 分别为带轮 2、3 的半径；n_2、n_3 分别为其转速；ε 为滑差率。

6.2.2 无级可调定值传动比机构

实现无级变速的方法有机械的、电气的（如利用变频器使交流电动机转速作连续变化）和液动的（如液动机调速）。机械无级变速器主要是依靠摩擦轮（或摩擦盘、球、环等）传动原理，通过改变主动件和从动件的传动半径，使输出轴的转速无级地变化。

(1)滚轮-平盘式变速器

功能：用于实现两垂直相交轴间的无级变速传动。

结构和工作原理：如图 6.34 所示，轴Ⅰ主动，其上用滑键联有半径为 r_1 的滚轮 1，平盘 2 装在从动轴Ⅱ上并用弹簧 3 压紧。工作时靠滚轮 1 与平盘 2 在接触处产生的摩擦力传动，传动比为 $i_{12}=\dfrac{n_1}{n_2}=\dfrac{r_2}{r_1(1-\varepsilon)}$，式中：$n_1$、$n_2$ 分别为滚轮和平盘的转速；r_2 为滚轮与平盘接触处中点至轴Ⅱ的距离；ε 为滑差率。当操纵滚轮 1 作轴向移动时，即可改变 r_2，从而实现无级变速。这种无级变速器结构简单，制造方便，但因接触处存在较大的相对滑动，所以磨损严重。

(2)钢球无级变速器

功能：用于共轴线两轴间的无级变速传动。

结构和工作原理：如图 6.35 所示，这种无级变速器主要由两个锥轮 1、2 和一组钢球 3（通常为 6 个）组成。主动锥轮 1 和从动锥轮 2 分别装在轴Ⅰ、Ⅱ上，钢球 3 被压紧在两锥轮的工作锥面上，并可在轴 4 上自由转动。工作时依靠锥轮与钢球之间的摩擦力相互带动，轴Ⅰ、Ⅱ之间的传动比为 $i_{12}=-\dfrac{n_1}{n_2}=\dfrac{r_1R_2}{R_2r_2}$，由于 $R_1=R_2$，所以 $i_{12}=\dfrac{r_1}{r_2(1-\varepsilon)}$，式中：$r_1$、$r_2$ 分别为两锥面

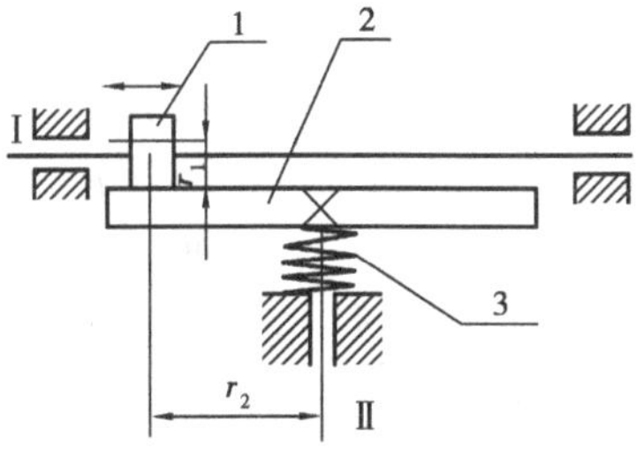

图 6.34

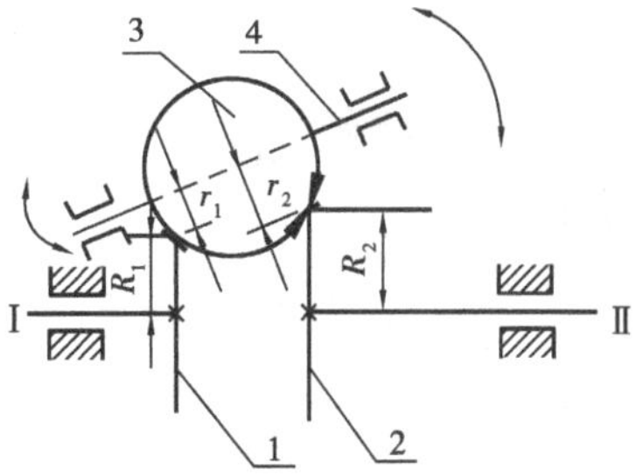

图 6.35

与钢球接触点至轴 4 的垂直距离；ε 为滑差率。调整支承轴 4 的倾斜角与倾斜方向，即可改变 r_1 和 r_2，从而实现无级变速。这种变速器结构简单，传动平稳，相对滑动小，但钢球加工精度要求高。

(3) **菱形无级变速器**

功能：用于共轴线两轴间的无级变速传动。

结构和工作原理：图 6.36 中，空套在轴 4 上的菱锥 3（通常为 5 ~ 6 个）被压紧在主动轮 1 与从动轮 2 之间，轴 4 支承在支架 5 上，其倾斜角度是固定的。工作时依靠主、从动轮与菱锥之间的摩擦力相互带动。轴 Ⅰ、Ⅱ 之间的传动比为 $i_{12}=\dfrac{n_1}{n_2}=\dfrac{r_1R_2}{R_1r_2(1-\varepsilon)}$，水平移动支架 5 时，可以改变菱锥的传动半径 r_1、r_2，从而实现无级变速。

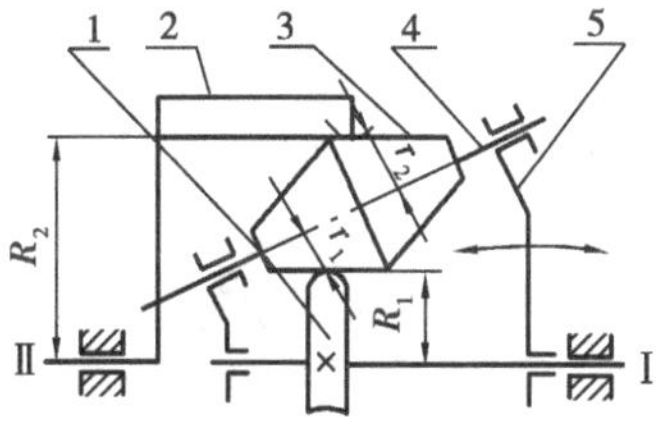

图 6.36

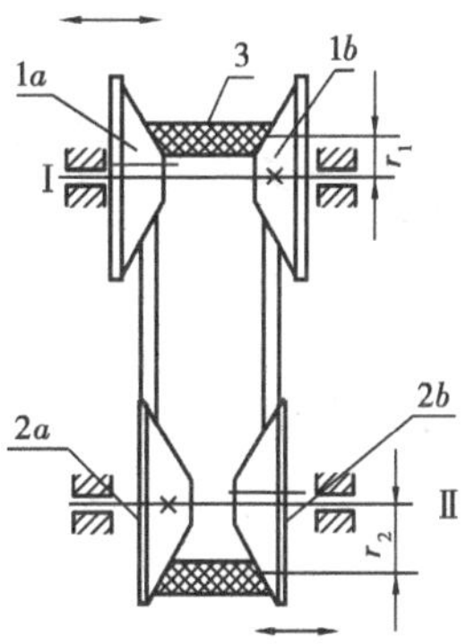

图 6.37

(4) **宽 V 带无级变速器**

功能：用于两平行轴间的无级变速传动。

结构和工作原理：图 6.37 中，在主动轴 Ⅰ 和从动轴 Ⅱ 上分别装有锥轮 1a、1b 和 2a、2b，其中锥轮 1b 和 2a 分别固定在轴 Ⅰ 和 Ⅱ 上，而锥轮 1a 和 2b 可以沿轴 Ⅰ、Ⅱ 同步同向移动。宽 V 带 3 套在两对锥轮之间，工作时如同 V 带传动，其传动比为 $i_{12}=\dfrac{n_1}{n_2}=\dfrac{r^2}{r_1(1-\varepsilon)}$。通过轴向同步移动锥轮 1$a$ 和 2b，可以改变传动半径 r_1 和 r_2 的大小，从而实现无级变速。

(5) **滚轮圆锥式摩擦传动机构**

功能：用于两相交轴间的无级变速传动。

结构和工作原理：如图 6.38 所示，滚轮 2 通过滑键与轴 3 相连，可沿轴线 B-B 移动。轴线

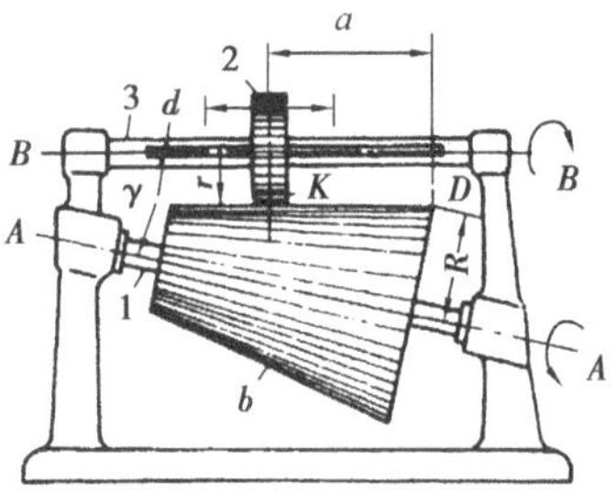

图 6.38

A-A与 B-B 间夹角为 γ,其值等于摩擦锥 b 的半锥角。轴 1 与轴 3 间的传动比为 $i_{13}=\frac{n_1}{n_3}=\frac{r}{R-a\sin\gamma(1-\varepsilon)}$,式中:$r$ 为滚子半径;a 为滚轮 2 与摩擦锥 b 的接触点 K 到摩擦锥底端 D 点间的距离;R 为摩擦锥底端到轴线 A-A 间的半径。改变 a 的大小,即可实现无级变速传动。

(6) 曲柄摇杆型脉动式无级变速机构

功能:用于两平行轴间脉动式无级变速传动。

结构和工作原理:图 6.39(a)所示为曲柄摇杆型脉动式无级变速机构,由曲柄摇杆机构与单向超越离合器组成。主动曲柄 AB 作等速旋转运动,通过连杆 BC 变换为摇杆的往复摆动,然后通过单向超越离合器将摇杆的摆动变换为输出轴 D 的单向脉动性转动。若此脉动式无级变速机构仅由一套曲柄摇杆机构组成,则其输出是单向间歇脉动性的旋转运动(图 6.39(b)),速度波动很大。为了减小脉动的不均匀性,应在输入与输出轴之间装设若干套相互间有一定相位差的连杆-超越离合器机构,它们可以是并列地布置在相互平行的平面中,或是呈行星布置。这些机构并非同时都进行有效工作,在某一段时间中只有驱动方向上角速度最大的那一套机构才传递转矩,几套单向超越离合器是交替重叠地起作用的,即超越离合器起了相当于滤波的作用,从而使输出速度的脉动均匀性得到提高,如图 6.39(c)所示。调速时可以改变曲柄摇杆机构中曲柄 AB 的长度,以形成构件新的尺度关系,使摇杆输出不同的摆角,从而达到无级调速之目的。

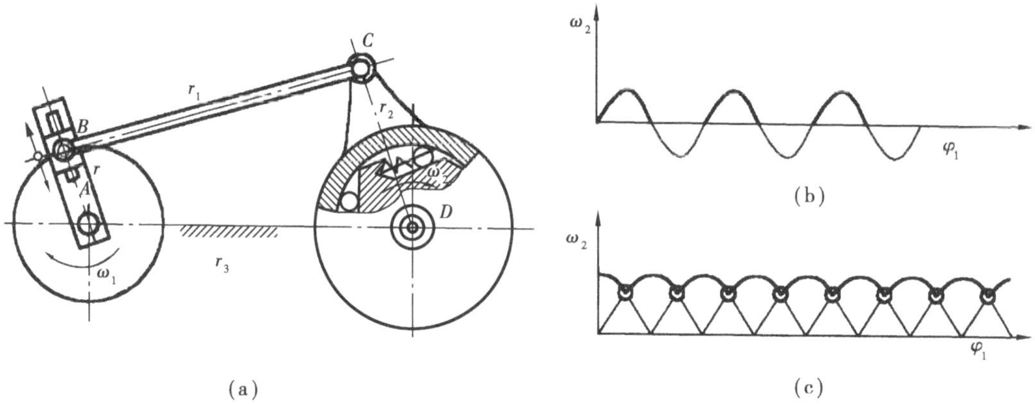

(a) (b) (c)

图 6.39

6.3 非匀速转动机构

非匀速转动机构选型的主要依据是运动特点及特殊性,如急回运动要求,从动件角速度的特殊变化规律等。

6.3.1 非圆齿轮机构

非圆齿轮机构是以非圆曲线(椭圆、卵形曲线、偏心圆及其共轭曲线等)为节线作无滑动的纯滚动，其节点在中心连线上以一定规律变动，从而实现变角速度的非匀速转动。

(1) 椭圆齿轮机构

功能：用于两平行轴间的变传动比传动。

结构和工作原理：图6.40(a)中两个完全相同的椭圆齿轮，以各自的焦点为回转中心，回转中心间的距离 a 等于椭圆的长轴，即 $a=2c$，短轴为 b，焦距为 $2e$，偏心率 $\lambda=e/c$。传动时两椭圆节线作纯滚动，向径与极角的关系为：

$$r_1=\frac{c(1-\lambda^2)}{1-\lambda\cos\theta_1}$$

$$r_2=\frac{c(1-2\lambda\cos\theta_1+\lambda^2)}{1-\lambda\cos\theta_1}$$

传动比为：

$$i_{21}=\frac{\omega_2}{\omega_1}=\frac{1-\lambda^2}{1-2\lambda\cos\theta_1+\lambda^2}$$

式中：θ_1 为极角，传动比是周期性变化的。

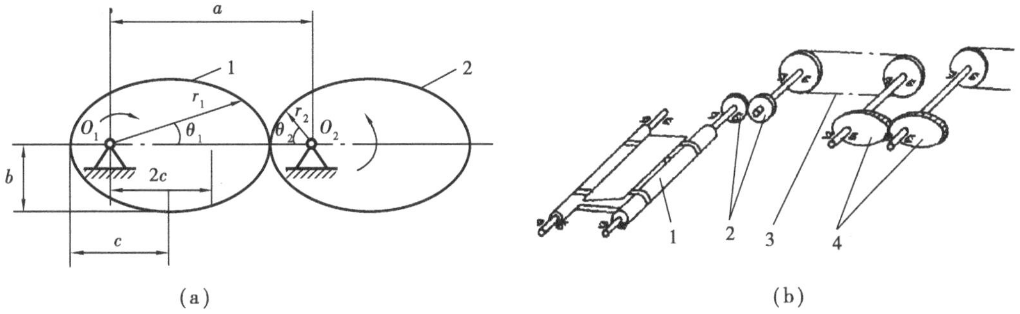

图6.40

图6.40(b)为滚筒式平版印刷机非圆齿轮变速送纸机构，动力由带传给椭圆齿轮机构4，再通过链传动3、齿轮传动2带动滚筒1实现变速转动。变速的目的在于使纸张送达印刷滚筒前的送进速度最小，以便对纸张的位置进行校准、对位和避免纸张压皱。当纸张送进滚筒后，其送进速度则近似等于印刷滚筒的圆周速度。

(2) 卵形齿轮机构

功能：用于两平行轴间的变传动比传动。

结构和工作原理：卵形曲线是由椭圆演变而来，如果保持椭圆曲线的向径长度不变，而将这个向径的极角缩小整数倍时，则椭圆曲线变为卵形曲线。如图6.41所示，卵形齿轮机构的节线为两个相同的卵形曲线，其长轴为 $2b$，短轴为 $2c$，以几何中心 O_1、O_2 为回转中心，中心距为 $a=b+c$。向径 r_1 与极角 θ_1 的关系为：

$$r_1=\frac{2bc}{(b+c)+(b-c)\cos 2\theta_1}$$

传动比为：

$$i_{21}=\frac{\omega_2}{\omega_1}=\frac{2bc}{(b^2+c^2)-(b^2-c^2)\cos 2\theta_1}$$

(3) 偏心圆形齿轮及其共轭齿轮机构

功能：用于两平行轴间的变传动比传动。

结构和工作原理:图 6.42 中,齿轮 1 是由标准圆柱齿轮改成的偏心齿轮,齿轮 2 为其共轭齿轮。其向径 r 与极角 θ_1 的关系为:

$$r_1 = e\cos\theta_1 + \sqrt{c^2 - e^2\sin^2\theta_1}$$

$$r_2 = a - \sqrt{c^2 - e^2\sin^2\theta_1} - e\cos\theta_1$$

瞬时传动比:

$$i_{12} = \frac{a}{\sqrt{c^2 - e^2\sin^2\theta_1} + e\cos\theta_1} - 1$$

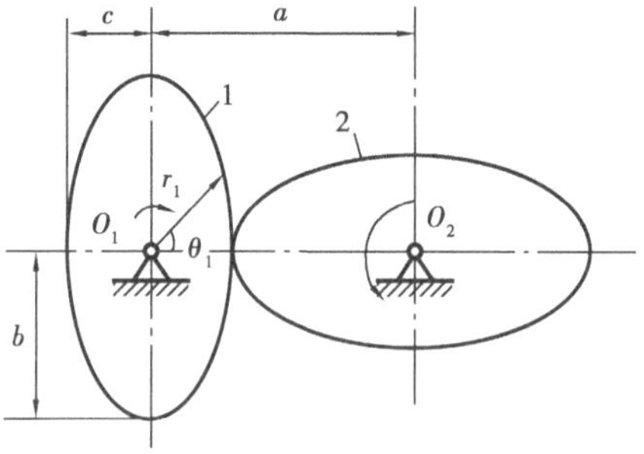

图 6.41

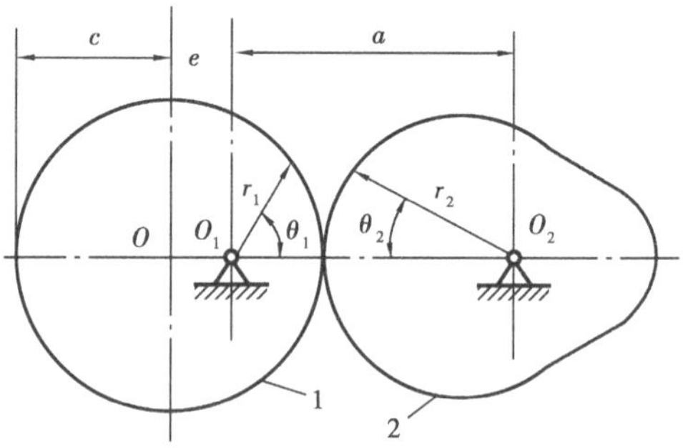

图 6.42

6.3.2 连杆机构

(1)双曲柄机构

功能:用于两平行轴间的变传动比传动。

结构和工作原理:在铰链四杆机构中若最短杆与最长杆的杆长之和小于或等于其余二杆的长度之和,且最短杆作机架,则成为双曲柄机构。图 6.43 为由双曲柄机构 *ABCD* 和偏置曲柄滑块机构 *DCE* 组成的双曲柄惯性筛机构。当主动曲柄 *AB* 等速转动时,从动曲柄 *CD* 变速转动。双曲柄机构和偏置曲柄滑块机构均具有急回特性,两机构串联可增加急回作用,使筛子具有较大的加速度,能更加有效地筛分被筛的材料颗粒。

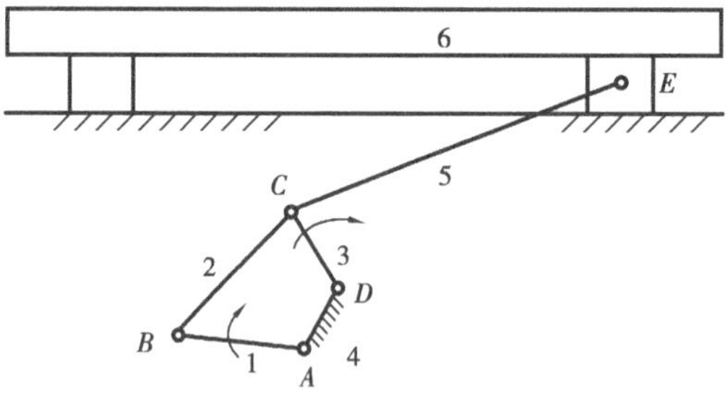

图 6.43

(2)反平行四边形机构

功能:用于两平行轴间的变传动比传动。

结构和工作原理:在图 6.44(a)中,$l_1 = l_3 = a$,$l_2 = l_4 = b$,$a < b$,且按图示的方式装配,则称为反平行四边形机构。当曲柄 1 等速转动时,从动曲柄反向变速转动。两个曲柄的运动相当

于和它们固联的两个椭圆轮的纯滚动。传动比的变化情况如图6.44(b)所示。

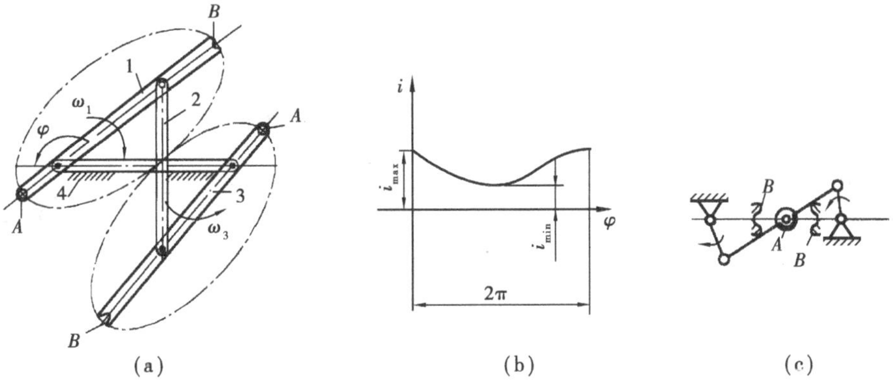

图6.44

当 $\varphi=0°$ 和 $\varphi=180°$ 时，机构处于死点位置，从动曲柄3可能正转也可能反转，可用死点引出器把机构从死点位置引出。图6.44(a)中，在椭圆长轴较短一端部装一圆销 A，而在较长一端部制成一凹槽 B，圆销进入凹槽，即可将机构从死点位置引出。图6.44(c)所示是由圆销 A 和固定凹槽 B 组成的死点引出器。

(3)转动导杆机构

功能：用于两平行轴间的变传动比传动。

结构和工作原理：在导杆机构中，若机架长度小于曲柄长度，则称为转动导杆机构。图6.45为刨床转动导杆机构，当曲柄 BC 等速转动时，导杆 AC 作非匀速整周转动。该机构具有明显的急回运动的特性，且刨头具有较慢的接近于等速的切削行程速度。滑块 E 的行程 $s=2AD$。

当 BC 为主动件时，若不考虑摩擦，压力角为零，导杆机构具有很好的传力特性，且具有明显的急回运动特性，但当比值 $\overline{BC}/\overline{AB}$ 较小时，机构的动力性能变坏，一般推荐 $\overline{BC}/\overline{AB}>2$。

6.3.3　组合机构

(1)齿轮连杆组合机构

功能：用于两平行轴间的变传动比传动。

结构和工作原理：图6.46中，曲柄摇杆机构 $ABCD$ 上有三个齿轮，齿轮1与 AB 杆固联，并绕 A 轴转动，齿轮3、5分别空套在 C、D 轴上。当齿轮1匀速转动时，通过连杆 BC 和齿轮3带动齿轮5作非匀速转动，摇杆4在 α 的范围内作加速或减速摆动。各构件尺寸选择适当时，从动轮5还可以实现停歇或逆转。齿轮5的角速度为：$\omega_5=\omega_4\left(1+\frac{Z_3}{Z_5}\right)-\omega_2\frac{Z_3}{Z_5}\left(1+\frac{Z_1}{Z_5}\right)+\omega_1\frac{Z_1}{Z_5}$，式中：$\omega_4$、$\omega_2$ 分别为摇杆4和连杆2的角速度；Z_1、Z_3、Z_5 分别为齿轮1、3、5的齿数。

在齿轮的齿数比和曲柄 AB 的长度一定时，如果适当调节机架 AD 的长度 l，可以使齿轮5得到不同的运动规律。

(2)移动导杆齿条式差动齿轮机构

功能：用于两平行轴间的变传动比传动。

结构和工作原理：在图6.47中，齿轮1、2、6分别和曲柄1′、内齿轮2′、转臂6′固联。由构件2′、3、4和6′组成自由度为2的差动轮系，用构件1′、5和滑块组成的正弦机构去封闭差动轮系，使整个机构的自由度为1。当齿轮1主动时，从动轮4的转速由两部分合成：由齿轮2经行

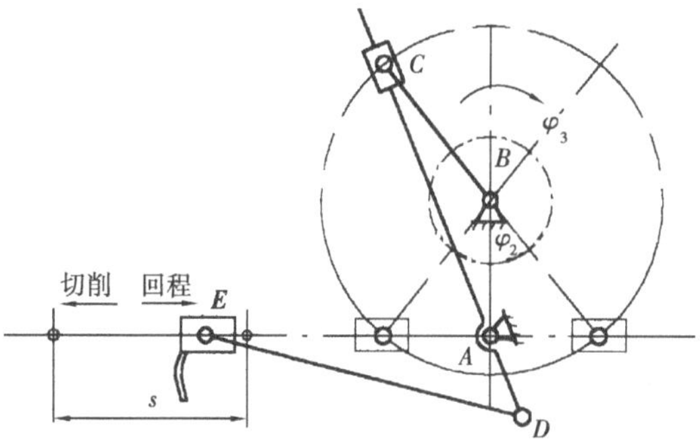

图 6.45

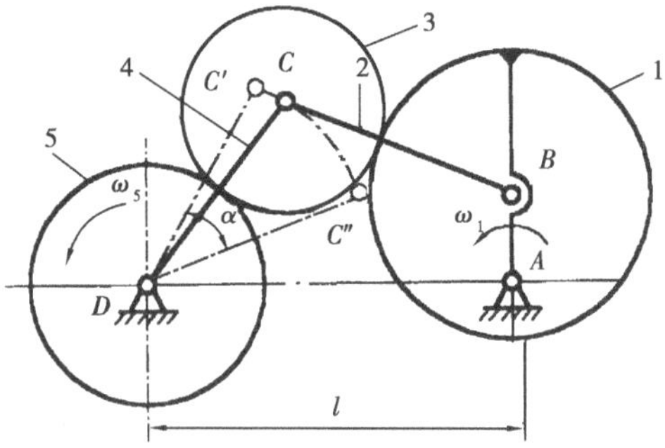

图 6.46

星轮 3 传来的常数值转速和由齿轮 6 传来的按正弦规律变化的变值转速，故从动轮 4 作变速转动。

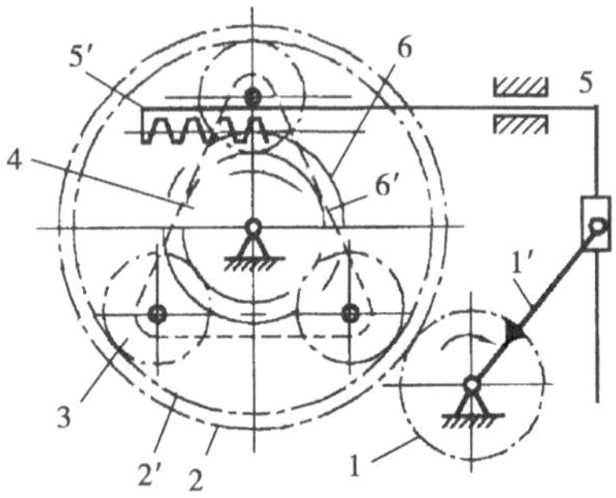

图 6.47

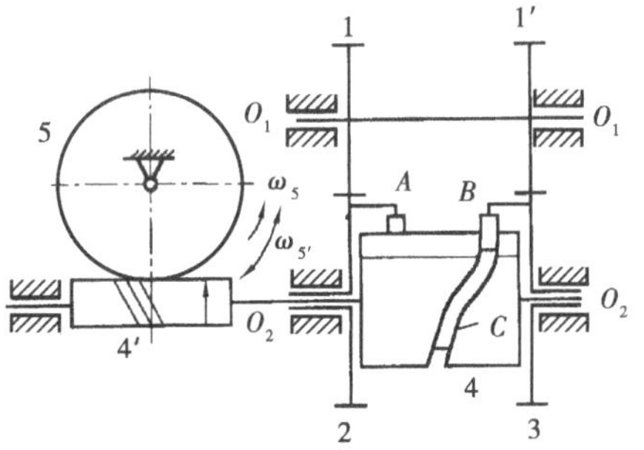

图 6.48

(3) **齿轮凸轮组合机构**

功能：用于相错两轴间的变传动比传动。

结构和工作原理：图 6.48 所示为纺丝机的卷绕机构，在原动轴 O_1 上固联着齿轮 1 和 1′，齿轮 2、3 空套在 O_2 轴上。与齿轮 2 固联的凸销 A 嵌于圆柱凸轮 4 的纵向直槽中，带动圆柱凸轮 4 一起回转，并允许其沿轴向有相对移动。固联在齿轮 3 上的滚子 B 嵌于圆柱凸轮 4 的曲线槽 C 中，由于齿轮 2 和齿轮 3 的转速不同，使凸轮 4 沿轴 O_2 移动。当原动轴 O_1 连续转动时，圆柱凸轮 4 以及与其固结的蜗杆 4′将作转动兼移动的复合运动，从而传动蜗轮 5 作时快时慢的变角速转动。

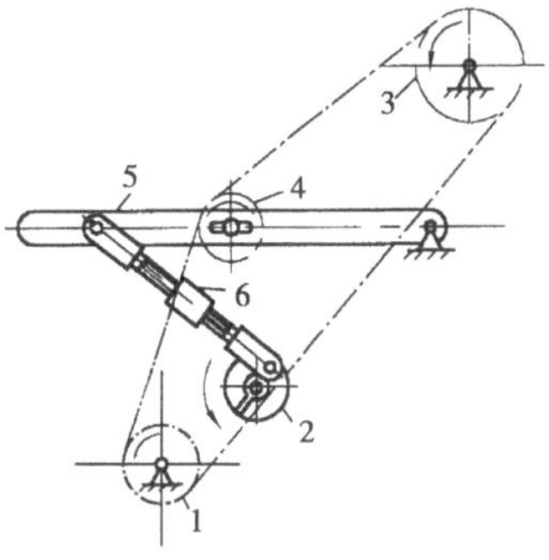

图 6.49

(4) **链轮-连杆机构**

功能：用于两平行轴间的变传动比传动。

结构和工作原理：如图 6.49 所示，从动链轮 4 铰接在摇杆 5 上，主动曲柄盘 2 通过连杆 6 驱动摇杆 5 往复摆动，同时主动链轮 1 通过链条带动从动轮 3、4 转动，从而使链轮 4 得到一附加转动，所以链轮 4 的运动为变速运动。

第 7 章 往复运动机构

往复运动机构是指机构中的从动件作往复运动(往复移动或往复摆动)的机构。其原动件运动形式可以是连续转动,也可以是往复运动。在实际应用中,除了满足往复运动的行程要求之外,多数机构还要求满足机构运转性能、工艺动作方面的附加要求,如急回运动特性、工作阶段的增力特性、运动规律特性、行程增大或微动特性、行程可调特性等。这些附加要求除少数情况外,往往需要通过机构的变异或组合的方法达到。

7.1 往复移动机构

7.1.1 一般往复移动机构

(1)连杆机构

1)对心曲柄滑块机构

功能:将旋转运动转换为往复移动。

结构和工作原理:图 7.1(a)所示的曲柄滑块机构中,滑块 3 的导路通过了曲柄 1 的回转中心,称为对心曲柄滑块机构。当曲柄 1 转动时,通过连杆 2 使滑块 3 往复移动,往复移动的行程 $s=2a$,其中 a 为曲柄 1 的长度。

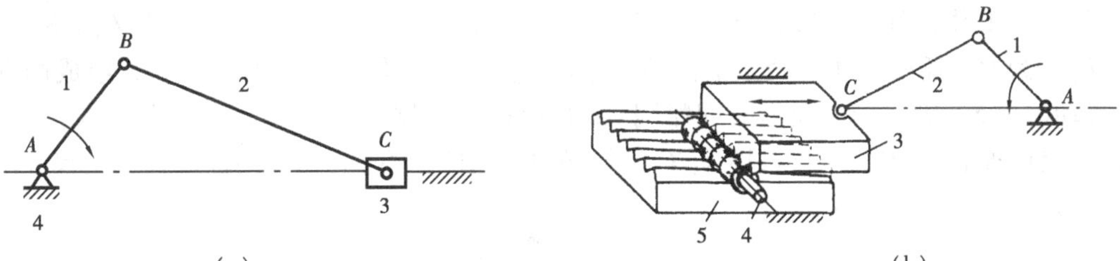

图 7.1

图 7.1(b)所示为简易搓丝机中的曲柄滑块机构,搓丝板(活动板牙)3 即为滑块,工件 4 置于固定搓丝板 5 上,活动板牙 3 左移时,能把工件滚出螺纹来。更换搓丝板,可加工不同规

格的零件。

2)直动滑杆机构

功能:将平面运动转换为往复移动。

结构和工作原理:图7.2为手摇唧筒中的直动滑杆机构。机构中1为连杆,2为摇杆,3为固定的机架,4为直动滑杆。当手驱动连杆1时,杆4相对于固定滑块3上下移动,能将液体从下部抽上来。该机构可以看作是以曲柄滑块机构中的滑块为机架演化而来。

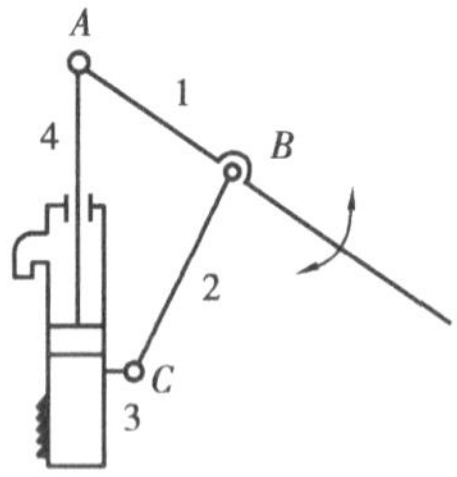

图7.2

3)正弦机构

功能:将旋转运动转换为往复移动。

结构和工作原理:如图7.3(a)所示,曲柄1的长度为r,在B点与滑块2铰接,滑块2与构件3构成移动副,构件3与机架4也构成移动副,两移动副导路之间的夹角为90°。当曲柄1转动时,滑块3作往复移动。因为从动件3的位移s与原动件1的转角φ的正弦成正比,即$s=r\sin\varphi$,故称其为正弦机构。图7.3(b)所示为某缝纫机中带动缝针运动的正弦机构。

4)正切机构

功能:将旋转运动转换为往复移动。

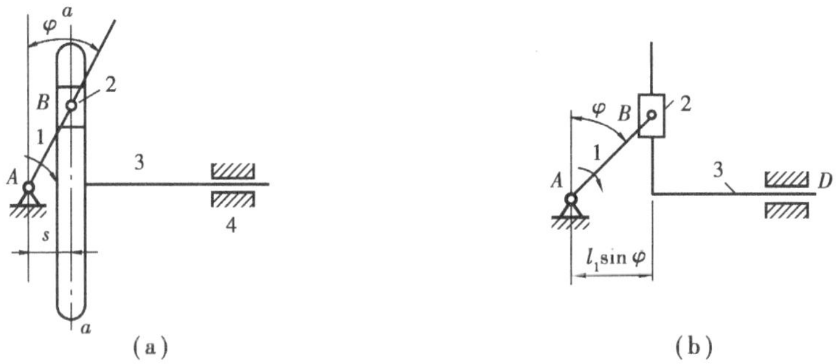

图7.3

结构和工作原理:如图7.4所示的机构中,转动副和移动副相间搭配,当主动摆动导杆转动时,从动构件3作往复移动。构件3与机架组成的移动副导路距导杆3回转中心的距离为H,则从动件3的位移与原动件转角的正切值成正比,即$s=H\tan\varphi$,故称其为正切机构。

5)多杆机构

功能:将旋转运动转换为往返时间相等的往复移动。

结构和工作原理:图7.5所示为用于针织横机的平面六杆机构,图中$O_1A_1B_1O_3$和$O_1A_2B_2O_3$为曲柄摇杆机构的两个极限位置;在曲柄摇杆机构的C点串接由4、5组成的Ⅱ级组,带动滑块5实现两行程所需时间相同(即行程速比系数为1)的运动。按此要求,O_1ABO_3应设计成正置的曲柄摇杆机构,即B_1B_2连线必通过曲柄1的轴心O_1,则该四杆机构尺寸应满足下列条件:

$$l_1^2+l_0^2=l_2^2+l_3^2$$

式中,l_1、l_2、l_3、l_0分别为曲柄、连杆、摇杆和机架的长度。

滑块5的行程H为:

$$H=2l_1\frac{y_2}{y_1}$$

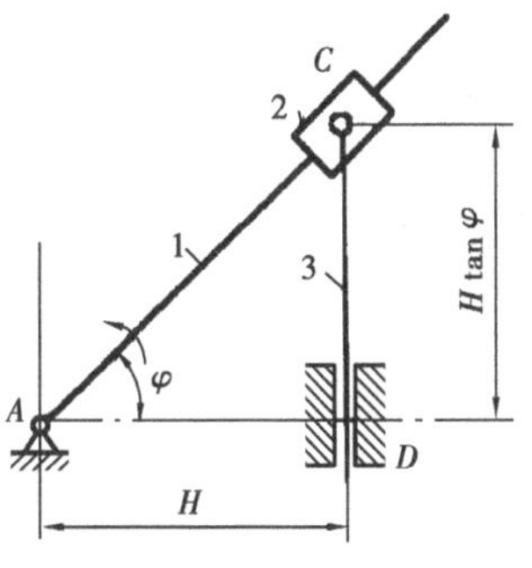

图 7.4

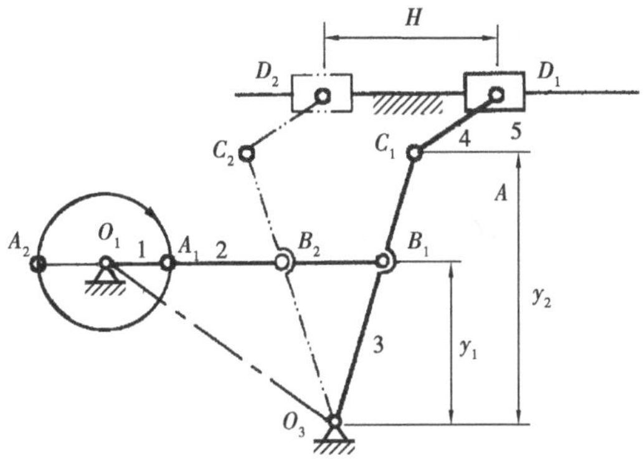

图 7.5

(2)**凸轮机构**

功能:将凸轮的旋转运动转换为从动件往复移动。

结构和工作原理:图 7.6(a)为半自动三头钻进刀凸轮机构,凸轮 1 的轮廓设置在圆盘内表面上,它由三段相同的曲线 *abc* 组成。由电机(图上未标出)带动的钻卡 2 装在拖板 3 上,凸轮转动时,通过滚轮 4 推动三个拖板同时进刀(钻孔)或退刀。

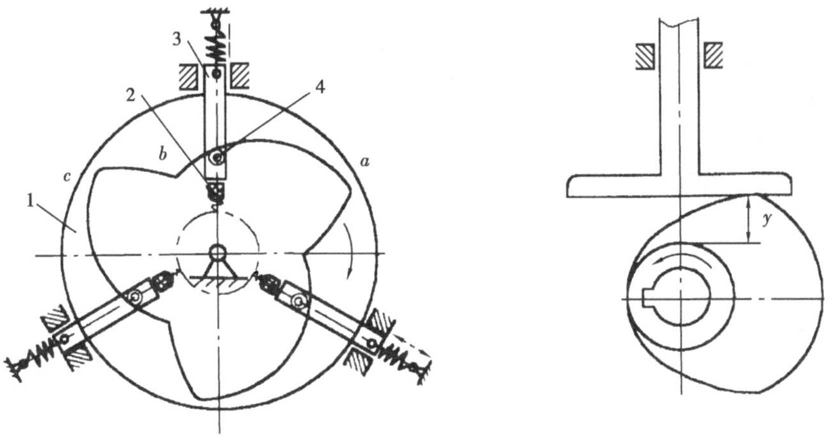

(a)　　(b)

图 7.6

用于实现往复移动的凸轮机构的类型很多,一般是凸轮为主动件,作连续转动或移动,只要凸轮的轮廓曲线设计恰当,便可使从动件得到复杂的往复移动的运动规律。图 7.6(b)为对心直动平底从动件盘形凸轮机构,凸轮为原动件作定轴转动,通过高副接触推动平底从动件作往复移动。

(3)**齿轮齿条机构**

功能:将旋转运动转换为等速的往复移动。

结构和工作原理:如图 7.7(a)所示的齿轮齿条机构中,当齿轮绕固定轴作往复摆动时,通过齿廓间的啮合推动齿条作往复移动。因齿条的长度有限,所以齿轮转动一定角度后必须换向。图 7.7(b)所示为不完全齿轮传动的往复移动机构。不完全齿轮 1 顺时针旋转时,1 上的齿 *a* 与不完全齿轮 3 啮合,齿轮 3 又与齿条 2 相啮合,并带动 2 向左移动;当齿轮 1 的轮齿 *a* 与齿轮 3 脱开时,轮 1 上的轮齿 *b* 与齿条 2 进入啮合,从而带动齿条向右移动。改变齿轮 1 的齿数可调节齿条2在两端的停歇时间。

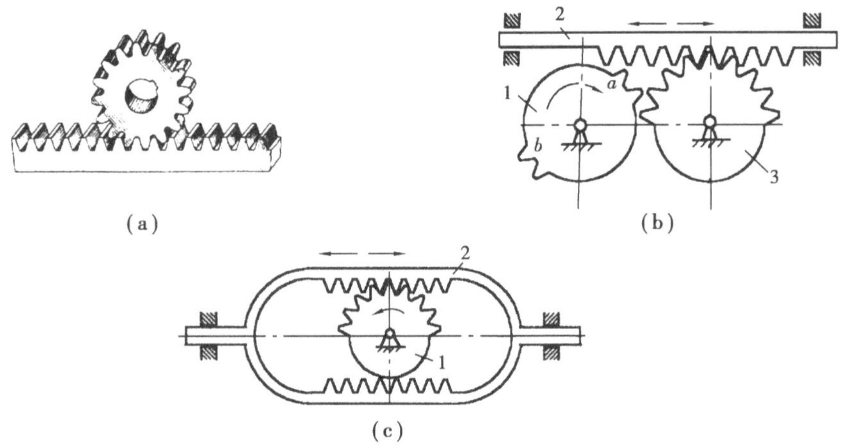

(a)　　(b)

(c)

图7.7

图7.7(c)中,构件2的上、下部各固联一齿条,不完全齿轮1旋转时交替与上、下齿条啮合,从而实现构件2的往复移动,并在两端有停歇。

(4)**螺旋机构**

功能:将螺杆的旋转运动转换为螺母的直线移动。

结构和工作原理:如图7.8所示的螺旋机构由螺杆1、螺母2和机架3组成,机架3分别与螺杆1和螺母2组成转动副和移动副,当螺杆1转动时通过螺旋副带动螺母2移动。当螺杆1转过φ角时,螺母2沿螺杆1的轴向位移:$s=l_B(\varphi/2\pi)$,式中l_B为螺旋副B的导程。

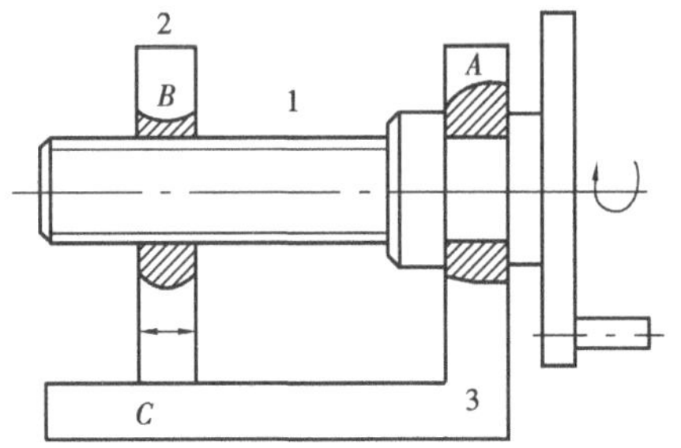

图7.8

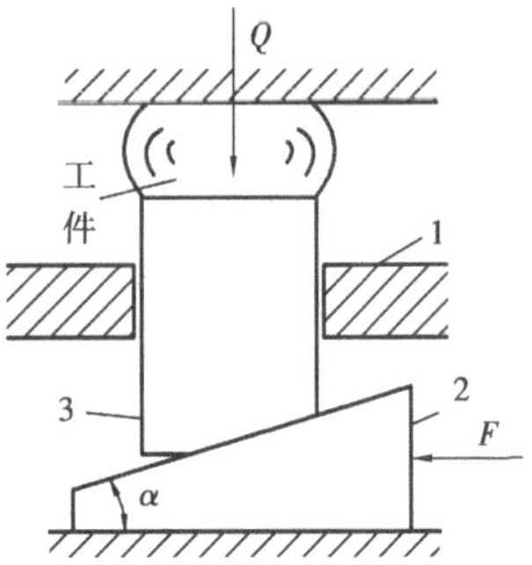

图7.9

(5)**楔块压榨机构**

功能:用于将水平方向的移动转换为垂直方向的移动或相反。

结构和工作原理:如图7.9所示的压榨机构由楔块2、3和机架组成,各构件之间均用移动副联接。当在楔块2上施加力F时,2向左移动,并通过斜面推动楔块3向上移,从而对工件产生一压榨力Q。当$\alpha\leqslant\varphi$时,该机构反行程(Q为驱动力时)自锁。其中α为斜面倾斜角;φ为摩擦角。

(6)**组合机构**

功能:将往复摆动转换为两反向往复移动。

结构和工作原理:图7.10所示为用于打包机中的双向加压机构。摆杆4为主动件,通过滑块 5 带动齿条 6 往复移动，使相啮合的齿轮 1 转动，同时与 1 相啮合的齿条 2、3 反向移动，使与齿条 2、3 固联的下、上压头同时反向加压，以完成紧包的动作。

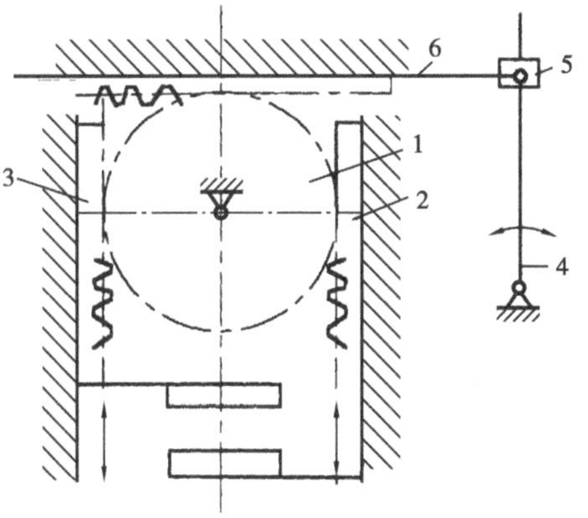

图 7.10

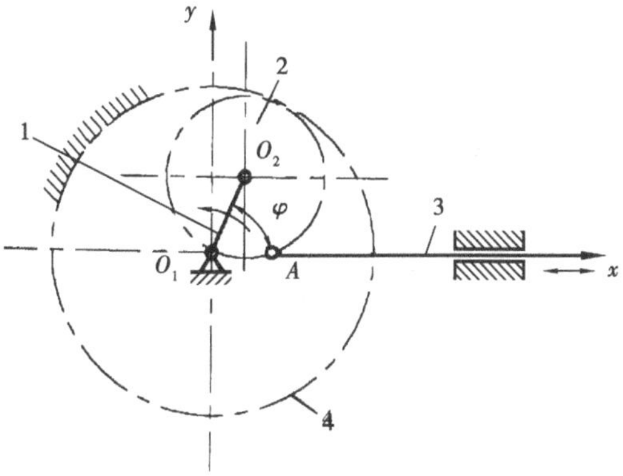

图 7.11

(7)行星齿轮简谐运动机构

功能：将旋转运动转换为简谐运动规律的往复移动。

结构和工作原理：图 7.11 中，固定内齿轮 4 和行星齿轮 2 的节圆半径分别为 r_4 和 r_2，且 $r_4=2r_2$，杆 3 和轮 2 在轮 2 节圆上的 A 点铰接。节圆半径为 r_2 的行星轮 2 绕轴 O_2 自转，同时又随系杆 1 公转，系杆 1 转动时，杆 3 作往复移动，其行程为：

$$s=2r_2\cos\varphi$$

7.1.2　有急回运动特性的往复移动机构

(1)偏置曲柄滑块机构

功能：将旋转运动转换为有急回特性的往复移动。

结构和工作原理：在图 7.12 中，滑块的导路不通过曲柄的回转中心，称为偏置曲柄滑块机构。当曲柄 AB 从 AB_1 转过角度 $\pi-\theta$ 到 AB_2 时，滑块上 C 点从 C_1 到 C_2；曲柄 AB 从 AB_2 转过角度 $\pi+\theta$ 到 AB_1 时，滑块上 C 点从 C_2 到 C_1。滑块工作行程（由左向右）的平均速度小于空回行程（由右向左）的平均速度。其行程速比系数 $k=(\pi+\theta)/(\pi-\theta)$。当增大 a 或 e 时，极位夹角 θ 增大，k 增大，急回特性增加。该机构中滑块的行程 $s>2a$。

(2)六杆急回机构

功能：用于将旋转运动转换成有急回特性的往复移动。

结构和工作原理：图 7.13 所示为用于重型插床中的六杆急回机构，是由曲柄摇杆机构 $OABC$ 加上Ⅱ级杆组（杆 DE 和滑块 E）组合而成。杆长 $AB=BC=BD$，主动件曲柄 OA 作顺时针匀速转动，当 A 点由 A_1 转至 A_2 时，滑块 E（即插刀）由上向下完成工作行程（即切削行程 E_1E_2）；当由 A_2 转回 A_1 时为空回行程。其运动特点是工作行程中插刀可以获得近似匀速的切削运动，保证良好的切削质量。回程时间短，急回作用较曲柄摇杆机构有明显的增大。

(3)双曲柄急回机构

功能：用于将旋转运动转换成有急回特性的往复移动。

结构和工作原理：图 7.14 中，$ABCD$ 为双曲柄机构，在从动曲柄上 D 处铰接Ⅱ级组（连杆

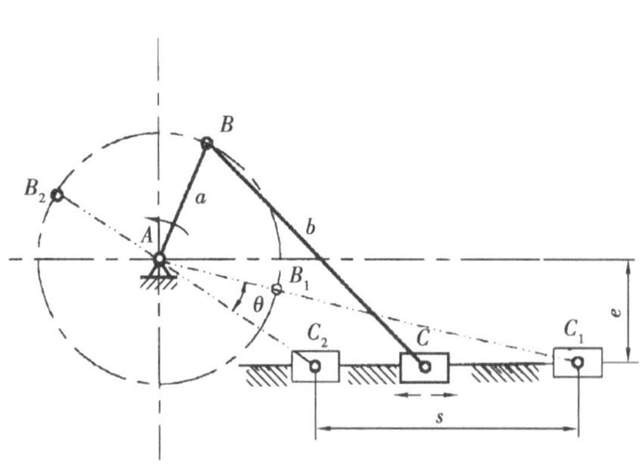

图 7.12

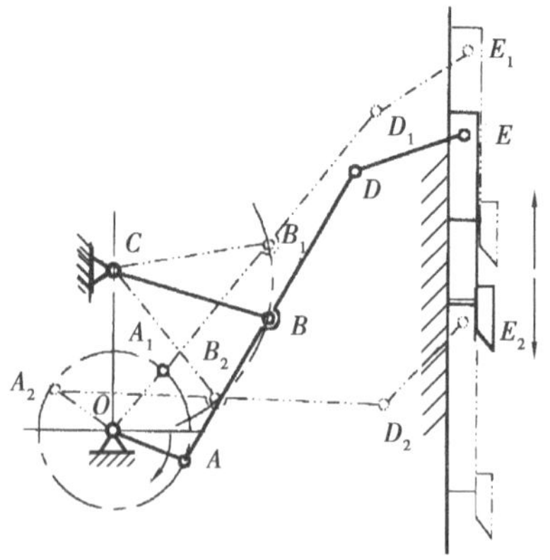

图 7.13

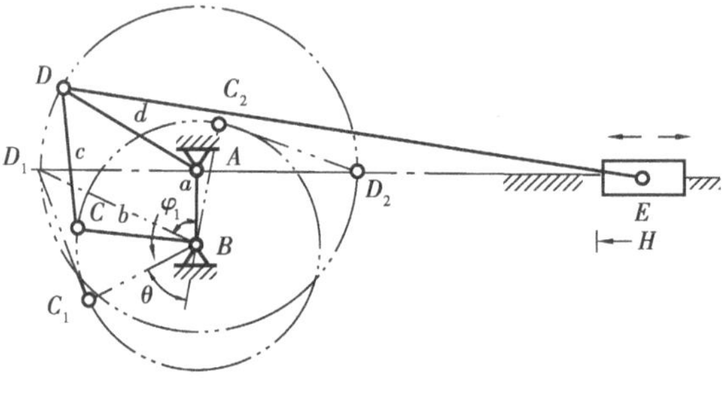

图 7.14

DE 和滑块 *E*)，组成一六杆机构。当曲柄 *BC* 从 BC_1 转到 BC_2 时，滑块完成工作行程；从 BC_2 转至 BC_1 为回程。滑块的行程速比系数为：

$$k = \frac{\pi + \theta}{\pi - \theta} = \frac{\pi - \varphi_1}{\varphi_1}$$

式中，$\varphi_1 = \arctan \dfrac{d}{a}$。

(4)带两个导块的导杆机构

功能：用于将旋转运动转换成有急回特性的往复移动。

结构和工作原理：图 7.15 中，曲柄 *AB* 的长度 *r* 小于机架 *AC* 的长度 *L*，所以 *ABC* 为摆动导杆机构。如图所示，B_1C 和 B_2C 为导杆的两个极限位置，极位夹角 $\theta = 2\ \arcsin(r/L)$，增大 r/L 的比值，θ 角增大，急回特性增强，但空回行程速度变化剧烈，故一般推荐 $L/r > 2$，此时导杆的摆角 $\varphi = \theta < 60°$。

如图 7.15 所示，在导杆 *BC* 反向延长线的 *D* 点上加Ⅱ级杆组连杆 4 和滑块 5，组成六杆机构。当主动曲柄 *AB* 匀速转动时，滑块 5 在垂直于 *AC* 的导路上往复移动，具有显著的急回特性。改变连杆 *ED* 的长度，滑块 5 可得到不同的运动规律。若在滑块 5 上安装插刀，机构可以作为插床的插削机构。

(5)带三个导块的导杆机构

功能：用于将旋转运动转换成有急回特性的往复移动。

结构和工作原理：图 7.16 为牛头刨床中的导杆机构。在导杆 *BC* 的延长线上 *D* 点铰接一滑块，该滑块与刨头 *EF* 构成移动副，驱使刨头沿水平方向往复移动。刨头 *EF* 的行程 *H* =

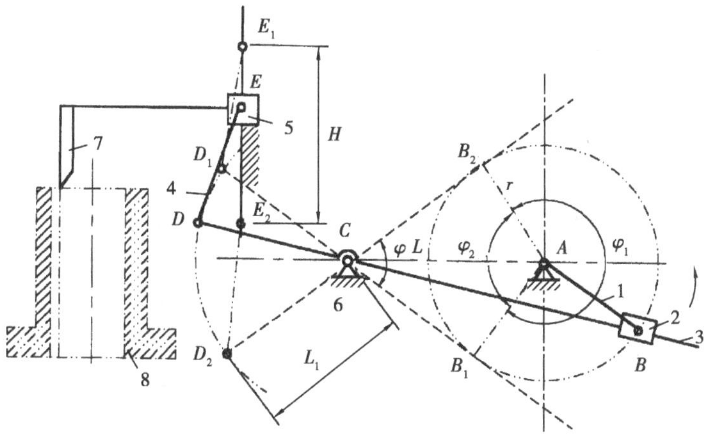

图 7.15

$2R\ \sin(\theta/2)$，式中 R 为导杆 DC 的长度，θ 为该机构的极位夹角。

刨头 EF 的位置方程为：

$$X = R \sin \varphi$$

$$\varphi = \arctan \frac{r \sin \varphi}{L + r \cos \varphi}$$

式中，r 为曲柄 AB 的长度；L 为机架 AC 的长度；φ 为曲柄位置角。

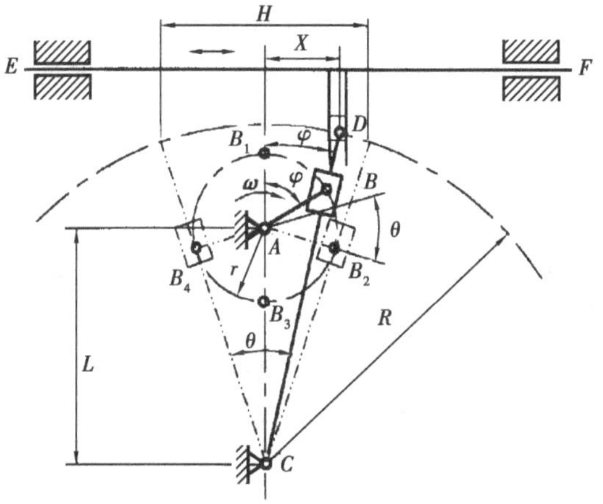

图 7.16

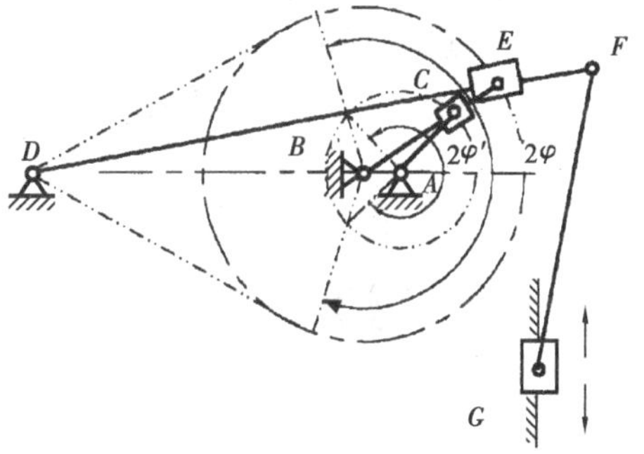

图 7.17

(6) **双导杆机构**

功能：用于将旋转运动转换成有急回特性的往复移动。

结构和工作原理：如图 7.17 所示，将转动导杆机构与摆动导杆机构串联，即转动导杆机构中的转动导杆 BE 作为摆动导杆机构中的曲柄，使移动滑块 G 获得更加显著的急回特性。其行程速比系数为 $k' = \varphi'/(\pi - \varphi')$。

要求杆长条件为 $L_{AC} > L_{AB}$；$L_{BE} < L_{BD}$。随着 L_{AC}/L_{AB} 的比值减小，机构的动力性能将逐渐变坏。

(7) **带齿轮齿条的导杆机构**

功能：用于将旋转运动转换成有急回特性的往复移动。

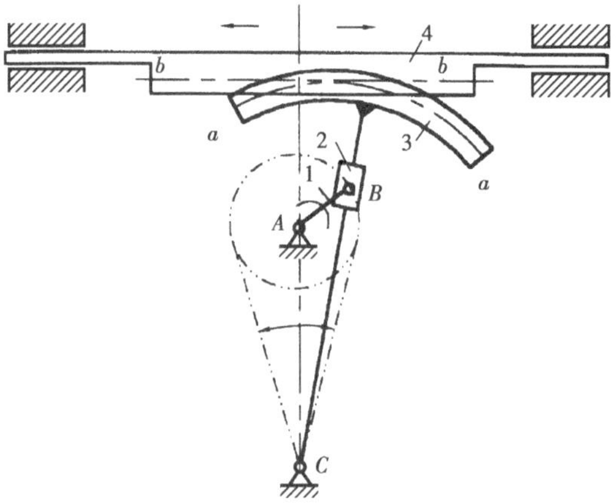

图 7.18

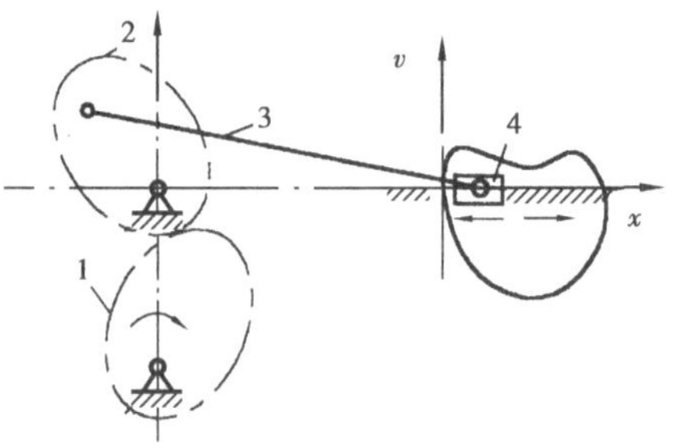

图 7.19

结构和工作原理:图 7.18 中,*ABC* 为摆动导杆机构,曲柄 1 绕 *A* 轴回转,导杆 3 绕固定轴 *C* 往复摆动。固接在导杆 3 上的扇形齿轮 *a* 与滑块 4 上的齿条 *b* 啮合,从而带动滑块 4 沿水平导路往复移动。

(8)椭圆齿轮往复移动机构

功能:用于将旋转运动转换成有急回特性的往复移动。

结构和工作原理:在图 7.19 所示的机构中,当主动的椭圆齿轮 1 匀速转动时,从动的椭圆齿轮 2 周期性变速转动,同时齿轮 2 兼作曲柄并通过连杆 3 带动滑块 4 作往复移动。借助于齿轮 2 的变速运动,可以使滑块 4 在工作行程(图中自右向左)运动中速度减慢且速度均匀;回程中速度加快,具有显著的急回特性。

(9)往复螺旋圆柱凸轮机构

功能:用于将旋转运动转换成有急回特性的往复移动。

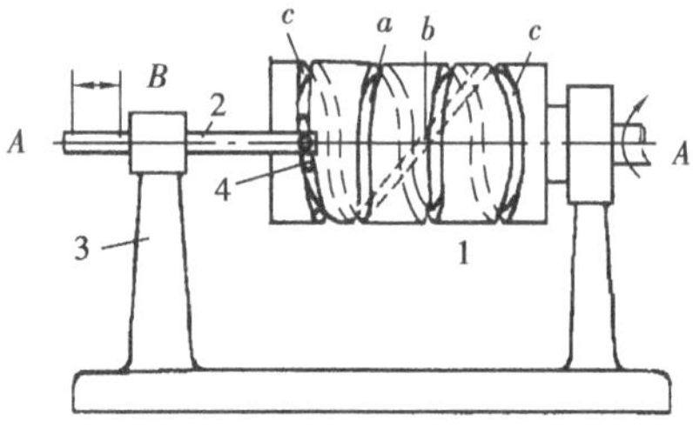

图 7.20

结构和工作原理:图 7.20 中,圆柱凸轮 1 的沟槽廓线由三段曲线组成,*a* 段为三圈螺旋槽;*b* 段为半圈反旋向的螺旋槽,且螺距为 *a* 段的三倍;*c* 段为 *a*、*b* 两段的过渡曲线槽。*a*、*b* 两段螺旋槽有三个汇交点,为了顺利通过汇交点,沟槽中装有透镜形滚子 4,4 与从动件 2 铰接,2 与机架构成移动副。

当主动凸轮 1 绕轴线 *A*—*A* 转动且滚子 4 在 *a* 段沟槽中运动时,从动件 2 在导槽 *B* 中等速前进(工作行程);滚子在 *b* 段沟槽中运动时,从动件 2 快速返回。

(10)盘形槽凸轮连杆机构

功能:用于将旋转运动转换成有急回特性的往复移动。

结构和工作原理:如图 7.21 所示,*ABC* 为一对心曲柄滑块机构,在其活动铰链 *B* 上装有滚子,滚子嵌在凸轮 1 的曲线槽中。当主动凸轮 1 定轴转动时,通过滚子带动 *AB* 与 *BC* 杆组成的肘节驱动从动滑块 2 作往复直线移动。滑块 2 的运动规律取决于凸轮 1 上曲线槽的形状,既可实现急回运动,还可起到增力作用。

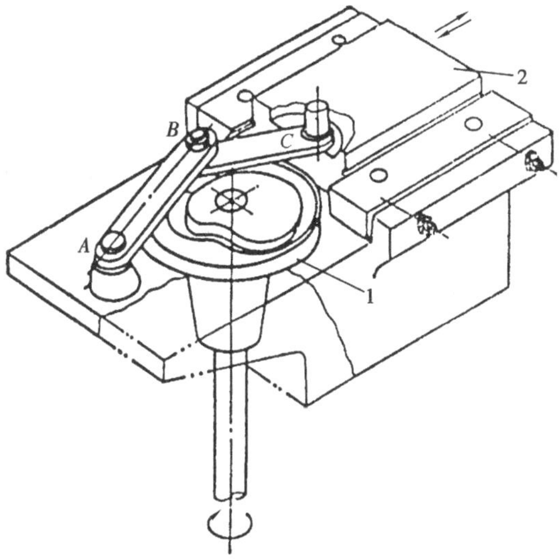

图 7.21

7.1.3　行程增大（缩小）的往复移动机构

（1）双滑块压缩机构

功能：将旋转运动转换为大行程的往复移动。

结构和工作原理：如图 7.22 中，曲柄 1 的两端对称设置两个活动铰链 A 和 B，即 $OA=OB=R$，通过两个连杆 BC 和 AD 分别带动汽缸体 2 和活塞 3 作反向移动，其相对行程为曲柄 1 半径长 R 的 4 倍，即行程 $H=4R$，可提高压缩的效率。

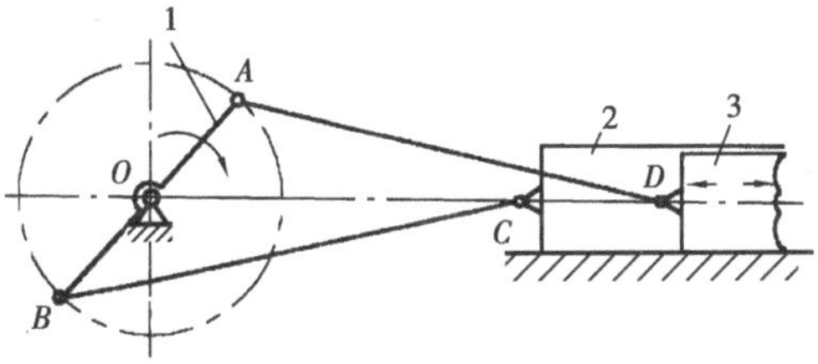

图 7.22

（2）六杆机构

功能：用于将旋转运动转换成大行程的往复移动。

结构和工作原理：图 7.23 所示的六杆机构是由 1-2-3-7 组成的曲柄摇杆机构和 4-5-6-7 组成的正切机构串联而成，其中摇杆 3 和导杆 4 固接。当曲柄 1 等速转动时，从动件 6 变速往复移动，该机构可在曲柄 1 长度一定的情况下，使从动件 6 获得较大的行程，同时具有急回运动特性。

（3）增大行程的曲柄滑块机构

功能：用于将旋转运动转换成大行程的往复移动。

结构和工作原理：图 7.24 中，齿条 4 固定不动，齿条 5 与机架组成移动副，齿轮 3 与连杆 2 铰接并同时与齿条 4、5 啮合。当曲柄 1 转动时，齿轮 3 沿固定齿条 4 往复滚动，同时带动齿条

5 作往复移动，齿条 5 往复移动的行程为 $H=4R$，R 为曲柄 1 的长度。

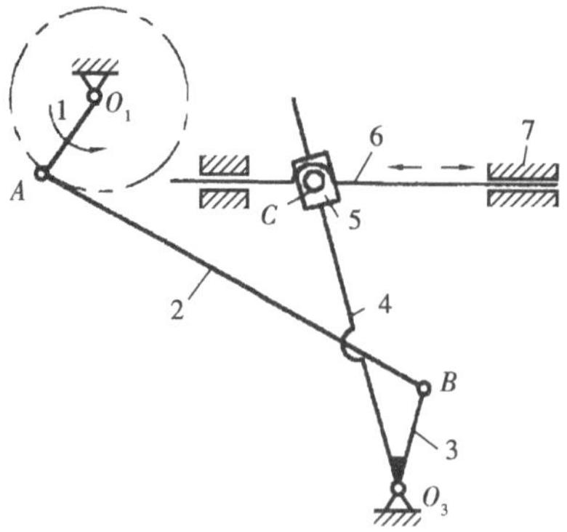

图 7.23

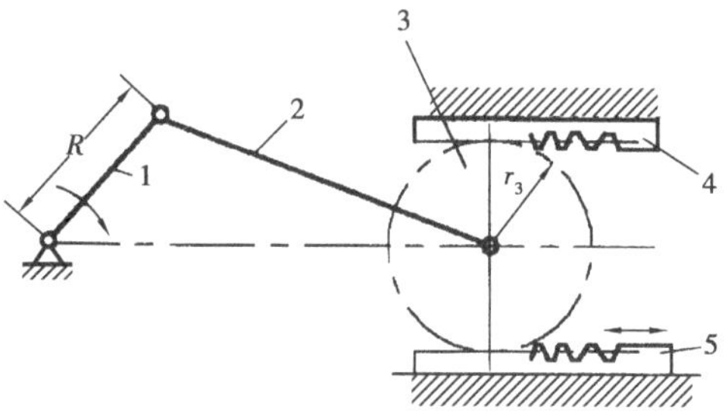

图 7.24

若将齿轮 3 改为节圆半径分别为 r_3、r_3'的双联齿轮 3、3′，并以 3′与齿条 5 啮合，则齿条 5 的行程为 $H=2(1+r_3'/r_3)R$。

(4) 带悬挂导杆的机构

功能：用于将旋转运动转换成大行程的往复移动。

结构和工作原理：在图 7.25 所示的牛头刨机构中，曲柄 1、4 分别绕固定轴铰链 A、E 转动，导杆 3 分别与曲柄 4 和刨头 5 构成两个转动副 D、C。当曲柄 1 转动时，通过滑块 2 和导杆 3 驱使刨头 5 作往复移动。若调节机架上 E 点的位置，可使刨头 5 获得不同的运动规律。

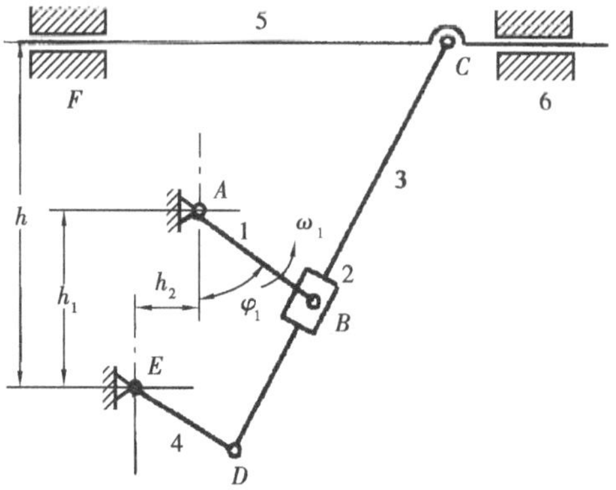

图 7.25

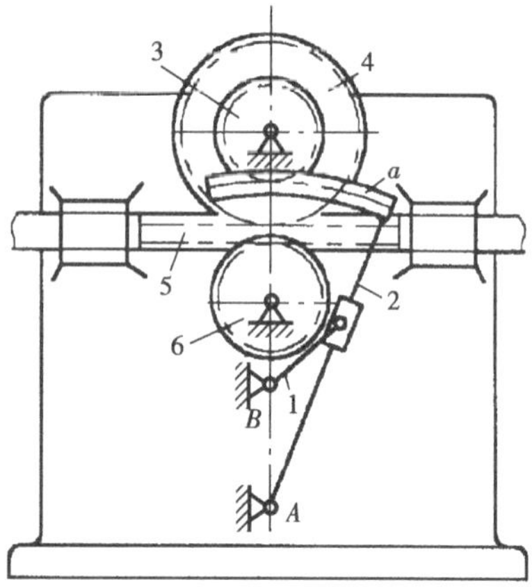

图 7.26

(5) 导杆齿轮机构

功能：用于将旋转运动转换成大行程的往复移动。

结构和工作原理：如图 7.26 所示，曲柄 1 绕固定轴 B 转动，导杆 2 绕固定轴 A 摆动，同时导杆 2 上固联的扇形齿轮 a 与齿轮 3 啮合，齿轮 3 和 4 固联，而齿轮 4 又与齿条 5 啮合。当曲柄 1 转动时，通过导杆 2、齿轮 3、4 带动齿条 5 往复移动。

该机构用于印刷滚筒和版台的传动机构，齿轮 3、4 与印刷滚筒固联，版台与齿条 5 固联。齿轮 4 直接对版台 5 传递运动，可以保证滚筒与版台之间的纯滚动运动关系。图中齿轮 6 是补充支承版台的。

(6)滑块行程增大机构

功能:用于将旋转运动转换成大行程的往复移动。

结构和工作原理:如图 7.27 所示,带齿条的连杆 2 和扇形齿轮 3 啮合,同时连杆 2 又与摇块 4 构成移动副,以保证齿条与齿轮的正常啮合,齿轮 3 又与摇杆 DE 固联。曲柄 1 的长度为 r,当曲柄作主动件转动时,通过齿条推动齿轮和摇杆 ED,带动滑块 6 往复移动。其往复移动的行程为:

$$H=2\,\overline{AB}\sin(r/R)$$

式中,R 为扇形齿轮 3 的节圆半径,如$\overline{ED}$较长,r/R 较小时,则 $H=2\,\overline{ED}(r/R)$。

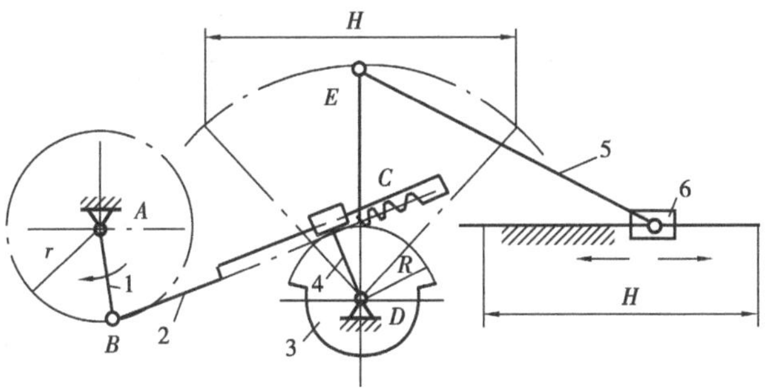

图 7.27

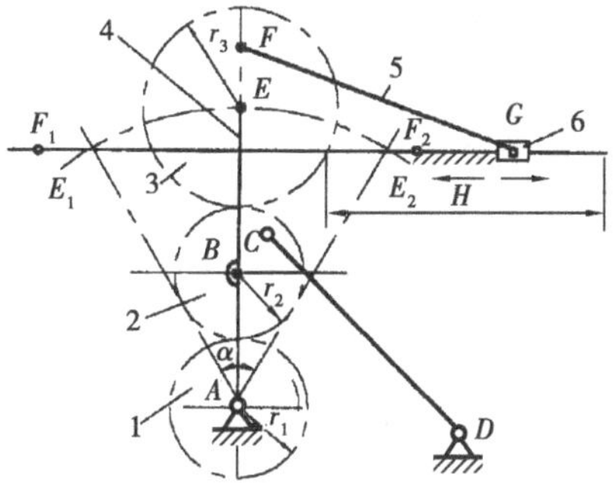

图 7.28

(7)增大行程的齿轮连杆机构

功能:用于将旋转运动转换成大行程的往复移动。

结构和工作原理:如图 7.28 所示,$ABCD$ 为双摇杆机构。齿轮 1、2、3 均与杆 4(系杆)构成转动副,从而组成一个周转轮系,在轮 3 上的 F 点铰接一个由构件 5、6 组成的Ⅱ级组,摇杆 CD 与轮 2 铰接于点 C。当齿轮 1 转动时滑块 6 作往复移动,滑块的行程为:

$$H=\frac{a+r_2+r_3}{d}\sqrt{2(b^2+c^2)+2(b^2-c^2)\cos\theta}+2L$$

式中:$a=\overline{AB}=r_1+r_2$;$b=\overline{BC}$;$c=\overline{CD}$;$d=\overline{AD}$;$L=\overline{EF}$;r_1、r_2、r_3 分别为齿轮 1、2、3 的节圆半径。

$$\theta=\arccos\frac{a^2+(c-b)^2-d^2}{2a(c-b)}-\arccos\frac{a^2+(b+c)^2-d^2}{2a(b+c)}$$

为了保证 E 点由 E_1 到 E_2 时,F 点由 F_1 到 F_2,必须满足下面的条件:

$$r_3=r_2\frac{\pi+\theta}{\pi-\alpha}=r_2\frac{\pi+\theta}{\varphi_1+\varphi_3+\varphi_4}$$

$$\varphi_1=\arccos\frac{a^2+(b+c)^2-d^2}{2a(b+c)}$$

$$\varphi_3=\arccos\frac{d^2+(b+c)^2-a^2}{2d(b+c)}$$

$$\varphi_4=\arccos\frac{d^2-(c-b)^2}{2}$$

(8)行程增大的凸轮机构

功能:用于将旋转运动转换成大行程的往复移动。

结构和工作原理:图 7.29 中,主动凸轮 1 上有 4 条凸起的对称曲线凸缘 A、B、C、D 和 A'、

B'、C'、D'作为凸轮的轮廓，从动滑块 2 上铰接 4 个滚子 a、b、c、d。凸轮 1 转动时，A 内侧的廓线推动滚子 a 向左运动，到 A 的终点时，B 内侧的轮廓接着推 b，当 C 和 D 分别推动滚子 c 并到达滑块向左行程终了时，对称的另一半轮廓 D'、C'、B'和 A'的外侧依次推动滚子 d、c、b 使 2 向右移动到原位，完成一次往复循环。滑块 2 的行程为：$H=(r-r_1)+h$，式中 r、r_1 分别为凸缘凸轮工作面的最大、最小向径；h 为滚子 a 至 c 的有效工作距离。

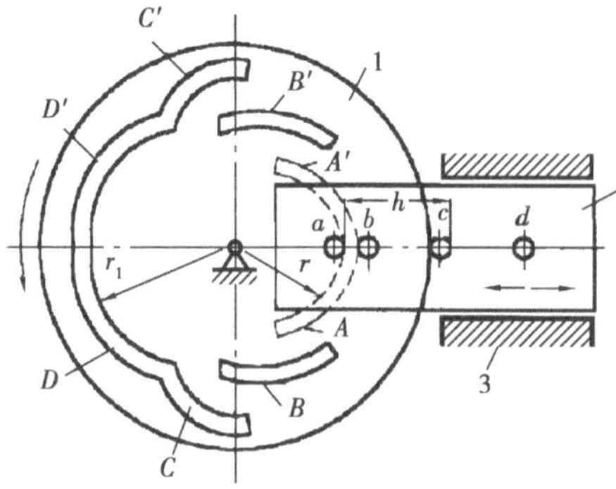

图 7.29

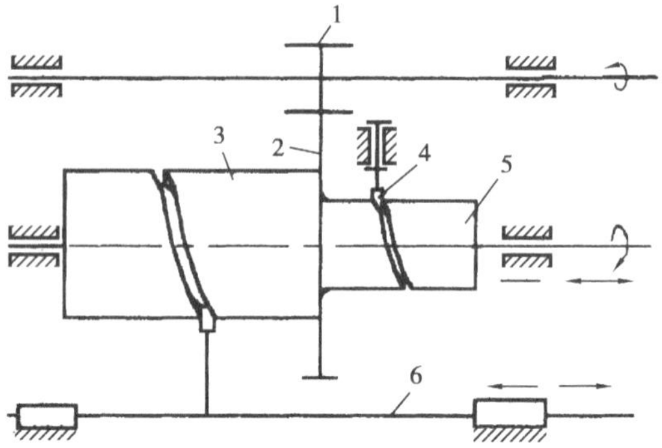

图 7.30

(9)行程增大(缩小)的圆柱凸轮机构

功能：用于将旋转运动转换成大行程的往复移动。

结构和工作原理：图 7.30 中，齿轮 2 和圆柱凸轮 3、5 固结，主动宽齿轮 1 转动时，经齿轮 2 带动圆柱凸轮转动，同时在滚子 4 的推动下，圆柱凸轮又附加一个轴向移动，所以圆柱凸轮既转动又移动。因而从动件 6 的往复移动的行程由凸轮 3 的转动和移动两者合成。

设凸轮 3、5 曲线槽的升程分别为 s_3、s_5，从动件 6 移动距离为 s_6，当滚子放在图示位置时，$s_6=s_3\pm s_5$。当两凸轮曲线槽同向时，上式为正号，用于行程放大；反向时，上式为负号，用于行程缩小。

(10)凸轮齿轮连杆机构

功能：用于将旋转运动转换成大行程的往复移动。

结构和工作原理：如图 7.31 所示，凸轮 1 与摆杆 2 组成一摆动从动件盘形凸轮机构，设置在摆杆 2 上的扇形齿轮 2 与齿轮 3 啮合。当凸轮 1 转动时，经凸轮机构、齿轮机构和连杆机构驱使推板 5 按一定的运动规律往复移动。其中的齿轮机构和连杆机构主要用于放大推板 5 的行程。

(11)带轮行程放大机构

功能：用于将旋转运动转换成大行程的往复移动。

结构和工作原理：图 7.32 中，曲柄 1 绕固定轴 A 转动，ABC 为一曲柄滑块机构。在滑块 4 的 E、D 两点分别铰接相同的轮 2，轮 2 沿平面 $a—a$ 作纯滚动，在轮 2 上各固联一个轮 b，以挠性件 3 环绕并拉紧两轮 b，挠性件 3 与机架在 F 处固联。当主动件曲柄转动时，构件 4 往复移动，挠性件 3 上的 G 点作往复移动，其行程为曲柄长度的 4 倍，即行程 $H=4\overline{AB}$。

(12)叉车门架提升机构

功能：将小行程的往复移动转换为大行程的往复移动。

结构和工作原理：图 7.33 所示为叉车门架提升机构，在活塞 6 的上端装设链轮 4，链条 5

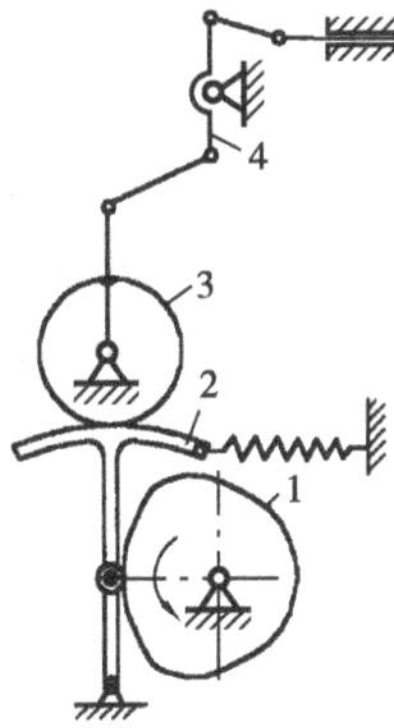

图7.31

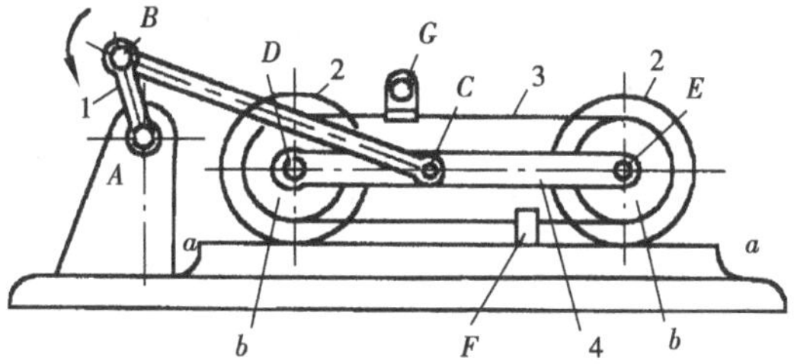

图7.32

的一端与叉车机架上的 A 点固联，链条绕过链轮后另一端联接在叉板上的 B 点。当主动活塞 6 在动力作用下，上升或下降时，链轮 4 将支承链条拉起或放下叉板 1。叉板上装有导向轮 2，导向轮 2 可在导槽 3 中移动，以保证叉板能灵活地上下移动。叉板行程 H 为活塞有效行程的 2 倍。

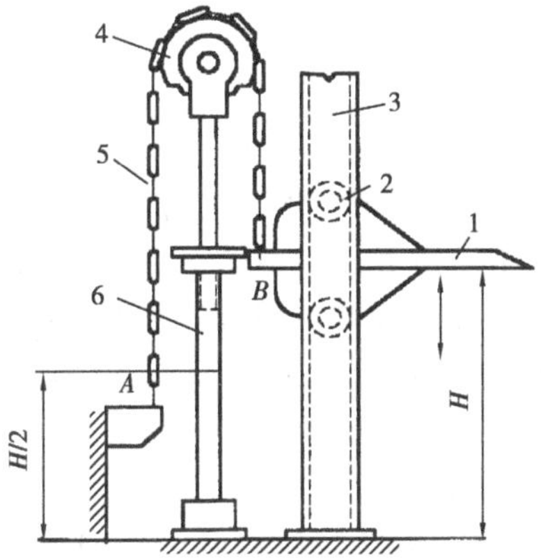

图7.33

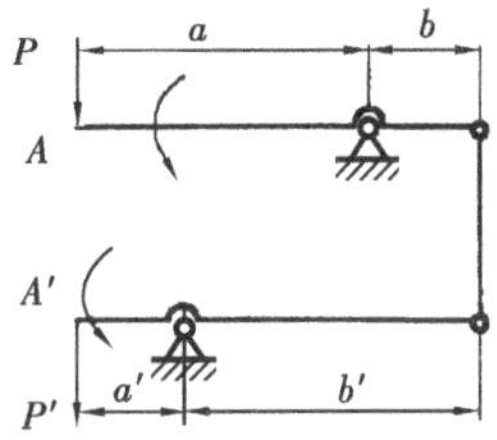

图7.34

7.1.4　有增力特性的往复移动机构

(1)四杆增力机构

功能：将一连架杆的摆动转换为另一连架杆的摆动并具有增力特性。

结构和工作原理：如图7.34所示的铰链四杆机构在图示位置时，若在 A 点加一力 P，经该机构传到 A' 点时，产生一较大的力 P'，即

$$P' = P(ab'/a'b) = nP$$

由于 $a>b, b'>a'$，所以 $n>1$，即 P' 为 P 的 n 倍。

(2)斜面杠杆式增力机构

功能：将一构件的移动转换为另一构件的摆动并具有增力特性。

结构和工作原理：图7.35中，汽缸通过与活塞杆 4 铰接的双角斜楔块 2 控制压紧杠杆 1 压紧或放松工件。双角斜楔块 2 与杠杆 1 上的滚子 3 接触时，先用大升角 α_1 使杠杆 1 迅速的靠近工件，然后用小升角 α 使杠杆压紧工件，并能保持自锁。

(3)六杆曲柄肘杆机构

功能:将旋转运动转换为往复直线移动并具有增力特性。

结构和工作原理:图7.36所示的六杆曲柄肘杆机构是利用机构接近死点位置时所具有的传力特性来实现增力。该六杆机构是由曲柄摇杆机构 $ABCE$ 和由 CD 杆与滑块组成的,Ⅱ级杆组串联而成。设 BC 杆受力为 F,则滑块产生的压力 $Q=(FL\cos\alpha)/s$。减小 α、s,或增大 L,均能增大增力倍数。设计时根据所需的增力倍数决定 α、s、L,即决定滑块的加力位置,再根据加力位置决定 A 点位置和有关构件长度。

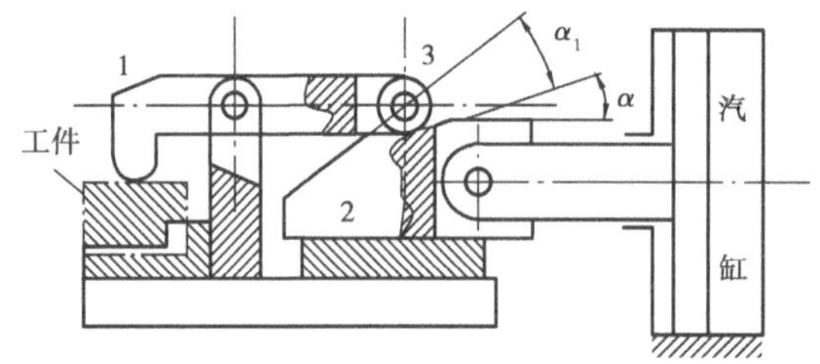

图7.35

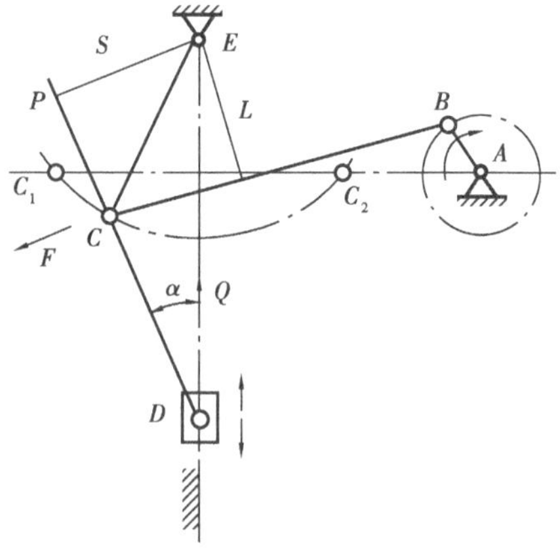

图7.36

四杆机构 $ABCE$ 中,如杆 EC 的两极限位置在 ED 线的两边,则曲柄 AB 转一周,滑块 D 可上下往复移动两次;当 EC 的两极限位置在 ED 线的一边,则曲柄 AB 转一周,滑块 D 上下往复移动一次。

(4)卸载式压砖机构

功能:将旋转运动转换为两个反向往复直线移动并具有增力特性。

结构和工作原理:如图7.37所示,为了保证砖坯3上下密度一致,需使上下压头2、4同时反向移动、双向等量加压。滑块2(上冲头)在拉杆架4(下冲头)的导轨中滑动,拉杆架4的上部与杆5铰接,杆5的端部有一滚子6可沿固定凸轮7滚动,凸轮7的廓线应能满足双向等量加压的要求。该机构压砖时的压力(最大可达1 200 t)不作用在机架上,并采用了增力机构和飞轮,以减小原动机功率。

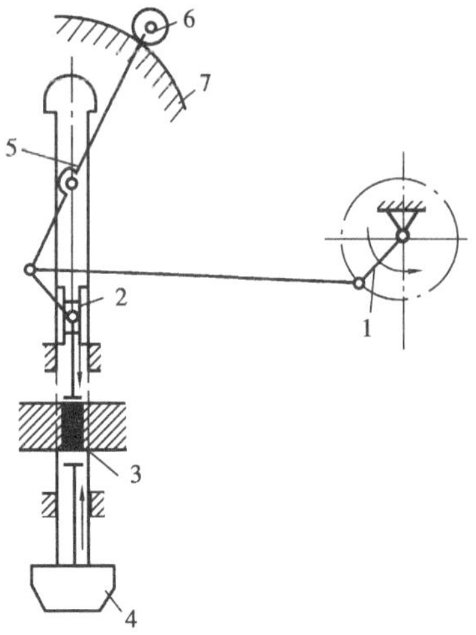

图7.37

(5)压铸机合模机构

功能:将一构件的往复移动转换为另一构件的往复移动,并利用死点位置工作。

结构和工作原理:图7.38中,高压油进入液压缸7内产生驱动力 P,推动活塞杆6运动,并通过连杆5迫使杆1绕 A 点摆动,从而驱动两套对称安装的摆杆滑块机构。连杆2使活动压模3向固定压模4靠近,当活塞移到右端极限位置时,两压模3和4正好合拢,而摆杆1上的 AB 线正好与连杆2上的 BC 线共线。这时金属液进入两模空腔,由于上、下两套摆杆滑块机构同时处于死点位置，虽然注入的金属液产生几百吨的压力，活动压模3也不会移动。

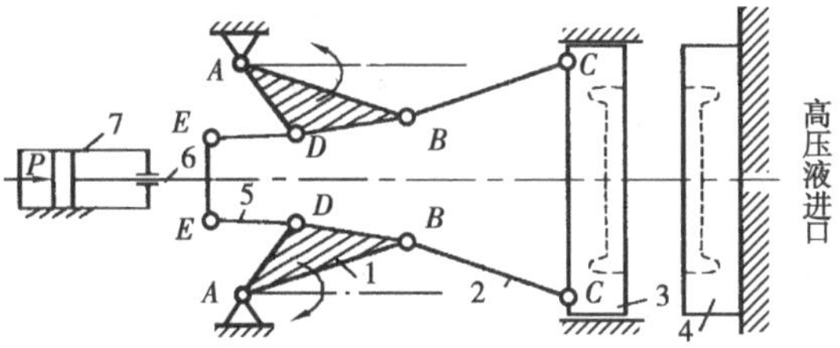

图7.38

7.2　往复摆动机构

7.2.1　一般往复摆动机构

(1)电风扇的摇头机构

功能：将旋转运动转换为往复摆动。

结构和工作原理：如图7.39所示为电风扇的摇头机构，*ABCD*是以*BC*为连杆的双摇杆机构，因为它满足最短杆与最长杆长度之和小于其余两杆长度之和，故连杆*BC*可相对于两连架杆作整周转动。带有风扇的电机5、带轮3、4和蜗杆2、蜗轮1均装于连架杆*AB*上，而蜗轮1又与连杆*BC*固联。电机5转动时，一方面带动风扇转动，另一方面经带传动和蜗杆传动带动连杆*BC*相对于连架杆*AB*转动，两连架杆*AB*、*CD*作往复摆动，从而使风扇轴线可在α角范围内摆动。

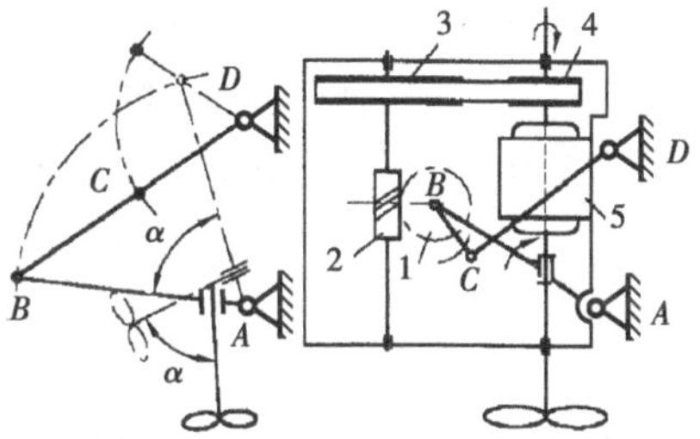

图7.39

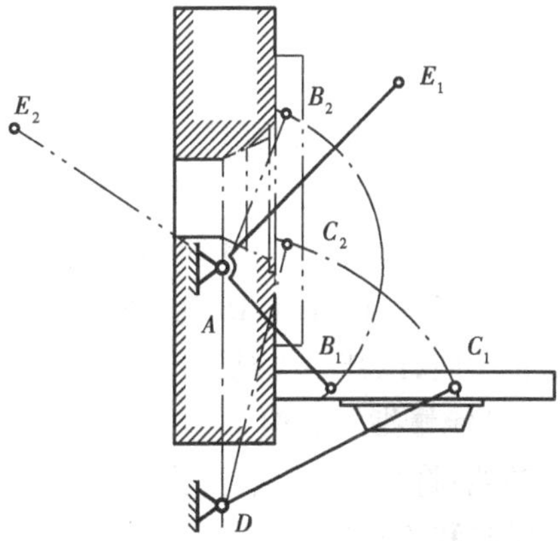

图7.40

(2)炉门开闭机构

功能：实现炉门打开和关闭的两个不同位置。

结构和工作原理：图7.40中，炉门固结在双摇杆机构*ABCD*的连杆*BC*上，由手柄*AE*控制其开闭。实线位置为炉门开启位置，双点画线位置为关闭位置。固定铰链点*A*、*D*位置的选取应保证：炉门开闭时不与炉壁碰撞；开启时炉门呈水平位置且热面朝下。

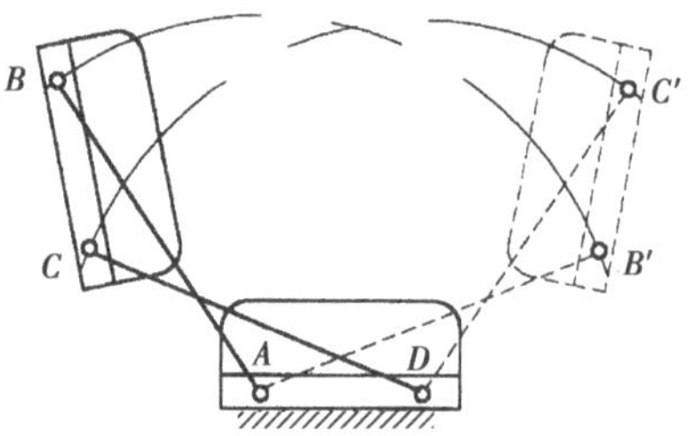

图 7.41

(3)可逆座席机构

功能:实现连杆的翻转运动。

结构和工作原理:图 7.41 所示的可逆座席机构 $ABCD$ 是一双摇杆机构,座席底座 AD 为机架,靠背 BC 固连在连杆上,根据需要可改变靠背的方向。

(4)汽车前轮转向机构

功能:实现两摇杆同向摆动。

结构和工作原理:在 7.42(a)中,$ABCD$ 是等腰梯形双摇杆机构,汽车两前轮轮轴分别固接在两摇杆上,且摇杆 DC 上连接拉臂 EF,当汽车的转向操纵机构(图中未画出)控制 EF 前后运动时,带动双摇杆机构的摇杆 CD 和 AB 同向摆动,实现前轮转向。转弯时要求两前轮的转角 α 与 β 按规定比值变化,以保证两前轮轴线与后轮轴线交于一点 P,如图 7.42(b)所示,从而实现两前轮的轮胎在路面上纯滚动,避免因滑动使轮胎过早磨损或消耗动力。

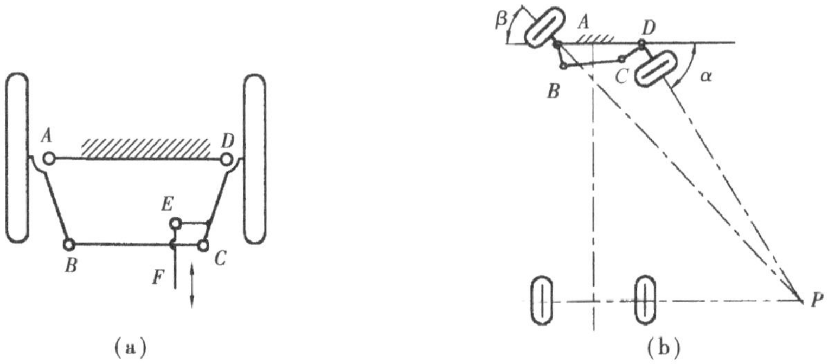

图 7.42

(5)飞机起落架机构

功能:实现摇杆的两个不同位置。

结构和工作原理:图 7.43 所示的飞机起落架机构为一双摇杆机构,实线位置是飞机着陆时起落架的位置,此时,摇杆 AB 与连杆 BC 共线,即机构处于死点位置,以保证飞机着陆时的安全。起飞后,以摇杆 AB 为主动件带动双摇杆机构运动到点画线 $AB'C'D$ 位置,将轮子等收藏在机舱内,以减小飞机飞行中的阻力。

(6)流量指示机构

功能:将往复移动转换为往复摆动。

结构和工作原理:通过堰的水位越高,则水流量越大,图 7.44 所示的流量指示机构正是利用了这一原理来测量流量。将滑块 5(浮体)浮于水面,当流量发生变化时,浮体上下移动,经连杆 4、2 带动连架杆 1(指针)摆动。根据指针摆动的角度可计算出通过堰的水流量。

(7)缝纫机滑块式挑线机构

功能:将旋转运动转换为往复摆动。

结构和工作原理:图 7.45 中,O_1AB 为对心曲柄滑块机构,连杆 2 与滑块 4 铰接于 C 点,挑线杆 5′与导杆 5 固接。当曲柄 1 绕 O_1 轴转动时,挑线杆 5′绕 O_5 摆动,其上的挑线孔 D 完成输线和收线动作。

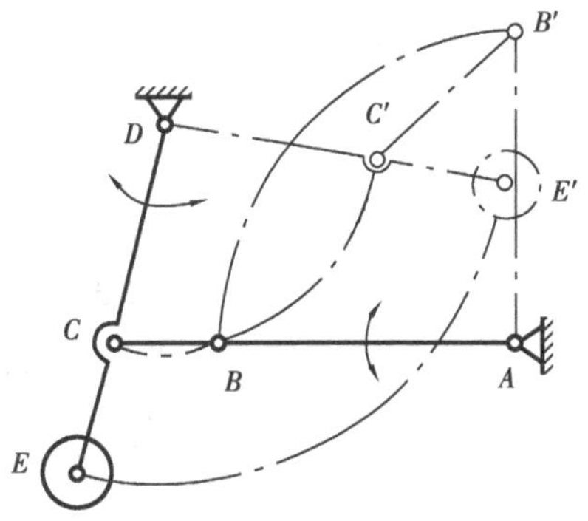

图7.43

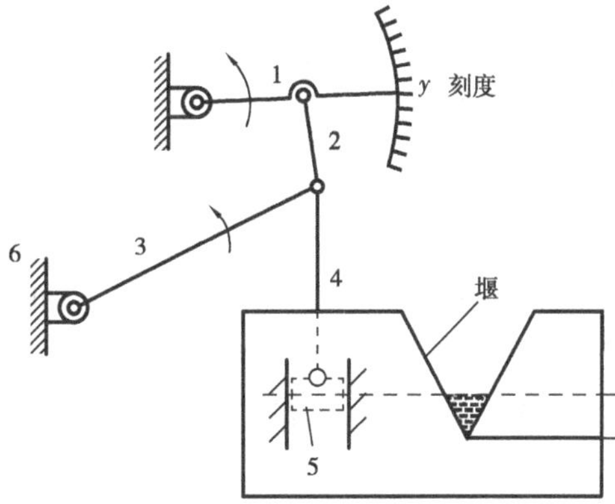

图7.44

(8)**车门启闭机构**

功能:实现车门打开和关闭的两个不同位置。

结构和工作原理:如图7.46所示,汽缸1、活塞2、摇杆3组成一摇块机构,摇杆3、连杆4、滑块5组成曲柄滑块机构。车门与连杆4固结,当气源进入汽缸1时,通过活塞推动摇杆3运动,故滑块5在固定滑道6内运动,车门即可由关闭位置Ⅰ运动到开启位置Ⅱ。

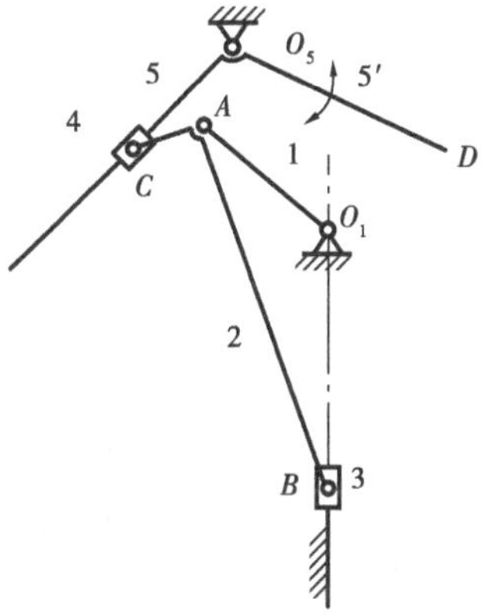

图7.45

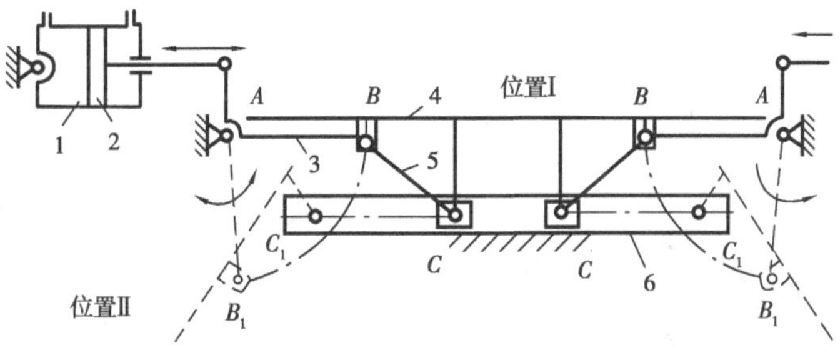

图7.46

(9)**颚式破碎机**

功能:将旋转运动转换为往复摆动。

结构和工作原理:在图7.47所示的机构是由曲柄摇杆机构 *OADE* 和一个Ⅱ级组 *BCF* 组成。当主动曲柄 *OA* 转动时,通过连杆2、4驱使动颚 *CF* 往复摆动,使矿料在动颚5与定颚6之间受到挤压,从而将矿料轧碎。两颚间的夹角必须经过分析计算,以保证轧碎时矿料不被挤出。

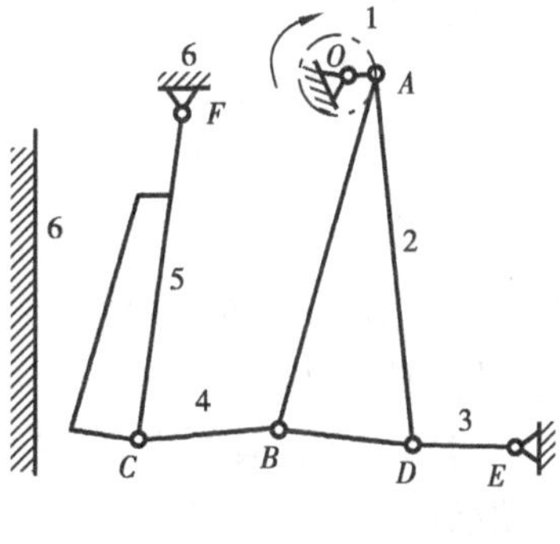

图7.47

(10)**铡刀凸轮机构**

功能:将旋转运动转换为平面运动。

结构和工作原理:图7.48中,凸轮由两个偏心轮2、5固联为一体并作主动件,两偏心轮位于相互平行的两个平面内且相位相差180°，并与具有两相互垂直导槽的导杆3以高副连接。凸轮转动时，导杆3绕固定销1转动的同时，沿平行于导杆3的方向还作微量移动，使固联于导杆端部的铡刀4有切拉动作以完成铡草。

(11)打字机构

功能：将旋转运动转换为平面运动。

结构和工作原理：图7.49所示的打字机构是由凸轮机构1-2-5和铰链四杆机构2-3-4-5串联而成。当凸轮1绕固定轴转动时，经摆杆2、连杆3带动打字杆4摆动并以一定的冲击力撞到压纸卷筒上。打字杆4的角速度开始较小，将要撞击时较大，故要求从动杆4有一定的加速度。

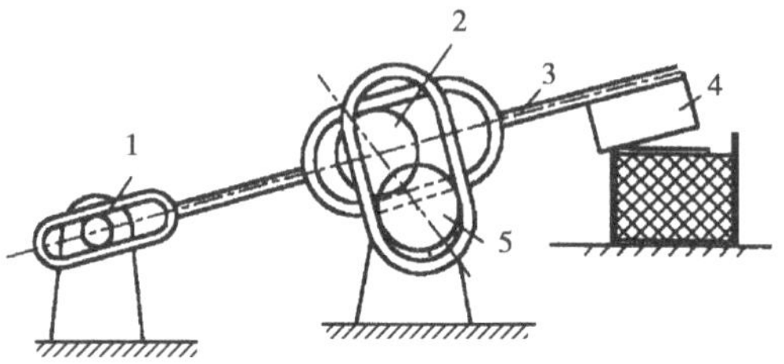

图7.48

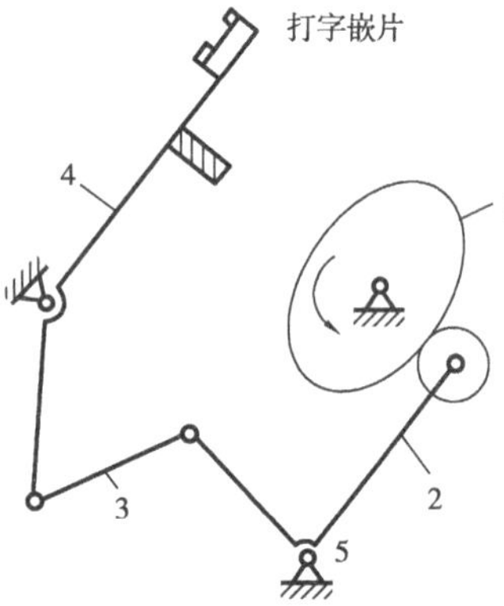

图7.49

(12)不完全齿轮往复摆动机构

功能：将旋转运动转换为平面运动。

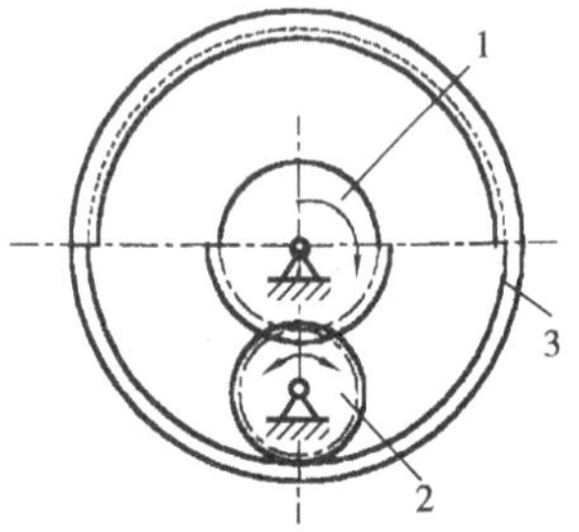

图7.50

结构和工作原理：图7.50中，不完全齿轮1、3固联，并作为主动件顺时针转动，当1的外齿与2啮合时，齿轮2逆时针转动；当1、2脱啮的瞬时，齿轮3上的内齿与从动轮2啮合，齿轮2顺时针转动。齿轮2往复摆动的角度决定于齿轮1、2和2、3的齿数比。该机构交替啮合时冲击大，只适用于轻载低速的场合。

(13)带固定槽的凸轮连杆机构

功能：将旋转运动转换为平面运动。

结构和工作原理：图7.51所示机构中，导杆1绕固定铰链A转动，导杆1的径向槽内安置导块3，导块3上的滚子b嵌于固定凸轮的沟槽a—a内，再通过连杆4带动摇杆2绕B轴往复摆动。该机构可看作是变曲柄长度的铰链四杆机构。

(14)带沟槽凸轮的齿轮连杆机构

功能：将旋转运动转换为平面运动。

结构和工作原理：如图7.52所示，相互啮合的齿轮1、2分别绕固定轴线A、B转动，两轮齿数相同。在轮1和2上分别固接曲柄7和沟槽凸轮6，连杆3上的滚子8嵌于凸轮6的沟槽a内，并与曲柄7铰接于C点；在连杆3和机架之间铰接由构件4、5组成的Ⅱ级杆组DEF。当齿

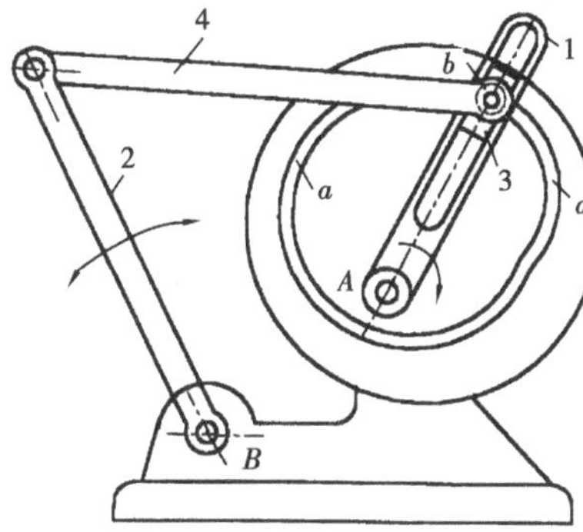

图 7.51

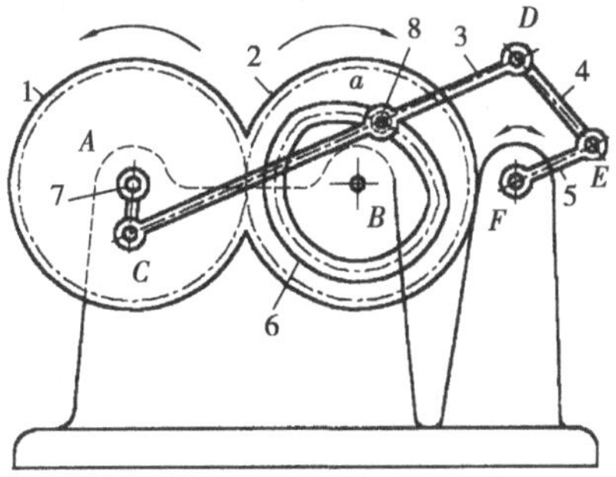

图 7.52

轮 1 转动时，摇杆 5 绕 F 轴摆动。凸轮 6 的沟槽 a 的廓线应按摇杆 5 所需的运动规律设计。

(15) 转向控制的螺旋连杆机构

功能：将旋转运动转换为平面运动。

结构和工作原理：图 7.53 中，滑块 4 绕固定轴线 D 转动，且与 1 组成圆柱副，而 1 与 6 组成螺旋副。构件 3 绕定轴线 E 转动，构件 5 分别和 1、3 组成两个转动副。当构件 1 转动时，螺母 6 沿轴线 Z-Z 直移运动，经构件 2 给构件 3 传递运动。舵 a 与构件 3 固接，而构件 1 能在轴承 4 中转动并滑动。

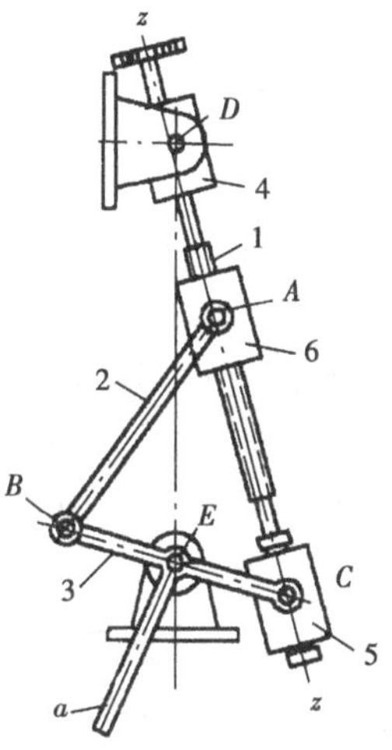

图 7.53

(16) 缓冲摇摆头

功能：将旋转运动转换为平面运动。

结构和工作原理：如图 7.54 所示，参数完全相同的蜗轮 1、5 同时和蜗杆 2 啮合，并都装在摇架 4 上。当蜗杆转动时，经蜗轮和钢丝绳 6（中点与 7 固定）牵引摆盘 7 作往复摆动。由于 7 上绕进和绕出的绳长不等，故允许摇架 4 在弹簧拉力作用下作相应摆动，以保证绳 6 能自动张紧。该机构在摆盘 7 换向时能显著地减少冲击。

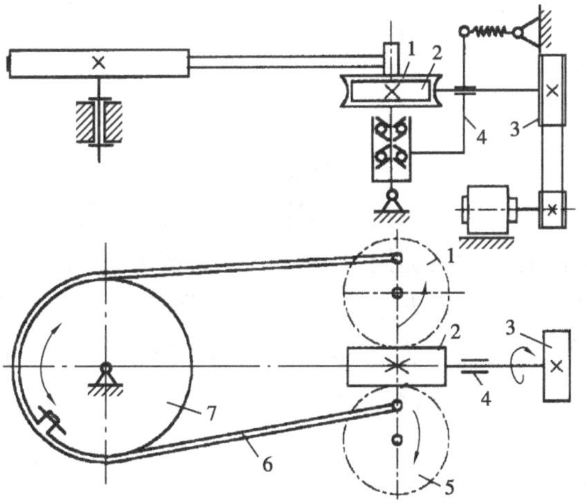

图 7.54

7.2.2 有急回特性的往复摆动机构

(1)曲柄摇杆机构

功能:将旋转运动转换为往复摆动并具有急回特性。

结构和工作原理:如图7.55(a)所示的曲柄摇杆机构中,当曲柄AB逆时针方向等速转动时,摇杆由位置C_1D摆到C_2D为工作行程,所用的时间长,速度慢;摇杆由位置C_2D摆到C_1D为空回行程,所用的时间短,速度快。其行程速比系数$k=\dfrac{180°+\theta}{180°-\theta}$,式中,$\theta$为极位夹角。

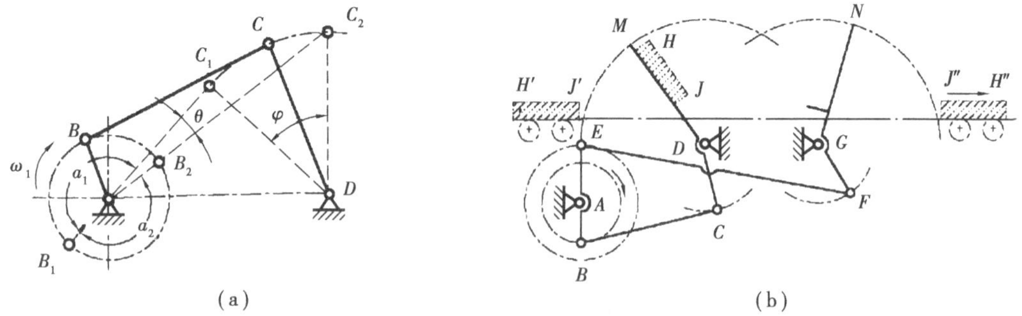

图7.55

图7.55(b)所示为两套曲柄摇杆机构组成的翻板机构,金属板HJ由左侧进入,并放置在摇杆CD的延长部分DM上,当DM转到与NG(摇杆GF的延长部分)相互对应的位置时,金属板HJ由DM过渡到GN上,同时完成翻转180°,并由GN送到另一端的右侧运走。

(2)摆动导杆机构

功能:将旋转运动转换为往复摆动并具有急回特性。

结构和工作原理:图7.56(a)所示的导杆机构中,曲柄长a小于机架长d,导杆往复摆动。机构的最大摆角φ等于极位夹角θ,具有急回特性且机构的传动角始终为90°,因而传力性能最好。图7.56(b)所示为带两个导块的六杆导杆机构,其曲柄1绕A轴转动,通过与其在C点铰接的导块带动导杆2绕B轴同向转动,与该导杆铰接在D点的另一导块又带动导杆3绕E轴摆动。导杆3的摆角$\varphi=2\arcsin\dfrac{\overline{BD}}{\overline{EB}}$。

(3)曲柄摇块机构

功能:将旋转运动转换为往复摆动并具有急回特性。

结构和工作原理:若取曲柄滑块机构中的连杆作机架,则得到图7.57(a)所示的曲柄摇块机构,导杆2相对于摇块往复移动又随摇块一起绕C点摆动,其最大摆角φ与极位夹角相等,机构也具有急回运动特性。图7.57(b)所示为摆缸式活塞泵,摆缸3绕固定轴线C摆动,导杆2在摆缸3的缸体中移动。当导杆2向上移动时,2与3形成的空腔与进油口连通,空腔吸油;当2向下移动时,空腔与出油口连通,空腔排油。

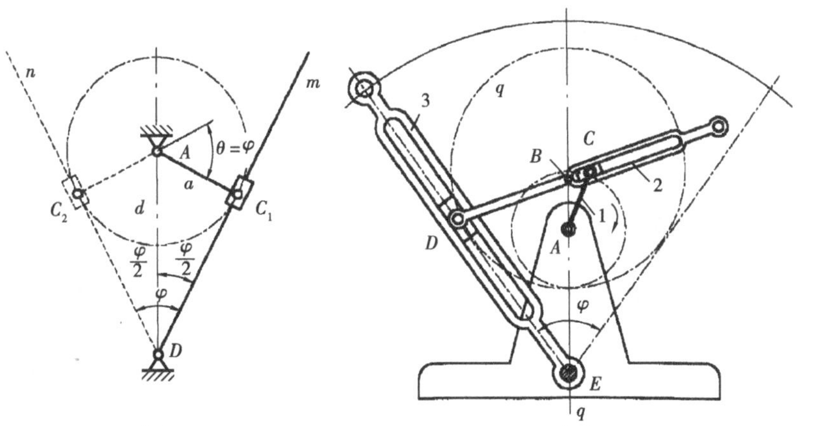

(a)　　　　　　　　　　　　　　(b)

图7.56

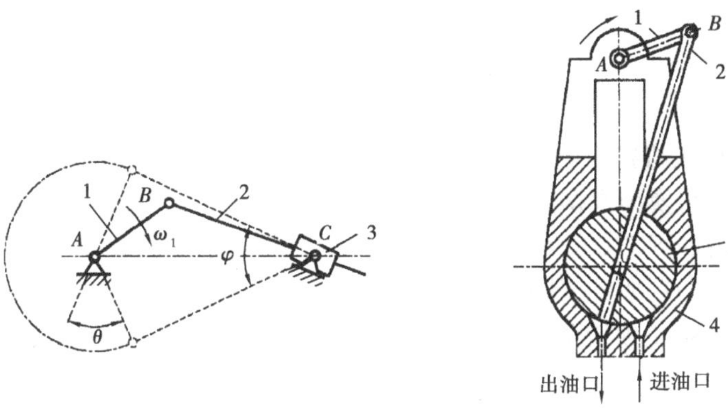

(a)　　　　　　　　　　　　　　(b)

图7.57

(4)利用连杆轨迹设计的急回机构

功能：将旋转运动转换为往复摆动并具有急回特性。

结构和工作原理：如图7.58所示，$OABC$为曲柄摇块机构，e为连杆AC上C点所走的轨迹。若选定轨迹上的C'和C点为摆杆DE处于两个极限位置时的对应点，则当曲柄转过角度φ_0时，摇杆快速摆回角度φ_0。适当地选择D、E两点的位置，即可得到所需的φ_0值。按照同样的道理，也可用铰链四杆机构的连杆轨迹，设计出所需的急回机构。

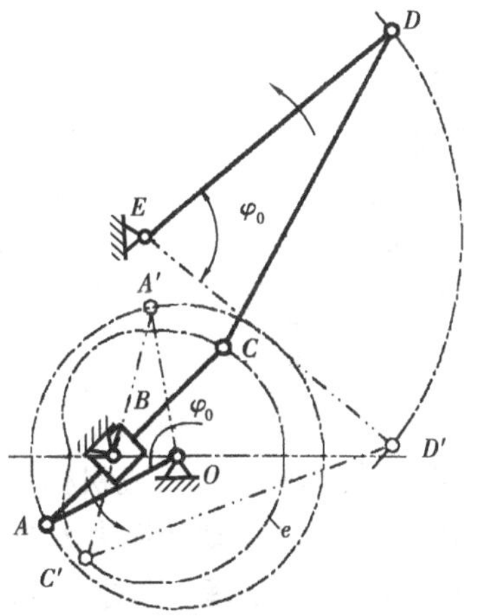

图7.58

7.2.3　摆角增大(缩小)的往复摆动机构

(1)增大摆角的齿轮导杆机构

功能：将旋转运动转换为大摆角的往复摆动。

结构和工作原理：如图7.59所示，ABC为摆动导杆机构，导杆3上装有节圆半径为R的扇形齿轮，且与半径为 r_2 的齿轮 2 啮合。由于摆动导杆机构具有急回运动的特性，因而齿轮 2 作大摆角的往复急回摆动，其摆角为：

$$\varphi=\frac{R\theta}{r_2}=2\frac{R}{r_2}\arcsin\frac{r_1}{L}$$

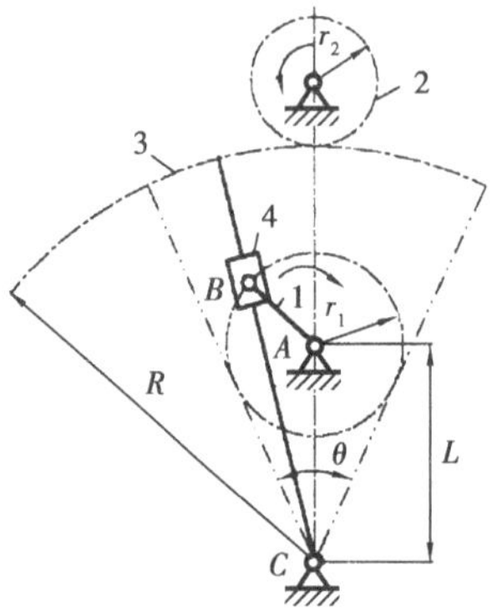

图 7.59

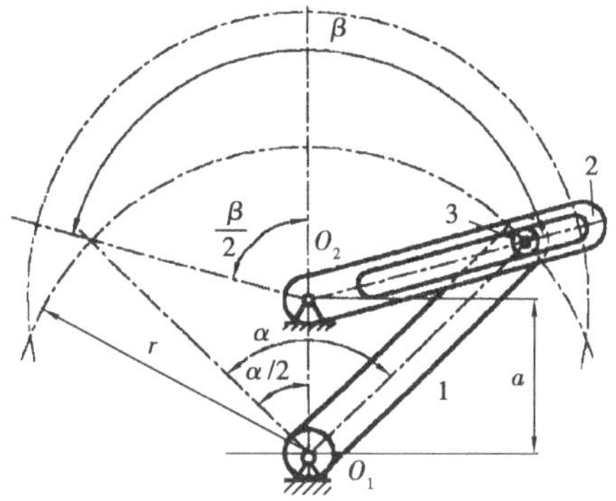

图 7.60

式中：r_1 为曲柄 1 的长度；L 为机架 AC 的长度。

（2）**双摆杆摆角增大机构**

功能：将往复摆动转换为大摆角的往复摆动。

结构和工作原理：如图 7.60 所示，主动摆杆 1 绕固定轴线 O_1 摆动，其端部铰接一滚子 3；从动摆杆 2 绕固定轴线 O_2 摆动，其上带有径向槽。由于滚子 3 嵌入径向槽内，当 1 摆动 α 角时，杆 2 摆动 β 角，$\beta>\alpha$，实现摆角增大的目的。该机构中各参数之间的关系为：

$$\beta=2\ \arctan\frac{\frac{r}{a}\tan\frac{\alpha}{2}}{\frac{r}{a}-\sec\frac{\alpha}{2}}$$

式中：r 为摆杆 1 的长度；a 为 $\overline{O_1O_2}$ 之距。

（3）**缝纫机摆梭机构**

功能：将旋转运动转换为大摆角的往复摆动。

结构和工作原理：图 7.61 所示的平面多杆机构是由曲柄摇杆机构 $OABO_1$ 和摆动导杆机构 O_1CO_2 串联而成。当主动曲柄 OA 作连续转动时，通过连杆 AB 使摆杆 O_1B 作一定角度的摆动，再通过导杆机构使摆杆 O_2C（梭子）的摆角扩大至 200°左右，以满足缝纫过程中底线与面线成圈的工艺要求。

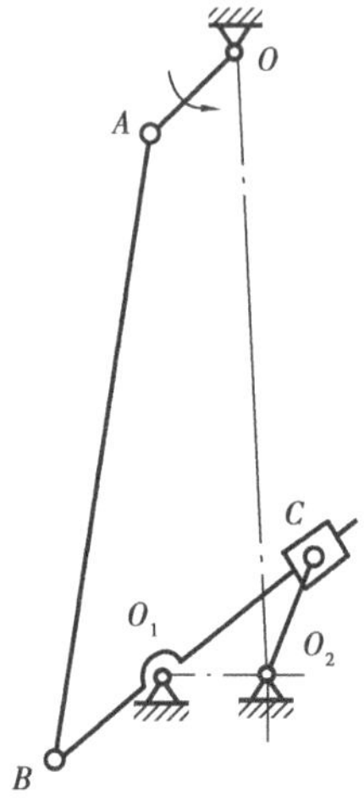

图 7.61

（4）**圆柱凸轮放大行程机构**

功能：将旋转运动转换为大摆角的往复摆动。

结构和工作原理：在图 7.62 中，凸轮轴 5 与机架构成转动副，圆柱凸轮 1 用导向键 4 和凸轮轴 5 相连，圆柱凸轮的下端轮廓与铰接在机架上的滚子 2 接触，上端轮廓与从动件摆杆端部的滚子 3 接触。当凸轮轴转动时，由于滚子 2 的作用，凸轮 1 边回转边沿凸轮轴移动，从而实现凸轮机构在小压力角的条件下增大从动件摆角的目的。

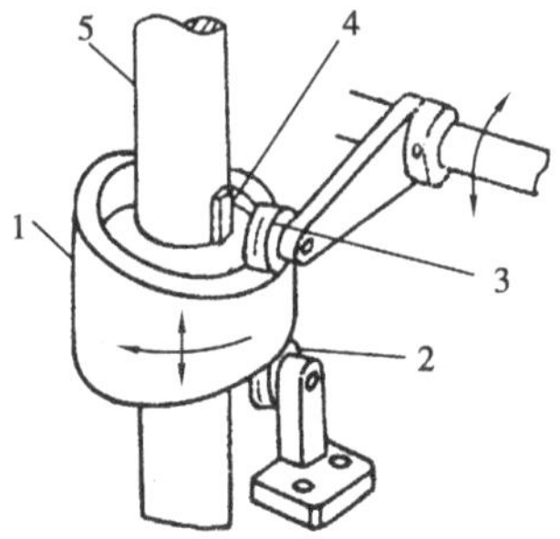

图 7.62

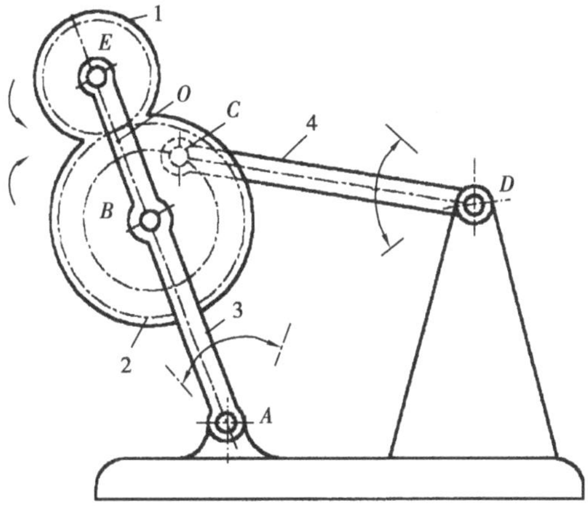

图 7.63

(5) **大摆角的行星齿轮连杆机构**

功能：将旋转运动转换为大摆角的往复摆动。

结构和工作原理：图 7.63 中，$ABCD$ 为双摇杆机构，摇杆 3、4 分别绕固定轴 A、D 摆动，作为连杆的齿轮 2 分别与摇杆 3、4 铰接于 B、C 点，齿轮 2 与 1 啮合，而轮 1 铰接于摇杆 3 上的 E 点。当齿轮 1 整周转动时，摆杆 3、4 各作相应的摆动，其传动比分别为：

$$i_{13} = \frac{\omega_1}{\omega_3} = \frac{Z_2}{Z_1}\left(\frac{\overline{AB}}{\overline{BO}} + 1\right) + 1$$

$$i_{14} = \frac{\omega_1}{\omega_4} = \frac{Z_2}{Z_1}\left(\frac{\overline{CD}}{\overline{CO}} + \frac{\overline{PD}}{\overline{PA}}\right) + \frac{\overline{PD}}{\overline{PA}}$$

式中：ω 为各构件的角速度；$\overline{AB}$、$\overline{DC}$分别为摇杆 3、4 的长度；$\overline{BO}$、$\overline{CO}$为 O 点分别至 B 点、C 点的距离，O 点为连杆 2 的速度瞬心；P 为$\overline{BC}$与$\overline{AD}$的交点即摇杆 3、4 的相对瞬心（图中未示出）；Z_1、Z_2 分别为齿轮 1、2 的齿数。

(6) **齿轮齿条凸轮增大行程机构**

功能：将旋转运动转换为平面运动。

结构和工作原理：在图 7.64 中，盘形凸轮 2 绕固定轴 1 转动，通过滚子推动直动从动件 3 作往复移动，移动的行程为 H_1。在从动件 3 的滚子轴上装有扇形齿轮 4，4 与固定在机架上的齿条 5 啮合，从而使扇形齿轮 4 的摆杆随从动件 3 作往复移动的同时兼作往复摆动，其外端点 A 运动行程的直线距离为 $AA' = H$，显然 $H > H_1$，达到了增大行程的目的。

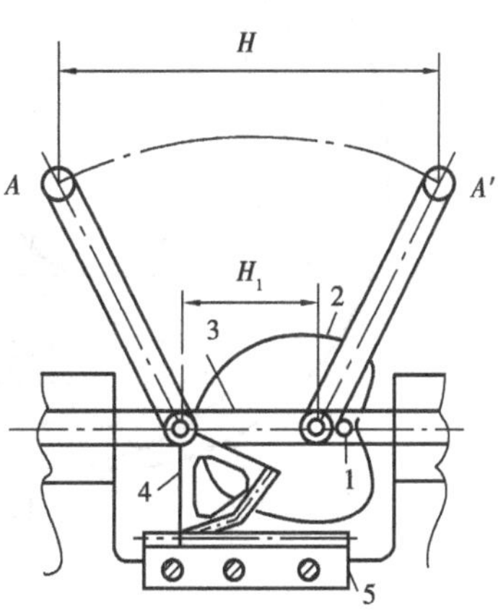

图 7.64

(7) **链轮摆动机构**

功能：将往复摆动转换为大摆角的往复摆动。

结构和工作原理：如图 7.65 所示，摆杆 2 的两端分别

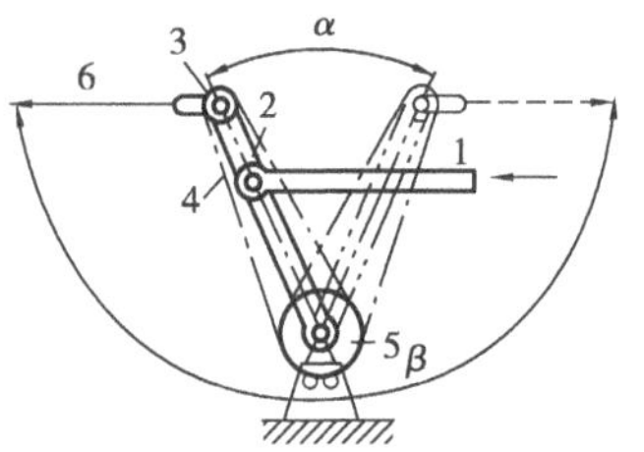

图 7.65

与链轮 3 和 5 铰接，且链轮 5 固定不动，两链轮之间用链条 4 连接传动。当主动件 1 带动摆杆 2 作往复摆动时(其摆角为 α)，则从动行星链轮 3 和与 3 固联的从动杆 6 的摆角为 β。摆角放大的比率取决于两链轮的齿数比为 $\frac{\beta}{\alpha}=1-\frac{Z_5}{Z_3}$，式中，$Z_3$、$Z_5$ 分别为链轮 3、5 的齿数。

7.3 行程可调的往复运动机构

7.3.1 调节曲柄长度机构

(1)偏心距调节机构

1)齿轮齿条调节偏心距机构

功能：调节偏心轮的偏心距。

结构和工作原理：如图 7.66 所示，偏心圆盘 6 上带有两个直角滑块且矩形孔上带有齿条 8，调整轴 1 的端部固联小齿轮 7，齿轮 7 与齿条 8 啮合，轴心相对固定的圆盘 5 上设有两个导槽 9，盘 6 上的直角滑块可在导槽 9 中滑动。松开调节螺母 4，然后转动轴 1，通过齿轮 7 与齿条 8 啮合迫使偏心圆盘 6 沿导槽 9 滑动，从而改变圆盘 6 的偏心距 e。

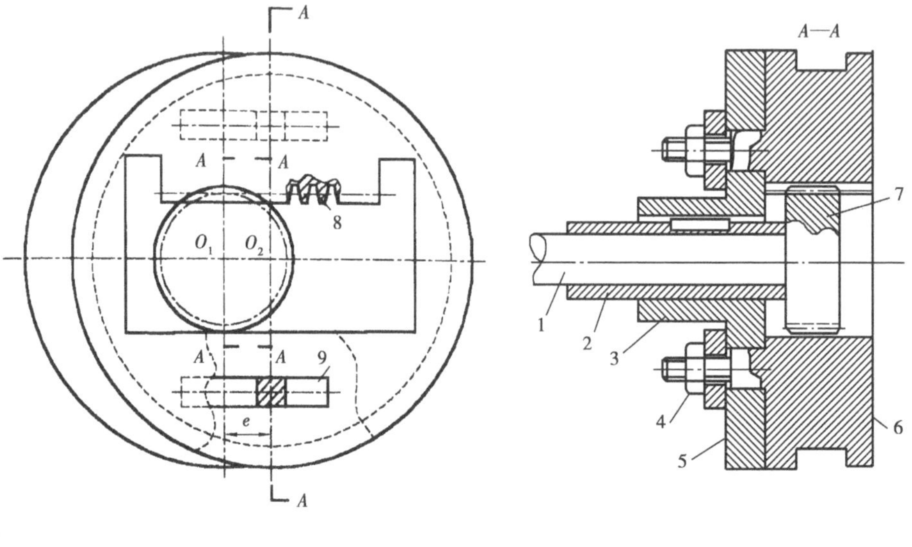

图 7.66

2)双偏心调节机构

功能:调节两轮的偏心距。

结构和工作原理:在图 7.67 所示的偏心轮曲柄滑块机构中,偏心轮 2 的几何中心为 O_2,其中装有一小圆盘 1,1 的几何中心为 O_1。当需要调节曲柄长 R 时,将偏心轮 1 绕固定轴 A 转动 α 角后再固定,此时 R 按下式计算,即

$$R=\sqrt{(a+b)^2+e^2+2(a+b)e\cos\alpha}$$

式中:a 为曲柄销 B 到圆盘 2 的圆心的距离;b 为圆盘 2 的圆心 O_2 到圆盘 1 的圆心 O_1 的距离;e 为偏心轮 1 的偏心距$\overline{AO_1}$;α 为偏心轮 1 的调节回转角度。

该机构中曲柄长度 R 的最大值和最小值分别为:

$$R_{max}=a+b+e \qquad R_{min}=a+b-e$$

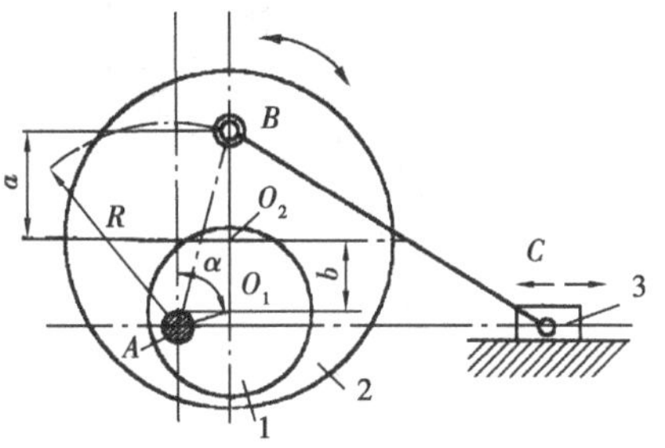

图 7.67

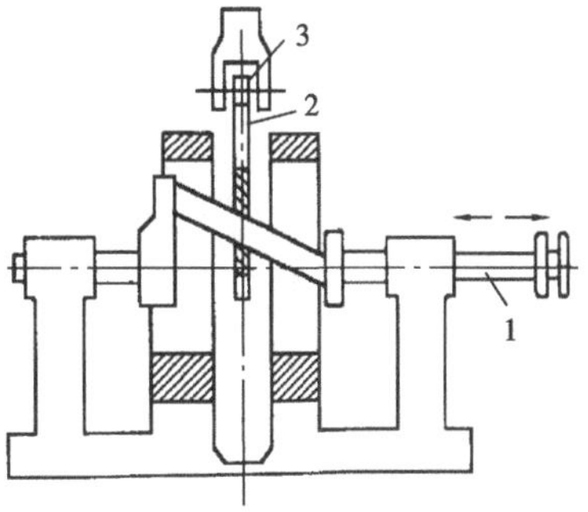

图 7.68

3)斜轴式偏心调节机构

功能:调节两轮的偏心距。

结构和工作原理:在图 7.68 中,盘形凸轮 2 用滑键安装在轴 1 左端的倾斜轴颈上,通过滚子 3 推动从动推杆往复移动。调节时,将轴 1 沿其轴向移动一定的距离,即可改变凸轮 2 在倾斜轴颈上的相对位置,从而改变了凸轮的偏心距,达到改变从动件行程的目的。

4)偏心轮调节摇杆长机构

功能:将旋转运动转换为往复移动且移动行程可调。

结构和工作原理:在图 7.69 所示的六杆机构中,将偏心轮 2 绕 O 轴相对于摇杆 3 转动一定的角度后再加以固定,可改变摇杆长$\overline{OC}$和$\overline{OB}$,从而改变摇杆的摆角,达到调节滑块 4 行程的目的。

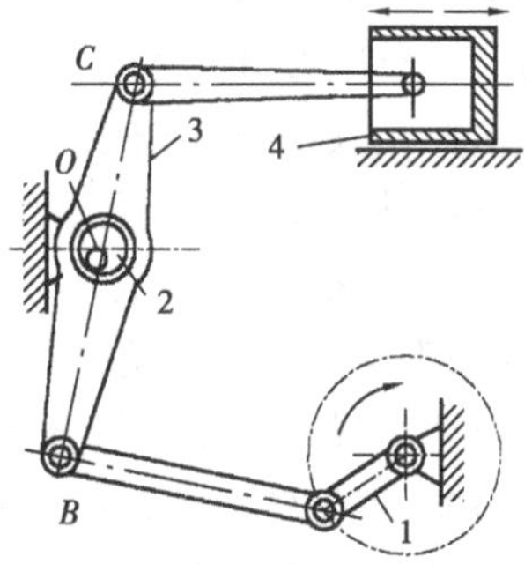

图 7.69

5)滑槽调节偏心距机构

功能:调节两轮的偏心距。

结构和工作原理:如图 7.70 所示,偏心轮 1 上设有滑槽 a,轴 A 嵌于 a 内,轮 1 可相对于轴 A 滑动,圆盘 2 上设有螺旋槽 c,固联于 1 上的螺柱 b 在 c 内滑动。调节时,使盘 1 相对于轴 A 滑动一定距离后,用螺柱 b 将 1 和 2 固定联接,即可改变偏心距 e。

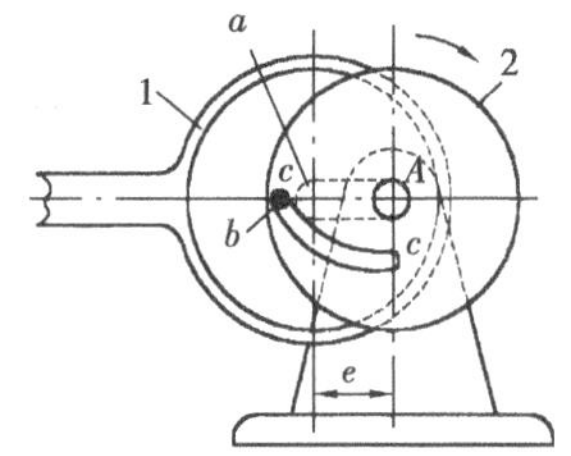

图 7.70

(2)螺旋调节曲柄长

1)曲柄摇杆机构

功能:将旋转运动转换为往复摆动且摆角可调。

结构和工作原理:图 7.71(a)所示为利用螺旋副调节曲柄长度,螺杆 1 与曲柄 2 组成转动副 B,与螺母 3 组成螺旋副 D,螺母 3 与曲柄 2 组成移动副。转动螺杆 1 时,螺母 3 在曲柄上的滑槽内滑动,从而改变曲柄长度$\overline{AK}$。

图 7.71(b)中,$ABCD$ 为曲柄摇杆机构,其中主动圆盘 1 上

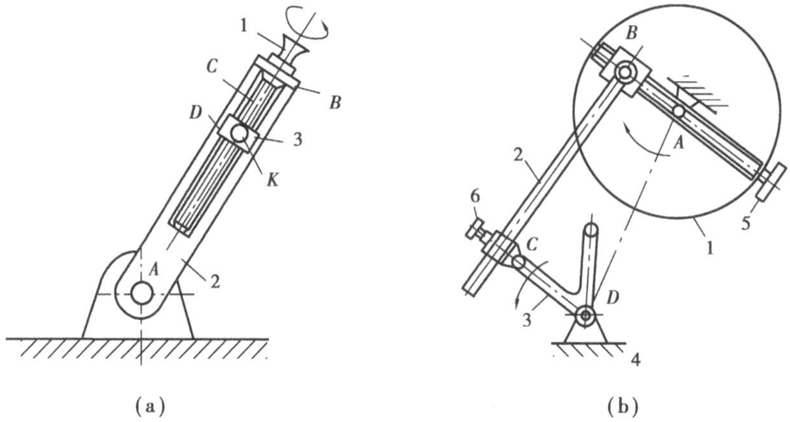

图 7.71

装有调节螺旋 5,转动螺旋 5 可改变曲柄销 B 的位置,即改变曲柄 AB 的长度。连杆 BC 与摇杆 CD 用杆套和紧定螺钉 6 联接,松开螺钉 6 可调节连杆长度 BC,调节后将 6 紧固。由于曲柄与连杆的长度皆可改变,结果调节了摇杆 3 的摆动行程与位置。也可用螺旋副通过调节摇杆 CD 的长度来改变摇杆的摆角和位置。

2)曲柄摇块机构

功能:将旋转运动转换为往复摆动且摆角可调。

结构和工作原理:如图 7.72 所示的机构中,曲柄 1 绕固定铰链中心 A 转动,其上固接的槽 b 与滑块 a 构成移动副,通过螺旋(图中未画出)调节滑块 a 在槽 b 中的位置,从而改变曲柄长度 AB。导杆 5 与滑块 a 构成转动副,与摇块 4 构成移动副。通过螺旋调节曲柄长度,来改变导杆 5 摆角的大小。

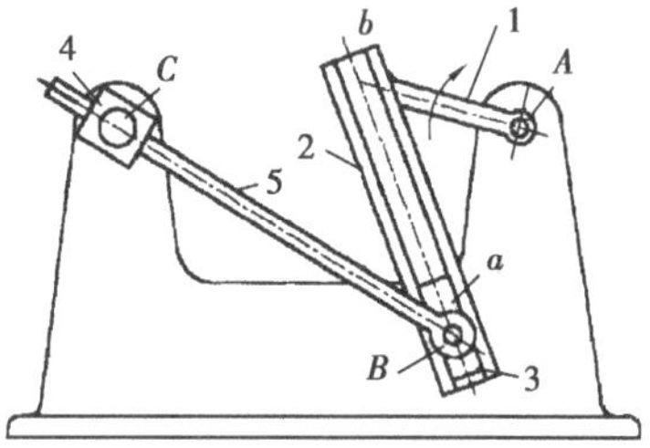

图 7.72

3)调节导杆长度的导杆机构

功能:将旋转运动转换为往复移动且移动行程可调。

结构和工作原理:如图 7.73 所示,由曲柄 1、滑块 7 和导杆 2 组成一转动导杆机构,在导杆 2 的滑槽中,设有滑块 3,通过螺旋 8 可调节 3 在导槽中的位置。连杆 4 分别与滑块 3、6 构成转动副 D、C,滑块 6 可在固定槽 a 中移动。通过螺旋 8 调节导杆长度 AD,从而改变从动滑块 6 的行程和运动规律。

4）六杆机构

功能：将旋转运动转换为往复移动且移动行程可调。

结构和工作原理：图 7.74 所示的多杆机构由铰链四杆机构 *ACDE* 和摇杆滑块机构 *ABF* 组成。偏心圆盘 1 绕固定铰链 *E* 转动，同时连杆 2 上的套环配套在偏心圆盘上。摇杆 3 绕固定铰链 *A* 摆动，又与连杆 2 和 5 分别铰接在 *C* 和 *B* 点，与连杆 5 铰接在 *F* 点的滑块 4 沿固定导槽 *p* 滑动。摇杆 3 上设有螺旋，与 *B* 处的螺母组成螺旋副，通过螺旋副调节摇杆长 *AB*，由此调节滑块 4 的行程。

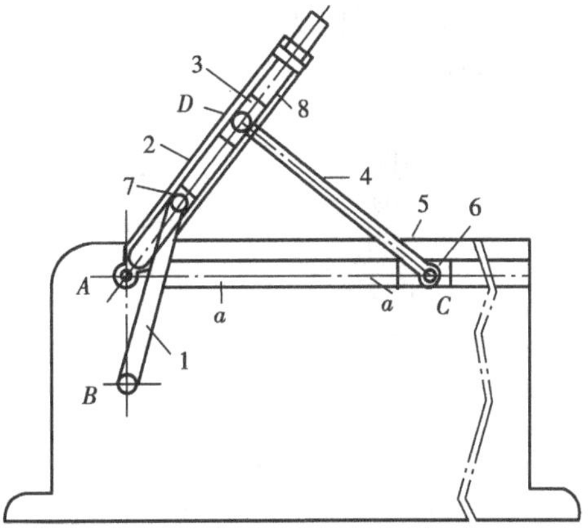

图 7.73

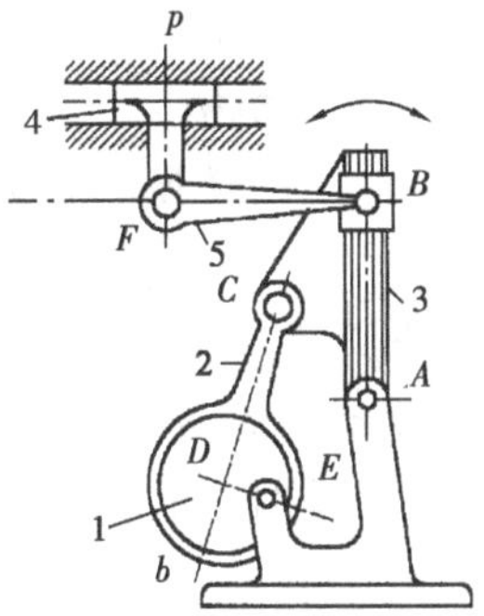

图 7.74

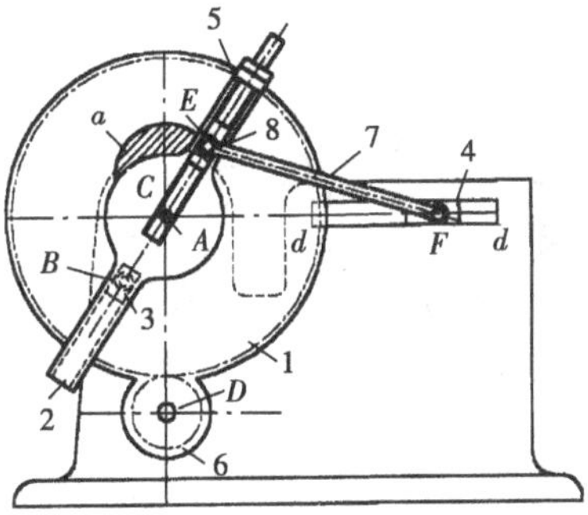

图 7.75

5）齿轮导杆机构

功能：将旋转运动转换为往复移动且移动行程可调。

结构和工作原理：图 7.75 所示的机构由齿轮机构和转动导杆机构组成。齿轮 1 空套在固定轴 *a* 上，即绕该轴中心 *C* 回转，导块 3 与齿轮 1 铰接在 *B* 点，同时与导杆 2 组成移动副，导杆 2 绕固定轴 *A* 转动，通过连杆 7 驱动滑块 4 沿固定导路 *d* 往复移动。通过螺旋 5 调节螺母 8 在导槽内的位置，改变曲柄长度 *AE*，从而改变滑块 4 的行程。

6）凸轮齿轮机构

功能：将旋转运动转换为往复摆动且摆角可调。

结构和工作原理：在图 7.76 中，由凸轮 1、摆杆 2 和机架组成一凸轮机构；摇杆 2、连杆 4、*CD* 杆和机架组成一铰链四杆机构，扇形齿轮 5 和齿轮 6 组成一齿轮机构。当凸轮 1 绕固定轴 *O* 转动时，通过凸轮机构、连杆机构、齿轮机构带动齿轮 6 往复摆动。旋转螺旋 7 时，可以调节螺母 3 在导槽中的位置，即改变摇杆长 *AB*，从而改变从动齿轮 6 的摆角。

7）凸轮连杆机构

功能：将旋转运动转换为往复移动且移动行程可调。

结构和工作原理：如图 7.77 所示，主动凸轮 1 上带有环形槽，滚子 *B* 嵌在槽内，通过滚子带动摆杆 2 摆动，同时摆杆 2 与滑块 3 构成铰链 *A*，带动从动件 4 作往复移动。摆杆 2 制作成螺杆，滚子 B 与螺母构成转动副。转动手柄 5 时，通过螺旋改变 AB 的长度，从而调节从动构件 4 的行程及运动规律。

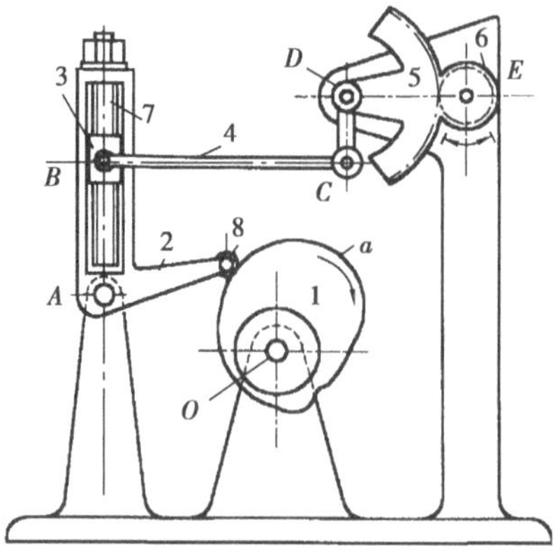

图 7.76

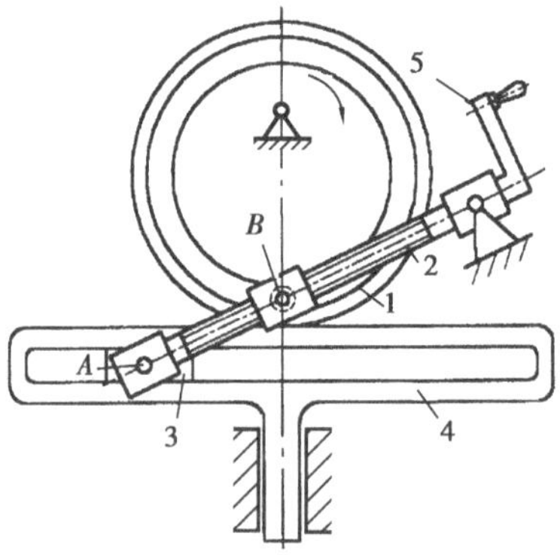

图 7.77

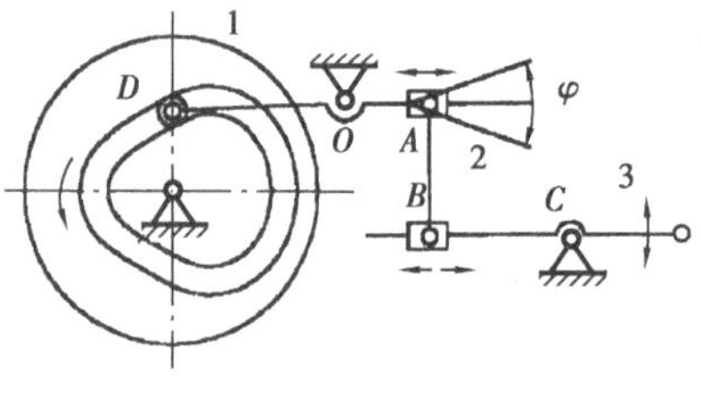

图 7.78

8）滑块调节摆角机构

功能：将旋转运动转换为往复摆动且摆角可调。

结构和工作原理：如图 7.78 所示，槽形凸轮 1 通过滚子 D 驱动摆动从动件 OD 绕固定铰链 O 往复摆动，杆 2 分别与滑块 A、B 构成两个转动副，由此来驱动构件 3 绕 C 作往复摆动。滑块 A、B 在摆杆 OD 和 3 上的位置均可以调节，调节后将两滑块分别锁紧在两摇杆上仅作铰链使用，从而使从动摇杆 3 摆角的大小及位置可以调节。

9）可调连杆机构

功能：将旋转运动转换为往复移动，移动的行程和速度可调。

结构和工作原理：图 7.79 为用于三辊冷轧管机中的连杆机构。机头 1 内的斜铁 2 用来调整滑块 3 的径向位置，工作时，1、2、3 固联成一体，并在导轨中往复移动。轧辊 6 的轴颈（半径为 r）由轧辊架 7 支承，并用弹簧压紧在滑道的下表面 a 上。4 为被轧的管坯，5 是芯棒，轧辊共有三个，互成 120°布置（图中仅画出一个）。CE 杆作往复摆动时，A、B 点作往复移动。为了提高管材表面的质量并使管坯和芯棒受的轴向力较小，要求轧辊在轧制件表面作纯滚动，即机头 1 的速度 V_A 和轧辊中心的速度 V_B 之间应满足如下关系：

$$\frac{V_A}{V_B}=\frac{R+r}{R}$$

为实现上述要求，机构中的 A、B、C 三点应共线并使 $\Delta DBC \backsim \Delta EAC$，且满足下式的关系：

$$\frac{\overline{AE}}{\overline{BD}}=\frac{\overline{EC}}{\overline{DC}}=\frac{V_A}{V_B}=\frac{R+r}{R}$$

当轧制不同直径的管坯时，需使用不同半径 R 的轧辊，在更换轧辊后再通过螺旋调整铰接点 A、D 的位置和 AE 的长度以保证上述关系。

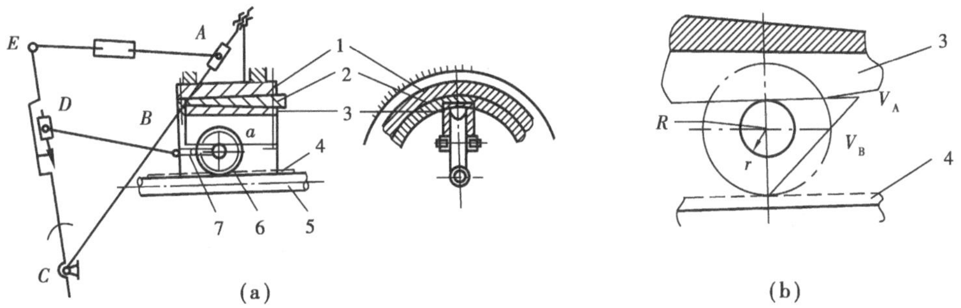

图7.79

7.3.2　调节机架长机构

(1)滑槽连杆调节机构

功能:将转动转换为平面运动,且摆动范围和运动规律可调。

结构和工作原理:在图7.80中,偏心轮1绕固定轴A转动,导杆2上的圆环b套在偏心轮1上,与1组成转动副,导杆2的长槽内嵌有轴线固定的滚子B。当偏心轮1转动时,构件2作平面复杂运动。旋转螺杆4,可调节滚子B的位置,即改变中心距AB,结果改变连杆2的摆动范围与运动规律。

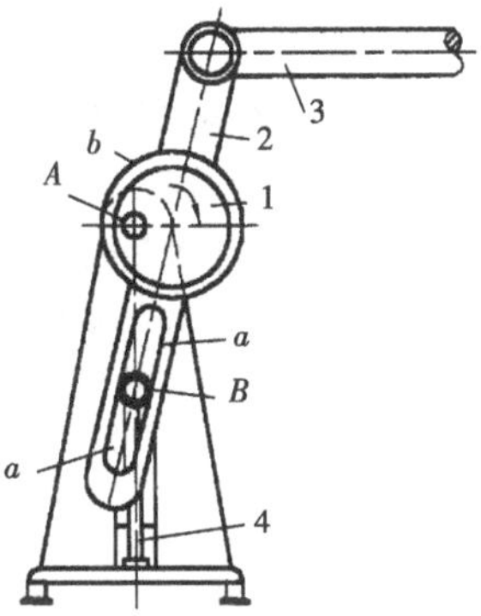

图7.80

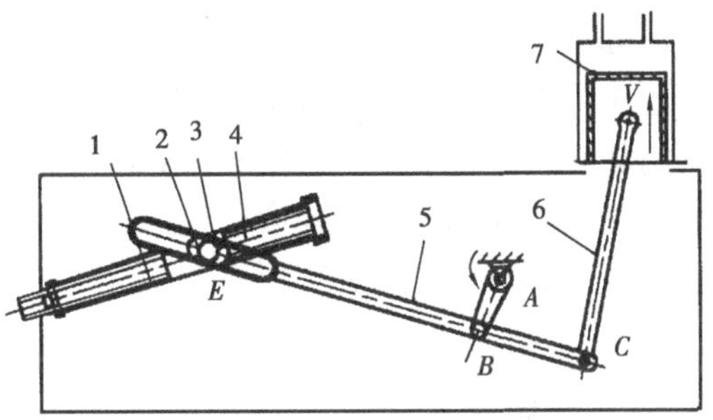

图7.81

(2)行程可调的导杆机构

功能:将旋转运动转换为往复移动,且移动行程可调。

结构和工作原理:如图7.81所示,滑块2与定滑块3铰接于E点,导杆5与摇块2构成移动副,与曲柄AB和连杆6构成两个转动副B、C。转动螺杆4时,滑块3沿固定导轨1移动,从而改变摇块2在导杆5中的相对位置,实现对活塞7行程的调节。

(3)六杆机构

功能:将旋转运动转换为往复移动,且摆角可调。

结构和工作原理:图7.82所示,为铰链六杆机构,主动曲柄1经过两个连杆带动从动摇杆3往复摆动。当旋转调节螺旋时,可以改变滑块2及其上固定铰链的位置,从而改变摇杆3的摆动行程和位置。

(4)换向配气机构

功能:将旋转运动转换为往复移动,且移动行程可调。

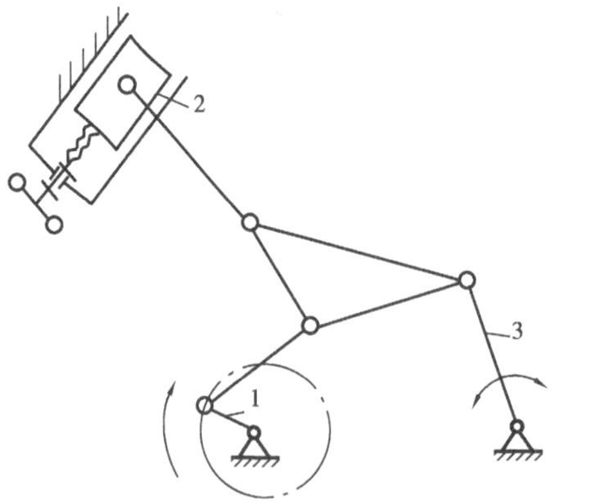

图 7.82

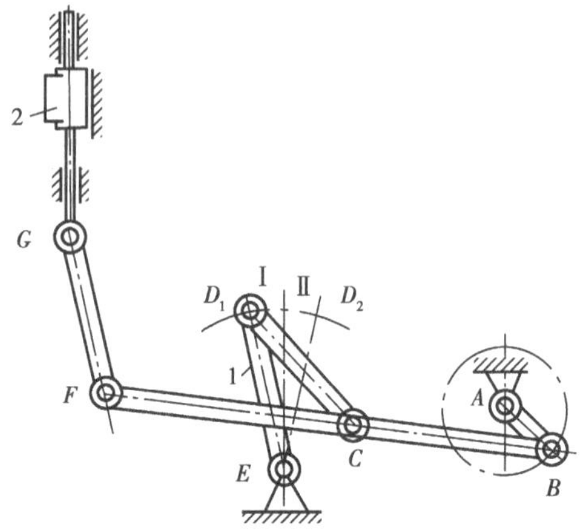

图 7.83

结构和工作原理：图 7.83 中，铰链 5 杆机构 *ABCDE* 有 2 个自由度，若根据生产工艺的要求将摇杆 *DE* 固定在 D_1E 或 D_2E 位置时，该机构就变成曲柄摇杆机构 *ABCD*，当曲柄 *AB* 转动时，通过连杆 *BC* 和 *FG* 推动滑块 2 往复移动。当 *DE* 的位置改变时，可使滑块 2 完成生产工艺上所要求的换向配气工作。

(5) 双偏心轮机构

功能：将旋转运动转换为往复移动，且移动行程可调。

结构和工作原理：如图 7.84 所示，固联在一起的两个偏心轮 1 绕固定轴 O_1 转动，连杆 2、3 端部的圆环分别与偏心轮相配组成两个转动副，带槽的导杆 4 分别与连杆 2、3 组成两个转动副 *D*、*C*，与滑块 6 组成移动副。当偏心轮 1 转动时，通过连杆 2、3、导杆 4 带动滑杆 7 往复移动。由于手柄 10 上的插销与固定扇形牙板 9 上的齿啮合，因而扳动手柄时，摇杆 5 的固定回转中心 O_2 随之改变，以调节滑块 7 的行程。

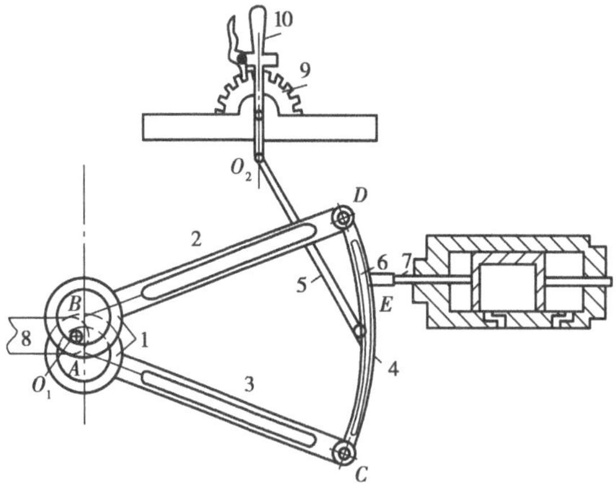

图 7.84

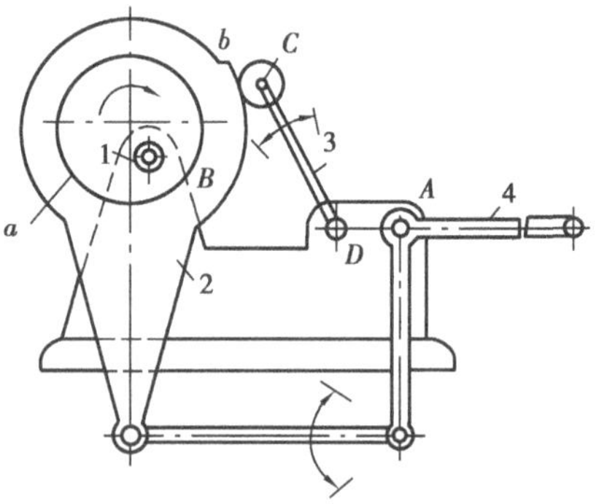

图 7.85

(6) 凸轮连杆机构

功能：将旋转运动转换为往复摆动，且摆角和运动规律可调。

结构和工作原理：如图 7.85 所示，作为曲柄的偏心轮 1 绕 *B* 轴回转，连杆 2 的圆柱孔 *a* 与偏心轮1相配组成转动副，连杆2上的外缘凸轮轮廓，与摆动从动件3上的滚子C接触组成平面高副，带动3绕固定轴D往复摆动。工作时，角形构件4固定不动，需调节时，将构件4绕A轴旋转一角度，再紧固之，即可改变从动件3的运动规律。

(7)**摆角可调的五杆凸轮机构**

功能：将旋转运动转换为往复摆动，且摆角和运动规律可调。

结构和工作原理：如图7.86所示的机构是由摆动从动件盘形凸轮机构和铰链四杆机构串联而成。凸轮机构的摆动从动件BB_0的固定铰链B_0位于调节机构的摆杆6上，当转动螺杆4时，螺母3移动，经连杆驱动摆杆6绕V_0转动，杆6上的铰链中心B_0的位置发生变化，同时使B_0C_0的长度发生变化，从而调节从动摆杆BB_0和摇杆CC_0的摆角。

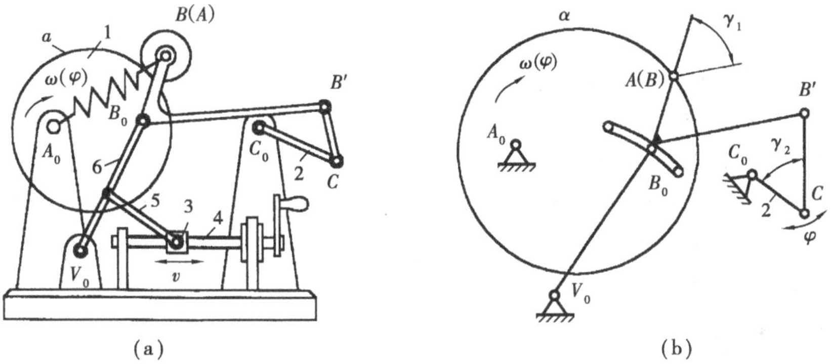

图7.86

(8)**蜗杆调节机架长机构**

功能：将旋转运动转换为往复摆动，且摆角和运动规律可调。

结构和工作原理：图7.87所示的曲柄摇杆机构A_0ABB_0的固定铰链A_0铰接于蜗轮2上。当转动蜗杆1时，蜗轮2绕固定铰链中心V_0转动，从而实现无级调节机架长A_0B_0和摇杆摆角的目的。此外，当机构处于内死点位置时，即连杆AB与曲柄A_0A重叠时，铰接点B总是与V_0相重合，由此可保证从动摇杆B_0B的内极限位置保持不变。在调节过程中，由于机架长A_0B_0的变化而使曲柄死点位置角φ_0以及摇杆摆角φ_0均相应改变。铰接点A_0和V_0之间的距离$\overline{A_0V_0}=\overline{AB}-\overline{AA_0}$。

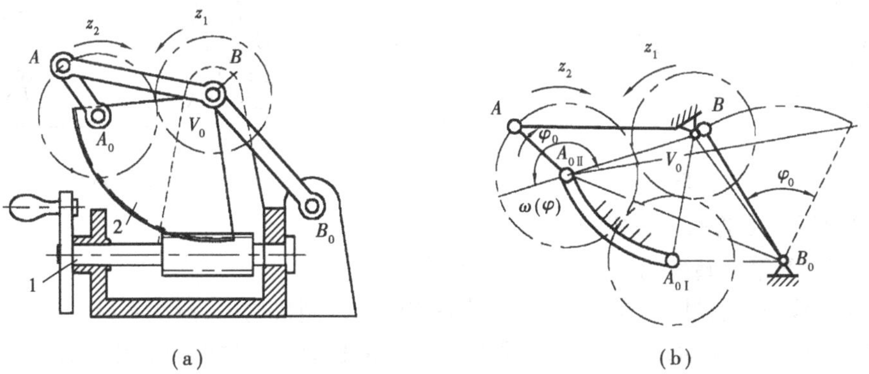

图7.87

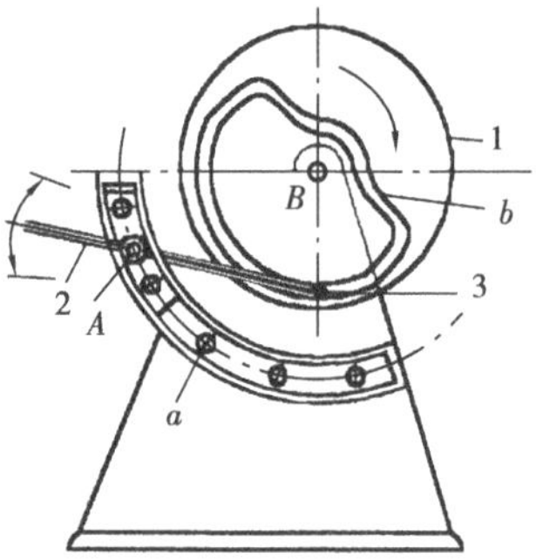

图 7.88

(9)**摆角可调的凸轮机构**

功能:将旋转运动转换为往复摆动,且摆角可调。

结构和工作原理:在图 7.88 中,带曲线凹槽的主动凸轮 1 绕固定轴 B 转动,凹槽 b 内嵌入滚子 3,从动件摆杆 2 绕 A 轴摆动,A 轴位于弧形滑块上,弧形滑块又置于以 B 为圆心的弧形槽 a 中,弧形滑块可沿槽 a 滑移,调好后用螺钉将滑块固定。由于弧形槽 a 的圆心与凸轮回转中心重合,故可调节从动件的摆角,而从动件的运动规律保持不变。

7.3.3 调节导轨方位机构

(1)**行程可调的凸轮机构**

功能:将旋转运动转换为往复移动,且移动行程可调。

结构和工作原理:如图 7.89 所示,凸轮主动且绕 O 轴转动,滑块 6 与滑块 5、滚子 2 铰接,滚子 2 嵌入凸轮的曲线槽中,滑块 5 沿固定导杆 3 滑动,从动件 7 与机架和滑块 6 构成两个移动副。调节时松开螺钉 4,将导杆 3 绕 O 轴转动一定角度后,再将导杆 3 的端部用螺钉 4 固定,即可调节从动件 7 的行程。

(2)**调节导槽方向的连杆机构**

功能:将旋转运动转换为往复移动,且移动行程和运动规律可调。

结构和工作原理:在图 7.90 中,滑块 3 与两个连杆构成复合铰链,并在导槽 1 内滑动,经连杆带动滑块 2 沿固定导槽往复移动。导槽 1 可绕 A 轴转动,从而改变导槽 1 与水平线之间的夹角 α,调妥后,将导槽 1 与机架紧固。由此改变滑块 2、3 的往复运动规律。

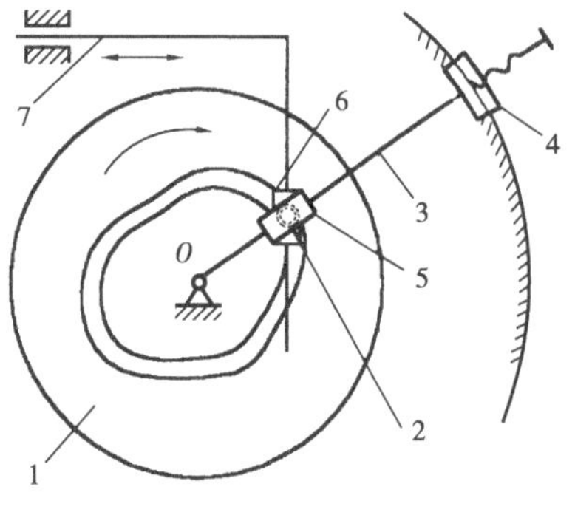

图 7.89

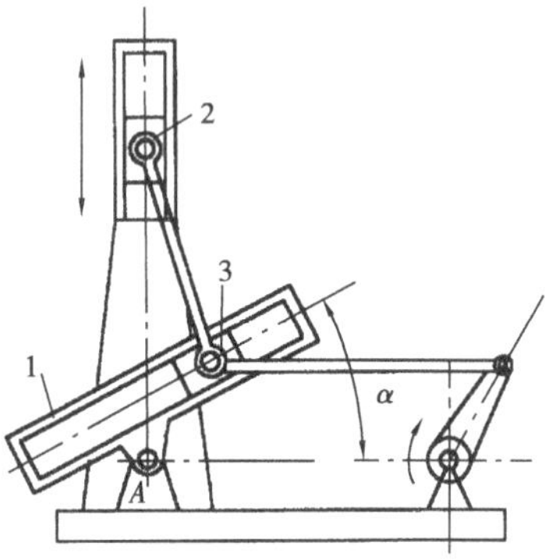

图 7.90

(3)**滑块行程可调的连杆机构**

功能:将往复移动转换为行程可调的往复移动。

结构和工作原理:在图 7.91 所示的气动系统阀门控制机构中,滑块 4 沿固定导杆 3 移动,滑块 1 主动并作往复移动,经中间各构件 HG、GE、EA 驱动从动件滑块 2 往复移动。固定导杆 3 可在 α 角范围内绕 B 点转动,当转动到某个恰当的位置时将其与机架紧固,即可使滑块 2 得到恰当的行程。

(4)**灌装定量调节机构**

功能:冷霜灌装机中冷霜料的定量及其调节。

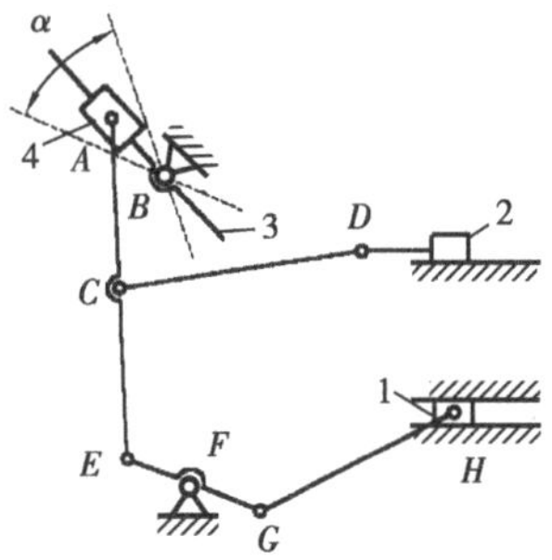

图7.91

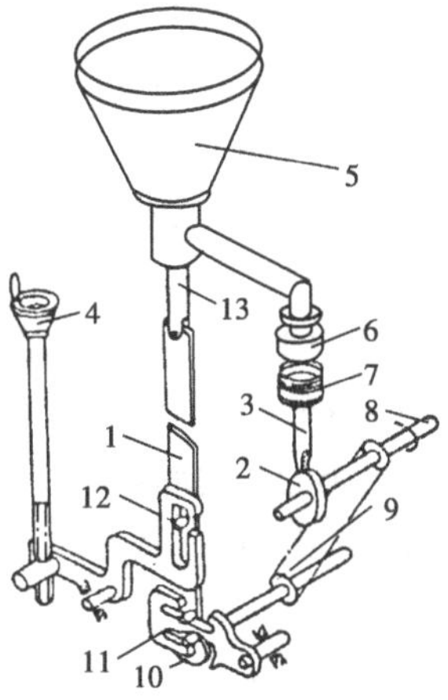

图7.92

结构和工作原理:如图7.92所示为冷霜灌装机定量调节机构,5为冷霜料斗,当六角转盘(图上未画出)把空盒转到出料位置6、7之间时,主轴8上的出料凸轮2开始把顶杆3顶起,使盒口与出料头6的橡皮口紧密接触,同时经链传动等带动活塞杆13开始下降,把冷霜从出料头压入空盒内,完成灌装动作。

冷霜料的定量由活塞杆13的行程大小决定。由于活塞杆13由偏心轮10通过槽板11和连杆1带动,当10的偏心距一定时,槽板11绕支点摆动的摆角也一定。转动手轮4使控制板12转动,其上长槽的位置发生变化,同时也改变了连杆1上的柱销与槽板11接触点的位置,从而调节活塞杆13往复行程大小的目的。

7.3.4　其他可调机构

(1)**螺旋凸轮机构**

功能:将旋转运动转换为往复移动,且移动行程可调。

结构和工作原理:如图7.93中,螺杆1绕固定轴线 *x-x* 转动,通过螺旋副 *B* 驱动螺母2沿固定导槽 *p* 移动。从动件3与螺母2构成移动副 *d-d*。当螺杆1转动时,从动件3一方面随螺母2在导槽 *p-p* 内移动,另一方面因3上的柱销 *f* 位于固定的曲线槽 *a-a* 内使3相对于导块2沿移动副 *d-d* 移动。曲线槽位于板 *e* 上,而 *e* 又用螺钉 *h*、*m* 固定在机架上,松开这两个螺钉,调节曲线槽 *a-a* 的位置,再紧固之,可改变从动件3相对于螺母2移动的行程。

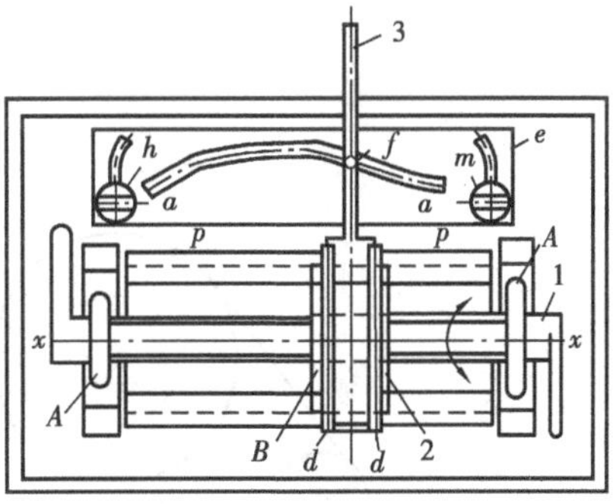

图7.93

(2)**变行程的凸轮机构**

功能:将旋转运动转换为往复移动,且移动行程可调。

结构和工作原理:在图 7.94 中,凸轮 1 由基圆盘 1 和两个盘 2、3 组成。盘 2、3 上具有曲线槽 *a* 可沿螺栓 *D* 滑动,还具有直线槽 *b* 可沿轴 *A* 滑动,因而盘 2、3 能相对于 1 有不同的位置且借助于螺栓 *D* 上的螺母固接在盘 1 上。当螺栓联接将盘 1、2、3 固接在不同位置时,从动推杆 4 在固定导轨中具有不同的运行行程。

(3)起始角可调的斜齿轮机构

功能:将一个运动分两路传至两个滚筒,且两滚筒相对起始角可调。

结构和工作原理:在图 7.95 中,斜齿轮 2 和直齿轮 2′组成双联齿轮,2-2′和齿轮 8 空套在各自的轴上并作轴向固定。运动由轮 1 输入后,分两路同时驱动上、下滚筒转动。调节滚筒相对起始角时,停车后转动手轮 3,经螺旋副使双联齿轮 2-2′沿轴向移动,斜齿轮 2 推动斜齿轮 8、7 产生一微小的相对转角(微调);也可松开 T 型槽内的螺钉 5 后转动手轮 4,使上滚筒不动而下滚筒转动(粗调)。从而实现上下两滚筒相对起始角的调节。

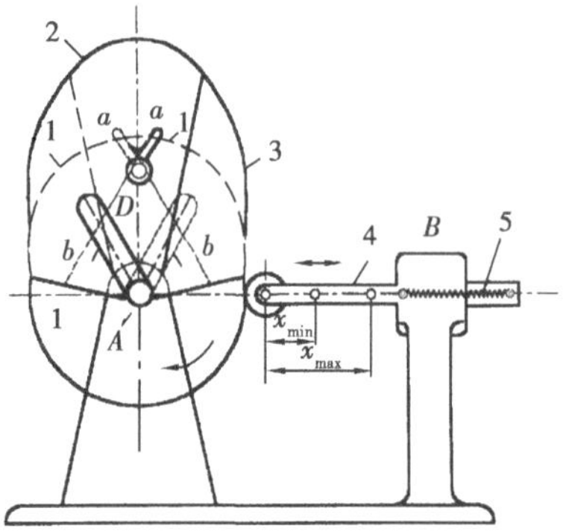

图 7.94

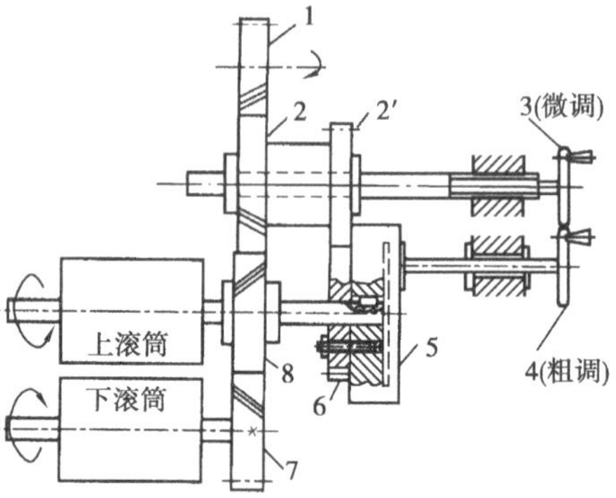

图 7.95

(4)半自动平压模切机机构

功能:将转动转化为往复移动并具有增力作用。

结构和工作原理:图 7.96 所示,电动机经带传动和两级齿轮传动带动曲柄 1 转动,再经连杆 2、肘杆 3 和 4,驱动滑块 5 往复运动。该机构不仅具有急回运动而且具有增力作用。当滑块向上运动时,可以对各种高级纸板压痕、切线和压凹凸。

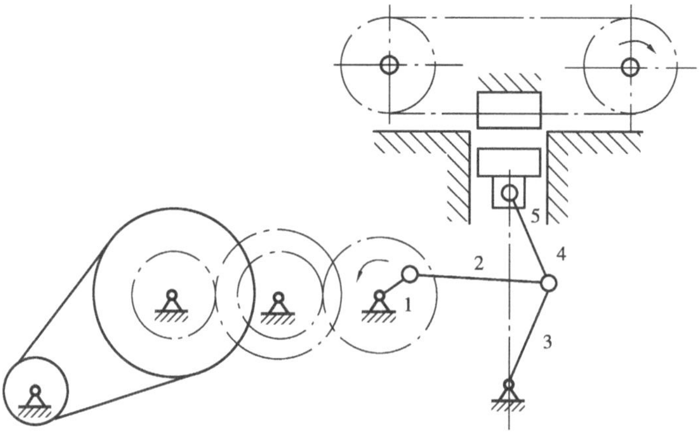

图 7.96

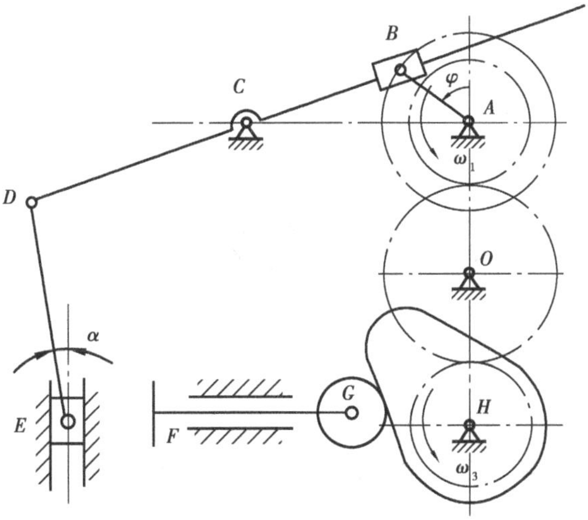

图 7. 97

(5) **冲压及送料机构**

功能:实现冲压及送料。

结构和工作原理:如图 7. 97 所示,冲压机构是在摆动导杆机构的基础上串联一个摇杆滑块机构组合而成,不仅具有急回特性,而且有较好的动力性能。与曲柄摇块机构组合,可达到工作段近似于匀速运动的要求,适当的选择导路的位置,可使工作段具有较小的压力角。送料机构的凸轮轴与曲柄轴相连,可在预定的时间将工件送至待加工位置。

(6) **铁板输送机构**

功能:实现间歇定长度输送。

结构和工作原理:如图 7. 98 所示,2-3-4-*H* 组成两自由度的差动轮系,内齿轮 4 和输送滚 4′固联在一起,并作为输出构件。除 *H* 作为一个运动输入构件外,还可取 2 或 3 作为另一个输入构件。若 2 或 3 作匀速运动输入,另一构件 *H* 作连续非匀速运动输入,则总可以使构件 4 在某段时间内的角速度为零。该机构采用齿轮 1 向齿轮 2 传送匀速运动,同时 1 通过曲柄摇杆机构 *ABCD* 将变速运动输送给系杆 *H*,这种机构可使构件 4 的近似停歇角大于 20°。

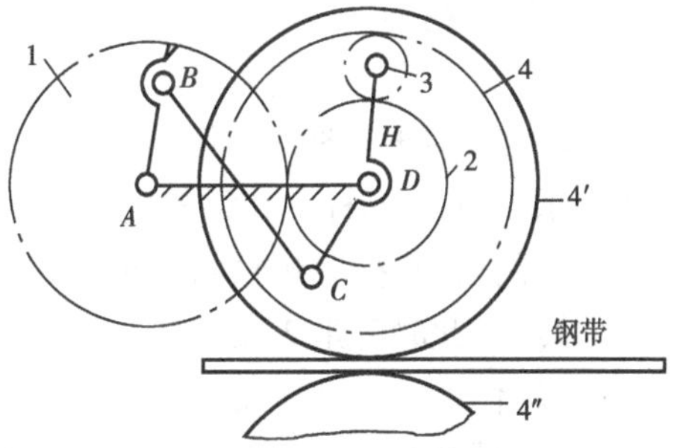

图 7. 98

第 8 章

间歇运动、单向和换向机构

间歇运动机构是指机构中的主动件作连续运动时,其从动件作运动和停歇周期性变换(时停时动)的机构。从动件的运动形式有间歇转动、间歇摆动和间歇移动三种。这类机构常被用在分度、夹持、进给、装配、包装、运输等机械中,尤其是自动机上应用较多。换向机构是指主动件运动方向不变的条件下,通过操纵部分改变从动件的运动方向或改变运动方向的同时也改变传动比的机构。单向机构是指主动件运动方向改变时,从动件运动方向仍保持不变的机构。

8.1 间歇转动机构

8.1.1 棘轮间歇运动机构

(1)齿轮棘轮机构

功能:将往复摆动转换为单向间歇转动。

结构和工作原理:图 8.1 所示为典型的外啮合齿式棘轮机构,该机构主要由棘轮 3、棘爪 2、止回棘爪 4、主动摆杆 1 和机架组成。当主动摆杆 1 逆时针摆动时,与摆杆 5 铰接的棘爪 2 插入棘轮 3 的齿内,推动棘轮同向转动一定角度;当主动摆杆顺时针摆动时,止回棘爪 4 阻止棘轮反向转动,此时棘爪 2 在棘轮的齿背上滑回原位,棘轮静止不动。当主动摆杆 1 往复摆动时,从动棘轮作单向间歇转动。

(2)摩擦式棘轮机构

功能:将往复摆动转换为单向间歇转动。

结构和工作原理:如图 8.2 所示的棘轮机构,棘轮 3 为圆盘,棘爪 2 和止回棘爪 4 均为偏心扇形楔块。当主动摆杆 1 逆时针转动时,棘轮 2 与棘爪 3 之间的摩擦力使 2、3 楔紧,从而带动棘轮 3 同向转过一定的角度;当主动摆杆顺时针摆动时,摩擦力使 2、3 松开,此时,棘轮 3 静止不动。故当主动摆杆 1 往复摆动时,从动棘轮作单向间歇转动。

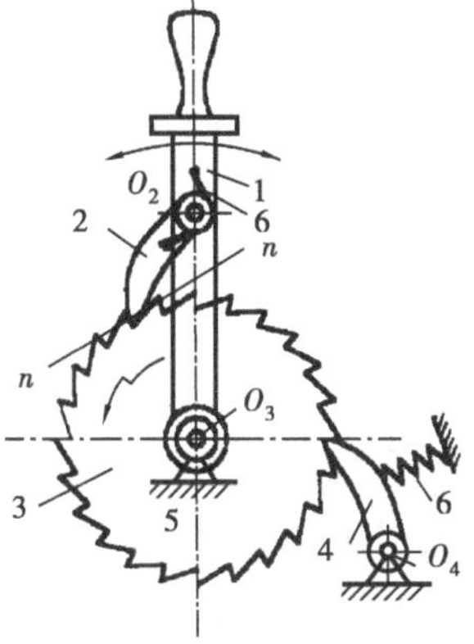

图 8.1

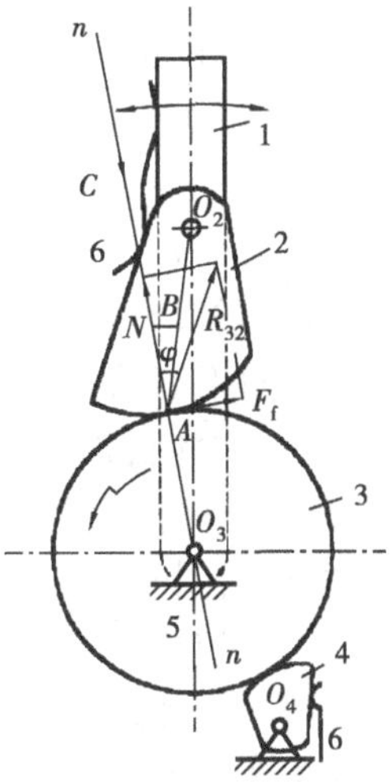

图 8.2

(3) 内啮式棘轮机构

功能: 将往复摆动转换为单向间歇转动。

结构和工作原理: 图 8.3(a)所示为内啮式棘轮机构,棘轮上的棘齿分布在圆柱体的内表面上,棘爪 2 和 4 位于棘轮 3 的内部。图 8.3(b)所示为内啮式摩擦棘轮机构,棘轮 3 的摩擦表面为圆柱孔的内表面,棘爪位于圆柱孔内。其工作原理与外啮式棘轮机构相同,但结构紧凑,外形尺寸小。

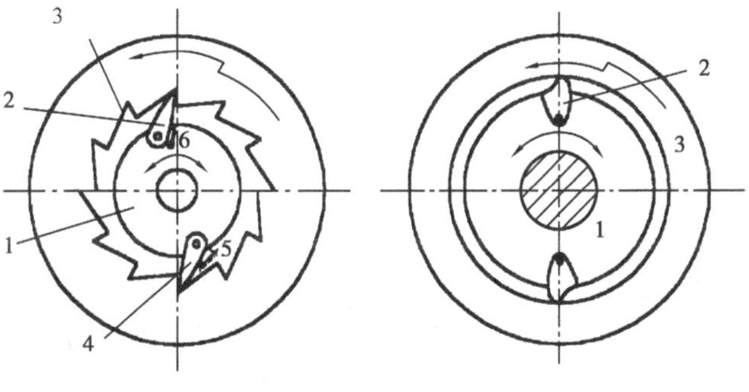

(a)　　(b)

图 8.3

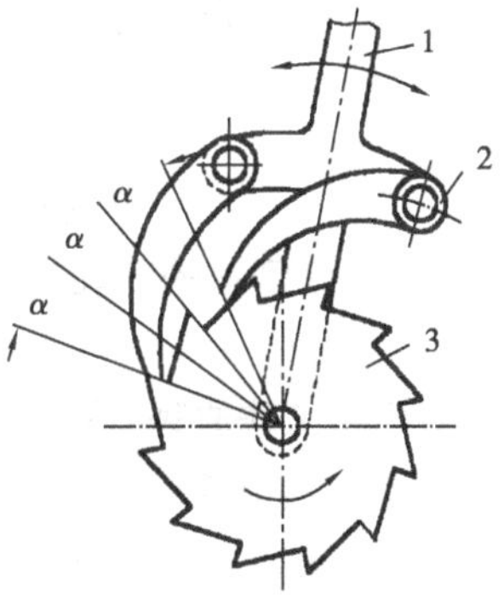

图 8.4

(4) 双爪棘轮机构

功能: 将往复摆动转换为单向间歇转动。

结构和工作原理: 在单爪棘轮机构中,主动件摇杆往复摆动时,通过棘爪驱动棘轮作单向周期性间歇转动,棘轮每次转过的角度为其一个周节所对应的中心角或它的整数倍。而在图 8.4 所示的结构中,在摇杆上装设两个棘爪 2,两棘爪相距 $1\frac{1}{2}\left(或 2\frac{1}{2}、3\frac{1}{2}\cdots\right)$ 周节,可使棘轮 3 每次转过半个周节所对的中心角或它的整数倍。这种结构可在不减弱棘齿的强度(即不减小周节)的条件下而得到较小的棘轮转角。

(5)**浮动棘轮机构**

功能:将往复摆动转换为单向间歇转动。

结构和工作原理:如图8.5所示,浮动棘轮3空套在轴上,其直径、模数和齿数与棘轮2完全相同,但3上附有一个犬齿K。在一般情况下,摇杆1通过棘爪4同时推动棘轮2、3作间歇转动。但当3上的犬齿K进入啮合时,棘爪4被抬起仅与犬齿啮合,不与棘轮2接触,则棘轮3空转而轮2不动。轮2停歇时间的长短与犬齿K的齿数有关,K的齿数越多停歇的时间就越长。这种停歇时间不等的棘轮机构称作浮动棘轮机构。

(6)**短暂停歇的棘轮机构**

功能:将往复摆动转换为单向间歇转动。

结构和工作原理:图8.6所示的机构包括由棘爪4、棘轮5组成的棘轮机构和链轮6、滚子链组成的链轮机构。棘轮5和链轮6固联于轴2上,主动套筒1空套在轴2上并与棘爪4铰接。当1顺时针转动时,通过棘爪带动棘轮5和链轮6同时转动。但在棘爪4的端部与固定在机架上的挡杆3接触阶段,棘爪4与棘轮5脱开,5、6停止转动。当4与3脱离时,在弹簧7的作用下,4与5又进入啮合带动链轮转动。

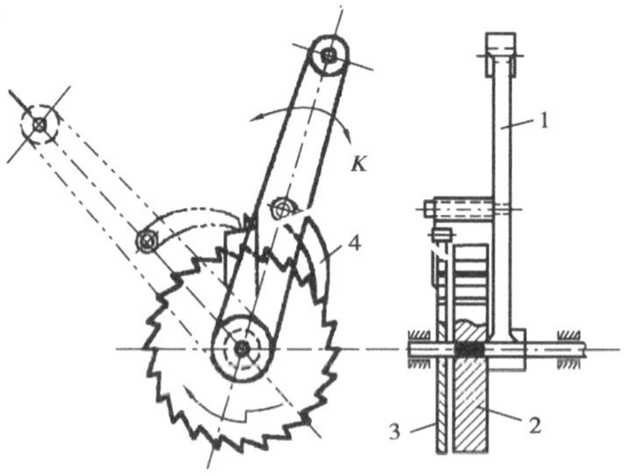

图8.5

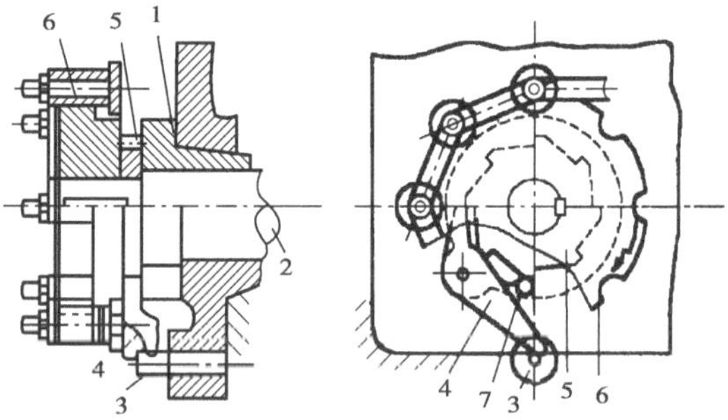

图8.6

(7)**大分度角的棘轮机构**

功能:将往复移动转换为单向间歇转动。

结构和工作原理:图8.7为一用较短行程的主动件使棘轮每次转过90°分度运动的棘轮机构。具有四个棘齿的棘轮9装在轴3上,棘爪6和8由主动滑块1分别通过两个Ⅱ级杆组2-5和7-10带动。当滑块1向下移动一定的距离s时,摇杆5和7反向转过45°,棘爪8推动棘轮转过45°,而棘爪6则和棘轮的齿B进入啮合状态;当滑块向上移动s时,棘爪6又推动棘轮转动45°,同时,棘爪8又和棘轮的齿A进入啮合状态。如此反复,滑块1每往复循环一次,棘轮9作90°分度。

(8)**连杆棘轮机构**

功能:将旋转运动转换为单向间歇转动。

结构和工作原理:图8.8所示的机构是由曲柄摇杆机构O_1ABO_3、双摇杆机构O_3CDO_8、O_3CEO_8和棘轮机构组合而成。棘爪9、10分别铰接在D、E两点。当主动曲柄1转动时,摇杆5、7作相反方向的摆动。当摇杆5顺时针摆动时,通过棘爪9推动棘轮8顺时针摆动,而摇杆7逆时针摆动,则棘爪10在棘轮的齿背上滑过;当摇杆5逆时针摆动时,棘爪9在棘轮齿背上滑过,而棘爪10推动棘轮8顺时针转动。

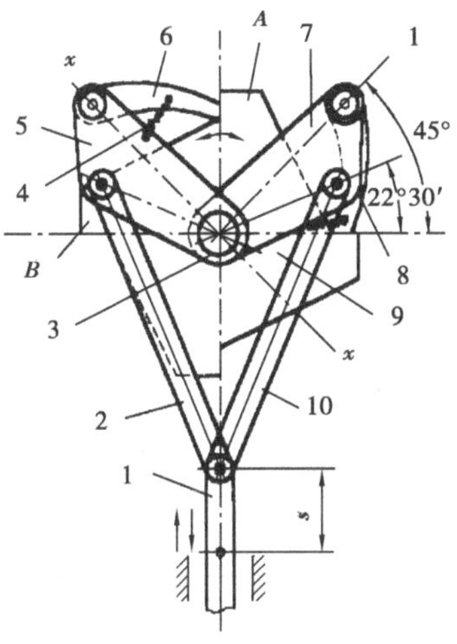

图 8.7

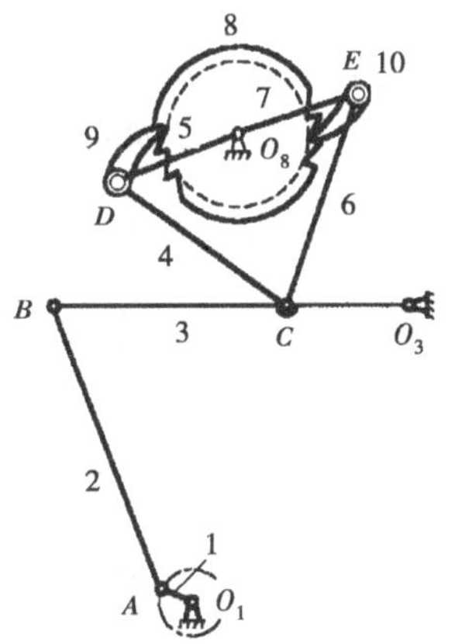

图 8.8

(9) **由凸轮驱动的棘轮机构**

功能:将旋转运动转换为单向间歇转动。

结构和工作原理:图 8.9 所示的棘轮机构中,摇杆 3 与棘爪 2 铰接并由凸轮 4 通过滚子 5 驱动,*f* 是固联于摇杆 3 上的锁住钩。图 8.9(a)所示是凸轮 4 已处于满推的位置,棘轮 1 已被锁住钩 *f* 锁住。当凸轮继续沿箭头方向转动时,凸轮廓线使摇杆 3 顺时针方向转动,如图 8.9(b)所示,锁住钩与棘轮脱开,棘爪落入下一棘齿内。4 继续转动时,棘爪推动棘轮沿逆时针方向转动。

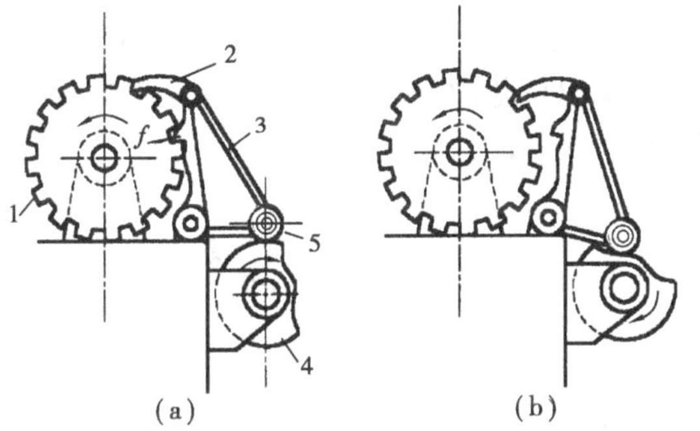

图 8.9

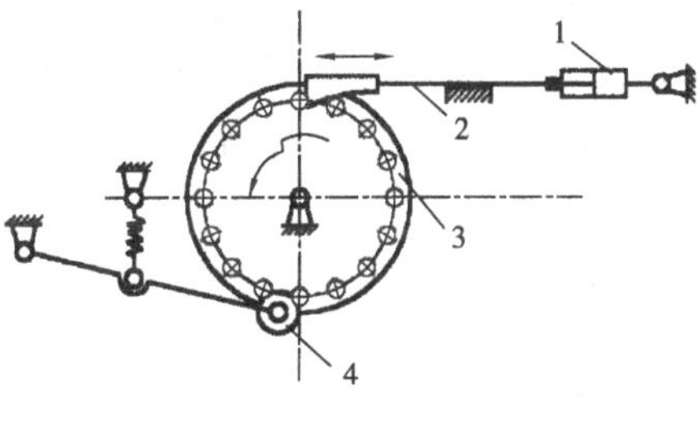

图 8.10

(10) **棘爪销轮机构**

功能:将往复移动转换为单向间歇转动。

结构和工作原理:在图 8.10 中,汽缸体 1 的端部与机架构成固定铰链,棘爪 2 与活塞固联,在销轮 3 的同一圆周上均匀分布若干个柱销。当棘爪在活塞的推动下往复移动时,通过柱销推动销轮 3 间歇地转动。滚子 4 使分度盘 3 锁止定位。

(11) **无声齿式棘轮机构**

功能:将往复摆动转换为单向间歇转动。

结构和工作原理:噪声是齿式棘轮机构运转时的一个严重缺陷,图 8.11 所示是为避免或减小噪声而设计的无声齿式棘轮机构。杆 3 和 5 均装在轴 2 上,杆 5 的曲臂上装有销子 6 和 7,以便将杆 3 的运动传给杆 5。棘爪 4 分别与构件 5、8 构成两个活动铰链。当杆 3 顺时针方向转动时,通过连杆 8 将棘爪 4 向下拉使其与棘轮 1 接触,同时又通过销 7 推动杆 5 与棘爪 4,从而驱动棘轮 1 顺时针方向转动;当杆 3 逆时针方向转动时,棘爪 4 先与棘轮脱离接触,同时又通过销 6 带动 5、4 一起逆时针方向转动,从而避免了棘爪后退时的噪声。

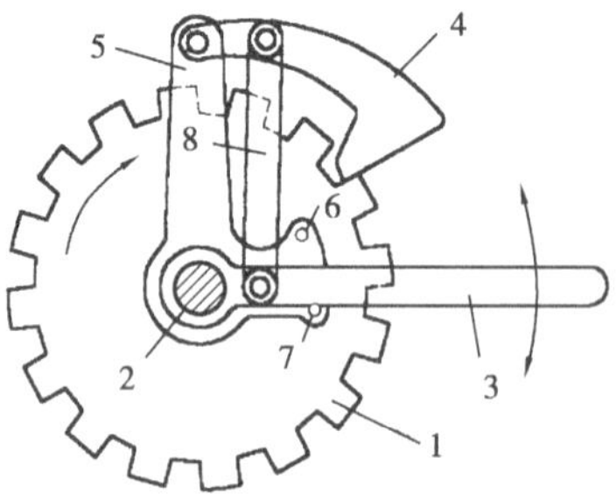

图 8.11

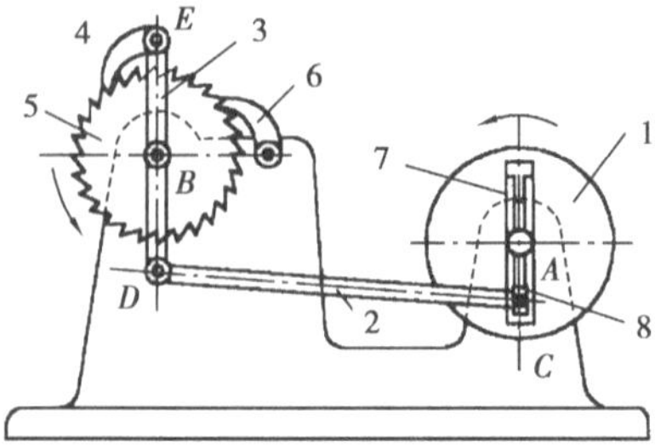

图 8.12

(12) 连杆棘轮机构

功能:将旋转运动转换为单向间歇转动且转角可调。

结构和工作原理:图 8.12 所示的机构由曲柄摇杆机构和棘轮机构串联而成,当主动曲柄转动时,通过连杆 2 驱动摇杆 3 往复摆动,再经过棘爪驱动棘轮间歇转动。通过螺旋副(图中未画出)可调节导块 8 在导槽 7 中的相对位置,即改变曲柄长,达到调节棘轮转角的目的。

(13) 凸轮连杆棘轮机构

功能:将旋转运动转换为单向间歇转动且转角可调。

结构和工作原理:图 8.13 所示的机构是由凸轮机构、连杆机构和棘轮机构串联而成。带曲线凹槽 a 的凸轮 1 绕固定轴转动,通过嵌入槽 a 的滚子 8 推动摆杆 2 绕 B 轴转动,经连杆 3 和棘爪 4 驱动棘轮 6 单向间歇转动。转动螺杆 7 可以调整螺母 9 的位置即改变摇杆 BC 的长度,以改变摇杆 5 的摆角,达到调整棘轮 6 每次摆动角度的目的。

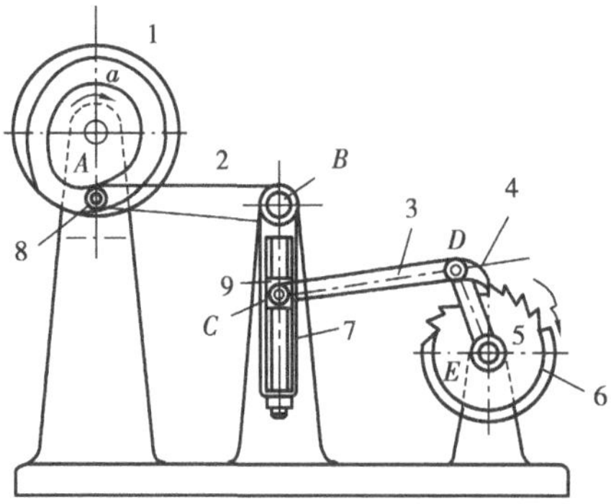

图 8.13

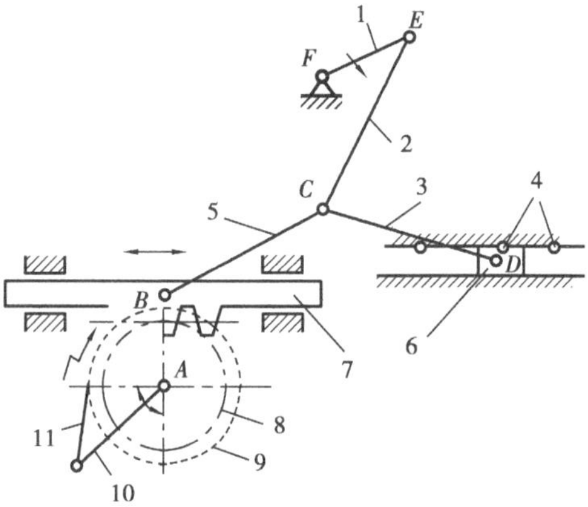

图 8.14

(14) **连杆齿轮棘轮机构**

功能:将旋转运动转换为单向间歇转动且转角可调。

结构和工作原理:如图 8.14 所示,曲柄 1 绕 *F* 转动时,经连杆 2、5 驱动滑块(齿条)7 往复移动,并推动与 7 啮合的齿轮 8 往复摆动。由于杆 10 与齿轮 8 固结,棘轮 9 又空套在 *A* 轴上,齿轮 8 往复摆动时,棘爪 11 推动棘轮 9 间歇转动。通过销子 4 将滑块 6 固定在不同位置时,可改变固定铰链 *D* 的位置,以调节棘轮 9 的转角。

(15) **牙板式棘轮调节机构**

功能:将旋转运动转换为单向间歇转动且转角可调。

结构和工作原理:在图 8.15 中,主动曲柄 1 经滑块 3 驱动复导板 2 绕 *A* 轴摆动,再通过滑块 4、连杆 5 驱动摆杆 6 往复摆动,最后由棘爪 7 推动棘轮 8 间歇转动。为了调节棘轮的转角,一方面可改变插销 11 在固定的扇形牙板 9 上的位置,以改变构件 10 的固定铰链位置,使四杆机构的机架长度变化,从而改变摇杆 6 的摆角;另一方面,还可旋转连杆 5 上的调整螺母,以改变杆 5 的长度,达到改变摇杆 6 摆动角度的目的。

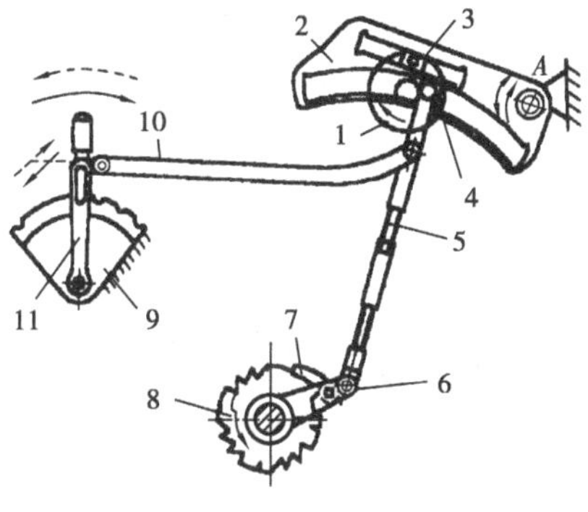

图 8.15

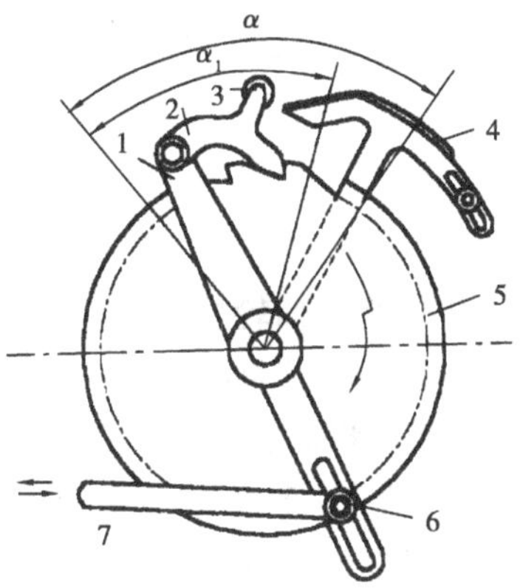

图 8.16

(16) T **形固定板棘轮调节机构**

功能:将旋转运动转换为单向间歇转动且转角可调。

结构和工作原理:在图 8.16 所示的棘轮机构中,摇杆 1 在驱动杆 7 的作用下往复摆动,当 1 顺时针摆动时,通过棘爪 2 推动棘轮 5 同向转动,直到棘爪上的滚子 3 与 T 形固定板 4 接触时,滚子沿斜面运动抬起棘爪,使棘爪与棘轮脱离啮合为止。当摇杆的摆角不变而调节棘轮每次的转角时,可用紧固螺钉来实现,把 T 形固定板 4 逆着棘爪工作转向移动将减小棘轮转角,反之则增大棘轮转角。此外还可以通过可调连接销 6 来改变摇杆的工作半径,以调节摇杆的摆角和棘轮每次的转动角度。

8.1.2　**槽轮间歇机构**

(1) **槽轮机构**

功能:将旋转运动转换为单向间歇转动。

结构和工作原理:如图 8.17 所示,槽轮机构主要是由带有圆销的主动销轮 1、具有径向槽的从动槽轮 2 和机架组成。图 8.17(a)为外啮合式槽轮机构,主动销轮 1 顺时针作等速连续转动，当圆柱销 A 未进入径向槽时，槽轮上 $\beta\beta$ 圆弧被销轮上 $\alpha\alpha$ 圆弧锁住而静止；当圆销 A 进入径向槽时，$\alpha\alpha$ 弧与 $\beta\beta$ 弧脱开，槽轮 2 在圆销 A 的驱动下逆时针转动。当主动销轮连续转动时，从动槽轮单向间歇转动。图 8.17(b) 为内啮合式槽轮机构，其主、从动轴转向相同。

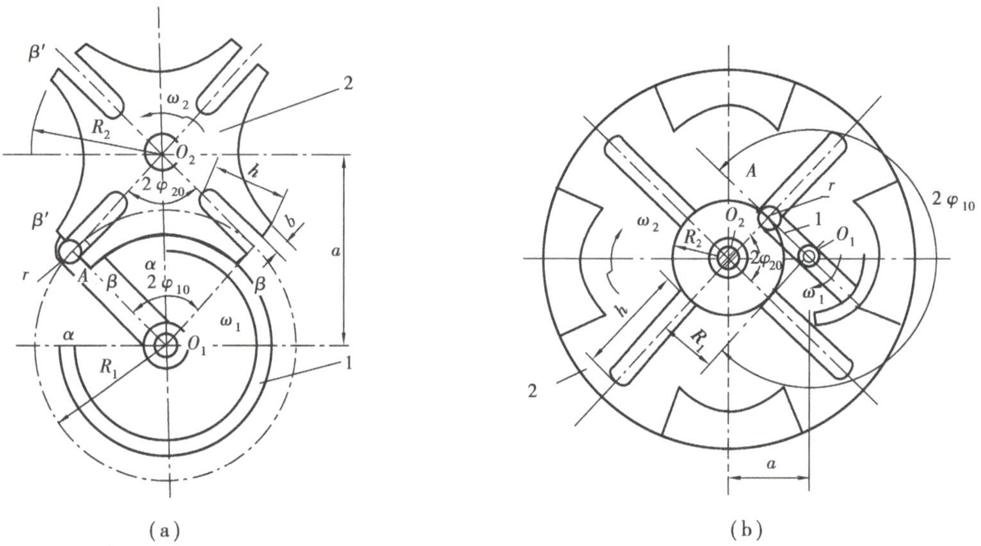

图 8.17

(2) **椭圆齿轮槽轮机构**

功能：将旋转运动转换为单向间歇转动。

结构和工作原理：如图 8.18 所示，椭圆齿轮 2 和曲柄 2′固联，曲柄 2′的端部装设有圆销。当主动椭圆齿轮 1 转动时，通过齿轮 2、曲柄 2′带动槽轮 3 间歇转动。采用椭圆齿轮机构是为了在 2′角速度较大的情况下带动槽轮 3 转动，以便缩短槽轮的运动时间。

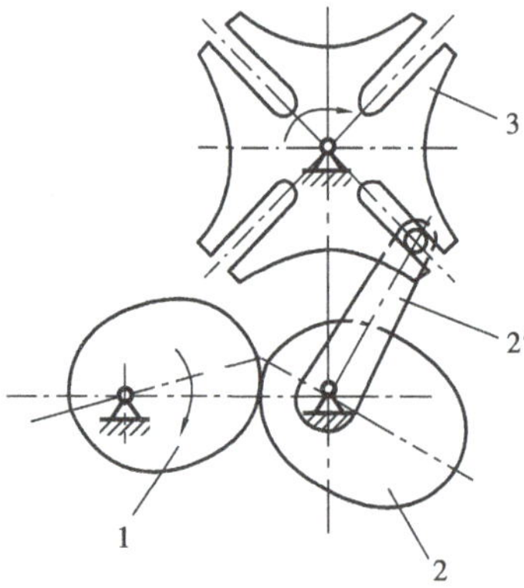

图 8.18

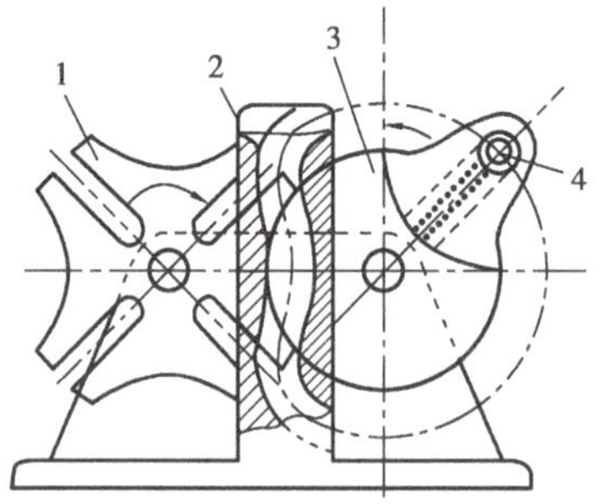

图 8.19

(3) **凸轮槽轮机构**

功能：将旋转运动转换为单向间歇转动。

结构和工作原理：在图 8.19 中，圆销 4 通过弹簧支撑在销轮 3 的径向槽中，可在滑槽中移动。当销轮 3 转动时，由于 4 一方面与固定凸轮板 2 上的曲线槽形成高副接触，使 4 在销轮 3

的槽中滑动，以改变 4 的驱动半径，同时圆销 4 驱动槽轮 1 转动，使槽轮 1 作近似的等速运动或按工艺要求的运动规律运动，达到改善槽轮运动和动力性能的目的。

(4) 双曲柄槽轮机构

功能：将旋转运动转换为单向间歇转动。

结构和工作原理：如图 8.20 所示，主动曲柄 3 经连杆驱动从动曲柄 2 变速转动，同时固联于曲柄 2 上的圆销驱动槽轮 1 间歇转动。该机构可使槽轮在较长的一段行程内以较大的角速度近似等速转动。

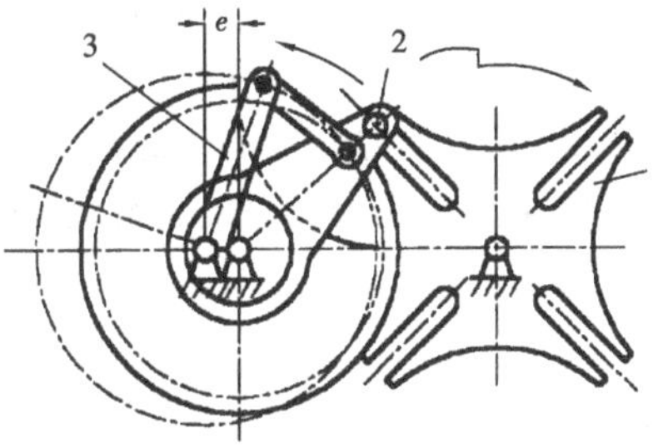

图 8.20

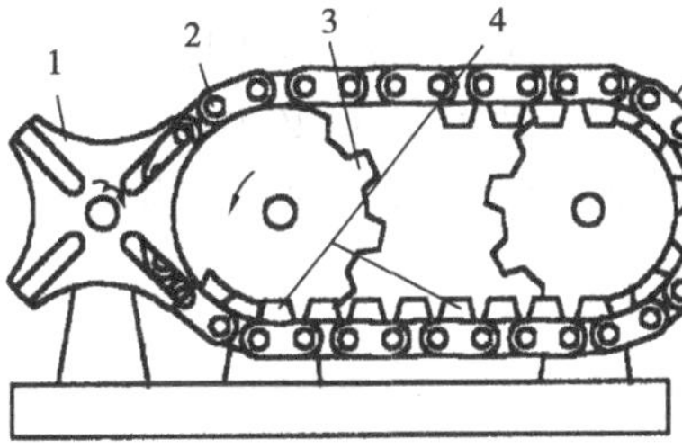

图 8.21

(5) 长时间停歇的槽轮机构

功能：将旋转运动转换为单向间歇转动且转角可调。

结构和工作原理：如图 8.21 所示，链条 5 张紧在两个链轮上，组成一链传动。运动时通过固联在链条 5 上的柱销 2 驱动槽轮间歇转动，部分链节上带有锁止块，其外侧的凸圆弧与槽轮上的凹锁止弧配合，以保证停歇阶段槽轮静止不动。该机构中槽轮可实现长时间的停歇，停歇时间的长短取决于两链轮的中心距。

(6) 同步导板式槽轮机构

功能：将旋转运动转换为单向间歇转动。

结构和工作原理：在图 8.22 中，驱动圆销 1 和止动圆销 2 分别装在连杆的两端。在主动曲柄 3 的带动下，当止动圆销 2 脱离槽轮 4 的轮槽时，另一端的驱动圆销 1 则进入 4 的另一轮槽中，带动槽轮 4 转动；相反当 2 进入轮槽锁住槽轮时，1 已退出槽轮。二者同步工作，保证停歇期内槽轮静止不动。

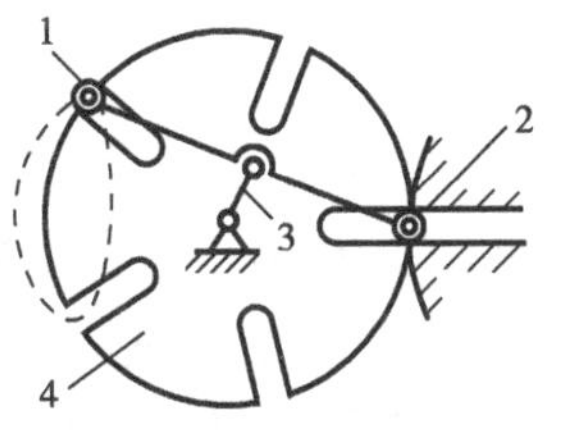

图 8.22

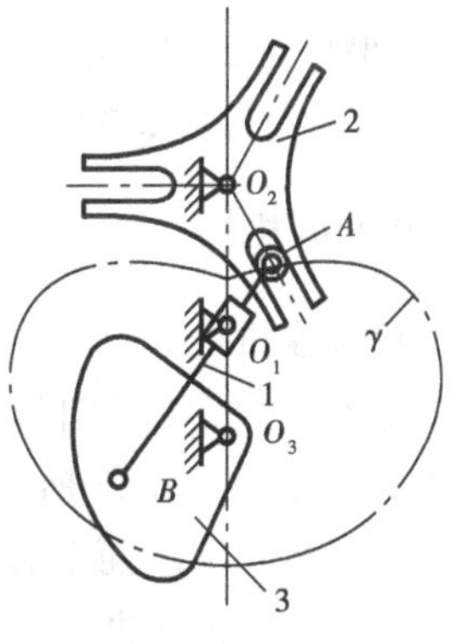

图 8.23

(7) **连杆槽轮机构**

功能:将旋转运动转换为单向间歇转动。

结构和工作原理:如图 8.23 所示的机构是由曲柄摇块机构和槽轮机构组合而成。当主动件曲柄 3 转动时,通过装在导杆 1 外伸端的圆销 A 驱动槽轮转动。由于驱动圆销中心的轨迹 γ 不是圆周,且导杆的转动也不是均匀的,故可改善槽轮 2 的动力学性能。

(8) **齿轮槽轮机构**

功能:将旋转运动转换为单向间歇转动。

结构和工作原理:随着槽数的增加槽轮机构的动力性能变好。若要求分度角度一定(如 90°),而要采用动力性能较好的槽轮机构时,可用槽数较多的槽轮,并用齿轮增速;若同时还要求停歇时间保持不变,则必须增加销轮转速,这是改善槽轮机构动力性能的措施之一。如图 8.24 所示,销轮 5 与蜗轮 6 固联,齿轮 3 与槽轮 2 固联,齿轮 4 与工作台固联。齿轮传动3-4起增速作用。

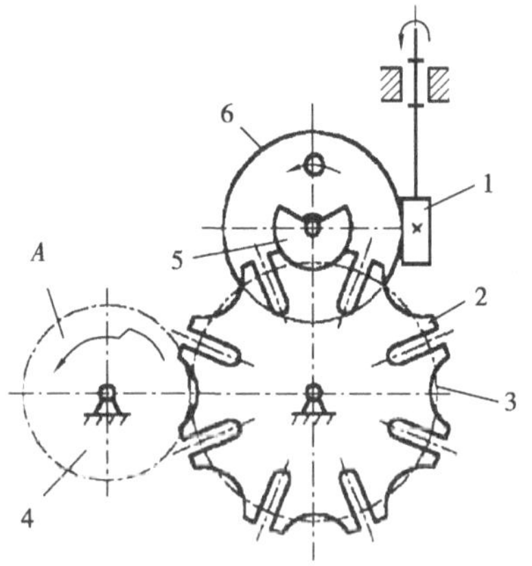

图 8.24

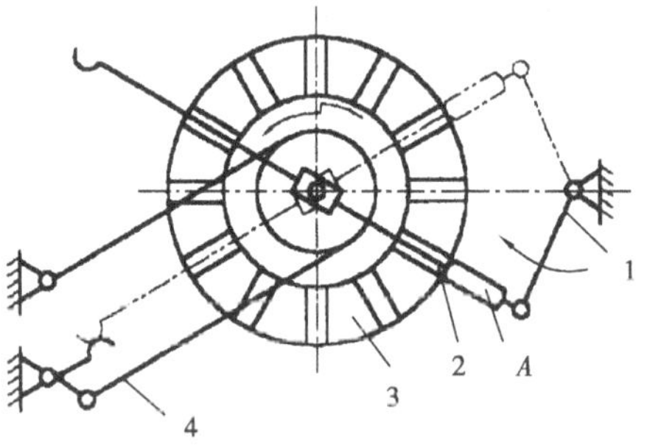

图 8.25

(9) **端面槽轮分度机构**

功能:将旋转运动转换为单向间歇转动。

结构和工作原理:图 8.25 中,由曲柄 1、连杆 2 和滑块组成曲柄摇块机构,连杆 2 上带有拨块 A。当主动曲柄 1 转动到实线位置时,拨块 A 进入槽轮 3 的径向槽中,驱动槽轮转动。到达双点画线时,A 从槽中退出,槽轮静止不动。该机构的锁止作用是通过对轮 3 的制动来实现的,当 A 从槽中退出时,导杆 2 的另一端使制动带 4 拉紧,对轮 3 产生短时的制动作用。

8.1.3 凸轮间歇机构

(1) **圆柱凸轮分度机构**

功能:将旋转运动转换为单向间歇转动。

结构和工作原理:如图 8.26 所示,主动圆柱凸轮 1 上带有一条两端开口、不闭合的曲线沟槽(或凸脊),从动盘 2 的下端面上装有均匀分布的若干个柱销,1 和 2 的轴线形成 90°的交错角。主动凸轮 1 转动时,通过曲线沟槽(或凸脊)推动柱销,从而使从动轮 2 作间歇运动。通常柱销的数目大于 6,螺旋头数取 1。

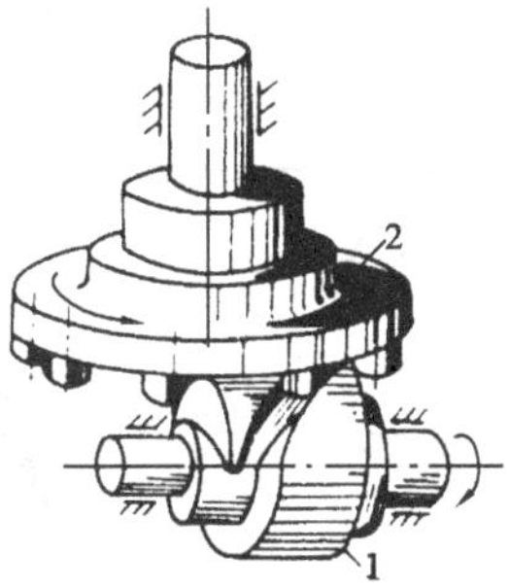

图 8.26

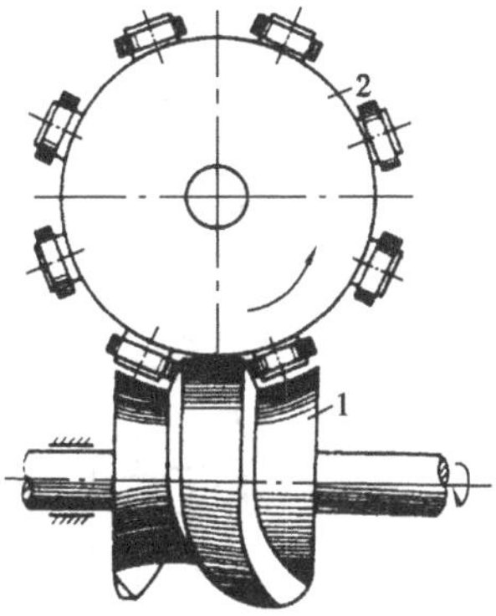

图 8.27

(2) **蜗杆凸轮分度机构**

功能:将旋转运动转换为单向间歇转动。

结构和工作原理:图 8.27 所示的机构用于两垂直交错轴间的间歇分度传动。主动凸轮 1 上有一条凸脊如同蜗杆,从动转盘 2 上沿周向均匀分布若干个滚子,滚子常用滚动轴承代替,可用预紧的方法消除间隙。凸轮 1 通过柱销推动从动轮作间歇转动。从动轮上相邻滚子跨夹在凸轮的凸脊上,不必附设其他装置便可获得很好的定位。

(3) **销轮凸轮分度机构**

功能:将旋转运动转换为单向间歇转动。

结构和工作原理:如图 8.28(a)所示,销轮 2 上带有四个圆柱销,当主动凸轮 1 的锁止突缘(突圆环)嵌在四个柱销之间时,销轮 2 被锁住。当凸轮继续转动时,先由菱形凸块的外菱边推动销 A,再以凸缘与凸块间的沟槽推动销 B、D(图 8.28(b)),使轮 2 转动,直到 B、D 被推出沟槽,轮 2 被再次锁住为止。凸轮转一周,销轮转动 90°。这种机构冲击小,可用于高速场合。

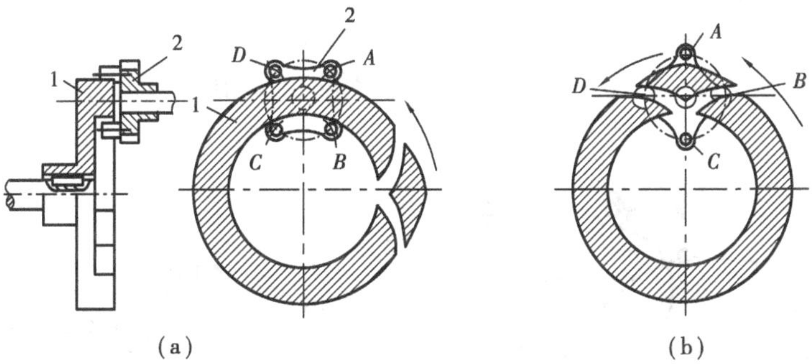

图 8.28

(4) **凸轮控制离合器机构**

功能:将旋转运动转换为单向间歇转动。

结构和工作原理:在图 8.29 中,主动蜗杆轴 Ⅰ 上装有离合器 4,凸块 A 与蜗轮 2 固接。主动轴 Ⅰ 经过离合器 4 带动从动轴 Ⅱ 转动,同时又经蜗杆带动蜗轮和凸块 A 转动。当凸块 A 推动杆 3 向右摆动时,离合器 4 脱开,轴 Ⅱ 停止转动。轴 Ⅱ 的停、动时间可以通过更换凸块 A 来调节。

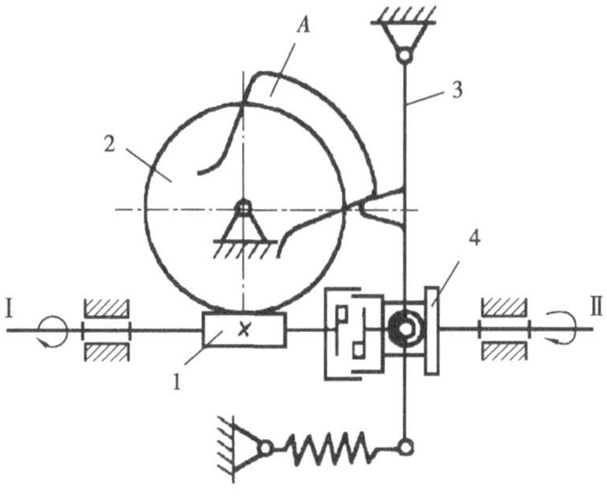

图 8.29

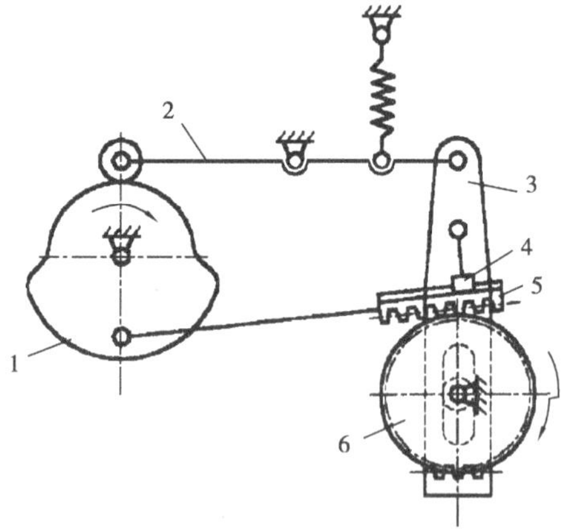

图 8.30

(5)定时脱啮的连杆齿轮机构

功能:将旋转运动转换为单向间歇转动。

结构和工作原理:如图 8.30 所示,带齿条的连杆 5 与摇块 4 组成移动副,而与凸轮 1 铰接,摇块 4 又铰接在构件 3 上。齿轮 6 的固定铰链中心铰接一滚子,并嵌入构件 3 上的导槽中。当凸轮 1 通过摆杆 2 使构件 3 向下运动时,固联于构件 3 下部的齿条与齿轮 6 脱啮,同时使 5 上的齿条和 6 啮合,驱动从动件 6 转动;当构件 3 向上运动时,3 下部的齿条与 6 啮合,而同时使 5 上的齿条与 6 脱开,则 6 被锁住。从动件 6 的停、动时间受凸轮 1 的控制。

(6)凸轮连杆齿轮机构

功能:将旋转运动转换为单向间歇转动。

结构和工作原理:图 8.31 中,主动曲柄 1 与凸轮 2 固联,行星齿轮 5 同时与连杆 3 和摇杆 7 铰接于一点。曲柄 1 转动时,通过凸轮 2 同时推动带有齿弧的摆杆 4 和 8 摆动。当齿弧 8 向右摆动与齿轮 6 脱离啮合时,齿弧 4 正好向下摆动与轮 5 啮合,在构件 1、3、7 的带动下,行星轮 5 沿齿弧 4 向右滚动,同时带动齿轮 6 实现顺时针转位;相反,当齿弧 4 向上摆动与轮 5 脱离啮合时,齿弧 8 向左摆动与轮 6 啮合,使轮 6 锁止不动,轮 5 在 7 的带动下向左空回复位。

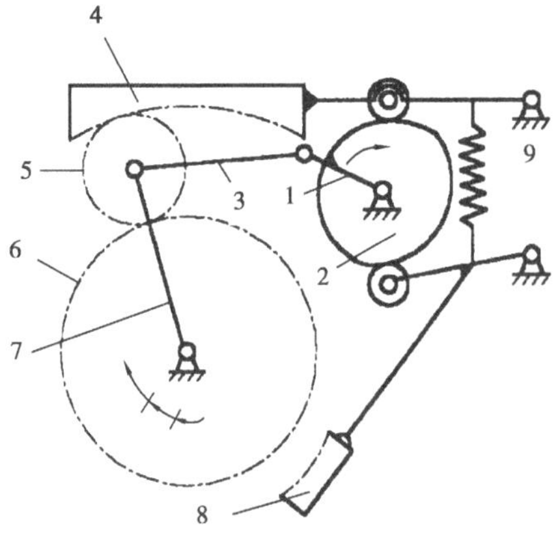

图 8.31

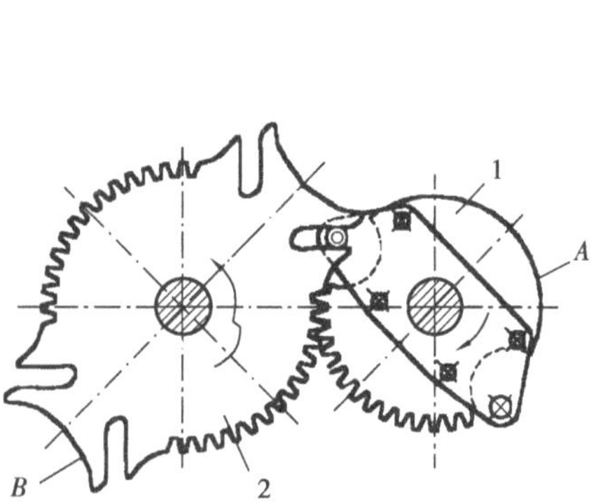

图 8.32

8.1.4　不完全齿轮间歇机构

(1) 制鞋机的不完全齿轮机构

功能:将旋转运动转换为单向间歇转动。

结构和工作原理:在图 8.32 中,主动轮 1 每转一周,从动轮 2 转半周,在此半周内,从动轮 2 有停歇、加速运动、匀速运动和减速运动阶段。轮 1 上固联的外凸圆弧 *A* 与轮 2 上的内凹圆弧 *B* 配合,起锁止定位作用。

(2) 工作台转位机构

功能:将旋转运动转换为单向间歇转动。

结构和工作原理:图 8.33 所示是蜂窝煤压制机的工作台间歇转动的传动图。工作台 7 用五个工位完成煤粉的填装、压制、扫屑、退煤和运输等动作,因此工作台每转 1/5 周需要停歇一次。为此,齿轮 3 是不完全齿轮,通过齿轮 6 使与工作台固联的大齿圈 7 获得预期的间歇转动。为了减轻工作台间歇启动时的冲击,在齿轮 3 和 6 上加装了一对瞬心线附加钣 4 和 5。

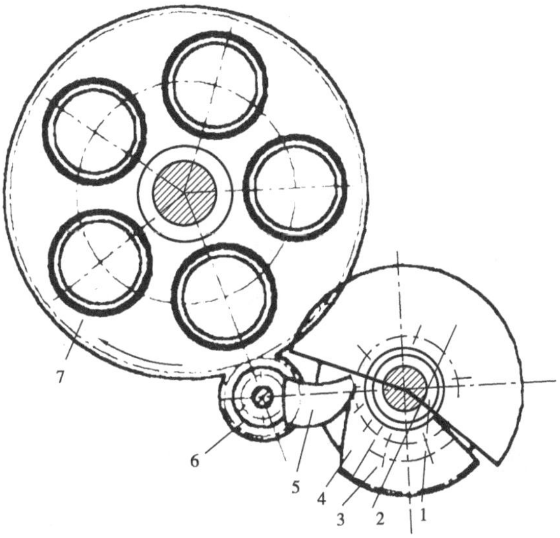

图 8.33

(3) 针轮机构

功能:将旋转运动转换为单向间歇转动。

结构和工作原理:如图 8.34 所示,主动针轮 1 上固联有两个扇形块 2 和 3,其上分别带有 7 个和 4 个均匀分布的针齿,从动件星轮 4 上带有相应数目的齿槽数,针齿与齿槽啮合时,驱动星轮转动,退出啮合时,星轮被锁止弧锁住不动。针轮 1 每转一周,星轮 4 间歇转动完成两次停歇。该机构中,第一个针齿使星轮从静止开始作加速运动,最末一个针齿用作减速,中间各针销使星轮作等速运动。

8.1.5　偏心轮分度定位机构

功能:将旋转运动转换为单向间歇转动。

结构和工作原理:如图 8.35 所示,主动偏心轮 1 绕固定轴 *O* 转动,杆 5 中部的套环套在偏

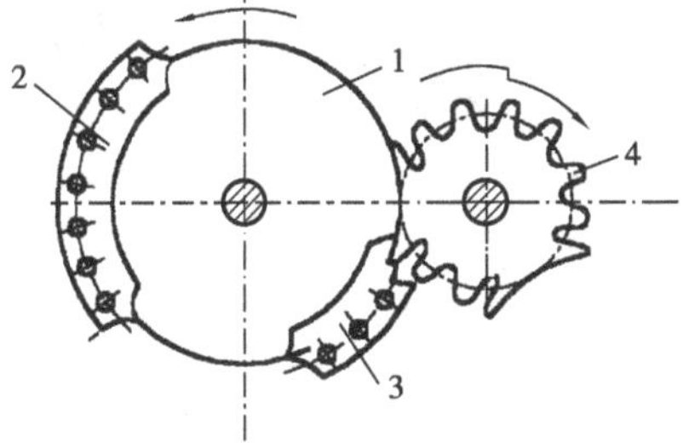

图 8.34

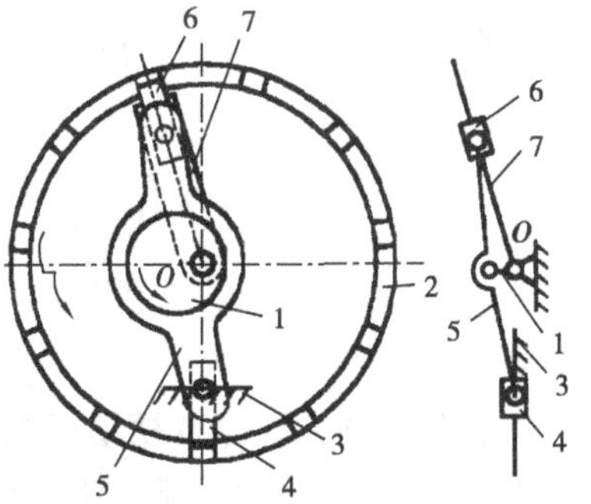

图 8.35

心轮 1 上，同时杆 5 的两端分别与滑销 6、4 铰接。滑销 6 在杆 7 端部的滑槽内滑动，滑销 4 在固定导槽 3 中移动，杆 7 空套在轴 O 上。当偏心轮 1 转动时，通过杆 5 使滑销 6 从盘 2 的槽中退出，同时把滑销 4 插入 2 的槽中，将 2 锁住不动；当 1 继续转动一定角度后，杆 5 使销 6 进入 2 的下一个槽中，同时销 4 从 2 中退出，由 6 带动 2 转动一定的角度，从而实现分度定位。

8.2 间歇摆动机构

8.2.1 单侧停歇摆动机构

(1)单侧停歇摆动机构

功能：将旋转运动转换为单侧停歇的往复摆动。

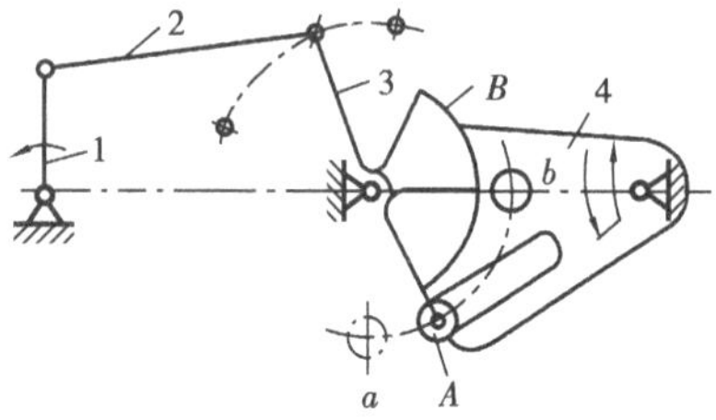

图 8.36

结构和工作原理：在图 8.36 中，由曲柄 1、连杆 2、摇杆 3 和机架组成一曲柄摇杆机构，在摇杆 3 上铰接一滚子 A 同时还固联一锁止弧 B，主动曲柄 1 通过连杆 2 使摇杆 3 摆动，3 上的滚子 A 在圆弧 $\widehat{ab}$ 的范围内摆动。当滚子 A 进入从动件 4 的沟槽内时，A 带动从动件 4 运动；当 A 退出沟槽时，3 上的锁止弧 B 锁住摆杆 4，使从动件 4 静止不动。该机构中从动件的停歇只发生在一侧。

(2)利用轨迹直线段实现停歇摆动机构

功能：将旋转运动转换为单侧停歇的往复摆动。

结构和工作原理：图 8.37 所示的机构是由铰链四杆机构 $ABCD$ 和Ⅱ级组 MFE 串联而成，主动曲柄 AB 转动时，经连杆 BC 和滑块 1 驱动从动导杆 2 往复摆动。连杆 BC 上 M 点的轨迹为 m，m 中 $\overline{M_1M_2}$ 段为近似的直线，当 M 点在 $\overline{M_1M_2}$ 上运动时，则从动导杆 2 近似停歇，从而实现单侧停歇摆动。

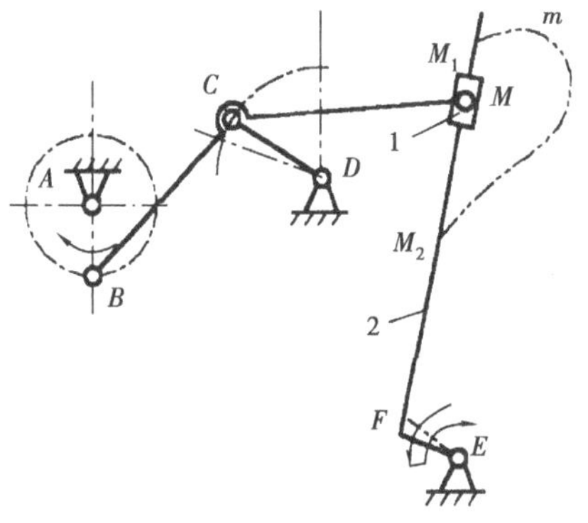

图 8.37

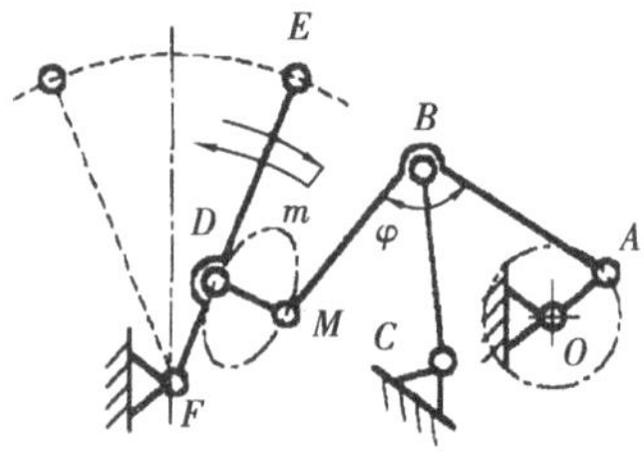

图 8.38

(3)利用椭圆轨迹实现停歇摆动机构

功能：将旋转运动转换为单侧停歇的往复摆动。

结构和工作原理：图 8.38 所示是由铰链四杆机构 $OABC$ 和Ⅱ级组 MDF 串联而成，主动曲

柄 OA 转动时，从动摇杆 DF 作往复摆动。当杆长参数恰当选取时，连杆 AB 上 M 点的轨迹曲线 m 近似于椭圆，若取 DM 的长度近似等于曲线在 M 点处的曲率半径，即 D 相当于曲率中心，则 M 点可在该曲线处使 DF 杆停歇不动，从而实现间歇摆动。各杆长的比例关系为：$AB = BC = BM = 1$，$AO = 0.305$，$CO = 0.76$，$\varphi = 114°$，$MD = 0.66$，$FD = 0.8$，$CF = 1.66$，$OF = 2.36$。

8.2.2　双侧停歇摆动机构

(1) 双侧停歇摆动机构

功能：将旋转运动转换为双侧停歇的往复摆动。

结构和工作原理：如图 8.39 所示，由曲柄 1、连杆 2、摇杆 3 和机架组成曲柄摇杆机构，摇杆 3 制作成扇形，其上固联有挡块 A 和 B，并装有可以滑移的齿圈 4。在图示位置，3 顺时针方向转动，在挡块 A 的推动下，齿圈 4 驱动齿轮 5 逆时针方向转动；当 3 逆时针方向回摆时，齿圈 4 先在 3 上滑移，齿轮 5 静止不动，直到 4 与挡块 B 接触后，才推动齿轮 5 顺时针转动。3 再次变向转动时，5 同样有一段停歇时间。改变图中的 L 值，可调整停歇时间的长短。

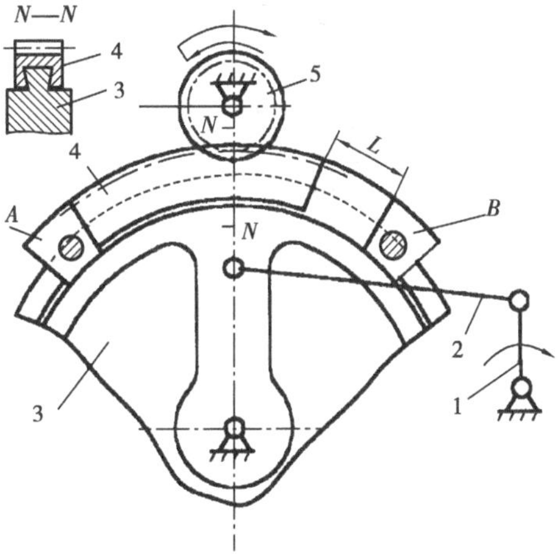

图 8.39

(2) 利用连杆曲线实现双侧停歇摆动

功能：将旋转运动转换为双侧停歇的往复摆动。

结构和工作原理：图 8.40 所示的机构是由铰链四杆机构 $OABC$ 和Ⅱ级组 MDF 组成，M 为连杆 AB 上的一点。当机构的运动尺寸适当时，M 点的轨迹有两段曲率半径近似相等的圆弧，而连杆 DM 长度恰好等于两圆弧的曲率半径，且 D 与 D' 分别位于曲率中心，则当 M 点在圆弧上运动时，从动件摇杆 DF 静止不动，从而实现两极限位置上有停歇的间歇摆动。

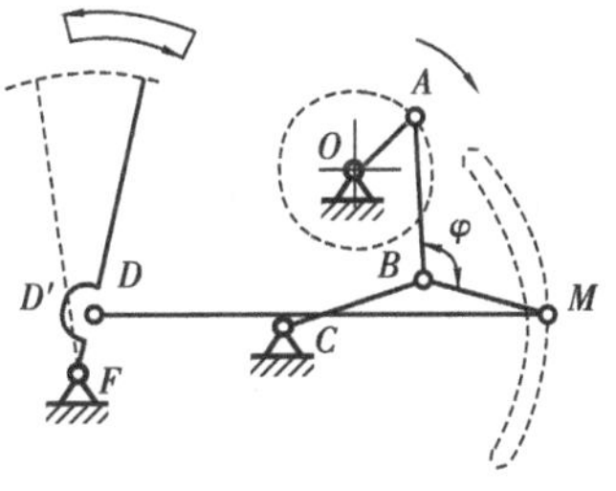

图 8.40

(3) 曲柄摇杆—摆动导杆机构

功能：将旋转运动转换为双侧停歇的往复摆动。

结构和工作原理：图 8.41 中，$ABCD$ 为曲柄摇杆机构，FEG 为摆动导杆机构，在摇杆 CD 上固联一扇形齿轮，曲柄 EF 上也固联一齿轮，两齿轮啮合，即将曲柄摇杆机构和摆动导杆机构串联起来。摇杆 CD 在摆动的两个极限位置附近角速度较小，且要改变转动方向；导杆 EG 也一样。用齿轮机构将二者联系起来，并使摇杆 CD 和导杆 EG 同时到达极限位置，从而使从动件导杆在极限位置附近有一段较长的停歇时间。

8.2.3　中途停歇摆动机构

功能：将旋转运动转换为中途停歇的往复摆动。

结构和工作原理：图 8.42 所示的机构中，$OABC$ 为铰链四杆机构，主动曲柄 OA 转动时，经

连杆 AB 上的 M 点和连杆 DM 驱动摇杆 DF 往复摆动。M 点的轨迹 m 上的一段曲线与以 D 为圆心，以 MD 为半径的圆弧近似，即 D 为该段曲线的曲率中心。则当 M 在这段曲线上运动时，从动件摇杆 DF 近似停歇不动。各杆长度的参考比例为：

$AB=BC=BM=1, MD=1.603, AO=0.54, FD=0.695, CO=1.3, CF=1.8, OF=2.78, \varphi=80°$。

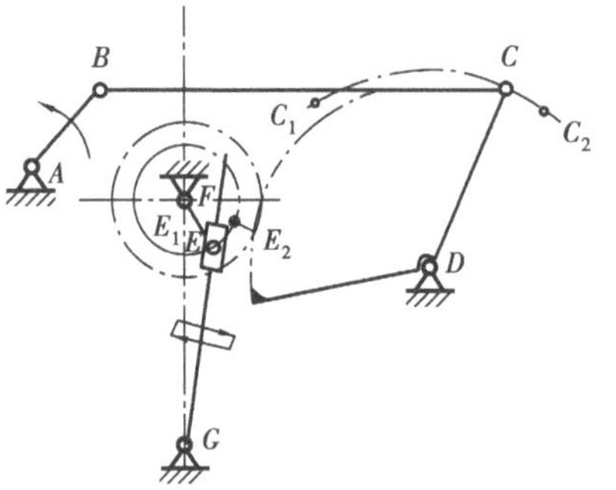

图 8.41

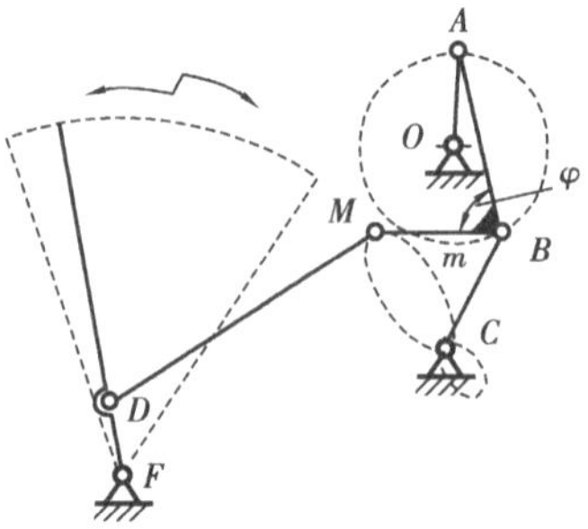

图 8.42

8.3　间歇移动机构

8.3.1　单侧间歇移动机构

(1)曲线槽导杆机构

功能：将旋转运动转换为单侧停歇的往复移动。

结构和工作原理：图 8.43 所示为用于食品加工机械中作为物料的推进机构，它由摆动导杆机构 1—2 和Ⅱ级组 3—4 所组成。在曲柄 1 的端部固联一柱销，柱销嵌在导杆 2 的曲线导槽内。当主动曲柄转动时，经导杆 2 和连杆 3 驱动从动件 4 作往复移动。固联于 2 上的曲线导槽由 a、b、c 三段圆弧组成，其中 b 段圆弧所对应的中心角为 120°且圆弧 b 的圆心为曲柄的回转中心，半径为曲柄的长，故当柱销在圆弧槽 b 内运动时，导杆静止不动。若导槽曲线由两段左右对称的圆弧构成，则可获得双侧停歇的机构。

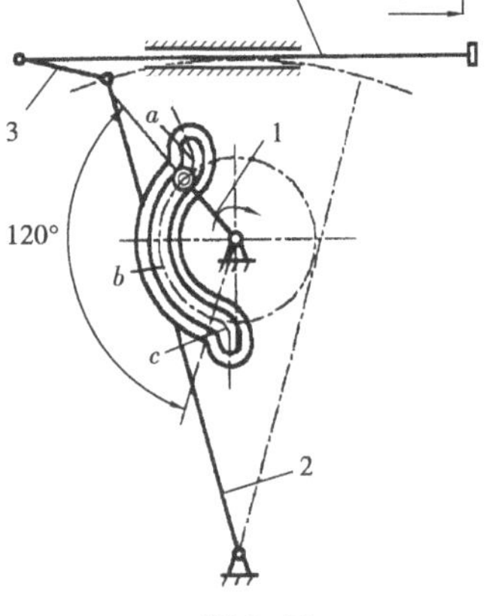

图 8.43

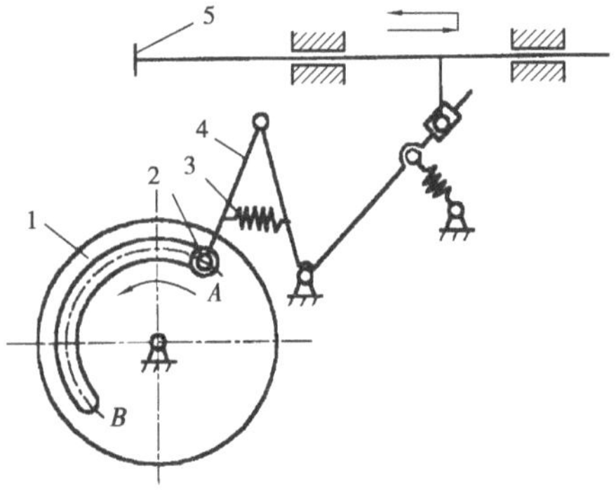

图 8.44

(2) **弹力急回间歇机构**

功能:将旋转运动转换为单侧停歇的往复移动。

结构和工作原理:在图 8.44 中,主动盘 1 上带有圆弧槽,铰接于杆 4 端部的滚子嵌在槽内。当主动盘 1 转动时,通过槽的 A 端和滚子 2 带动杆 4 运动,从而驱动从动件推头 5 慢速向左推进,同时弹簧 3 被拉伸;当转到某一位置时,在弹簧 3 的作用下,滚子从 A 端沿圆弧槽滑移到 B 端,推头 5 快速退回,随后滚子又从 B 滑到 A,在此过程中,推头有一段停歇的时间。

(3) **移动凸轮间歇机构**

功能:将垂直方向的往复移动转换为水平方向带停歇的往复移动。

结构和工作原理:如图 8.45 所示,主动凸轮 1 沿垂直固定导路往复移动,其上带有三角形导槽,铰接于从动件 4 上的滚子 3 嵌在槽内。当 1 向上移动时,1 上的活动挡块 5 被滚子 3 推开,3 到达垂直槽底部后挡块 5 复位,防止滚子 3 重回直槽;当凸轮 1 向下移动时,3 只能在斜槽内运动,驱动从动件 4 先向左移再向右移,最后滚子 3 推开挡块 2 进入直槽,3 进入直槽后,从动件 4 静止不动。

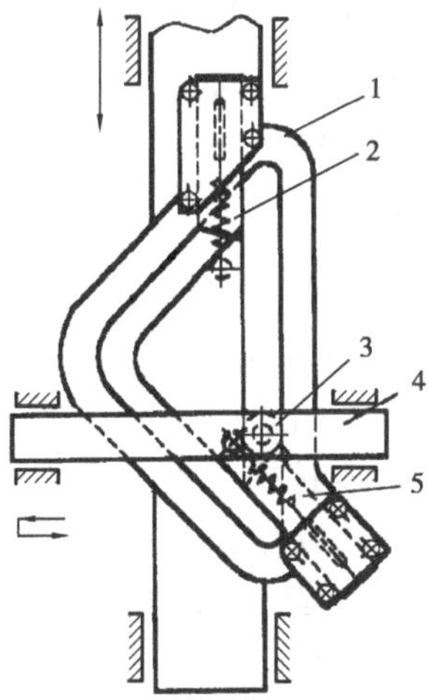

图 8.45

(4) **行星轮内摆线间歇机构**

功能:将旋转运动转换为单侧停歇的往复移动。

结构和工作原理:在图 8.46 中,由固定的中心轮 1、系杆 2 和行星轮 3 组成行星轮系,在行星轮 3 节圆上的 A 点铰接由 4、5 组成的Ⅱ级组,轮 3 与轮 1 的节圆半径之比 $r_3':r_1'=1:3$。运动时,3 上 A 点的轨迹为短幅内摆线,若连杆 4 的杆长近似等于圆弧 $\overset{\frown}{ab}$ 段摆线的平均曲率半径,且与 5 的铰链中心位于曲率中心上,则从动滑块 5 在右极限位置上近似停歇。

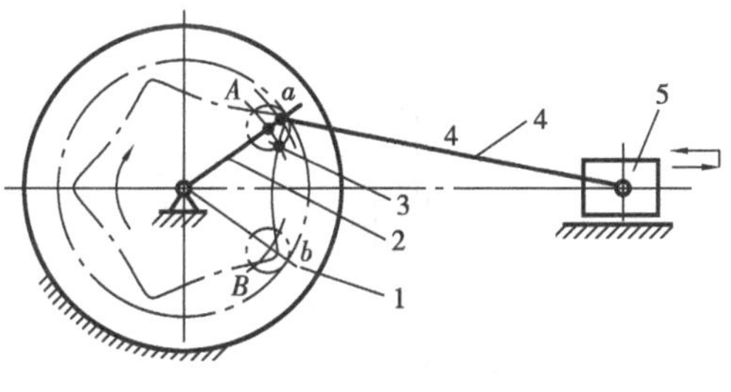

图 8.46

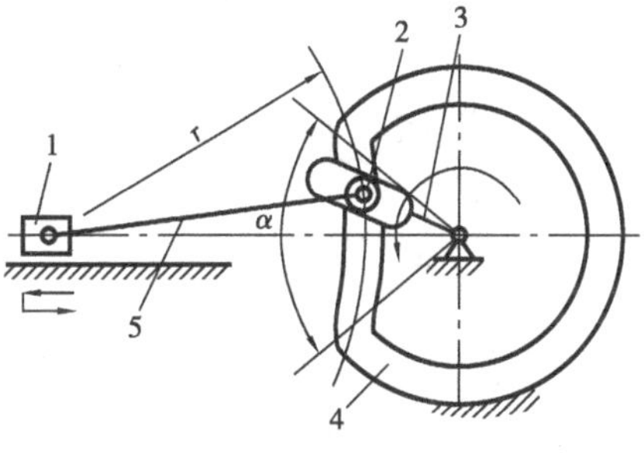

图 8.47

(5) **凸轮连杆机构**

功能:将旋转运动转换为单侧停歇的往复移动。

结构和工作原理:如图 8.47 所示,滚子 2 同时嵌在固定凸轮 4 的沟槽内和导杆 3 的导槽内,凸轮 4 上的沟槽在 α 角的范围内是一段凹圆弧,以该圆弧的半径 r 作为连杆 5 的杆长,圆心为滑块 1 与连杆 5 的铰接点,当导杆 3 在 α 角的范围内转动时,滑块 1 在左极限位置停歇。

8.3.2 双侧间歇移动机构

(1)利用轨迹的圆弧段实现间歇移动

功能:将旋转运动转换为双侧停歇的往复移动。

结构和工作原理:在图 8.48 所示的连杆机构中,当主动曲柄 AB 转动时,连杆 BC 上 E 点的轨迹在$\overset{\frown}{mn}$和$\overset{\frown}{cp}$段近似为两段圆弧,且半径相等即 $EF=E'F'$,F 和 F'分别位于两段圆弧的圆心处且处在以固定铰链 G 为圆心的圆弧上,E 点落在$\overset{\frown}{mn}$和$\overset{\frown}{cp}$上时,摇杆 2 和滑块 1 均静止不动,从而实现两极限位置上的近似停歇。该机构用于喷气织机开口机构中,可实现棕框在上下极限位置时,各有一停歇时间,以便引入纬纱。

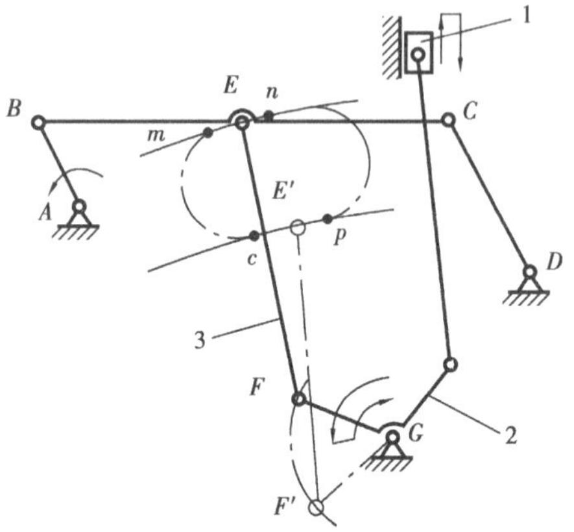

图 8.48

(2)不完全齿轮移动导杆间歇机构

功能:将旋转运动转换为双侧停歇的往复移动。

结构和工作原理:在图 8.49 中,不完全齿轮 1 与外凸锁止弧 2 固联,其中 1 上只有 9 个齿且为主动件,齿轮 6 上有 20 个齿并与内凹锁止弧 5 固联,5 又与滑块 3 铰接。不完全齿轮 1 以 9 个齿驱动齿轮 6 转动半周后,锁止弧 2 与 5 接触,使 5 与 4 均静止不动。齿轮 1 每转两周,滑块 4 完成一次往复移动,并在行程的两端各有一停歇时间。

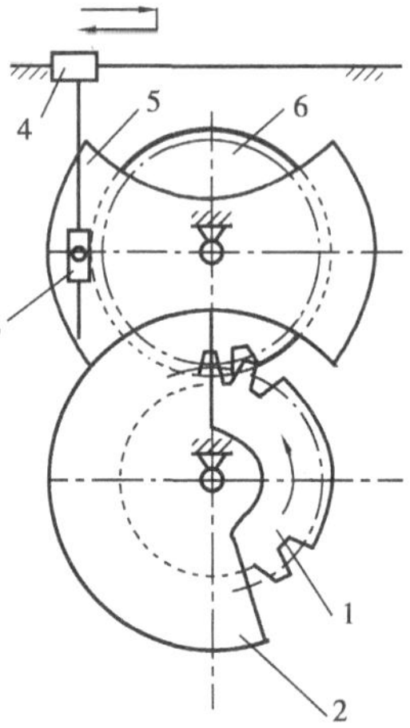

图 8.49

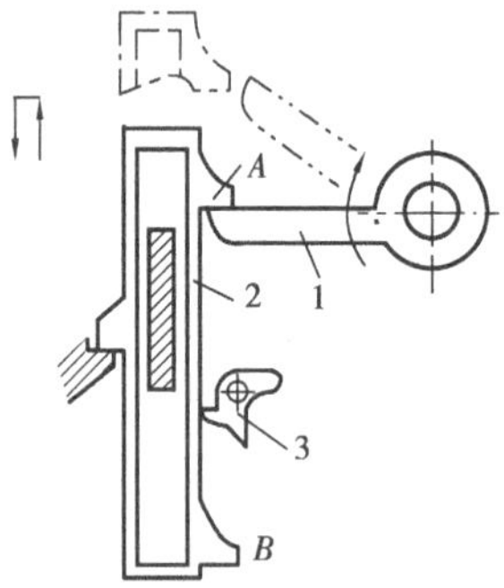

图 8.50

(3)重力急回间歇机构

功能:将旋转运动转换为双侧停歇的往复移动。

结构和工作原理:在图 8.50 中,从动件滑块 2 与机架构成移动副,使 2 沿垂直导路上下移动。主动转壁 1 通过凸耳 A 将滑块 2 抬升到双点画线位置时,1 与 A 脱离,与此同时,摆动挡块 3 钩住凸耳 B,2 在最高位停歇;当转壁 1 继续转动时,1 拨动挡块 3,使 3 与 B 脱钩后,2 以自重下落，直到停在实线位置即 2 在最低位停歇。该机构具有两端停歇时间不等和快速下落的特点。

8.4　换向、单向机构

8.4.1　换向机构

(1)三星轮换向机构

功能：在主轴转向不变时，改变从动轴的转向。

结构和工作原理：图 8.51 所示为车床上走刀丝杠的三星轮换向机构，齿轮 2、3 空套在三角形构件 *a* 的两轴上，构件 *a* 可绕轮 4 的轴线转动。在图 8.51(a)所示的位置时，主动轮 1 的运动经中间轮 2 和 3 传给从动轮 4，由于有三次外啮合，故从动轮 4 与主动轮 1 的转动方向相反；若通过手柄转动构件 *a*，使其处于图 8.51(b)所示的位置时，中间齿轮 2 不参与传动，主动轮 1 的运动经中间齿轮 3 直接传给从动轮 4，故从动轮 4 与主动轮 1 的转向相同。

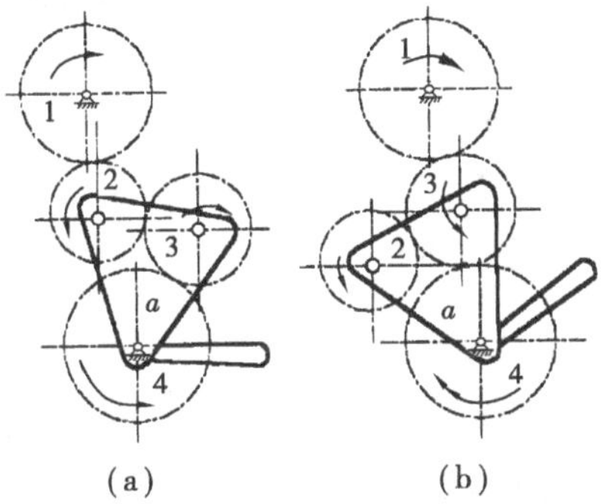

图 8.51

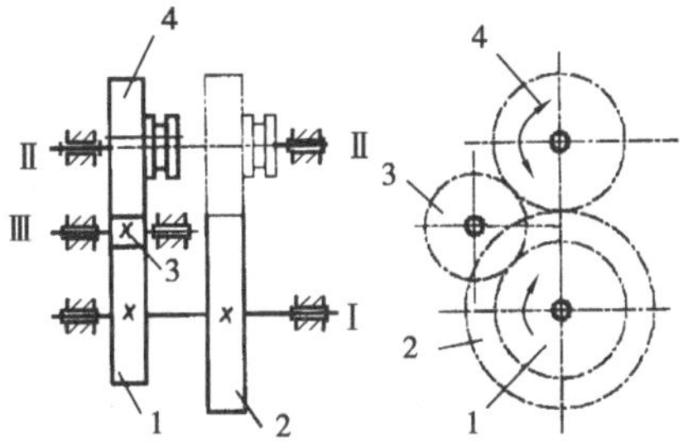

图 8.52

(2)滑移齿轮换向机构

功能：在主轴转向不变时，改变从动轴的转向。

结构和工作原理：如图 8.52 所示，齿轮 4 用导向键与轴Ⅱ相连，故齿轮 4 可在换向杆(图中未画出)的操纵下沿轴Ⅱ移动。轴Ⅰ主动，轴Ⅱ从动。当齿轮 4 左移到图中实线位置时，啮合路线为 1-3-4，主、从动轴Ⅰ和Ⅱ同向转动；当把齿轮 4 向右滑移到双点画线位置时，齿轮 2、4 直接啮合，Ⅰ、Ⅱ轴转向相反；当齿轮 4 与齿轮 2、3 均不啮合时，轴Ⅱ不转。

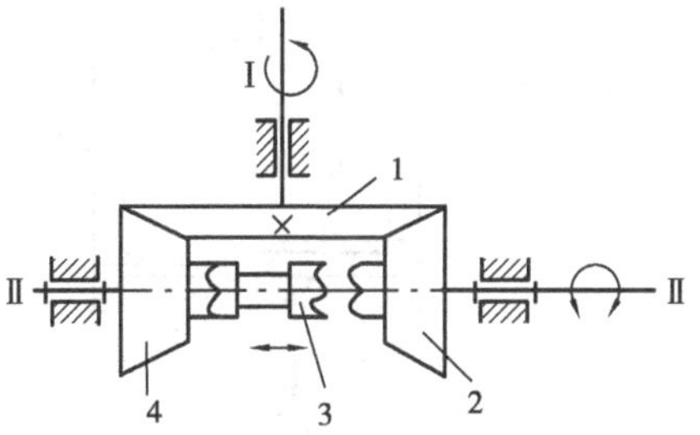

图 8.53

(3)锥齿轮离合器换向机构

功能：在主轴转向不变时，改变从动轴的转向。

结构和工作原理：在图 8.53 中，主动锥齿轮 1 与空套在轴上的锥齿轮 2、4 同时啮合，故 2、4 两轮转向相反，轮 2、4 的左、右两端面上分别固联有一个半离合器，另一个半离合器 3 与轴Ⅱ用花键联接，3 可沿轴Ⅱ左、右滑移。当 3 左移到与轮 4 接合时，轮 4 通过离合器 3 带动轴Ⅱ转动；而当 3 右移到与 2 啮合时，轮 2 通过 3 使轴Ⅱ换向转动。当 3 与 2、4 均不接合时，轴Ⅱ不转。

（4）行星轮系换向机构

功能：在主轴转速转向不变时，改变从动轴的转速和转向。

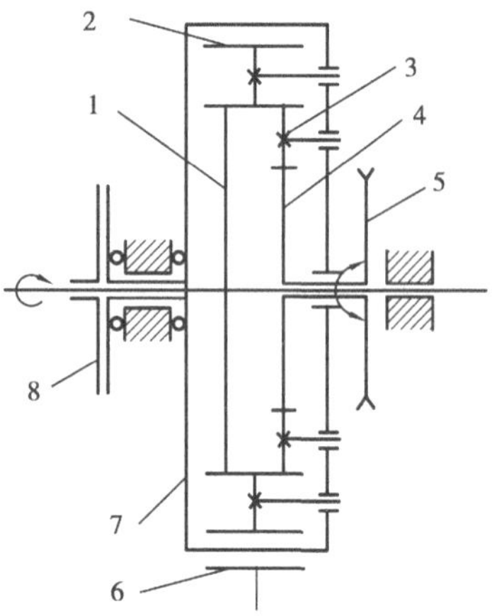

图 8.54

结构和工作原理：图 8.54 是履带式水稻收割机的转向装置，8 是离合器，6 是制动器，宽齿轮 2 同时与 1、3 啮合。当 8 接通 6 松开时，整个轮系作为一个刚体运动，故 $n_1 = n_7 = n_5$；当 6、8 均脱开时，由于轮 5 受到外界阻力作用而处于停滞状态，即 $n_4 = n_5 = 0$，轮系为一行星轮系，故 $n_7 = n_1 \dfrac{z_1}{z_1 + z_4}$；当 8 脱开 6 制动时，$n_7 = 0$，该轮系成为定轴轮系，此时 $n_5 = -\dfrac{z_1}{z_4} n_1$。该轮系中所有齿轮都始终处于啮合状态，没有退出和进入啮合时的冲击问题，所以传动平稳。

（5）摩擦盘差动轮系换向机构

功能：在主轴转速转向不变时，改变从动轴的转速和转向。

结构和工作原理：如图 8.55 所示，固联在主动轴Ⅰ上的摩擦盘 1 同时带动摩擦盘 2、4 反向转动，盘 4、2 的下、上端面上各自固联一个锥齿轮，且空套在从动轴Ⅱ上。锥齿轮和轴Ⅱ组成一个差动轮系，驱动轴Ⅱ转动，轴Ⅱ的转速为：$n_{\mathrm{II}} = \dfrac{1}{2}\left(\dfrac{r_1' - r_1}{r_2}\right) n_{\mathrm{I}}$，式中 n_{I}、n_{II} 分别为主、从动轴转速；r_1、r_1'、r_2 为各盘接触处的摩擦半径。调节螺钉 5 使整个差动轮系上升或下降，从而改变 r_1、r_1' 的数值，达到调节 n_{II} 的大小和转向的目的。当 $r_1 < r_1'$，2 与转向相同，反之则转向相反。

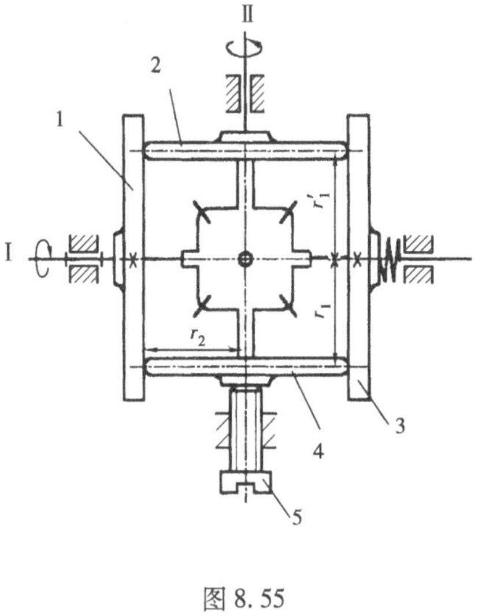

图 8.55

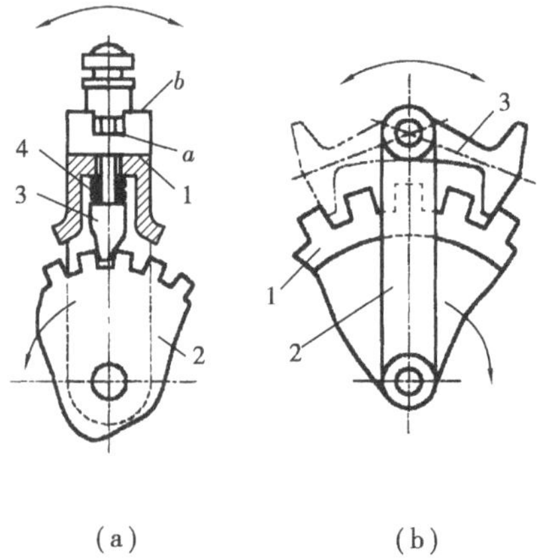

图 8.56

(6) **可换向的棘轮机构**

功能:将往复摆动转换为可换向的间歇转动。

结构和工作原理:在图 8.56(a)中,棘轮 2 上的棘齿是对称的,棘爪 3 下端的左侧(工作面)是垂直平面,右侧是倾斜面。在图示位置时,当摆杆 1 往复摆动时,棘爪的工作面与棘轮轮齿的右侧齿廓相接触,棘轮 2 逆时针方向间歇转动;当把棘爪 3 提起并绕其本身轴线转 180°后再放下时,则 2 顺时针方向间歇转动;若把 3 提起仅转动 90°放下时,3 上的 a 面搁在 1 的 b 面上,3 与 2 脱开,从动轮 2 静止不动。图 8.56(b)中,棘爪 3 制成可翻转的,若棘爪处在图示实线位置,当摆杆往复摆动时,棘轮 2 顺时针方向间歇转动;但把棘爪翻转到双点画线位置时,棘轮 2 逆时针方向间歇转动。

(7) **挡块式自动换向机构**

功能:将旋转运动转换为往复移动。

结构和工作原理:如图 8.57 所示,带 4 张紧在带轮 1 上,并由轮 1 驱动。在图示位置时,弹簧 6 通过销 5 的锥面驱动夹头 2 逆时针方向转动,使 2 的上部与 3 将带 4 夹紧,工作台 3 随带 4 左移;当 2 上的 A 端碰到挡块 B 后,2 顺时针转动,转过销 5 的锥顶后,再被销 5 推动,使 2 的下部与 3 将带 4 夹紧,3 右移;当 A 碰到挡块 C 时,工作台再换向左移。

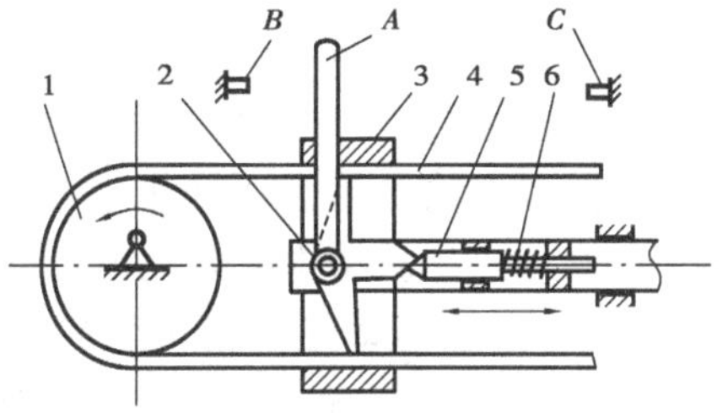

图 8.57

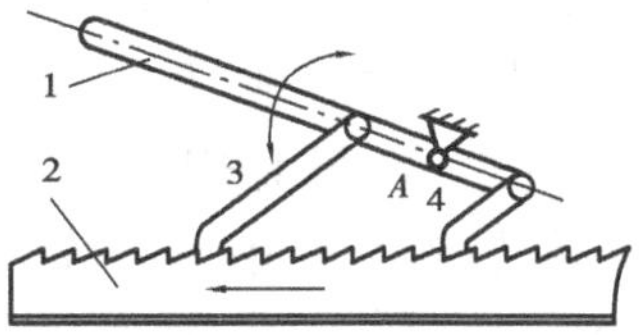

图 8.58

8.4.2　单向机构

(1) **双动棘齿条单向移动机构**

功能:将往复摆动转换为单向脉冲式移动。

结构和工作原理:图 8.58 中,主动摆杆 1 绕固定铰链中心 A 往复摆动,其上铰接了两个棘爪 3 和 4。当摆杆 1 逆时针方向摆动时,棘爪 3 推动棘齿条 2 向左移动;当摆杆 1 顺时针方向摆动时,棘爪 4 推动棘齿条 2 向左移动。从动棘齿条 4 作单向脉冲式移动。

(2) **金属线单向送进机构**

功能:将旋转运动转换为单向间歇移动。

结构和工作原理:如图 8.59 所示,由主动轮 6、导杆 1 和机架组成摆动导杆机构,导杆 1 往复摆动时,通过高副推动夹头 2 往复移动。夹头外壳 2 的内侧为圆锥面,而两端的圆柱面作为滑块 4 的导路,滑块 4 上嵌有钢球 3 并被弹簧推向左端,金属线 5 穿过 4 上的中心孔。当导杆 1 向右摆动时,夹头外壳的内锥面使钢球 3 夹紧金属线 5 同时向右移动;导杆 1 向左摆动时,钢球 3 放松金属线,夹头 2 左移而金属线不动。从而实现了金属线单向送进。

(3) **双动式棘轮单向机构**

功能:将旋转运动转换为单向脉冲式转动。

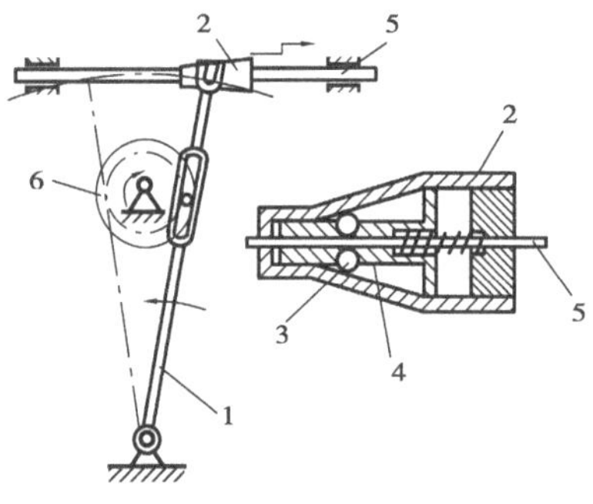

图 8.59

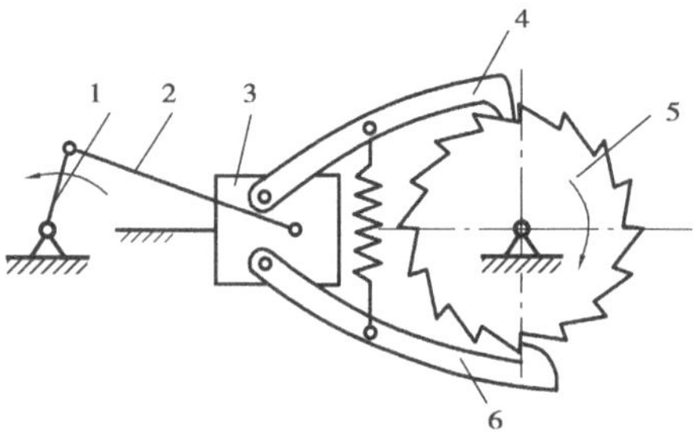

图 8.60

结构和工作原理：在图 8.60 中，由构件 1-2-3 和机架组成曲柄滑块机构，在滑块 3 上铰接两个棘爪 4 和 6。主动曲柄转动时，滑块 3 往复移动，当滑块 3 向左移动时，钩头棘爪 6 带动棘轮 5 顺时针转动，而棘爪 4 在棘轮的齿背上滑过；当滑块 3 向右移动时，棘爪 4 推动棘轮顺时针方向转动。从动件棘轮 5 作单向脉冲式转动。

（4）滚动惰轮单向机构

功能：将往复摆动转换为单向间歇转动。

结构和工作原理：在图 8.61 中，齿轮 1、3、4 绕各自的固定铰链中心转动，而惰轮 5 的转轴一方面支撑在固定曲线槽内，另一方面又嵌在叉杆 2 的导槽内，叉杆 2 与齿轮 1 同轴，且与轮 1 端面之间有足够的摩擦力。当主动轮 1 顺时针方向转动时，在惰轮 5 轮齿所受作用力和 1、2 端面间摩擦力的共同作用下，轮 5 被推向右端，运动经惰轮 5 传递到从动轮 4，从动轮 4 作顺时针方向转动；当主动轮 1 逆时针方向转动时，惰轮 5 被推到了左端，运动经惰轮 5、齿轮 3 传给从动轮 4，带动轮 4 顺时针方向转动。即从动轮 4 的转动方向不因主动轮 1 转向改变而改变。

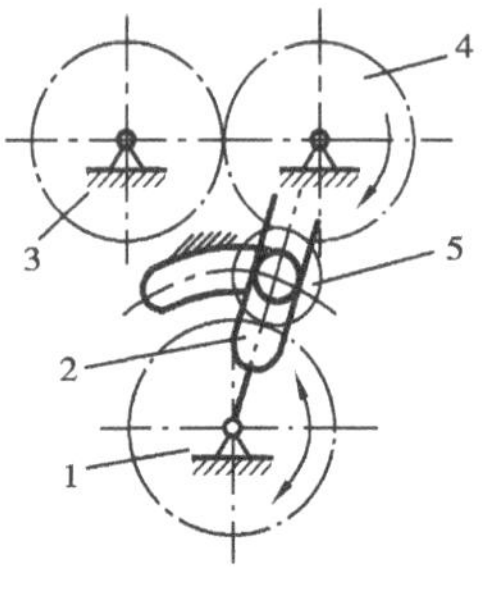

图 8.61

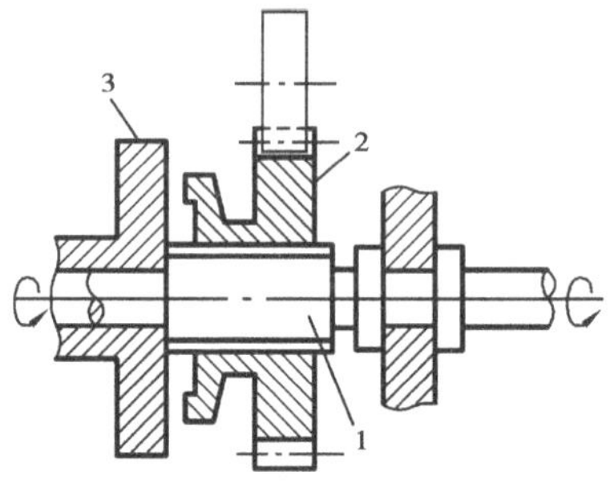

图 8.62

（5）螺旋摩擦式单向机构

功能：实现超越离合和单向传动。

结构和工作原理：图 8.62 所示为用于内燃发动机上的启动机构，主动轴 1 以右旋螺纹与轮 2 相联，启动电机与轴 1 相连，发动机主轴与盘 3 相连。当轴 1 按图示方向转动时，轮 2（螺母）向左移动，其端面压紧盘 3，并通过端面上的摩擦力带动盘 3 和发动机转动，使发动机启动。启动后若发动机转速 n_3 高于 n_1 时，2 与 3 脱开。若将盘 3 固定，当轴 1 按图示方向转动时，摩擦力将使轮 2 制动。

(6)摩擦棘轮超越式单向机构

功能:实现超越离合和单向传动。

结构和工作原理:图 8.63 所示的机构由星轮 1、外套筒 2、弹簧顶柱 3 和滚柱 4 组成。当星轮 1 逆时针回转时,由于 2 的内壁与 4 之间的摩擦,将滚柱推向楔形空隙的小端,楔紧在 1 与 2 之间,使 2 随 1 一起逆时针方向转动。当 1 顺时针方向转动时,滚柱被推向空隙的大端,1 和 2 松开,从动件 2 不动。当 1、2 同时逆时针方向转动时,若 $n_2 > n_1$,则 1、2 也将松开,2 作超越运动。该机构不仅是单向机构同时也可作超越离合器使用。

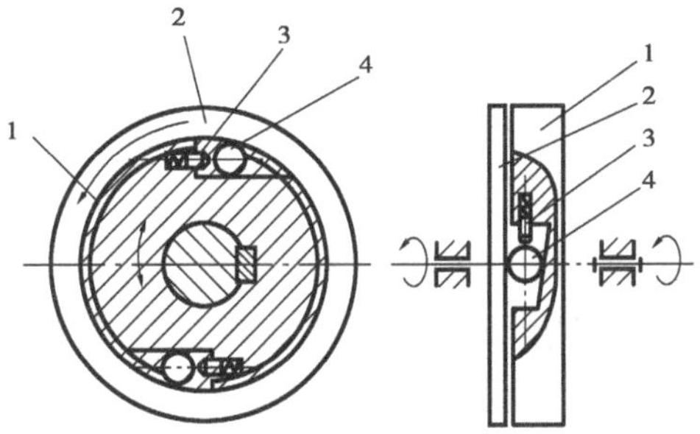

图 8.63

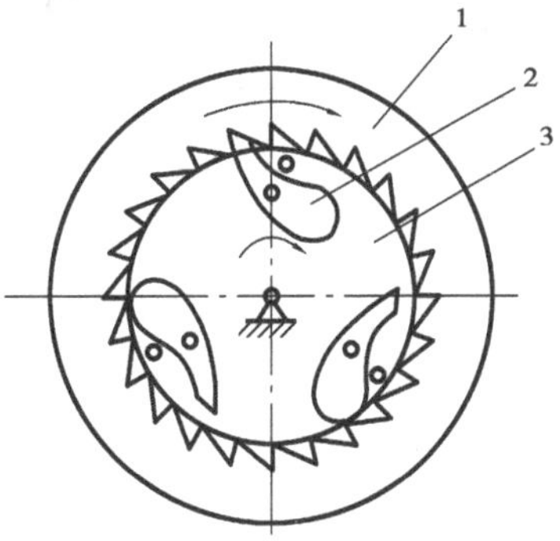

图 8.64

(7)棘轮式超越机构

功能:实现超越离合和单向传动。

结构和工作原理:在图 8.64 中,1 为内棘轮,在轴 3 上铰接若干个棘爪 2。当 1 顺时针方向转动时,若 $n_1 > n_3$,则 1 通过棘爪 2 带动从动轴 3 作同向转动;若 $n_1 < n_3$,则轴 3 可超越轮 1 自由转动。当 1 逆时针转动时,1 与 3 脱开。自行车后轮多采用这种单向超越机构。若将轮 1 固定,则轴 3 只能作顺时针转动;若将 3 固定,则 1 只能作逆时针转动。某些起重机中的止动装置就是利用这种机构工作的。

(8)离合器齿轮单向机构

功能:将往复摆动转换为单向旋转运动。

结构和工作原理:如图 8.65 所示,反向安装的两个超越离合器 *A*、*B* 装在齿轮 1、2 和轴 Ⅰ 之间。当主动轴 Ⅰ 正向转动时,离合器 *B* 空转,通过离合器 *A* 和齿轮 1、5 带动从动轴 Ⅱ 转动;当主动轴 Ⅰ 反向转动时,离合器 *A* 空转,通过离合器 *B* 和齿轮 2、3、4 带动从动轴 Ⅱ 转动。故当轴 Ⅰ 换向转动时,轴 Ⅱ 的转动方向并不改变。

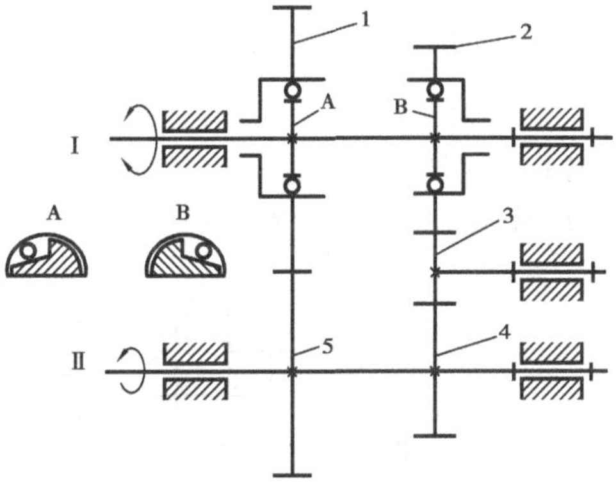

图 8.65

第 9 章

差动机构和气、液驱动连杆机构

9.1 差动机构

差动机构一般是指具有两个（或两个以上）自由度的机构。为使这类机构具有确定的相对运动，需要给定两个（或两个以上）输入运动。在实际应用中，差动机构不仅是组合机构的基础机构，而且可以用作微动、放大、误差补偿、可调以及数学运算等机构。

9.1.1 差动螺旋机构

(1) 典型差动螺旋机构

功能：将旋转运动转换为直线移动。

结构和工作原理：图 9.1(a)、(b)所示的机构中，1 为主动螺杆，2 为滑动螺母，3 为带螺孔的机架。螺杆 1 上带有两段螺纹，导程分别为 l_2 和 l_3。2 和 3 组成移动副，1 和 2、3 分别组成两个螺旋副。当螺杆 1 转动 φ 角时，螺母 2 移动的距离 $s=(l_2 \pm l_3)\frac{\varphi}{2\pi}$。式中螺纹旋向相同时取“ - ”，旋向相反时取“ + ”。当两段螺旋旋向相同时，若 l_2 与 l_3 相差很小，则螺母 2 的位移很小，常利用这种特性实现微动，这种螺旋机构称为差动螺旋机构或微动螺旋机构；当两螺纹旋向相反时，螺母 2 可以产生快速移动，这种螺旋机构称为复式螺旋机构。

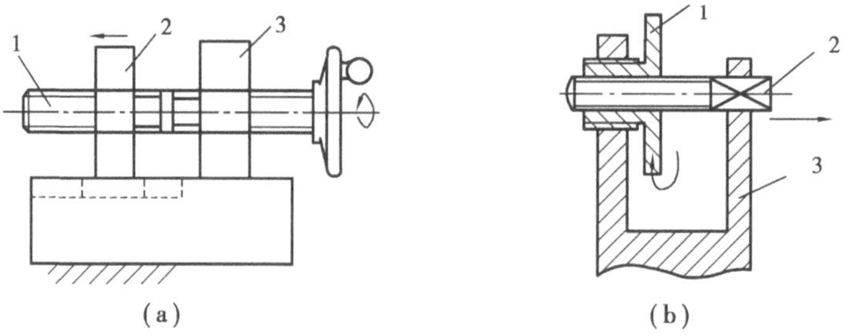

图 9.1

(2) **复式螺旋机构**

功能：将旋转运动转换为直线移动。

结构和工作原理：图 9.2 为台钳定心夹紧机构，带两段螺旋 A 和 B 的螺杆 3 与机架组成转动副，A 端是右旋螺纹，B 端是左旋螺纹，平面夹爪 1 和 A 端的螺母固联，V 型夹爪 2 与 B 段螺母固联，两螺母均和机架 4 构成移动副。该机构采用了导程不同的复式螺旋机构，可使夹爪 1 和 2 快速移动，以夹紧工件 5。

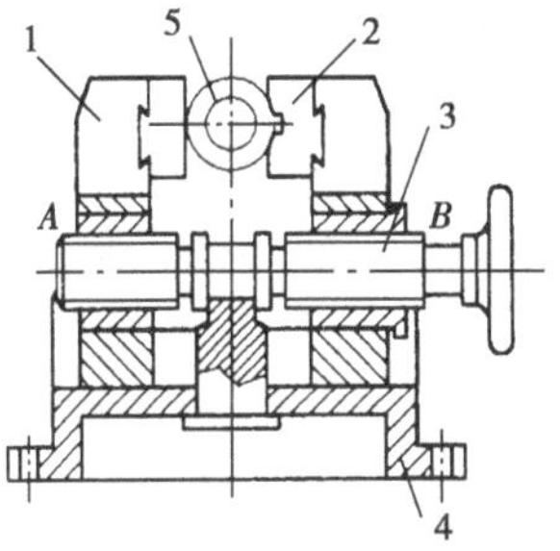

图 9.2

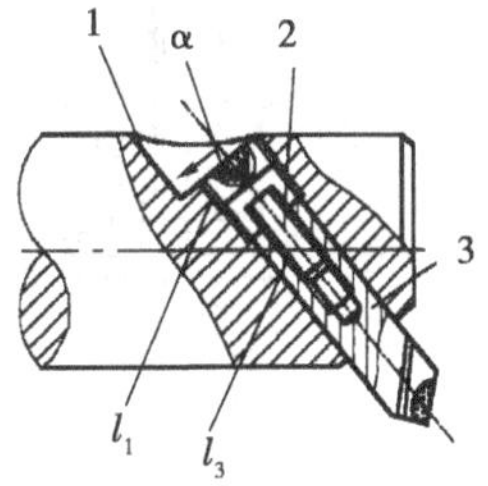

图 9.3

(3) **镗刀进刀量调节机构**

功能：将旋转运动转换为直线移动。

结构和工作原理：如图 9.3 所示，镗刀 3 通过螺杆 2 安装在机床主轴 1 上，转动螺杆 2 可调节镗刀 3 的进刀量。螺杆 2 以上端右旋螺旋与主轴 1 上的螺孔配合，其导程为 l_1 = 1.25 mm，螺杆 2 以下端的右旋螺旋与镗刀 3 上的螺孔配合，其导程为 l_3 = 1.0 mm。由于该机构采用了导程不同的微动螺旋机构，当通过螺杆 2 尾部的六角孔按图示箭头方向转动 2 时，可以微量调节镗刀的进刀量。如螺杆 2 每转过 10°，镗刀沿导杆方向进刀量为 s = 0.006 9 mm。

(4) **螺旋运动误差补偿机构**

功能：补偿螺旋副中的运动误差。

结构和工作原理：图 9.4 所示的机构中，螺杆 1 通过螺旋副与螺母 2 联接，当螺杆 1 等速转动时，通过螺母 2 带动拖板 3 等速移动。在螺母 2 上固联一柱销 4，嵌入固定导板 5 的曲线槽中。由于各种误差使拖板 3 不能实现预期的等速运动时，5 上的曲线沟槽迫使螺母 2 产生一附加转动，以补偿误差，保证拖板 3 等速移动。沟槽的轮廓曲线应根据螺旋副实际运动误差设计，为了提高补偿精度，通常将螺旋副的运动误差放大若干倍后制成导板的曲线槽，再用杠杆系统缩小若干倍传递给螺母。

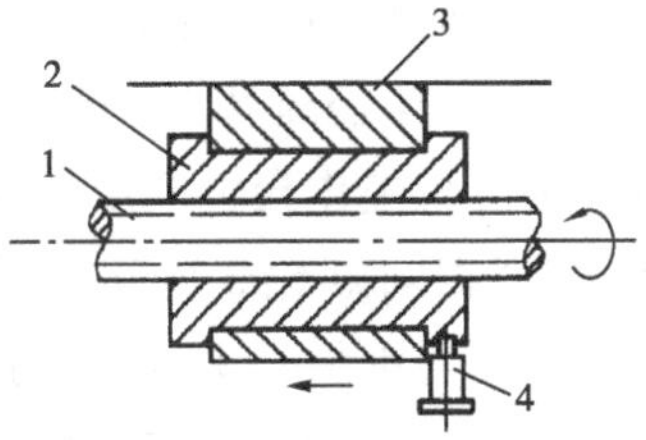

(a)

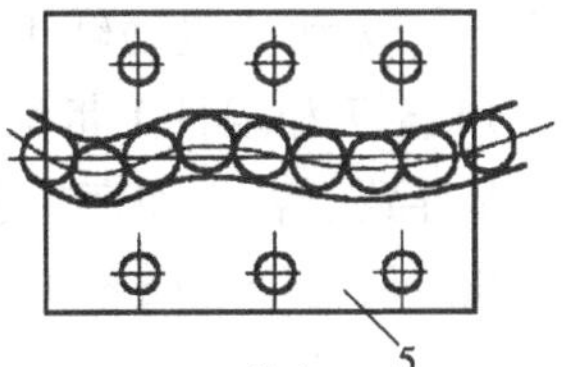

(b)

图 9.4

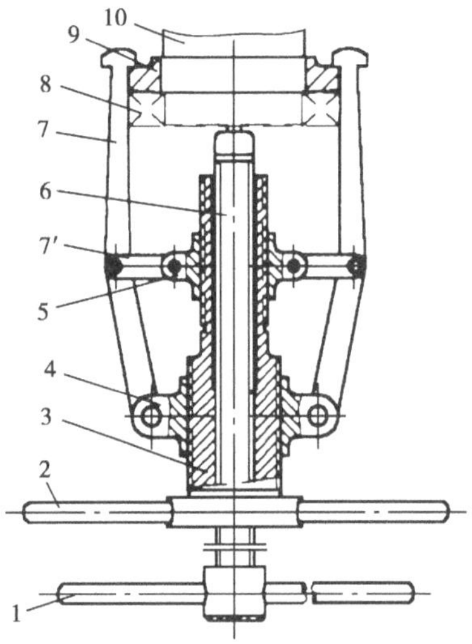

图 9.5

(5)拨轴器

功能:将旋转运动转换为直线移动。

结构和工作原理:图 9.5 所示的拨轴器中,手柄 1 和右旋螺杆 6 固联,而螺杆 6 与螺母套 3 上的内螺纹构成螺旋副。螺母套 3 与手柄 2 固接,3 的上端左旋外螺纹与螺母 5 组成螺旋副,而下端右旋外螺纹与螺母 4 组成螺旋副。当从轴 10 上拨拆零件 8 时,先向右转动手柄 2 带动螺母套 3 转动,则差动螺母 5 和 4 分别向上、下移动,使爪 7 抱紧辅助卡环 9;再转动手柄 1,使螺杆 6 向上移动顶住轴 10 的端面,继续转动手柄 1 时,螺杆 6 和轴 10 一起向上移动,即可使零件 8 从轴 10 上卸下。

9.1.2 差动齿轮机构

(1)差动锥齿轮机构

功能:实现运动的分解。

结构和工作原理:图 9.6 所示为装在汽车后桥上的差速器简图。其中锥齿轮 1、5 组成定轴轮系,齿轮 2-3-4-5(H)组成差动轮系。汽车发动机的运动经传动轴传给齿轮 1,再带动齿轮 5 及固接在 5 上的系杆 H 转动。各轮的转速关系为 $n_4+n_2=2n_5$。当汽车直线行驶时,两后轮转速相等,即 $n_4=n_2=n_5$,这时整个差动轮系相当于同齿轮 5 固接在一起成为一个刚体运动;当汽车转弯时(如左转),由于两轮跨距为 $2L$,两轮所走的路线不同,且与地面保持纯滚动,即两轮转速应满足 $n_4:n_2=\dfrac{R-L}{R}:\dfrac{R+L}{R}$,该轮系可以根据转弯半径 R 将主动轴的转速自动地分解为两个后轮的不同转速。

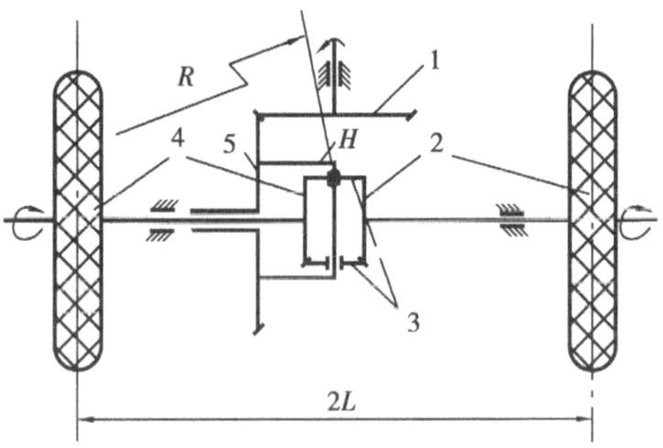

图 9.6

(2)蜗轮分度误差补偿机构

功能:补偿传动系统中的运动误差。

结构和工作原理:图 9.7 为滚齿机工作台的运动误差补偿机构。工作台 2、蜗轮 3 和凸轮 4 同时固联在轴Ⅱ上。运动从主动轴Ⅰ输入后分成两路:一路经锥齿轮 10 带动滚刀转动,另一路经齿轮 12、9、14、8、7 和蜗杆 1 带动工作台转动。滚刀与工作台之间应保证严格的对滚关系,但由于各种误差导致二者之间存在运动误差,为此,根据对蜗轮 3 的运动误差进行实际测量后确定凸轮 4 的廓线,再经过凸轮 4、齿条 5、齿轮 6 传至与锥齿轮 14 固联的蜗轮上,从而给锥齿轮 14 施加一附加运动来进行误差补偿,以保证工作台与滚刀之间的严格对滚关系。

(3)两轴相角调整机构

功能:两轴之间相对相位角的调整。

结构和工作原理:在图 9.8 所示的机构中,由行星轮 2-3、中心轮 4、5、系杆 H 组成差动轮

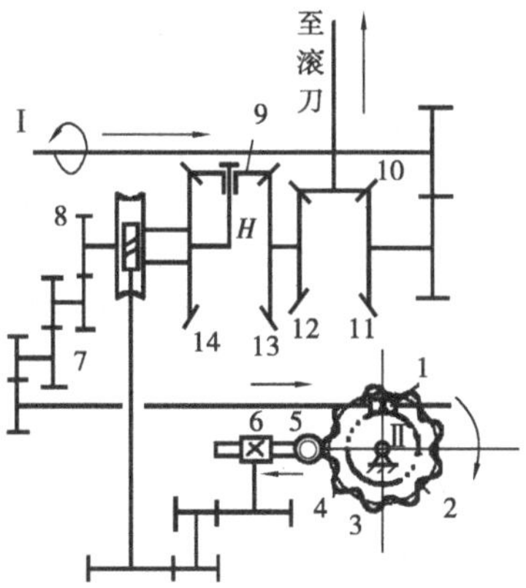

图 9.7

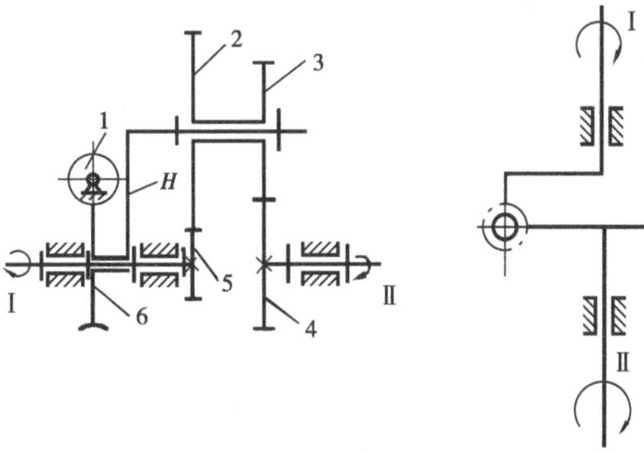

图 9.8

系，由蜗杆 1 和蜗轮 6 组成一定轴轮系，蜗轮 6 与系杆 *H* 固联。当蜗杆 1 不转动时，5-2-3-4 组成定轴轮系，主动轴 I 通过该轮系带动从动轴 II 转动。要调整 I 、II 两轴间的相角时，转动蜗杆 1，由轴 I 和蜗杆共同来驱动轴 II 转动，结果改变了轴 I 、II 之间的相角。

9.1.3　差动连杆机构

(1) 单轮刹车机构

功能：将往复移动转换为反向的往复摆动。

结构和工作原理：如图 9.9 所示的单轮刹车机构为一差动连杆机构。图中两刹车闸瓦 *J* 和 *G* 分别固联在摇杆 6 和 4 上，刹车时，向右拉动操纵杆 1，通过连杆 2、3、5 带动两摇杆 4 和 6 反向转动，使两闸瓦均衡地施加作用力，从而避免车轮滚动刹车时受到附加制动力的影响，以提高刹车效果。

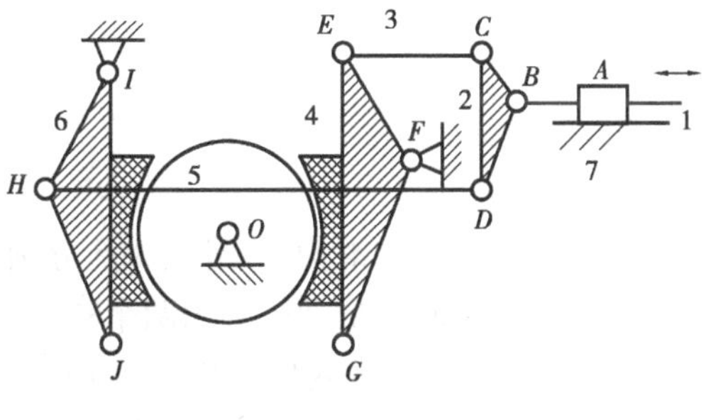

图 9.9

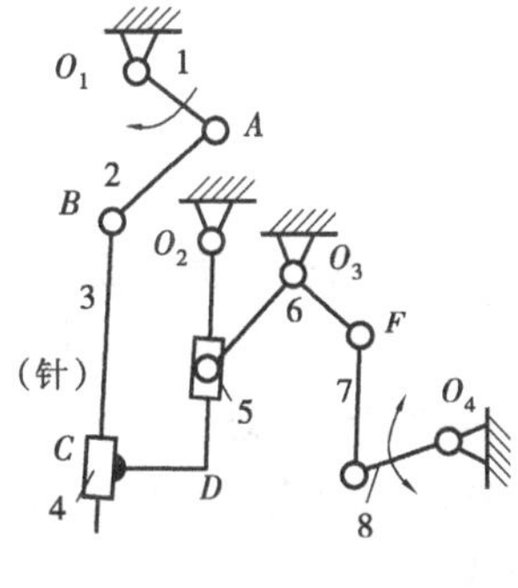

图 9.10

(2) 缝纫机针传动机构

功能：将旋转运动和往复摆动转换为平面运动。

结构和工作原理：图 9.10 所示的机构用于 LH-1182 型缝纫机针的传动。该机构具有两个自由度，是由原动件 1、8 和三个II级杆组 2-3、4-5 和 6-7 组成，故该机构为II级机构。当缝料较厚时，缝针除了刺布运动（上下运动）外，还需作送料运动（缝针刺进缝料后，针沿送料方向运动）。该机构中从动件为针杆 3（缝针），当原动件曲柄 1 转动，摇杆 8 往复摆动时，驱动针杆 3 作复杂的平面运动，即上下往复移动（刺料运动）及摆动（送料运动）。

(3)缝纫机送料机构

功能:将两个原动件的往复摆动合成为连杆上一点的椭圆形轨迹。

结构和工作原理:图9.11所示的缝纫机下送料机构为2自由度的五杆机构,如图9.11(a)。送料牙固接在连杆2上,机构的主动件为送料摇杆1和抬牙摇杆4。送料摇杆1控制送料牙横向动程(针迹距),抬牙摇杆4控制送料牙的纵向动程,两个运动合成后,送料牙按近似椭圆轨迹运动。该机构可看作是由原动件1、4与一个Ⅱ级杆组2-3组成,Ⅱ级杆组也可设计成图9.11(b)或图9.11(c)的结构。

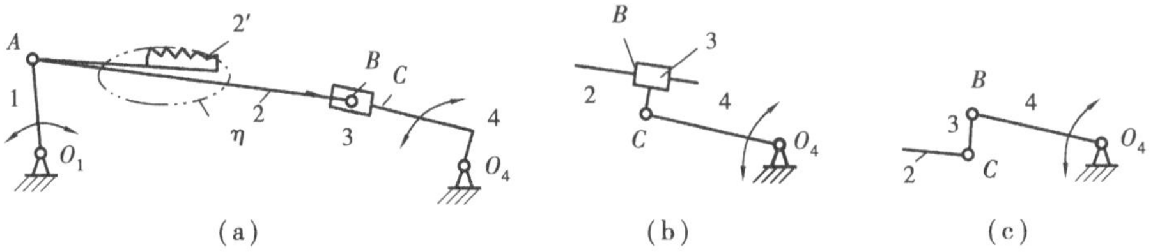

图9.11

9.1.4 差动滑轮机构

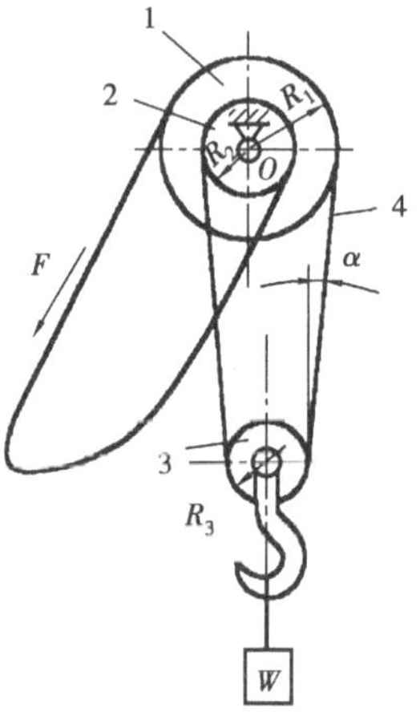

图9.12

功能:提升重物并具有显著的增力效果。

结构和工作原理:图9.12中,双联定滑轮1、2绕固定铰链中心O转动,并通过链条4与动滑轮3联接。当动滑轮3上作用的重力为W时,施加于定滑轮链条上的拉力为F,二者的关系为$F=\frac{R_1-R_2}{2R_1\cos\alpha}W$。为了提高增力效果,一方面可减小两定滑轮的半径差,即减小(R_1-R_2)的数值;另一方面使$R_3=\frac{R_1+R_2}{2}$,即$\alpha=0$。

9.1.5 组合机构

(1)轴线位置偏差补偿机构

功能:联接两轴并自动补偿两轴间的位置偏差。

结构和工作原理:在图9.13所示的机构中,主动轴1上开有滑槽,两滑块3、6分别嵌入槽中组成移动副。连杆4、5分别与滑块3、6构成转动副,并同时与从动轴2用两个转动副相连,从而组成一自由度为2的差动连杆机构。两连杆的端部分别固联两扇形齿轮,扇形齿轮相互啮合以封闭差动连杆机构,得到自由度为1的机构。工作过程中,当主动轴1的轴心O和从动轴2的轴心O'相对位置发生变化时,机构能自动补偿,而不影响两轴之间的运动传递。

(2)凸轮连杆差动机构

功能:将两个旋转运动合成为一个旋转运动。

结构和工作原理:如图9.14所示,主动凸轮4、圆盘3和从动盘2均与机架以转动副相连,与3构成转动副的构件6与滑块5组成移动副,而与凸轮4组成高副,滑块5铰接在构件2上。主动件3、4转动时,通过构件5和6带动从动盘2转动,所以2的运动是主动件3、4运动的合成。此外,凸轮4的轮廓曲线对从动盘2的运动规律也有重要的影响。

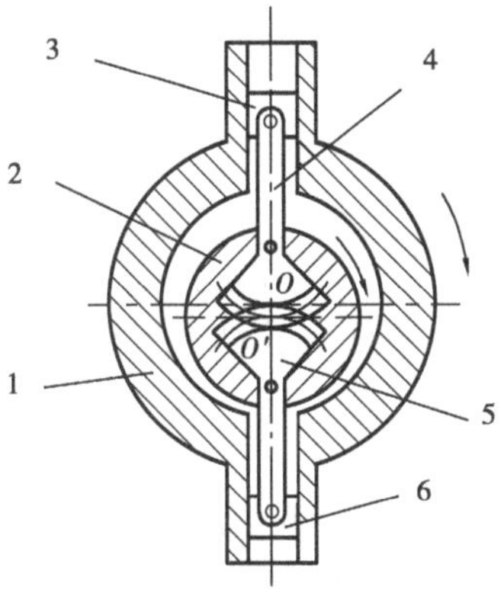

图 9. 13

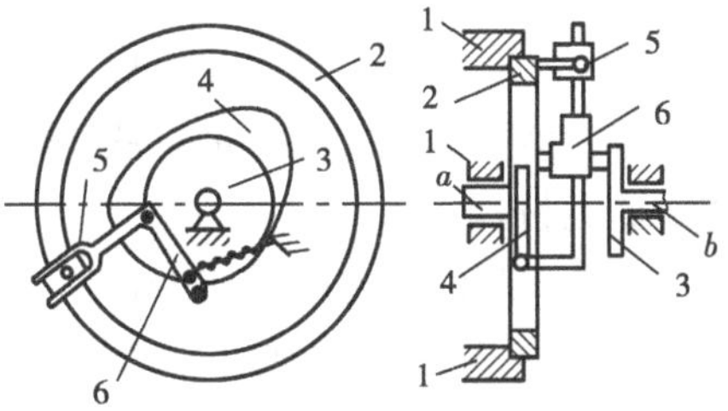

图 9. 14

(3) **蜗杆凸轮机构**

功能:将两个旋转运动合成为一个旋转运动。

结构和工作原理:图 9. 15 中,主动件圆柱凸轮 2 转动时,通过摆杆 4、连杆 5 和操纵滑块 6 带动蜗杆往复移动,同时,蜗杆作为主动件又作等速转动,通过啮合带动从动件蜗轮 3 作周期性变速转动,以满足转动速度的要求。也可根据蜗轮 3 的实际运动误差设计凸轮 2 的廓线,经构件 4、5、6 给蜗轮施加一附加运动,以此来补偿传动系统中的周期性误差。

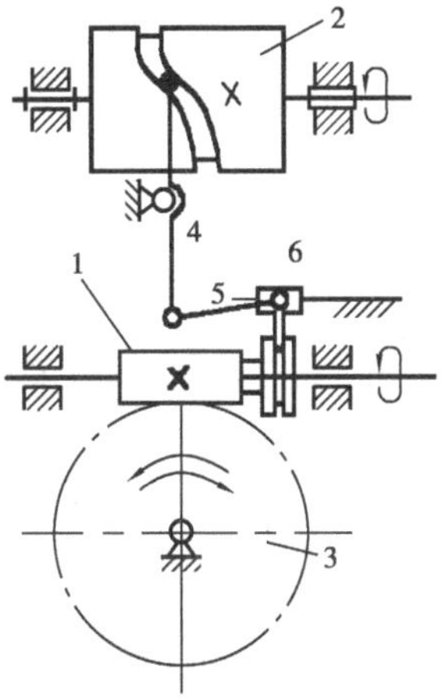

图 9. 15

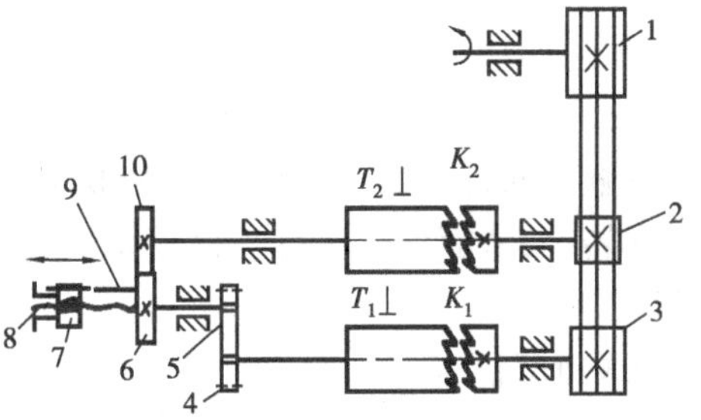

图 9. 16

(4) **差动螺旋齿轮机构**

功能:将旋转运动转换为速度不同的往复移动。

结构和工作原理:如图 9. 16 所示,主动带轮 1 同时驱动两个从动带轮 2 和 3 同向转动,T_1、T_2 为两个制动器,K_1、K_2 为两个离合器,齿轮 5 与丝杠 8 固联,齿轮 6 空套在丝杠 8 的轴上且和螺母 7 用导向键 9 相连,故 6 和 7 同时转动,但可沿轴向作相对移动。当 K_2 断开、T_2 制动、T_1 松开、K_1 接通时,即齿轮 10、6 不动,4、5、8 转动,则螺母 7 不转动而快速移动;当 T_1、T_2 同时松开且 K_1、K_2 同时接通时,4、5、6、10 同时转动,则螺母 7 除与 8 同向转动(转速不同)外,7 还相对于 8 轴向移动,即螺母 7 慢速移动;T_1 制动、K_1 断开、T_2 放松、K_2 接通时,丝杠 8 不动,螺母 7 转动并快速退回。

9.2　气、液驱动连杆机构

气、液驱动的连杆机构是指以液压缸或气压缸作动力，将活塞相对于缸体的相对直线运动通过连杆机构变为复杂运动，以满足对从动件的行程、速度和复杂运动规律等多方面的要求。

(1)铸锭搬运机构

功能：实现连杆两位置之间翻转180°。

结构和工作原理：如图9.17所示，*ABCD*为双摇杆机构，水压缸1通过连杆2驱动摇杆3(*AB*杆)。由加热炉退出的铸锭6先进入盛料器4(固联在连杆*BC*上)内，如图中实线所示的位置；水压缸1推动摇杆3运动到点画线位置，在此过程中盛料器翻转180°，将铸锭运送到升降台7上。

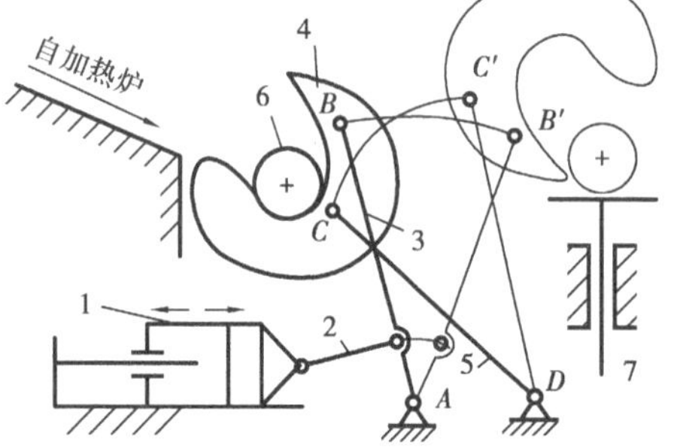

图9.17

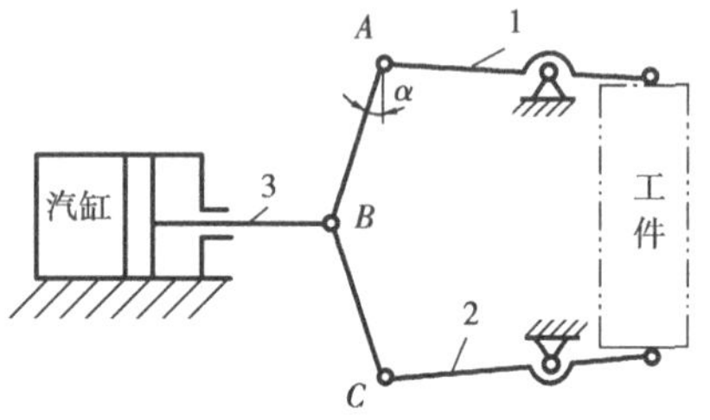

图9.18

(2)夹紧机构

功能：将往复移动转换为两杠杆的反向转动。

结构和工作原理：在图9.18中，除汽缸与活塞杆3构成移动副之外，其他构件之间均用转动副相连。汽缸活塞杆3通过复合铰链*B*推动对称连杆*AB*和*BC*，使杠杆1、2绕各自的固定铰链中心反向转动，从而夹紧工件。该机构具有明显的增力效果，α角越小，夹紧力越大。一般取$\alpha=10°\sim25°$。

(3)齿轮式抓取机构

功能：通过汽缸推动两手爪反向转动，以抓取工件。

结构和工作原理：图9.19中，汽缸1与机架构成转动副*A*，活塞2与摆杆3组成转动副，与摆杆3固联的扇形齿轮4和轮5啮合，4、5分别与各自的手爪固联。当活塞杆2推动摆杆3转动时，通过齿轮传动使手爪作开闭动作。当手爪闭合抓住工件时，如图所示，工件对手爪的作用力*G*的方向线在手爪回转中心的外侧，故夹紧后可反锁。

(4)卷筒胀缩机构

功能：将往复移动转换为平行移动，以改变卷筒外径。

结构和工作原理：图9.20所示的机构为用于金属轧材车间退火电炉上的卷筒胀缩机构。图中外筒1和内筒2之间用若干组平行杆(如*AB*、*CD*杆)联接，组成若干套平行四边形机构*ABCD*，外筒1作连杆，内筒2相对固定。当活塞杆4向右运动时，右端点*F*通过*EB*使连架杆*AB*转动，则工作卷筒的外径缩小，以便将金属带卷装到装载卷筒上；当活塞杆4向左运动时，卷筒外径增大，张紧卷筒上的金属带卷，以便由带卷上拉下带材，通过制动器可施加一定的摩

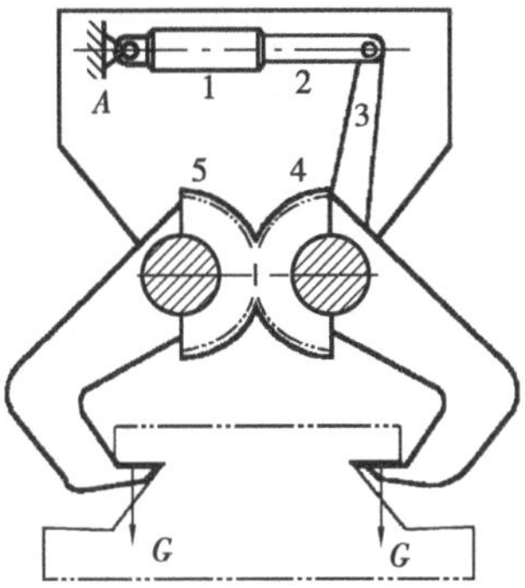

图 9.19

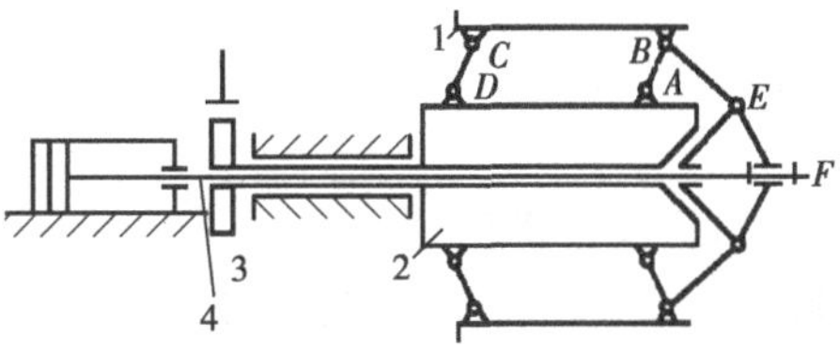

图 9.20

擦阻力，以便拉下带材时保持一定的拉力。

(5)凿岩机液压托架摆动机构

功能：机构中的从动件可停留在平面内任一方位。

结构和工作原理：用于打通隧道的凿岩机应能在坑道横断面中的任意方位上打眼。如图 9.21 所示，凿岩机 8 固联在摆杆 1 上，通过液压缸 4、5 驱动的 10 杆机构来满足这一要求。在

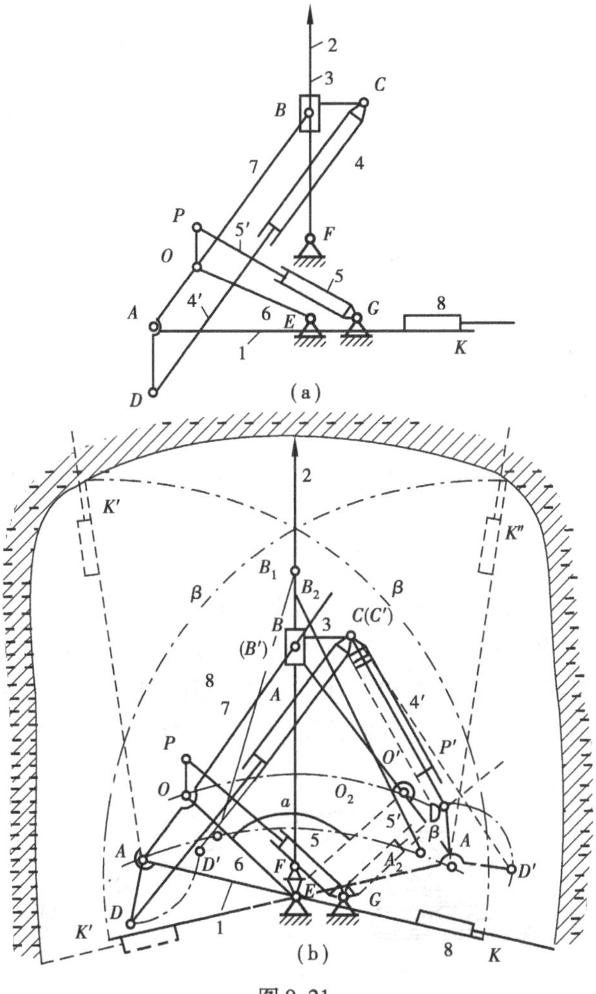

图 9.21

使用前首先将立柱 2 用气压千斤顶顶在坑道的顶部使其固定不动。然后根据要求的打眼方位 K,使液压缸 5 的活塞杆 5′伸缩,由于 5′的运动,一方面使摇杆 6 绕 E 转动,6 可在 α 角的范围内任意位置停留,同时,摆臂 7 也随之运动,其上的 B 点随滑块 3 在立柱 2 上滑动,O 点则绕 E 点转动。当构件 7 的位置固定之后,液压缸 4 的活塞杆 4′伸缩再驱使构件 1 绕 A 点转动,1 可在 β 角的范围内任一位置停留。液压缸 4 和 5 的动作配合起来,可使凿岩机 8 在任意方位上打眼。

(6)压力机杠杆机构

功能:将往复移动转换为另一往复移动,并且有增力效果。

结构和工作原理:图 9.22 中,主动件活塞 1 在固定的液压缸 2 中往复移动,从动件滑块 6 则在固定导轨 a 中往复移动,其余构件之间均以转动副联接。该机构的基本杆组为 5-6 组成的Ⅱ级组和 8-4-9-3 组成的Ⅲ级组,所以机构为三级机构。当活塞 1 从右往左运动时,对坯料 7 施加压力。

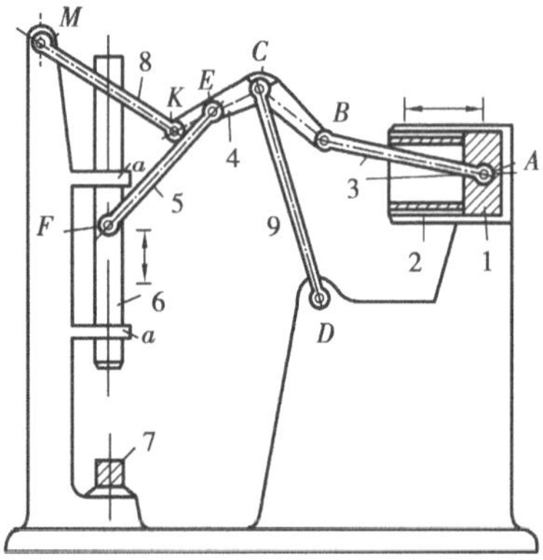

图 9.22

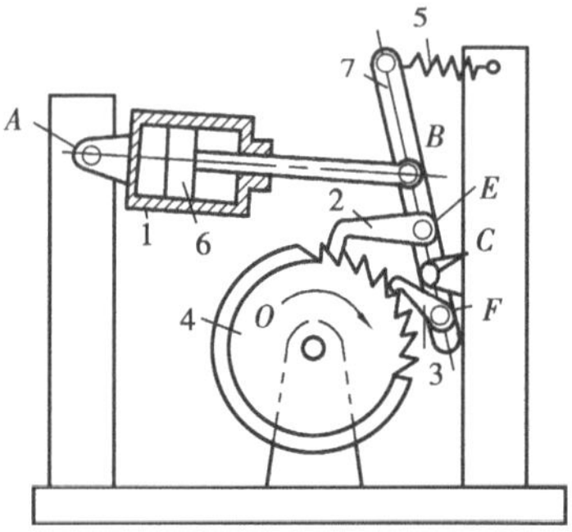

图 9.23

(7)汽缸驱动棘轮机构

功能:将活塞杆的相对移动转换为单向间歇转动。

结构和工作原理:图 9.23 中,汽缸 1 与机架构成固定铰链 A,摆杆 7 分别与活塞杆 6、棘爪 2、3 和机架构成转动副 B、E、F 和 C。当活塞 6 在汽缸内往复移动时,通过摆杆 7、钩头棘爪 2 和 3 使棘轮 4 单方向间歇转动。

(8)挖掘机机构

功能:实现小臂、大臂的伸缩和铲斗的挖掘或卸载。

结构和工作原理:图 9.24 所示的正、反铲挖掘机动臂曲伸机构,由大臂 1、小臂 2、铲头 3 和三个液压缸 4、5、6 组成。小臂分别和大臂、铲头之间用铰链相连,大臂与机架和液压缸 4 的活塞杆之间构成转动副。三个液压缸分别控制大、小臂和铲斗的运动,使铲斗可在不同的位置完成挖掘或卸载。

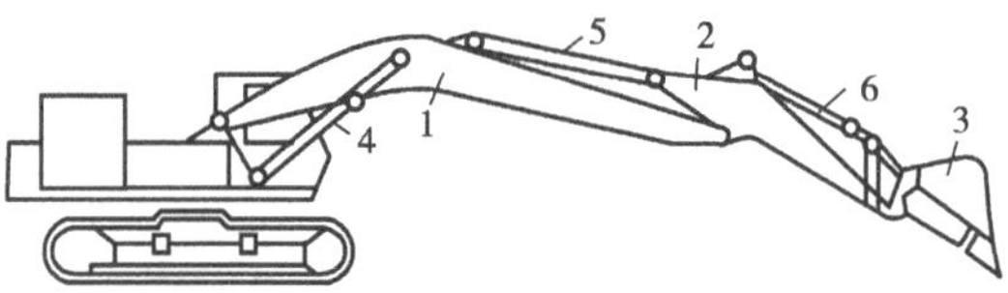

图 9.24

第 10 章 导引机构

导引机构包含点的导引机构和刚体导引机构两大类。点的导引机构是指刚体上的一点按给定的轨迹运动或按给定的若干个点位运动的机构，也称之为实现预期轨迹的机构；刚体导引机构是指刚体通过预定某些位置的机构。

在平面机构中，作平面运动的构件上各点所走的轨迹曲线都不相同，而这些构件在某一瞬时都占有特殊的位置，利用这些构件的特殊位置或其上一点的轨迹曲线，可以满足刚体的导引和点的导引。精确地实现点的轨迹要求和刚体的位置要求，机构的结构往往比较复杂，设计也很困难，所以实际中有时采用近似导引机构。

10.1 点的导引机构

10.1.1 直线导引机构

(1)精确直线导引机构

功能：构件上一点实现直线运动轨迹。

结构和工作原理：图 10.1 所示为用于圆盘锯上的精确直线导引机构。该机构中 8 个构件均用铰链连接，各构件的长度应满足一定的关系。

机构中构件 2 为主动件，当 2 绕 O 点转动时，圆盘锯的中心 M 将沿着与$\overline{AO}$垂直的直线移动，用来实现锯床的进给运动。

此外，还有许多精确直线导向机构，但大多是结构复杂得多杆机构，由于其构件多，运动副多，在加工误差和运动副间隙的影响下，可能导致实现的轨迹发生过大偏差，所以在机械中，精确直线导向机构的应用并不多见。

(2)港口用起重机机构

功能：连杆上一点实现近似水平直线运动轨迹。

结构和工作原理：如图 10.2 所示的起重机要求吊钩能作较大距离的水平直线运动，以免上下提升重物时消耗能量。图中采用双摇杆机构 $ABCD$，吊钩挂在连杆上的 M 点，机构运动时，M 点的轨迹为近似直线段，可满足起重机的上述要求。

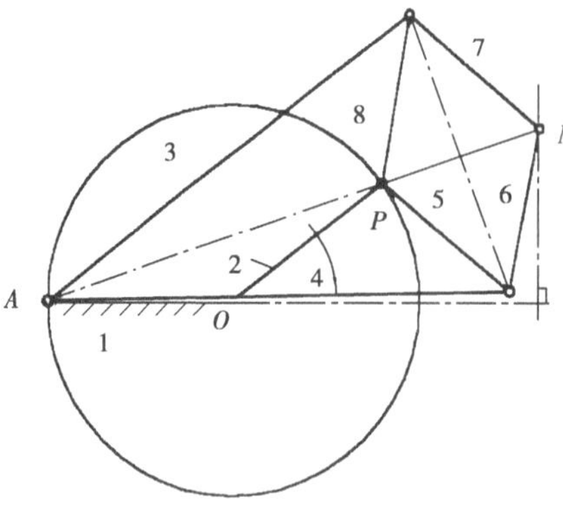

图 10.1

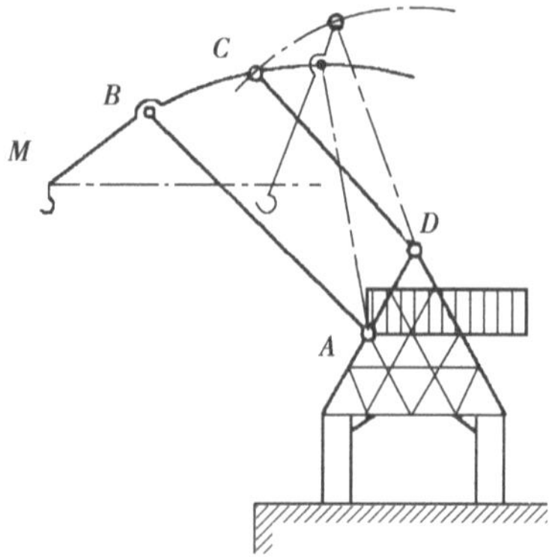

图 10.2

(3)摄影机抓片机构

功能:连杆上一点实现近似 D 字形轨迹。

结构和工作原理:摄影机在摄影过程中,需要间歇地移动胶片。而且要求抓片齿能接近垂直地插入胶片齿孔中,然后平稳地沿直线轨迹拉动胶片,最后又接近垂直地退出齿孔。图 10.3(a)中采用曲柄摇杆机构间歇地移动胶片。图中连杆上 M 点的轨迹呈 D 字形,当 M 点走 M_1M_2 直线段时,抓片齿拉动胶片,对应曲柄的转角为 α,当 M 点在轨迹的其他曲线段上运动时,对应的曲柄转角为 $360° - \alpha$,胶片静止不动。

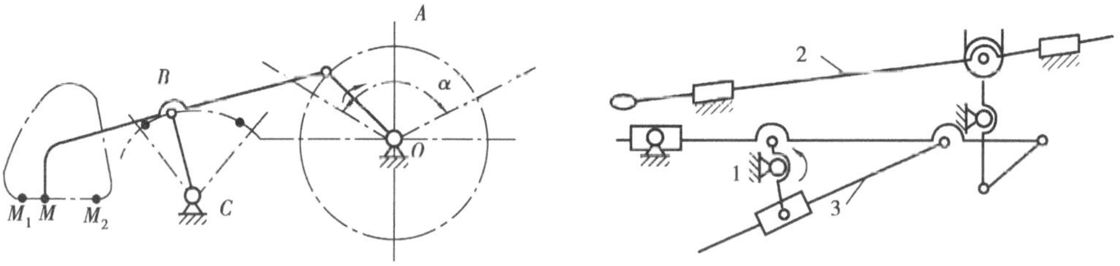

(a) (b)

图 10.3

图(b)所示为 35 mm 反光摄影机中的抓片机构。当主动曲柄 1 等速转动时,构件 3 作平面运动,固联于杆 3 左端的抓片齿间歇地拨动胶片。当抓片齿退出胶片齿孔时,固接于杆 2 左端的定位针插入胶片的齿孔定位,从而改善了抓片机构的运动性能。

(4)仿图仪

功能:用于曲线、图形的放大或缩小。

结构和工作原理:图 10.4 所示的仿图仪中,$ABCD$ 为平行四边形,机构的尺寸必须保证 O、C、E 三点在同一直线上,故 $\frac{OC}{OE} = \frac{OA}{OB} =$ 常数。使用时若将 O 点固定,用 C 点模画已知曲线,则 E 点可以画出放大的相似曲线;若将 C 点固定,则 O、E 两点画出互转 180°的相似图形,比例关系不变。

(5)联合收割机割刀驱动装置

功能:连杆上一点实现近似直线运动轨迹。

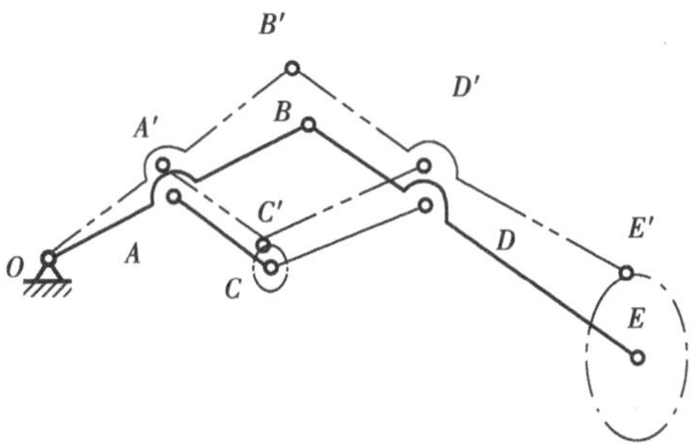

图 10.4

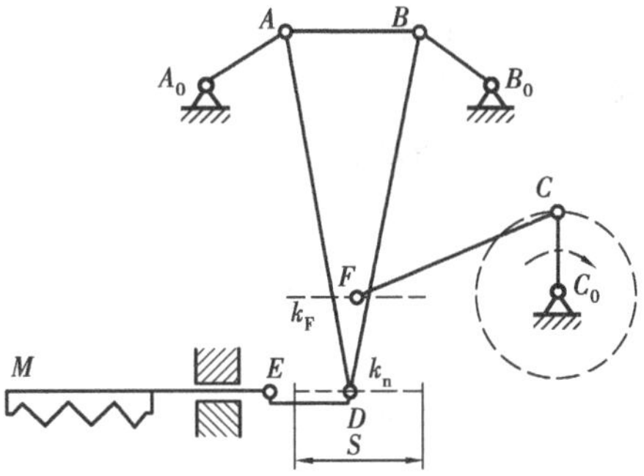

图 10.5

结构和工作原理：当驱动收割机的割刀时，应避免作用在滑轨上的有害的侧向力，如图 10.5 所示。

如果作用在割刀 M 的铰链 E 上的运动副反力永远沿着割刀的运动方向，就可以实现这一要求。该机构是由罗伯特直线导引机构 A_0ABB_0 和两个Ⅱ级组 FCC_0、DEM 组成。机构中连杆上的 D 点沿近似于直线 K_n 运动，F 点的轨迹近似于直线 K_F，因而割刀所受驱动力的方向将沿着割刀的运动方向，从而避免了割刀上的侧向力。连杆点 D 的轨迹偏离直线很小时，铰链 D 和 E 可以合并，即构件 DE 可取消。

10.1.2 加工非圆机构

(1) 车制椭圆和近似正多边形机构

功能：车制椭圆或正多边形。

结构和工作原理：如图 10.6 所示，主动轴 O_1 上的齿轮 1 经过惰轮 2 驱动从动轴 O_3 上的齿轮 3，所以齿轮 1、3 的转向相同，传动比 $i_{13}=\frac{n_1}{n_3}=\frac{z_3}{z_1}=2$。被车制的工件 5 通过卡盘 4 与从动轴 O_3 固联，安装在主动轴 O_1 上的刀盘 6 上对称安装两把车刀 M、N。现给整个机构加一绕 O_3 轴反向转动的公共转速“$-n_3$”，则从动轴 O_3 固定不动，主动轴 O_1 一方面绕 O_1 轴以 n_1 的转速自转，另一方面绕 O_3 轴以 $-n_3$ 公转。在复合运动中，车刀尖点 M、N 的轨迹分别为椭圆 M'、N'，两椭圆的轴线互相垂直，其长半轴 $a=A+R$，短半轴 $b=A-R$。由四段椭圆曲线组成的近似正方形便是加工后工件的横截面形状。当增大长轴半径、减小短轴半径，则短轴附近的椭圆弧趋于平直。如改变刀具伸出长度和刀具数目，则可以加工出不同尺寸的近似四、六、八等正多边形。

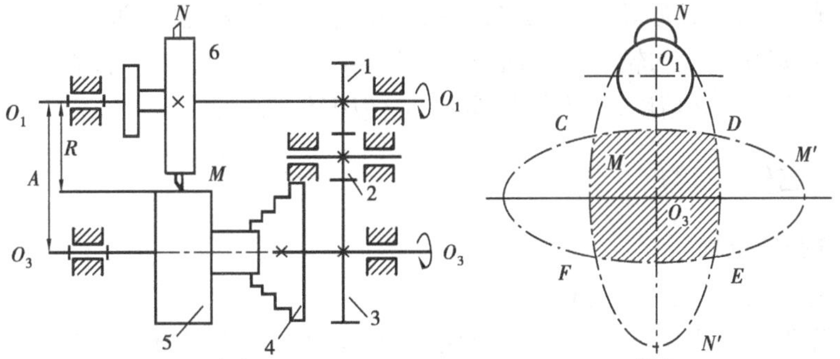

图 10.6

(2)非圆工件磨削机构

功能:磨削非圆工件。

结构和工作原理:如图 10.7 所示,主动偏心轮 1 绕固定轴 O_1 转动,并同时推动两个直动推杆 2 和 5,5 控制砂轮 6 轴心的 x 坐标,2 通过杠杆 3 和推杆 4 控制轴心的 y 坐标。当偏心轮转动时,砂轮轴心的运动方程为:$x_2 = e\cos(i\varphi)$;$y_2 = \frac{b}{a}e\sin(i\varphi)$,式中 $i = \frac{n_1}{n_7}$;e 为偏心轮的偏心距。当砂轮 6 转动时,机构可磨削不同的工件 7。若 $i = 1$、$\frac{b}{a} = 1$,则磨出偏心距为 e、半径为 $(\overline{OO_2} - R)$的偏心圆轴(或孔);当 $i = 2$、$\frac{b}{a} = 2$ 时,则磨出近似椭圆轴;$i = 3$、$\frac{b}{a} = 3$,则磨得三面轴等,$i = 4$、$\frac{b}{a} = 4$,则磨得四面轴。

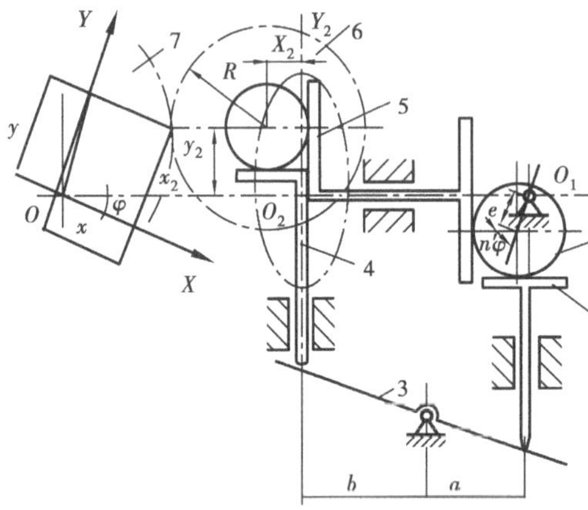

图 10.7

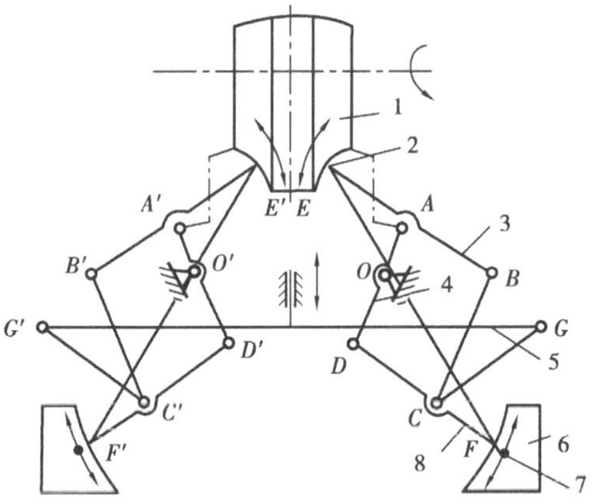

图 10.8

(3)砂轮轮廓修正机构

功能:用于修正砂轮渐开线轮廓曲线。

结构和工作原理:用砂轮磨削渐开线齿廓时,要求砂轮的工作面与渐开线齿廓的齿形完全相同。当工作面失准时,可用图 10.8 所示的机构来修磨。该机构是由完全相同的两套机构用构件 5 联接而成。工作时,砂轮转动,通过操纵杆使构件 5 往复运动,通过两对称平行杆机构的触头 F、F'在固定靠模板的轮廓上来回滑动,则固联于 AB 杆和 $A'B'$杆端部的磨头同时修磨失准的工作面。为了提高精度,减少样板误差,应使$\overline{DF}$大于$\overline{AE}$。

10.1.3 工艺轨迹机构

(1)固定槽凸轮机构

功能:构件上一点实现任意的轨迹曲线。

结构和工作原理:如图 10.9 所示,带有曲线沟槽的凸轮 4 固定不动,铰接于构件 2 右端的滚子 3 嵌于凸轮 4 的沟槽内。当曲柄 1 绕固定铰链中心转动时,带动从动件 2 作平面运动,2 上的 M 点可按要求的轨迹曲线运动。显然,M 点的轨迹曲线取决于凸轮的沟槽曲线,适当地设计凸轮的沟槽曲线，可使 M 点实现任意的轨迹曲线。该图中 M 点轨迹（图中的点画线）为近似正方形。

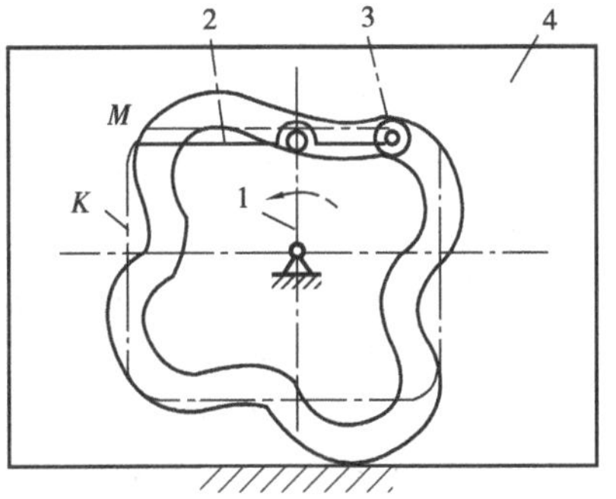

图 10.9

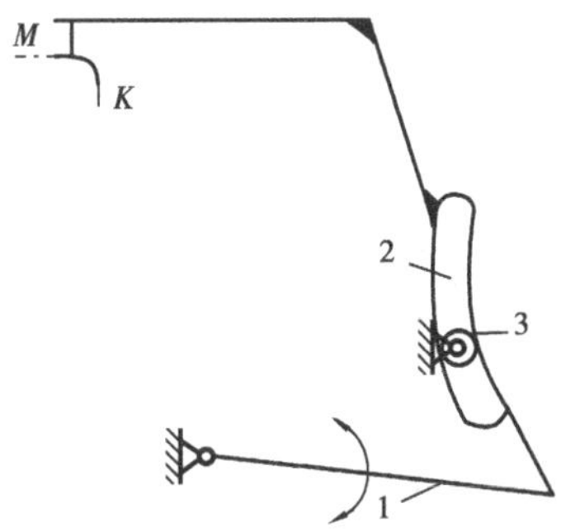

图 10.10

（2）平板印刷机送纸机构

功能：构件上一点按倒“¬ ”字形轨迹运动。

结构和工作原理：在图 10.10 所示的送纸机构中，构件 2 带有曲线槽，与机架铰接的滚子 3 嵌于滑槽中。吸纸盘 M 固接于构件 2 上。当主动摇杆 1 往复摆动时，作平面运动的构件 2 上的吸盘 M 沿轨迹 K 运动，完成吸纸和送纸的动作。

（3）双联凸轮送料机构

功能：构件按矩形轨迹实现平动，间歇送进工件。

结构和工作原理：图 10.11 中，双联凸轮 1、3 固接在同一根轴上并作主动件，盘形凸轮 1 控制平底拖架 2 的上下移动；构件 4 通过固接的滑块与拖架构成移动副，因而圆柱端面凸轮 3 控制拖架 2 的左右移动。当双联凸轮转动时，拖架 2 按矩形轨迹 K 运动，使工件 5 依次间歇送进。

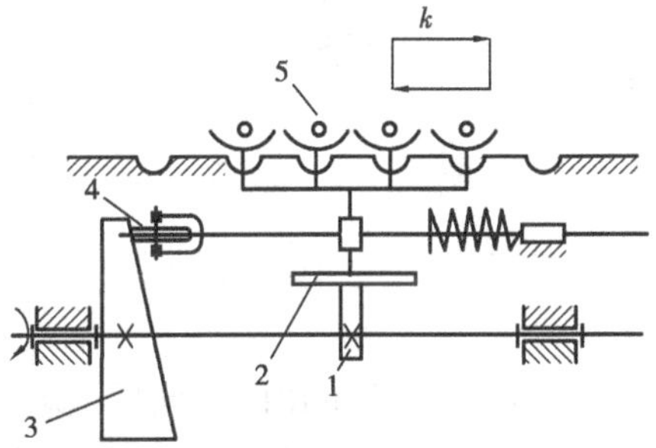

图 10.11

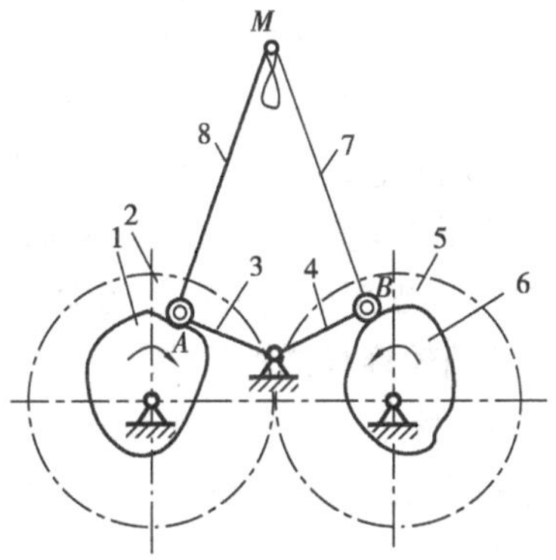

图 10.12

（4）凸轮连杆组合机构

功能：构件上一点实现任意的轨迹曲线。

结构和工作原理：在图 10.12 所示的机构中，由凸轮 1、滚子 A、推杆 3 和凸轮 6、滚子 B、推杆 4 组成两套摆动从动件盘形凸轮机构，在滚子 A 和 B 的中心再铰接由构件 7-8 组成的Ⅱ级组，最后用齿轮机构封闭，形成自由度为 1 的机构。其中凸轮 1、6 分别和齿轮 2、5 固联。当主

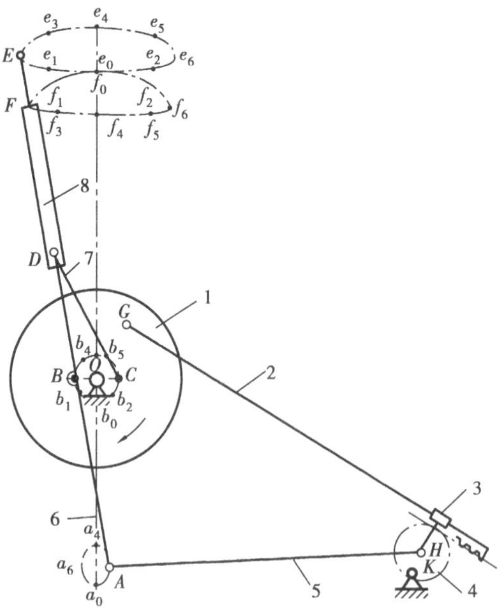

图 10.13

动齿轮 2 转动时,机构中的 M 点按要求的轨迹运动。只要凸轮 1、6 的廓线设计恰当,可使 M 点实现任意的轨迹要求。

(5)飞剪机剪切机构

功能:能够横向剪切运行中的轧件且剪刃移动速度与轧件运行速度同步。

结构和工作原理:由于轧件连续不断地送进,因此剪切时,剪刃应同时完成剪切与移动两个动作,且移动速度应与轧件送进速度同步。图10.13所示的摆动式飞剪机构中,与齿轮 4 相啮合的齿条固联于连杆 2 上,2 与滑块 3 构成移动副。上剪刃安装在构件 6 上的 E 点处,下剪刃安装在滑块 8 上的 F 点处,6 和 8 构成移动副。当主动件飞轮 1 转动时,E、F、A 按图示轨迹运动,当 E、F 到达 e_0、f_0 点时,上下剪刃将钢板剪断。调整 G、O 两点间的距离(图中未画出调整结构)即可改变 H、E 和 F 点的速度,以保证剪切时剪刃与钢板速度同步。

(6)双色胶印机接纸机构

功能:钳口实现理想的接纸轨迹。

结构和工作原理:如图 10.14 所示,$DEFNM$ 是两自由度的铰链五杆机构,在该机构的连架杆 DE 前串接铰链四杆机构 $ABCD$,CD 与 DE 固接,其连架杆 AB 由凸轮 1 驱动,以控制接纸机械手 10 的钳口部分垂直方向运动;在五杆机构的连架杆 MN 前串接铰链四杆机构 $GHKM$,其连架杆 GH 由凸轮 2 驱动,以控制 P 点的水平方向运动,两凸轮 1 和 2 固联在同一根轴上,形成一个自由度为 1 的凸轮连杆机构。当双联的主动凸轮转动时,钳口 P 点按理想的接纸轨迹运动。

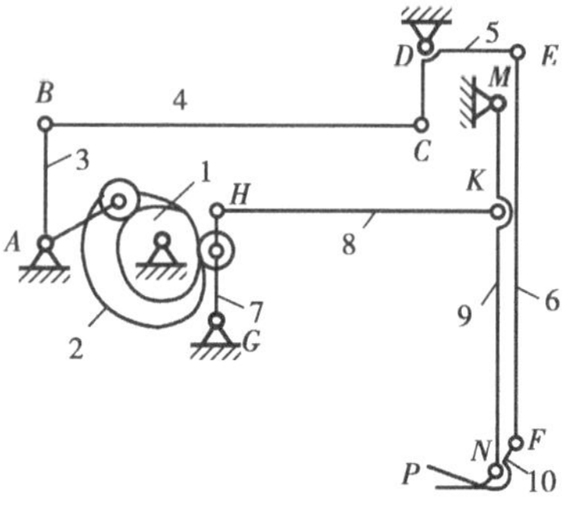

图 10.14

(7)凸轮连杆插秧机构

功能:秧爪上一点实现预期的运动轨迹。

结构和工作原理:机动插秧机中,要求秧爪要满足插秧深度,秧爪退出时稍向后运动,出土时渐成垂直走向,以保证插秧质量。图 10.15 所示的机构中,$CDFGH$ 为双自由度的铰链五杆机构,秧爪固联在连杆 FD 上,铰链四杆机构 $OABC$ 控制连架杆 CD 的运动,连架杆 HG 的配合运动则由凸轮机构来控制。当主动凸轮转动时,秧爪上一点 M 走图示点画线轨迹,能较好满足插秧要求。图中的弹簧 2 一方面用于凸轮机构的力封闭,同时使构件接触位置相对稳定,减小运动副间隙对运动精度的影响。弹簧 1 用于平衡秧爪的惯性冲击力,使机构平稳地工作。

(8)实现任意轨迹的差动机构

功能:构件上一点实现任意的轨迹曲线。

结构和工作原理:图 10. 16 中,构件 2-3-4-5-6 构成双自由度的铰链五杆机构,连架杆 2 和 5 的端部各装设一小滚轮,与双联凸轮 1 组成凸轮机构,该凸轮机构用来封闭铰链五杆机构,形成自由度为 1 的组合机构。只要凸轮廓线设计恰当,可使连杆 4 上一点 *A* 实现所要求的轨迹。

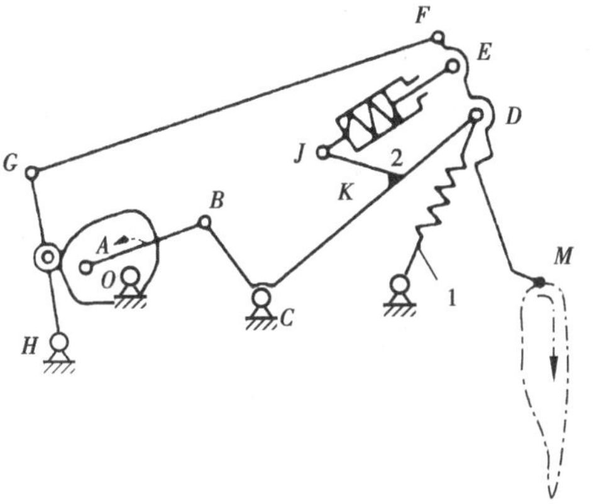

图 10. 15

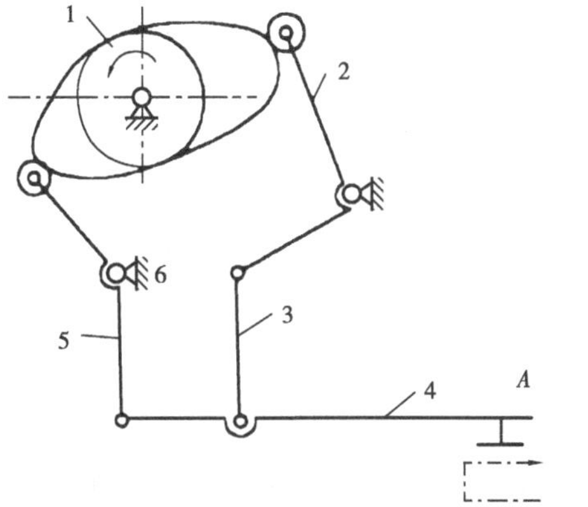

图 10. 16

(9) **以预期速度沿轨迹运动的凸轮连杆机构**

功能:实现预期的轨迹和速度。

结构和工作原理:图 10. 17 所示为洗瓶机中的推瓶机构,要求推头 *M* 自 *a* 沿轨迹以较慢的匀速推瓶并自 *b* 快速返回。图中以铰接四杆机构 *ABCD* 实现连杆上 *M* 点的轨迹,而以凸轮控制 *CD* 杆的运动实现 *M* 点的速度。扇形齿轮是用来减小凸轮升程的。

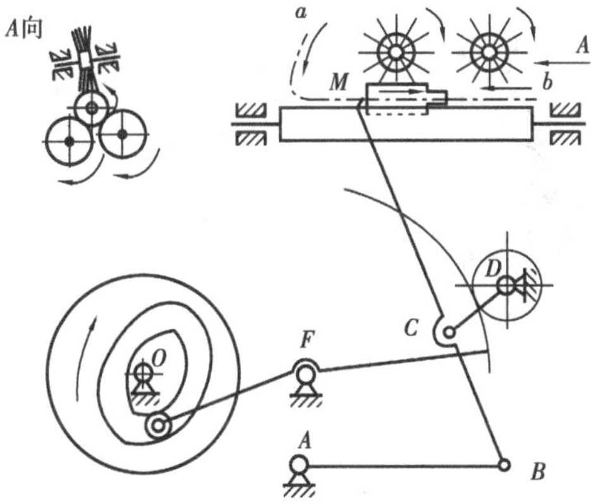

图 10. 17

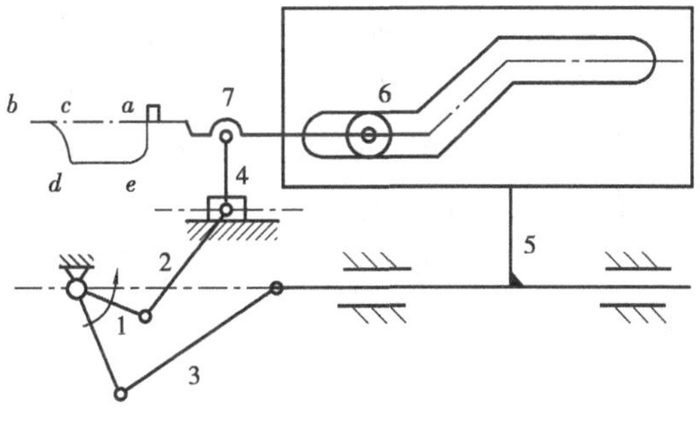

图 10. 18

(10) **包装机推包机构**

功能:实现预期的复杂轨迹。

结构和工作原理:图示 10. 18 所示为包装机中的推包机构,该机构中 1、2、4 和机架组成偏置曲柄滑块机构,可实现行程较大的往复移动,且具有急回特性;1、3、5 和机架组成对心曲柄滑块机构,将转动转换为滑块的往复移动,在滑块 5 上固联移动凸轮通过滚子 6 控制推头的抬头和低头。滑块 4 则控制推头的水平移动,二者组合起来可实现“平推—水平退回—下降—

降位退回—上升复位”的运动要求。

(11)平台印刷机主传动机构

功能：构件上一点实现复杂的预期运动规律。

结构和工作原理：平台印刷机是将铅版凸出的痕迹借助于油墨压印到纸张上，因此要求版台和滚筒在压印段内保持纯滚动关系。图 10.19 所示的机构中，由构件 1-2-3 和机架组成双曲柄机构，3-4-5 和机架组成曲柄滑块机构，其滑块 5 为齿轮并与齿条 6、7 啮合，两齿条分别与机架构成移动副，凸轮与曲柄固联，上齿条与版台固联。该机构中版台 6 的行程是齿轮行程的两倍，且具有急回运动。双曲柄机构可以近似满足版台在压印区中匀速的要求和回程时的急回特性要求。为了保证滚筒表面点的线速度与版台往复移动速度在压印区段完全相同，用凸轮机构作为运动补偿机构。

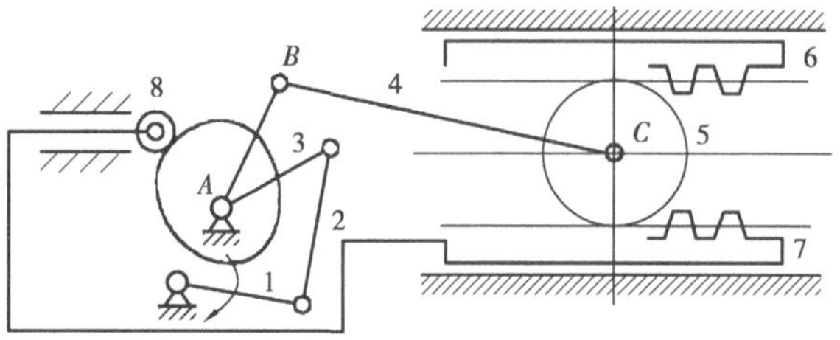

图 10.19

(12)医用棉签卷棉机机构

功能：实现送棉、揪棉、送签和卷棉。

结构和工作原理：如图 10.20 所示，送棉机构采用槽轮机构 1-2 和滚轮 3-4 串联，凸轮机构实现压棉动作，爪轮上的爪转到与支乘在弹簧上的滚轮压紧棉条后，爪轮继续转动并压缩弹簧，使棉条受到的压紧力增大，当转过一定的角度时，棉条被揪断。签杆放在漏斗状的签箱中，并使漏斗震动，通过漏斗下的构件使签杆一根一根的送走。当签杆漏入卷轮的槽中后，在摩擦力的作用下一面前进，一面自转从而完成卷棉动作。

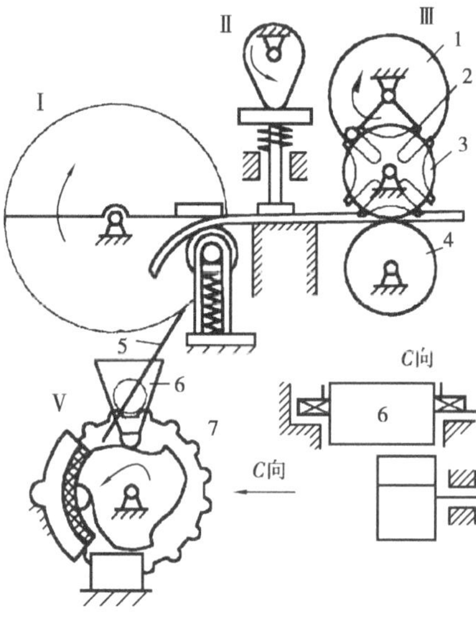

图 10.20

10.2 刚体导引机构

(1)直线导引机构

功能：实现刚体的直线导引。

结构和工作原理：图 10.21 所示的机构中，A_0ABB_0 为一曲柄摇杆机构，其连杆上 E 点在机构运动时作往复直线运动，即 E 点的连杆曲线为一直线。根据有关复演连杆曲线的方法

(Roberts定理),当在曲柄上的 F 点和连杆上的 E 点铰接一Ⅱ级杆组 $EE'F$ 时,则Ⅱ杆组中铰接点 E' 的轨迹曲线与 E 点的连杆曲线完全相同,即 E' 点的轨迹曲线也为相同的近似直线。因而构件 EE' 作往复的直线运动,可用于收割机的驱动装置。

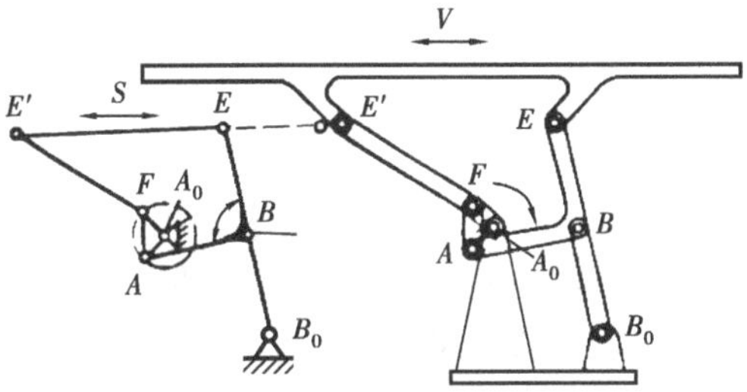

图 10.21

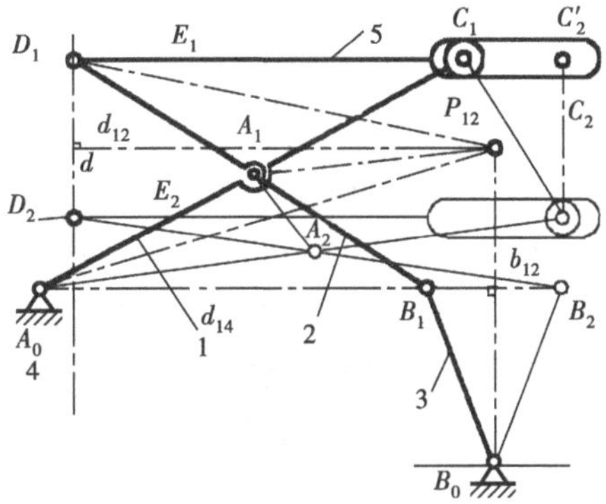

图 10.22

(2)升降机构

功能:实现装载面的平行升降。

结构和工作原理:图 10.22 中,A_0ABB_0 为一铰链四杆机构,其连杆 AB 上一点 D 的运动轨迹为垂直于 A_0B 的近似直线 d,构件 5 上固联装载平面 E,5 的一端与连杆 2 铰接于 D 点,另一端带有矩形槽,铰接于连架杆 1 上的滚子嵌于矩形槽内,使杆 5 处于与 A_0B 平行的状态。当主动件 1 运动时,构件 5(装载面 E)作平行于 A_0B 的平移运动。该机构中,由于 A_0 点固定,而 B 点作圆周运动,所以装载面 E 运动时的平行性会有一定的偏差。

(3)穿孔纸带送进机构

功能:构件上各点轨迹均为"D"字形,间歇送进带孔纸带。

结构和工作原理:如图 10.23 所示的机构中,A_0ABB_0 为一铰链四杆机构,在曲柄 A_0A 上的 A' 点和连杆 AB 上的 E' 点铰接Ⅱ级杆组 $A'EE'$。当主动曲柄 A_0A 转动时,连杆 EE' 作平移运动,EE' 平面上各点的轨迹相同(如图所示)。现在连杆 EE' 平面上方设置若干个销钉,销钉间距等于纸带上的孔距,由于所有销钉的运动轨迹相同,当曲柄转动时,所有销钉插入纸带的孔中,再将纸带向前输送一定距离,最后退出带孔,从而实现纸带的间歇送进。这种间歇送进机构,由于是若干个针销同时驱动纸带,所以送进力大而且均匀。

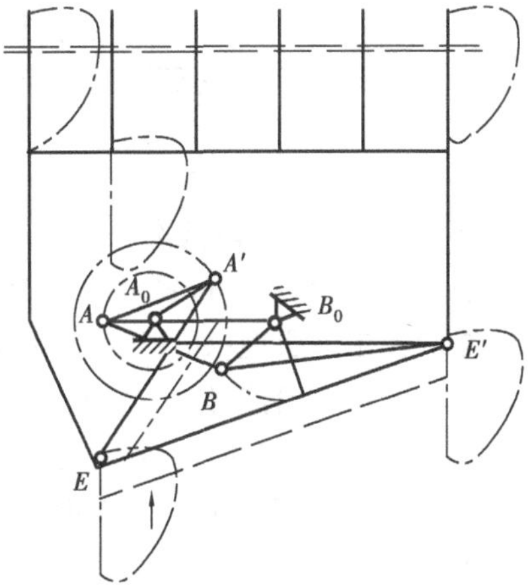

图 10.23

(4)印刷机供纸机构

功能:完成纸张的提取与输送。

结构和工作原理:图 10.24 中,由曲柄 1、连杆 2、连架杆 3 和机架组成一铰链四杆机构,连杆 2 上串接Ⅱ级组 4-5。提纸吸头设置在连杆 2 的端部,递纸吸头设在连杆 4 的端部。当主动曲柄转动时,连杆 2、4 端部的轨迹曲线近似垂直,可以较好的满足提纸和送纸的动作要求。工作时，提纸吸头达到最低点吸住纸库中最上面的一张纸，然后提起，在后部风头的吹动下，提起的这张纸悬浮在空中。当递纸吸头到达最左侧时，吸住悬浮状态的纸，接着提纸吸头放气，递纸吸头向右运动，将纸输送到印刷机的送纸辊中。该机构全部采用转动副，因而制造简单，噪声低，寿命长，适合于高速机构。

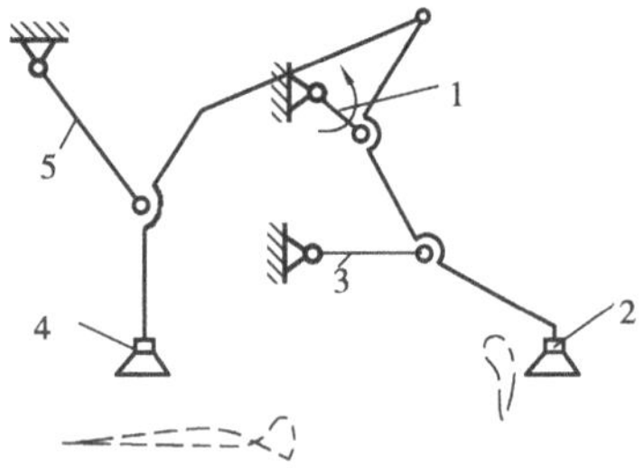

图 10.24

(5)库门启闭机构

功能：实现车库门的开启和关闭。

结构和工作原理：在设计车库门的启闭机构时，为了启闭时轻松自如，要求采用无滑动导轨机构，以减小摩擦；此外运动构件（包括门）在运动过程中不应与库内的汽车和墙壁、房顶碰撞。在图 10.25 所示的机构中，A_0ABB_0 为一铰链四杆机构，ADC 为Ⅱ级杆组，机构中的运动副全为铰链，以满足启闭时摩擦阻力小的要求；车库门固结在构件 6 上，当推动杆 4 时，6 可达到Ⅰ（开启）或Ⅱ（关闭）的位置。弹簧 7 用来平衡门的重量，可使门静止在任何一个位置。

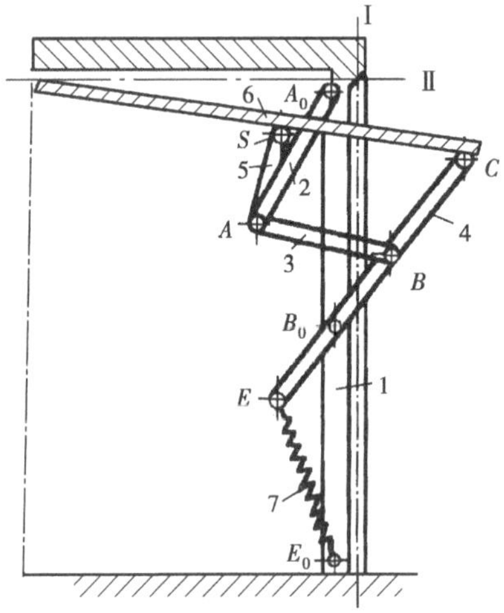

图 10.25

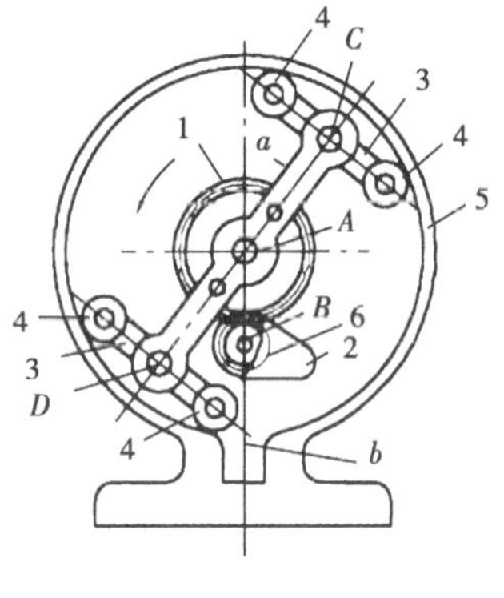

图 10.26

(6)凸轮齿轮翻转机构

功能：构件在预定位置上翻转 180°。

结构和工作原理：如图 10.26 所示，相互啮合的齿轮 1 和 6 分别绕固定轴线 A 和 B 转动，凸轮 2 与齿轮 6 固接，齿轮与双臂曲柄 a 固接，双臂曲柄 a 的两端分别用铰链 D 和 C 与构件 3 相连，而构件 3 的两端各铰接一滚子 4，4 沿固定鼓轮 5 的内圆周转动。当有一滚子落入鼓轮 5 上的凹槽 b 时，轮 2 当即短时封住槽口，与该滚子铰接的构件 3 将绕 C 或 D 翻转 180°，随后机构又正常转动。

第 11 章 空间连杆机构和其他机构

在连杆机构中，若组成该机构的所有构件不都是在同一平面或平行的平面内运动，则称之为空间连杆机构。与平面连杆机构一样，利用空间连杆机构可使从动件得到预定的位置、行程或某种运动规律，而且运动灵活可靠。此外，开式链机构也在机器人、机械手及某些通用夹具中得到了广泛的应用。但空间连杆机构的分析和设计比较困难。在空间连杆机构中，常用的运动副有球面副(S)、球销副(S')、圆柱副(C)、转动副(R)、移动副(P)和螺旋副(H)。空间连杆机构常用所含运动副的代号命名。

由于工程技术的发展，电磁驱动、控制和操纵的机构在各种机器中也获得了广泛的应用。

11.1 空间连杆机构

在连杆机构中，如果组成运动链的各构件构成首末封闭的系统，则称为闭式运动链，若未构成首末封闭的系统，则称为开式运动链。

11.1.1 闭式链空间机构

(1) RSSR 曲柄摇杆机构

功能：将旋转运动转换为往复摆动。

结构和工作原理：图 11.1 所示为具有首末两个转动副和中间两个球面副的空间 RSSR 空间四杆机构。由于主动件 1 通常为曲柄而从动件 3 多为摇杆，所以也常称为空间曲柄摇杆机构。该机构中，连杆 2 有一个绕球面副中心连线转动的局部自由度。它虽不影响整个机构的运动，但由于这个局部自由度使球面副中的摩擦、磨损和噪声增加，所以高速机械中，多把两个球面副 B、C 之一改成球销副。

(2) RSSP 曲柄滑块机构

功能：将旋转运动转换为往复移动。

结构和工作原理：图 11.2 所示为空间曲柄滑块机构。其中曲柄 1 与机架 4 构成转动副，连杆 2 分别与曲柄 1、滑块 3 构成球面副，滑块 3 与机架 4 构成移动副。该机构中也可将球面副 B、C 之一改成球销副，以减小球面副中的摩擦与磨损，且机构的运动特性不变。

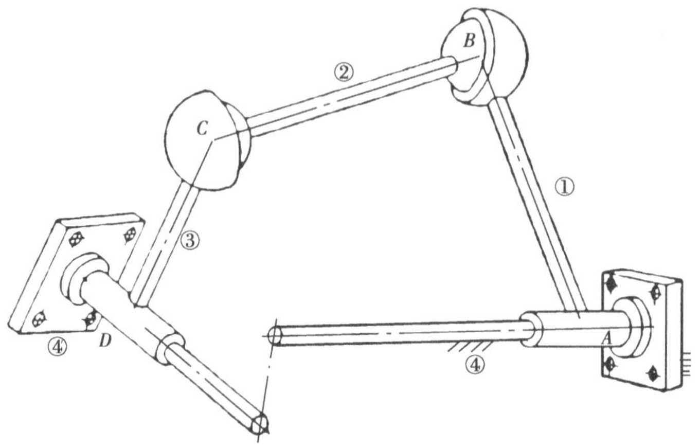

图 11.1

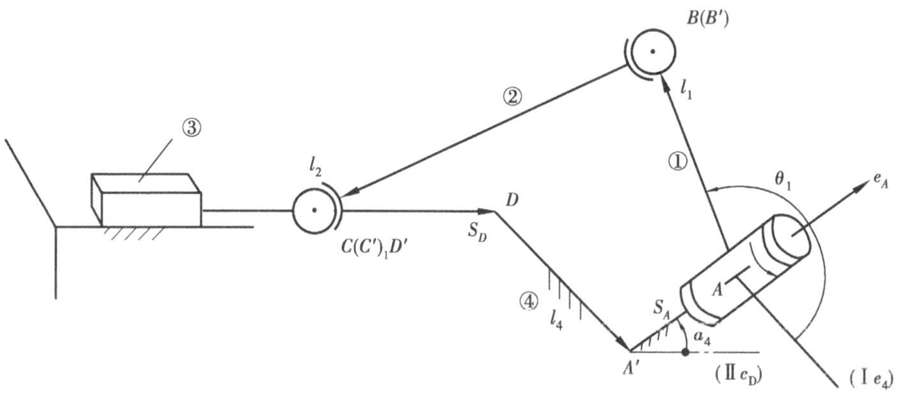

图 11.2

(3) RCCC **空间四杆机构**

功能:将旋转运动转换为往复移动。

结构和工作原理:图 11.3 中,只有曲柄 1 与机架 4 构成转动副,其余构件之间均用移动副联接,所以称为 RCCC 空间四杆机构。当原动件曲柄作定轴转动时,从动构件 3 作往复移动。

(4) RSCS **飞机起落架机构**

功能:飞机起落架的收放。

结构和工作原理:图 11.4 所示为用于飞机起落架收放的空间 RSCS 四杆机构。当作为圆柱副的液压缸 3 通油时,通过连杆 2 使与机架相连的摇杆 1 开始摆动,从而实现起落架的收放。该机构中含有两个局部自由度,柱塞 2 及液压缸 3 均可绕自身轴线转动而不影响摇杆 1 的运动。

(5) RRSP **空间四杆机构**

功能:将旋转运动转换为往复移动。

结构和工作原理:图 11.5 中,曲柄 1 分别与连杆 2、机架 4 构成转动副,连杆 2 与构件 3 构成球面副,构件 3 与机架 4 构成移动副。当曲柄 1 转动时,通过连杆 2 使构件 3 作往复移动。

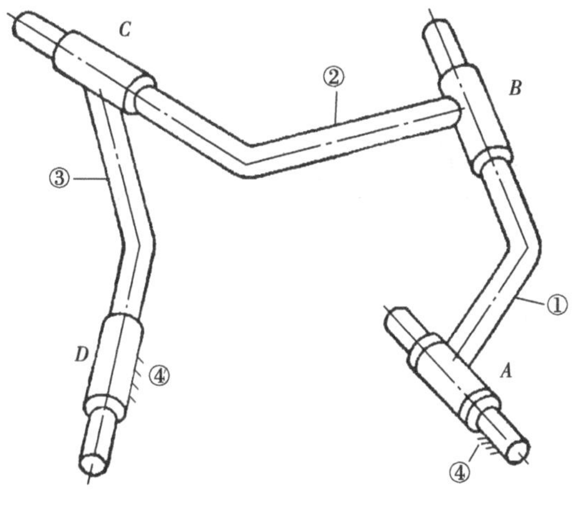

图 11.3

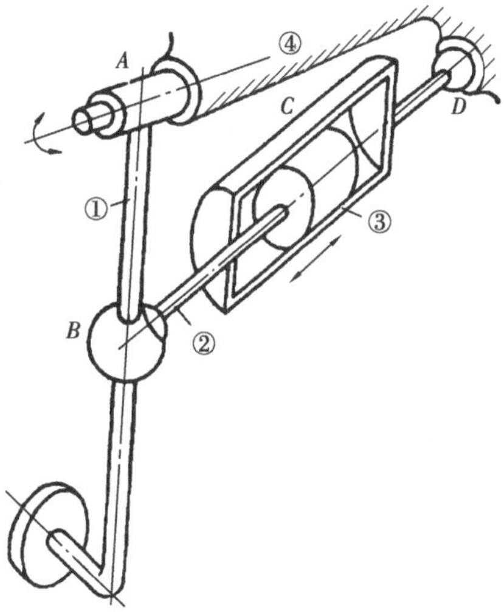

图 11.4

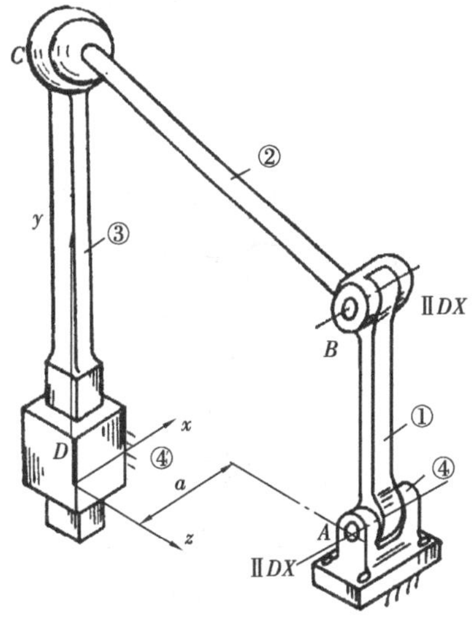

图 11.5

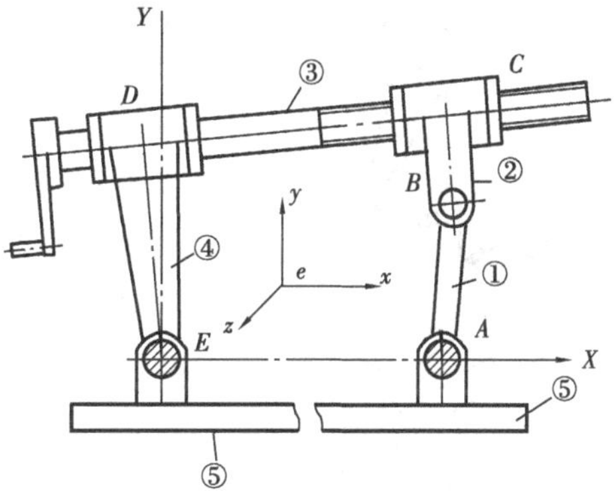

图 11.6

(6) RRHRR **犁轮起落机构**

功能:控制犁轮起落。

结构和工作原理:图 11.6 中,构件 2 与构件 3 构成螺旋副,其余构件之间均构成转动副。当旋转手柄使构件 3 转动,构件 2 相对于构件 3 轴向移动,使构件 3 的工作长度改变,犁轮与构件 1 联接(图中未示出),当构件 1 摆动时,可使犁轮收放。该机构在犁轮收放妥当后还具有自锁能力。

(7) RRSRR **空间五杆机构**

功能:将一轴的旋转运动转换为另一轴的旋转运动。

结构和工作原理:图 11.7 所示的联轴节为含有一个球面副和四个转动副的空间五杆机构,转轴 1、4 间的空间相对位置可任意安排,而且当球面副两侧构件布置对称时,可获得两轴转速相同的传动。

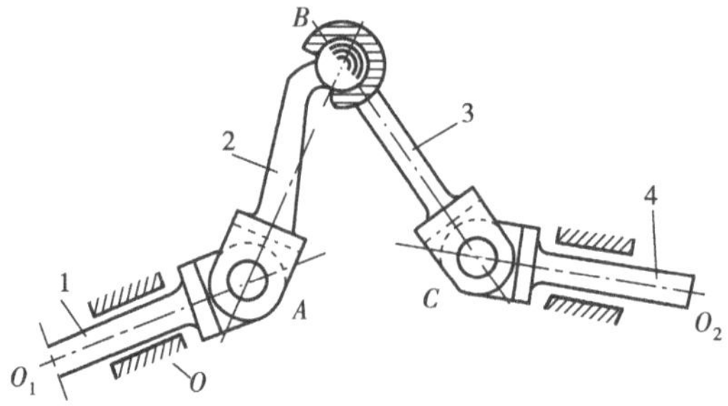

图 11.7

11.1.2 机械手

(1)直角坐标型机械手

功能:实现立方体工作空间。

结构和工作原理:图 11.8 所示的机构中,机械手可在 X、Y、Z 三个坐标轴方向作直线移动,即臂部能伸缩、移动和升降,这三个运动可同时且互相独立的进行,其工作空间为一立方体,故称为直角坐标型手臂。其特点是结构比较简单、直观性强、定位精度容易保证;但占据空间尺寸较大,而且相应的工作空间较小、惯性大。

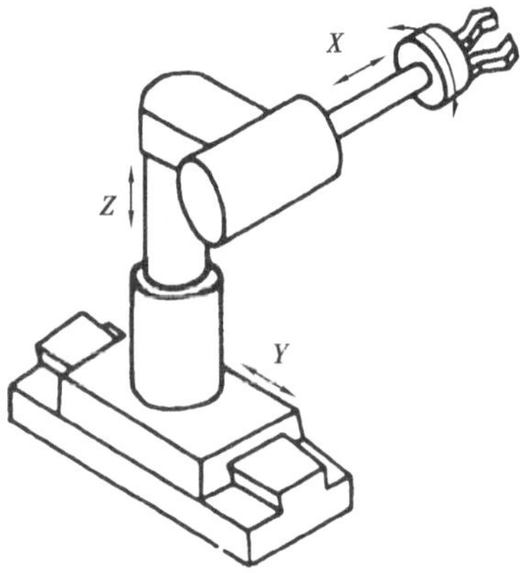

图 11.8

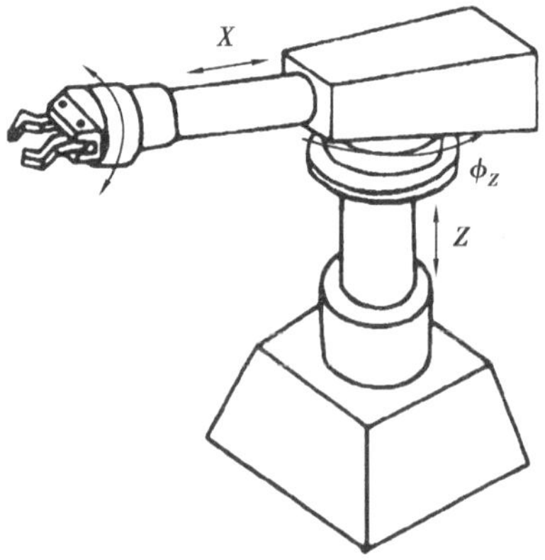

图 11.9

(2)圆柱坐标型机械手

功能:实现圆柱体工作空间。

结构和工作原理:图 11.9 所示的机构中,手臂能沿半径方向(X 方向)和 Z 轴方向移动,又能绕 Z 轴转动,故可作伸缩、升降、摆动等动作。其工作空间为一圆柱体,故称为圆柱坐标型手臂。与直角坐标型手臂相比,该机械手占据空间尺寸小,而活动范围大,结构简单、直观性好,因此应用广泛。但由于结构关系,Z 轴方向的最低位置受到限制,一般不能抓取地面上的工件。

(3)球坐标型机械手

功能:实现空心球体工作空间。

结构和工作原理:图 11.10 所示的机构中,手臂具有两个转动关节和一个移动关节,因此,手臂除了具有伸缩和水平回转自由度外,还有一俯仰运动的自由度,其工作空间为一空心球

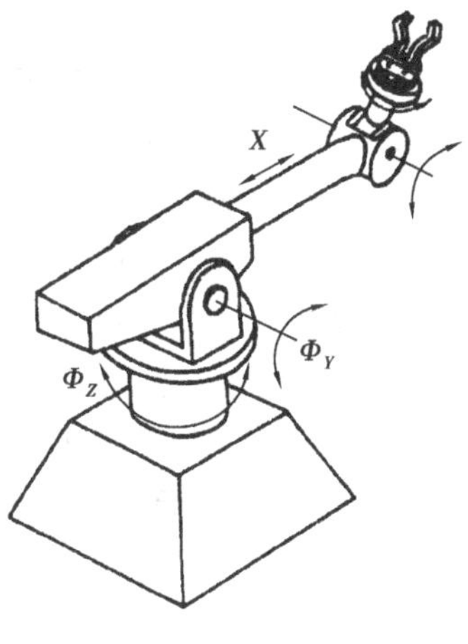

图 11.10

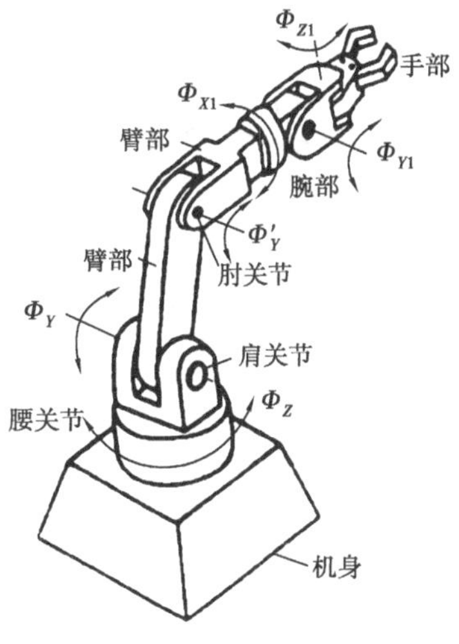

图 11.11

体，故称为球坐标型机械手。这种手臂工作范围大，由于其具有俯仰自由度，因而还能将手臂伸向地面，完成从地面抓取工件的任务。

(4) **关节型机械手**

功能：实现球体工作空间。

结构和工作原理：图 11.11 所示的机构中，其臂部由大臂和小臂组成，大臂与机架之间以肩关节相连，大臂与小臂之间以肘关节相连。大臂具有水平回转和俯仰两个自由度，小臂相对于大臂还具有一个俯仰自由度。因此，小臂相对于大臂作屈伸运动，其工作空间为一球体。这种机械手具有人手的某种特征，工作范围最大，还可以绕过障碍物提取和运送工件。但直关性更差，驱动控制比较复杂。

(5) **极坐标式工业机械手**

功能：能抓取和移动工件。

结构和工作原理：图 11.12 所示为一及坐标式工业机械手，如不计夹持式手部的自由度，则该工业机械手具有三个自由度，两个转动和一个移动。对机械手的每一个自由度，相应配一个动力传动，图中两个转动自由度是采用蜗杆蜗轮减速传动来提供输入转角，一个移动自由度则采用螺旋传动来提供输入位移，至于图中的 M 则表示电动机或液压马达（也可采用油缸或汽缸）。

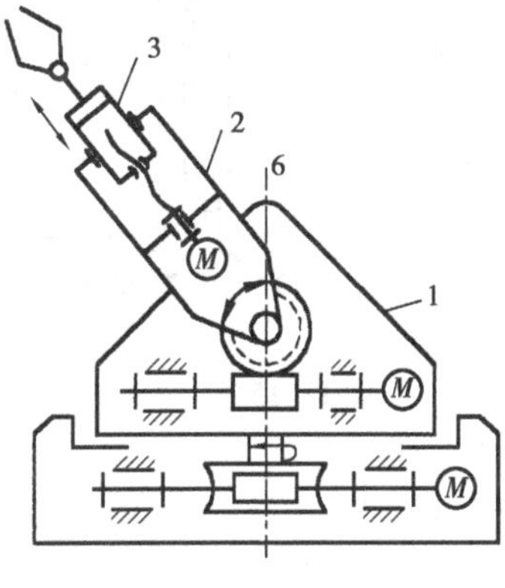

图 11.12

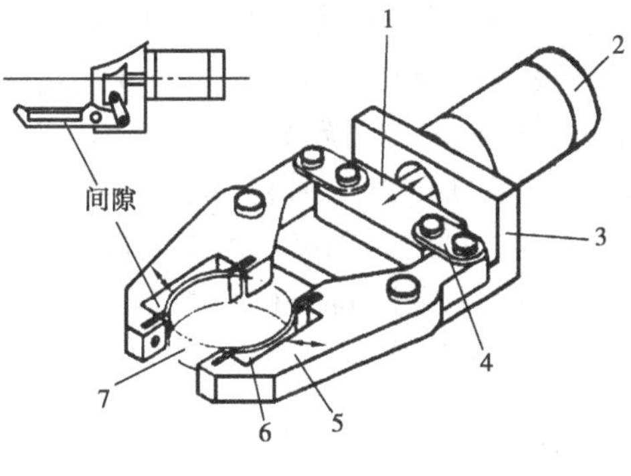

图 11.13

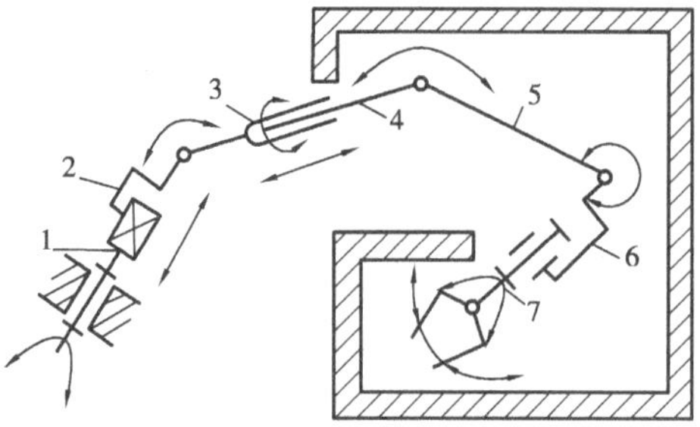

图 11.14

(6)具有弹性的抓取机构

功能:抓取工件。

结构和工作原理:图 11.13 所示的抓取机构中,1 为与活塞杆固联的驱动板,2 为汽缸,4 是支架,6 为弹性爪。在手爪 5 的内侧设有槽口,用螺钉将弹性材料装在槽口中以形成具有弹性的抓取机构。弹性材料的一端用螺钉固定,另一端可自由运动。当抓取工件 7 时,弹性材料便发生变形并与工件的外轮廓紧密接触,以夹紧工件。

(7)通用机械手

功能:抓取工件。

结构和工作原理:图 11.14 所示为适应性更强的通用机械手,不包括手爪开闭的自由度,该机构具有 8 个自由度。在工作时,完全不必要对所有自由度都一一输入运动,需要有时消除某些多余的自由度。正是由于提供了适应多种情况下选用的自由度,所以这种机械手更能机动有效的利用空间,绕过一些障碍物而进入作业区。

(8)用液压缸驱动关节式手臂的俯仰和伸缩运动的机构

功能:抓取工件。

结构和工作原理:如图11.15 所示为关节式机械手,大臂为 6,小臂为 4,在液压缸 7 的驱动下,大臂 6 可相对于立柱转动,在液压缸 5 的驱动下,小臂 4 可相对于大臂 6 转动。从而使机械手的小臂相对于立柱作俯仰和伸缩运动。

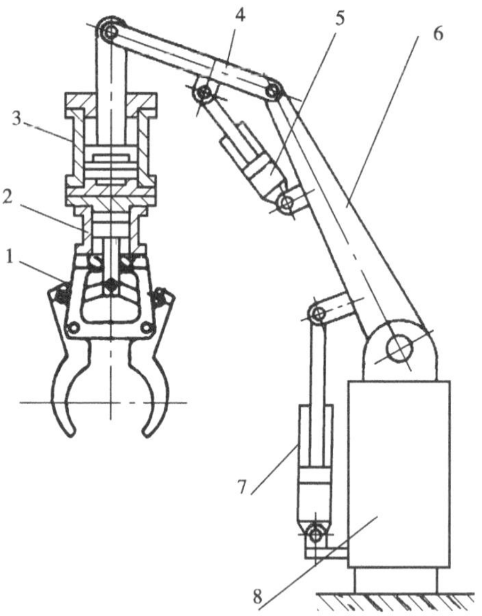

图 11.15

(9)糖果包装机的扭结机构

功能:将糖果包装纸扭折成结。

结构和工作原理:图 11.16 所示为扭结机构的左部分。动力由分配轴经过齿轮 1、宽齿轮 9、传动轴 16 使两个圆柱凸轮 11、15 转动。凸轮 15 使摆杆向右摆动,摆杆上的销子插入轴 13 的环槽内。轴 13 的右端为内齿条,当它向右运动时,使与齿条啮合的一对扇齿钳口 4 将包装纸的端部夹紧,同时宽齿轮 9 通过齿轮 10 使轴 6 转动,从而带动钳口 4 回转,把包装纸扭折成结。扭折的角度约为 270°。由于纸被扭结时长度要缩短,所以圆柱凸轮 11 通过摆杆 12,使轴 6 右移,以补偿纸的缩短。

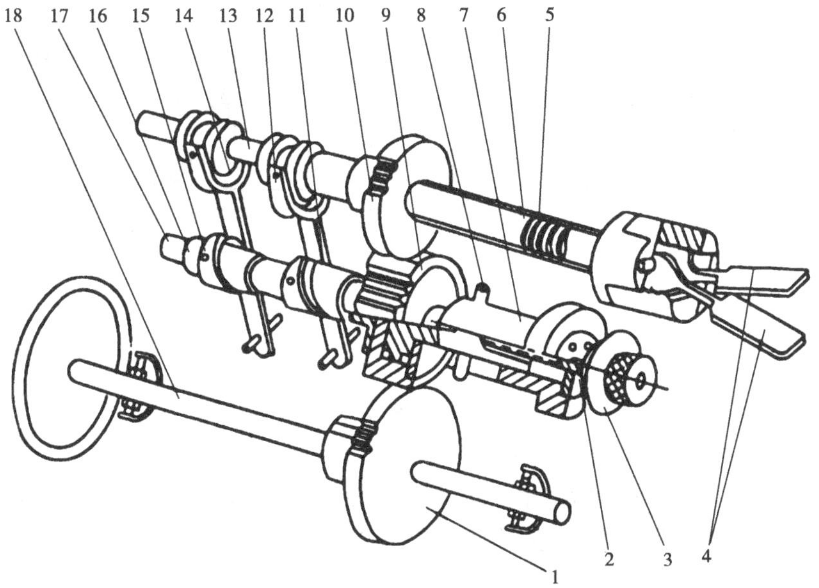

图 11.16

11.2　电磁机构

(1)可变形电磁爪的抓取机构

功能:抓取铁磁性材料。

结构和工作原理:图 11.17 所示磁铁 5 的两极上分别安装有可变形的袋 1,袋中装有磁性粉体 2,当袋与被吸着物 4 接触时,由于磁力的作用使袋的外形能随被吸着物的外形而改变。当电流通过励磁线圈 3 时,若被吸着物 4 是磁性材料,就会被电磁爪 1 抓住。由于袋能变形,故与被吸着物能在较大范围上紧密的接触,而保持较大的吸力。当线圈中的电流断开,磁力消失时,物体即被释放。

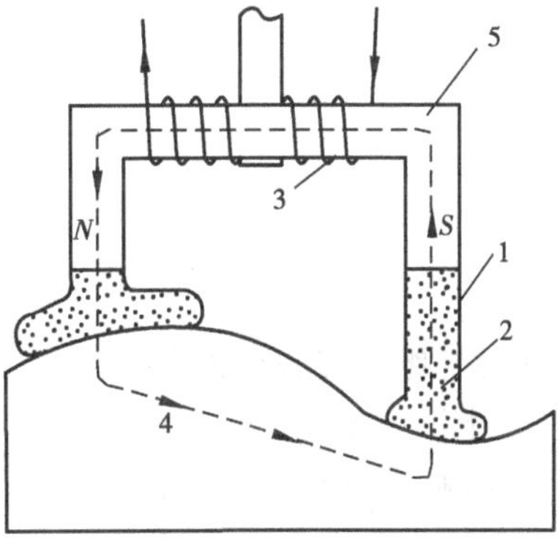

图 11.17

(2)锤机构

功能:利用电磁力使锤头往复移动。

结构和工作原理:图 11.18 所示,锤头 2 与机架组成移动副,当电流通过电磁铁 1 时,利用两个线圈的交变磁化作用,使锤头 2 作往复直线运动。当输入给线圈 1 的电流为交流电时,电锤每分钟冲击次数由所供电流的频率来确定。直流电的电锤有一快速电流换向器,且每分钟冲击次数用电压进行调节。

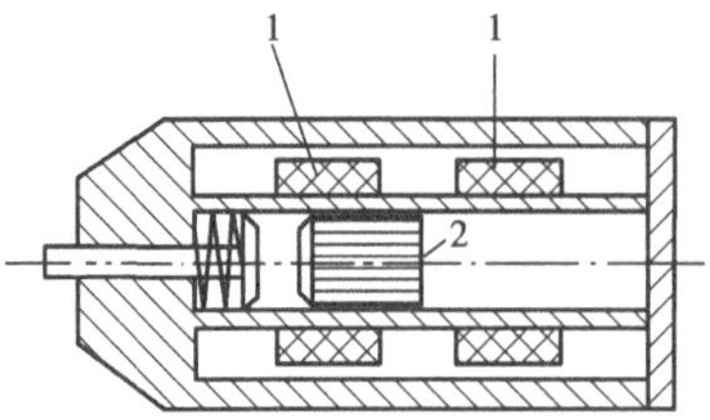

图 11.18

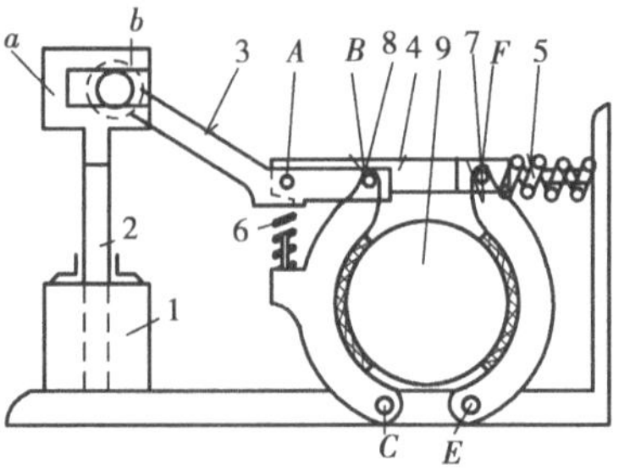

图 11.19

(3)**磁制动器**

功能:实现制动。

结构和工作原理:如图 11.19 所示,构件 7、8 分别与机架构成固定铰链 C、E,闸块固联于构件 7、8 上。电源接通时,电磁铁工作,使螺线管 2 的铁心 1 向下运动,通过铰链多杆机构的联动作用,克服弹簧 5 和 6 的阻力使闸块松开制动轮 9。当电源切断时,借助于弹簧 5 和 6 的作用力,使闸块 7 和 8 压紧轮 9,实现制动作用。

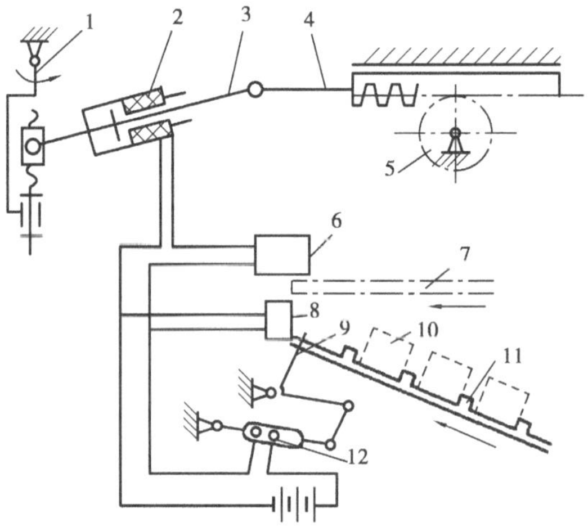

图 11.20

(4)**送纸包装联动光电控制自动停车装置**

功能:自动停车。

结构和工作原理:如图 11.20 所示,缸体 2 上装有线圈,当线圈中通电时,2 和衔铁 3 吸合,则连杆 3 的长度不变,系统正常工作。断电时,2、3 可相对移动,此时曲柄 1 转动,但连接包装系统的齿条 4 和齿轮 5 则保持不动。如果纸 7 被包装物 10 中有一个没有被送到包装位置,则水银开关 12 或光电开关 6 就有一个没有闭合,线圈中无电,包装系统停止工作。机构中曲柄 1 上的螺母和螺杆是调节长度用的,8 是光源。

(5)**控制器电磁气动传动系统**

功能:实现轴的间歇转动。

结构和工作原理:如图 11.21 所示,在气缸 1 内装有两个活塞 2 并用齿条 3 联接两个活塞,3 与绕定轴转动的齿轮 4 啮合,在缸的两端装有电磁阀 5 和 6。当线圈没有激励时,阀 5 使缸 1 的左腔室和压缩空气储气罐相通；阀 6 使缸 1 的右腔室和大气相通。故当线圈没有激励时，活塞位于右极限位置。而当激励电磁阀 6 的线圈时，阀 6 使右腔室和压缩空气储气罐相通；而当激励阀 5 的线圈时，缸 1 的左腔室和大气相通，此时活塞 2 和驱动齿轮及传动轴的齿条一起向左移动。给阀 5 和 6 间断的供电，可以得到轴的间歇转动。

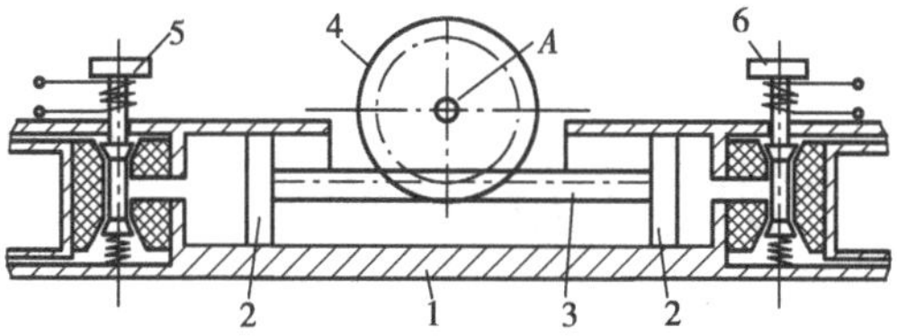

图 11.21

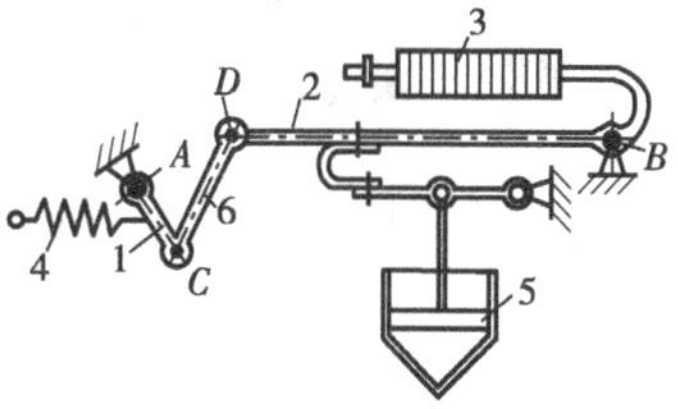

图 11.22

(6) 同步电动机的硅调节器

功能：调节电动机的速度。

结构和工作原理：图 11.22 中，杠杆 1 绕固定轴转动，杆 6 分别和杠杆 1、2 组成转动副 C、D，杆 2 绕固定轴 B 转动。当同步电动机的载荷增大时，杠杆 1 克服调节器弹簧 4 的拉力绕轴线 A 逆时针方向转动，通过连杆 6 使杠杆 2 绕轴线 B 逆时针方向转动而使其抬起，从而减小了作用于被接入电路中硅变阻器 3 上的压力，这时变阻器 3 上的电阻增大。随着电阻增大，电动机电压和电动机转速降低。阻尼器 5 用于抑制机构的震动。

(7) 感应式角速度均衡器

功能：输出轴具有均衡的角速度。

结构和工作原理：如图 11.23 所示，磁铁 1 与纯铁圆柱 2 固联在轴 A 上，通过齿轮 3 驱动轴 A 转动，从而产生旋转磁场。该磁场在铜杯 4 中产生感应电流，使得与轴 B 固联的杯 4 转动。两轴之间没有刚性联接，保证轴 B 的角速度均衡化。

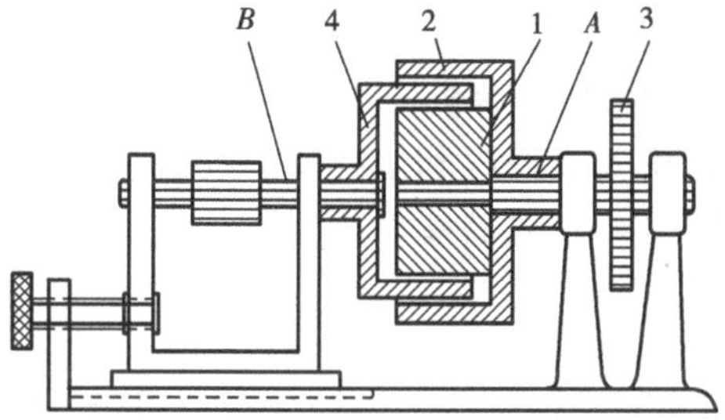

图 11.23

第 12 章 平面Ⅱ级连杆机构运动分析与力分析

12.1 平面Ⅱ级连杆机构的运动分析

机构运动分析的任务是对于结构形式及尺寸参数已定的具体机构，按主动件的位置、速度和加速度来确定从动件或从动件上指定点的位置、速度和加速度。许多机械的运动学特性和运动参数直接关系到机械工艺动作的质量，运动参数又是机械动力学分析的依据，所以机构的运动分析是机械设计过程中必不可少的重要环节。以计算机为手段的解析方法，由于解算速度快，精确度高，程序有一定的通用性，故已成为机构运动分析的主要方法。

平面Ⅱ级机构是由主动件、机架和Ⅱ级杆组组成的机构。对平面Ⅱ级机构进行运动分析时，先将其分解为主动件和杆组，然后，从主动件开始依次分析，从而可求得机构中所有构件和构件上任意指定点的运动参数。

这种方法很适于电子计算机的应用。首先针对每种杆组和主动件，编写出相应的运动分析子程序，然后在分析具体机构时，按分解机构所得的主动件、杆组依次调用相应的子程序即可完成运动分析。本章给出常用Ⅱ级杆组和单杆的运动分析求解公式及相应的计算机子程序。子程序用 *VB* 程序设计语言编写，以供参考。

(1)单杆的运动分析

1)单杆运动分析的基本公式

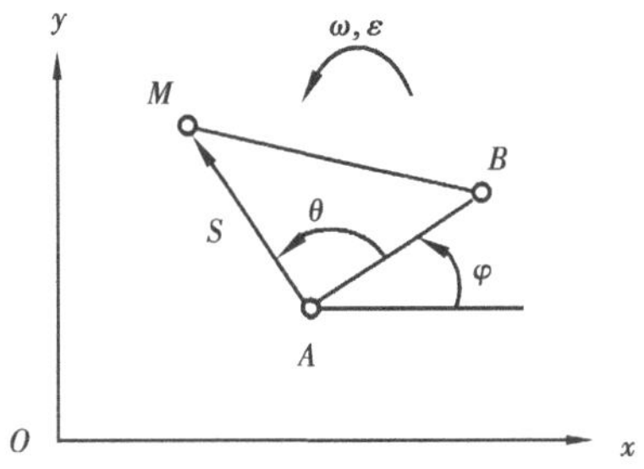

图 12.1

单杆构件如图 12.1 所示，已知构件 *AB* 上点 *A* 的位置 x_A、y_A，速度 v_A、加速度 a_A，*AB* 的位置角 φ、角速度 ω、角加速度 ε。

求：*AB* 上任一点 *M* 的位置 x_M、y_M，速度 v_M、加速度 a_M。

$$\left.\begin{aligned} x_M &= x_A + s\cos(\varphi+\theta) \\ y_M &= y_A + s\sin(\varphi+\theta) \end{aligned}\right\} \quad (12.1)$$

$$\left.\begin{aligned} v_{Mx} &= v_{Ax} - \omega(y_M - y_A) \\ v_{My} &= v_{Ay} + \omega(x_M - x_A) \end{aligned}\right\} \quad (12.2)$$

$$\left.\begin{aligned} a_{Mx} &= a_{Ax} - \omega^2(x_M - x_A) - \varepsilon(y_M - y_A) \\ a_{My} &= a_{Ay} - \omega^2(y_M - y_A) + \varepsilon(x_M - x_A) \end{aligned}\right\} \tag{12.3}$$

2)单杆运动分析子程序

子程序中变量名与公式(12.1)、式(12.2)、式(12.3)中的符号对应关系：

xA－x_A;yA－y_A;vAx－v_{Ax};vAy－v_{Ay};aAx－a_{Ax};aAy－a_{Ay};S－ s;theta－θ;fi－φ;omega－ω;epsilon－ε;xm－x_M;ym－y_M;vms－V_{Mx};vmy－v_{My};amx－a_{Mx};amy－a_{My}

```
Sub 单杆运动分析子程序(xA, yA, vAx, vAy, aAx, aAy, S, theta, fi, omega, epsilon, _
        xm, ym, vmx, vmy, amx, amy)
xm = xA + S * cos(fi + theta)
ym = yA + S * sin(fi + theta)
vmx = vAx - S * omega * sin(fi + theta)
vmy = vAy + S * omega * cos(fi + theta)
amx = aAx - S * epsilon * sin(fi + theta) - S * omega ^ 2 * cos(fi + theta)
amy = aAy + S * epsilon * cos(fi + theta) - S * omega ^ 2 * sin(fi + theta)
End Sub
```

(2)RRR Ⅱ级杆组的运动分析

1)RRR Ⅱ级杆组运动分析的基本公式

RRR Ⅱ级组杆构件如图12.2所示，已知外部运动副B、D的位置x_B、y_B、x_D、y_D，速度v_B、v_D，加速度a_B、a_D，杆长l_2、l_3。

求：内部运动副C的位置x_C、y_C，速度v_C、加速度a_C，构件2、3的位置角φ_2、φ_3，角速度ω_2、ω_3及角加速度ε_2、ε_3。

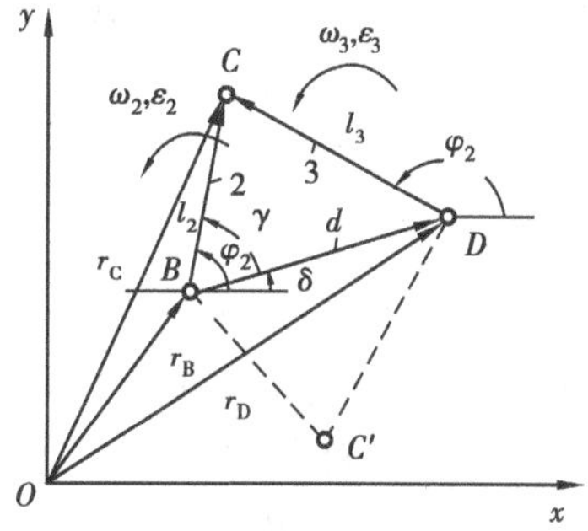

图12.2

$$d = \sqrt{(x_D - x_B)^2 + (y_D - y_B)^2} \tag{12.4}$$

若　　$d > l_2 + l_3$ 或 $d > |l_2 - l_3|$

则构件2、3无法装配。

$$\delta = \arctan\frac{y_D - y_B}{x_D - x_B} \tag{12.5}$$

$$\gamma = \arccos\frac{d_2 + l_2^2 - l_3^2}{2dl_2} \tag{12.6}$$

$$\varphi_2 = \delta \pm \gamma \tag{12.7}$$

$$\left.\begin{aligned} x_C &= x_B + l_2\cos\varphi_2 \\ y_C &= y_B + l_2\sin\varphi_2 \end{aligned}\right\} \tag{12.8}$$

$$\varphi_3 = \arctan\frac{y_C - y_D}{x_C - x_D} \tag{12.9}$$

$$\omega_2 = \frac{(v_{Dx} - v_{Bx})(x_C - x_D) + (v_{Dy} - v_{By})(y_C - y_D)}{(y_C - y_D)(x_C - x_B) - (y_C - y_B)(x_C - x_D)} \tag{12.10}$$

$$\omega_3 = \frac{(v_{Dx} - v_{Bx})(x_C - x_B) + (v_{Dy} - v_{By})(y_C - y_B)}{(y_C - y_D)(x_C - x_B) - (y_C - y_B)(x_C - x_D)} \tag{12.11}$$

$$\left.\begin{aligned} v_{Cx} &= v_{Bx} - \omega_2 (y_C - y_B) \\ v_{Cy} &= v_{By} + \omega_2 (x_C - x_B) \end{aligned}\right\} \tag{12.12}$$

$$\begin{aligned} E &= a_{Dx} - a_{Bx} + \omega_2^2 (x_C - x_B) - \omega_3^2 (x_C - x_D) \\ F &= a_{Dy} - a_{By} + \omega_2^2 (y_C - y_B) - \omega_3^2 (y_C - y_D) \end{aligned} \tag{12.13}$$

$$\varepsilon_2 = \frac{E(x_C - x_D) + F(y_C - y_D)}{(y_C - y_D)(x_C - x_B) - (y_C - y_B)(x_C - x_D)} \tag{12.14}$$

$$\varepsilon_3 = \frac{E(x_C - x_B) + F(y_C - y_B)}{(y_C - y_D)(x_C - x_B) - (y_C - y_B)(x_C - x_D)} \tag{12.15}$$

$$\left.\begin{aligned} a_{Cx} &= a_{Bx} - \omega_2^2 (x_C - x_B) - \varepsilon_2 (y_C - y_B) \\ a_{Cy} &= a_{By} - \omega_2^2 (y_C - y_B) + \varepsilon_2 (x_C - x_B) \end{aligned}\right\} \tag{12.16}$$

2)RRRⅡ级杆组运动分析子程序

子程序中变量名与式(12.4)~式(12.16)中的符号对应关系:

m 为装配模式,m 取 +1 时为一种装配模式,取 −1 是时为另一种装配模式

xB − x_B;yB − y_B;vBx − v_{Bx};vBy − v_{By};aBx − a_{Bx};aBy − a_{By}

xD − x_D;yD − y_D;vDx − v_{Dx};vDy − v_{Dy};aDx − a_{Dx};aDy − a_{Dy}

L2 − l_2;L3 − l_3; xC − x_C;yC − y_C;vCx − v_{Cx};vCy − v_{Cy};aCx − a_{Cx};aCy − a_{Cy}

fi2 − φ_2;fi3 − φ_3;omega2 − ω_2;omega3 − ω_3;epsilon2 − ε_2;epsilon3 − ε_3

```
Sub RRR运动分析子程序(m,xB, yB, vBx, vBy, aBx, aBy, xD, yD, vDx, vDy, aDx, aDy, _
                L2, L3, xC, yC, vCx, vCy, aCx, aCy, fi2, fi3, _
                omega2, omega3, epsilon2, epsilon3)
Dim pi, d, ca, sa, yDB, xDB, gam, yCD, xCD, e, F, Q, EA, FA, delta
pi = Atn(1#) * 4
d = ((xD - xB) ^2 + (yD - yB) ^2) ^0.5
If d > L2 + L3 Or d < Abs(L2 - L3) Then
MsgBox"此位置不能装配"
GoTo n1
Else
End If
ca = (d ^2 + L2 ^2 - L3 ^2) / 2 / L2 / d
sa = (1 - ca ^2) ^0.5
yDB = yD - yB
xDB = xD - xB
Call atn1(xB, yB, xD, yD, delta)
If ca > 0 Then
gam = Atn(sa / ca)
Else: gam = Atn(sa / ca) + pi
End If
If m = 1 Then
fi2 = delta + gam
```

```
    Else: fi2 = delta - gam
    End If
    xC = xB + L2 * Cos(fi2)
    yC = yB + L2 * Sin(fi2)
    yCD = yC - yD
    xCD = xC - xD
    If xCD > 0 Then
    fi3 = Atn(yCD / xCD)
    ElseIf yCD > = 0 Then
    fi3 = Atn(yCD / xCD) + pi
    Else: fi3 = Atn(yCD / xCD) - pi
    End If
    E = (vDx - vBx) * xCD + (vDy - vBy) * yCD
    F = (vDx - vBx) * (xC - xB) + (vDy - vBy) * (yC - yB)
    Q = yCD * (xC - xB) - (yC - yB) * xCD
    omega2 = E / Q
    omega3 = F / Q
    vCx = vBx - omega2 * (yC - yB)
    vCy = vBy + omega2 * (xC - xB)
    EA = aDx - aBx + omega2 ^ 2 * (xC - xB) - omega3 ^ 2 * xCD
    FA = aDy - aBy + omega2 ^ 2 * (yC - yB) - omega3 ^ 2 * yCD
    epsilon2 = (EA * xCD + FA * yCD) / Q
    epsilon3 = (EA * (xC - xB) + FA * (yC - yB)) / Q
    aCx = aBx - omega2 ^ 2 * (xC - xB) - epsilon2 * (yC - yB)
    aCy = aBy - omega2 ^ 2 * (yC - yB) + epsilon2 * (xC - xB)
n1: End Sub
```

3)计算点 P_1(x1, y1)到点 P_2(x2, y2)的向量与 x 轴之间的夹角子程序

此子程序为计算点 P_1(x1, y1)到点 P_2(x2, y2)r 的向量与 x 轴之间的夹角

```
Sub atn1(x1, y1, x2, y2, fi)
Dim pi, y21, x21
pi = Atn(1#) * 4
y21 = y2 - y1
x21 = x2 - x1
If x21 = 0 Then '判断 BD 线段与 x 轴的夹角
   If y21 > 0 Then
   fi = pi / 2
   ElseIf y21 = 0 Then
   MsgBox " B、D 两点重合,不能确定"
   Else: fi = 3 * pi / 2
   End If
```

```
Else
    If x21 < 0 Then
    fi = Atn(y21 / x21) + pi
    ElseIf y21 >= 0 Then
    fi = Atn(y21 / x21)
    Else: fi = Atn(y21 / x21) + 2 * pi
    End If
End If
End Sub
```

(3) RRP Ⅱ级杆组的运动分析

1) RRP Ⅱ级杆组运动分析的基本公式

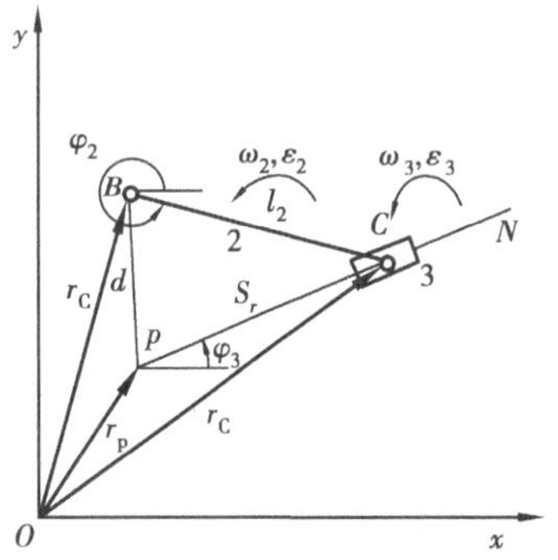

图 12.3

RRP Ⅱ级杆组如图 12.3 所示，它由构件 2、滑块 3 及两个转动副 B、C，一个外部运动副（移动副）组成。

已知：点 B 的位置 x_B、y_B，速度 v_B，加速度 a_B；在滑块导路上参考点 P 的位置 x_P、y_P，速度 v_P，加速度 a_P；构件 2 的长度 l_2，滑块 3 的位置角 φ_3，角速度 ω_3 及角加速度 ε_3。

求：点 C 的位置 x_C、y_C，速度 v_C，加速度 a_C；滑块相对参考点 P 的位移 S_r，速度 v_r，加速度 a_r；构件 2 的位置角 φ_2，角速度 ω_2 及角加速度 ε_3。

$$d^2 = (x_P - x_B)^2 + (y_P - y_B)^2 \tag{12.17}$$

$$E = 2(x_P - x_B)\cos\varphi_3 + 2(y_P - y_B)\sin\varphi_3 \tag{12.18}$$

$$F = d^2 - l_2^2 \tag{12.19}$$

若 $E^2 - 4F < 0$，则表示此位置杆组不能装配，必须重新调整装配参数。

$$s_r = \frac{-E \pm \sqrt{E^2 - 4F}}{2} \tag{12.20}$$

$$\left.\begin{aligned} x_C &= x_P + s_r\cos\varphi_3 \\ y_C &= y_P + s_r\sin\varphi_3 \end{aligned}\right\} \tag{12.21}$$

$$\varphi_2 = \arctan\frac{y_C - y_B}{x_C - x_B} \tag{12.22}$$

$$\left.\begin{aligned} E_1 &= v_{Px} - v_{Bx} - s_r\omega_3\sin\varphi_3 \\ F_1 &= v_{Px} - v_{By} + s_r\omega_3\cos\varphi_3 \end{aligned}\right\} \tag{12.23}$$

$$\left.\begin{aligned} \omega_2 &= \frac{F_1\cos\varphi_3 - E_1\sin\varphi_3}{(y_C - y_B)\sin\varphi_3 + (x_C - x_B)\cos\varphi_3} \\ v_{sr} &= \frac{F_1(y_B - y_C) + E_1(x_B - x_C)}{(y_C - y_B)\sin\varphi_3 + (x_C - x_B)\cos\varphi_3} \end{aligned}\right\} \tag{12.24}$$

$$\left.\begin{aligned} v_{Cx} &= v_{Bx} - l_2\omega_2\sin\varphi_2 \\ v_{Cy} &= v_{By} + l_2\omega_2\cos\varphi_2 \end{aligned}\right\} \tag{12.25}$$

$$\left.\begin{aligned}E_2 &= a_{Px} - a_{Bx} + \omega_2^2(x_C - x_B) - 2\omega_3 v_{sr}\sin\varphi_3 - \\ &\quad \varepsilon_3(y_C - y_P) - \omega_3^2(x_C - x_P) \\ F_2 &= a_{Py} - a_{By} + \omega_2^2(y_C - y_B) + 2\omega_3 v_{sr}\cos\varphi_3 + \\ &\quad \varepsilon_3(x_C - x_P) - \omega_3^2(y_C - y_P)\end{aligned}\right\} \tag{12.26}$$

$$\left.\begin{aligned}\varepsilon_2 &= \frac{F_2\cos\varphi_3 - E_2\sin\varphi_3}{(y_C - y_B)\sin\varphi_3 + (x_C - x_B)\cos\varphi_3} \\ a_{sr} &= \frac{F_2(y_B - y_C) + E_2(x_B - x_C)}{(y_C - y_B)\sin\varphi_3 + (x_C - x_B)\cos\varphi_3}\end{aligned}\right\} \tag{12.27}$$

2）RRPⅡ级杆组运动分析子程序

子程序中变量名与式(12.17)～式(12.27)中的符号对应关系：

m 为装配模式，m 取 +1 时为一种装配模式，取 -1 时为另一种装配模式

xB－x_B；yB－y_B；vBx－v_{Bx}；vBy－v_{By}；aBx－a_{Bx}；aBy－a_{By}

xP－x_P；yP－y_P；vPx－v_{Px}；vPy－v_{Py}；aPx－a_{Px}；aPy－a_{Py}

L2－l_2；fi3－φ_3；omega3－ω_3；epsilon3 －ε_3；xC－x_C；yC－y_C；vCx－v_{Cx}；vCy－ v_{Cy}

aCx－a_{Cx}；aCy－a_{Cy}；fi2－φ_2；omega2－ω_2；epsilon2 －ε_2；sr－S_r；vsr－v_{Sr}；asr－ a_{Sr}

```
Sub RRP运动分析子程序(m, xB, yB, vBx, vBy, aBx, aBy, xP, yP, vPx, vPy, aPx, aPy, _
                      L2, fi3, omega3, epsilon3, xC, yC, vCx, vCy, _
                      aCx, aCy, fi2, omega2, epsilon2, sr, vsr, asr)
Dim pi, d2, e, F, yCB, xCB, E1, F1, Q, E2, F2
pi = Atn(1#) * 4
d2 = ((xB - xP) ^ 2 + (yB - yP) ^ 2)
e = 2 * (xP - xB) * Cos(fi3) + 2 * (yP - yB) * Sin(fi3)
F = d2 - L2 ^ 2
If e ^ 2 < 4 * F Then
MsgBox "此位置不能装配"
GoTo n1
Else
End If
If m = 1 Then
sr = Abs((-e + (e ^ 2 - 4 * F) ^ 0.5) / 2)
Else: sr = Abs((-e - (e ^ 2 - 4 * F) ^ 0.5) / 2)
End If
xC = xP + sr * Cos(fi3)
yC = yP + sr * Sin(fi3)
yCB = yC - yB
xCB = xC - xB
Call atn1(xB, yB, xC, yC, fi2)
E1 = (vPx - vBx) - sr * omega3 * Sin(fi3)
F1 = (vPy - vBy) + sr * omega3 * Cos(fi3)
```

```
Q = yCB * Sin(fi3) + xCB * Cos(fi3)
omega2 = (F1 * Cos(fi3) - E1 * Sin(fi3)) / Q
vsr = -(F1 * yCB + E1 * xCB) / Q
vCx = vBx - omega2 * yCB
vCy = vBy + omega2 * xCB
E2 = aPx - aBx + omega2 ^ 2 * xCB - 2 * omega3 * vsr * Sin(fi3) -
     epsilon3 * (yC - yP) - omega3 ^ 2 * (xC - xP)
F2 = aPy - aBy + omega2 ^ 2 * yCB + 2 * omega3 * vsr * Cos(fi3) +
     epsilon3 * (xC - xP) - omega3 ^ 2 * (yC - yP)
epsilon2 = (F2 * Cos(fi3) - E2 * Sin(fi3)) / Q
asr = -(F2 * yCB + E2 * xCB) / Q
aCx = aBx - omega2 ^ 2 * xCB - epsilon2 * yCB
aCy = aBy - omega2 ^ 2 * yCB + epsilon2 * xCB
n1: End Sub
```

注:其中子程序 atn1(xB, yB, xC, yC, fi2)可在 RRRⅡ级杆组运动分析一节中找到。

(4) RPRⅡ级杆组运动分析

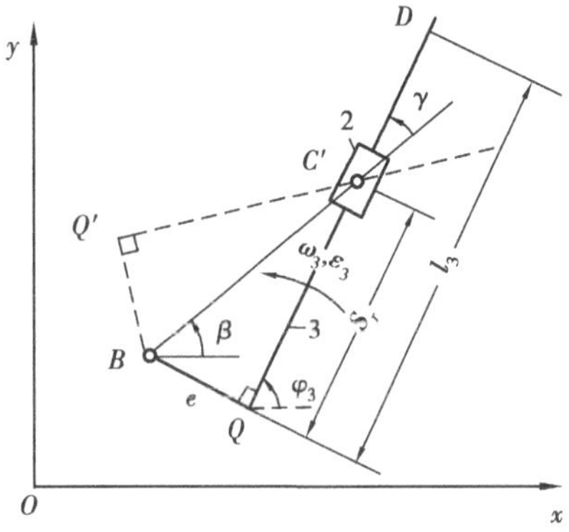

图 12.4

1) RPRⅡ级杆组运动分析的基本公式

RPRⅡ级杆组如图 12.4 所示,它由滑块 2、导杆 3 及两个外部运动副(转动副 B、C)和一个内部运动副(移动副)所组成。

已知:点 B、C 的位置 x_B、y_B,x_C、y_C;速度 v_B、v_C;加速度 a_B、a_C;尺寸参数 e 及 l_3。

求:导杆上点 D 的位置 x_D、y_D、速度 v_D、加速度 a_D,滑块相对导杆的位置 S_r、速度 v_{Sr}、加速度 a_{Sr},导杆的位置角 φ_3、角速度 ω_3、角加速度 ε_3。

$$s_r = \sqrt{(x_C - x_B)^2 + (y_C - y_B) - e^2} \tag{12.28}$$

$$\gamma = \arctan \frac{e}{s_r} \tag{12.29}$$

$$\beta = \arctan \frac{y_C - y_B}{x_C - x_B} \tag{12.30}$$

$$\varphi_3 = \beta \pm \gamma \tag{12.31}$$

$$\left.\begin{aligned} x_D &= x_B + e \sin \varphi_3 + l_3 \cos \varphi_3 \\ y_D &= y_B - e \cos \varphi_3 + l_3 \sin \varphi_3 \end{aligned}\right\} \tag{12.32}$$

$$\left.\begin{aligned} \omega_3 &= \frac{(v_{Cy} - v_{By}) \cos \varphi_3 - (v_{Cx} - v_{Bx}) \sin \varphi_3}{(x_C - x_B) \cos \varphi_3 + (y_C - y_B) \sin \varphi_3} \\ v_{Sr} &= \frac{(v_{Cy} - v_{By})(y_C - y_B) + (v_{Cx} - v_{Bx})(x_C - x_B)}{(x_C - x_B) \cos \varphi_3 + (y_C - y_B) \sin \varphi_3} \end{aligned}\right\} \tag{12.33}$$

$$\left.\begin{aligned} E &= a_{Cx} - a_{Bx} + \omega_3^2 (x_C - x_B) + 2\omega_3 v_{Sr} \sin \varphi_3 \\ F &= a_{Cy} - a_{By} + \omega_3^2 (y_C - y_B) - 2\omega_3 v_{Sr} \cos \varphi_3 \end{aligned}\right\} \tag{12.34}$$

$$\left.\begin{aligned}\varepsilon_3 &= \frac{F\cos\varphi_3 - E\sin\varphi_3}{(x_C - x_B)\cos\varphi_3 + (y_C - y_B)\sin\varphi_3}\\ a_{Sr} &= \frac{F(y_C - y_B) + E(x_C - x_B)}{(x_C - x_B)\cos\varphi_3 + (y_C - y_B)\sin\varphi_3}\end{aligned}\right\} \tag{12.35}$$

$$\left.\begin{aligned}a_{Dx} &= a_{Bx} - \omega_3^2(x_D - x_B) - \varepsilon_3(y_D - y_B)\\ a_{Dy} &= a_{By} - \omega_3^2(y_D - y_B) + \varepsilon_3(x_D - x_B)\end{aligned}\right\} \tag{12.36}$$

2) RPR Ⅱ级杆组运动分析子程序

子程序中变量名与式(12.28)～式(12.36)中的符号对应关系：

m 为装配模式，m 取 +1 时为一种装配模式，取 −1 是时为另一种装配模式

xB − x_B；yB − y_B；vBx − v_{Bx}；vBy − v_{By}；aBx − a_{Bx}；aBy − a_{By}

xC − x_C；yC − y_C；vCx − v_{Cx}；vCy − v_{Cy}；aCx − a_{Cx}；aCy − a_{Cy}

e − e；L3 − l_3；xD − x_D；yD − y_D；vDx − v_{Dx}；vDy − v_{Dy}；aDx − a_{Dx}；aDy − a_{Dy}

fi3 − φ_3；omega3 − ω_3；epsilon3 − ε_3；sr − S_r；vsr − v_{Sr}；asr − a_{Sr}

```
Sub RPR 运动分析子程序(m, xB, yB, vBx, vBy, aBx, aBy, xC, yC, vCx, vCy, aCx, aCy, _
                e, L3, xD, yD, vDx, vDy, aDx, aDy, fi3, omega3, epsilon3, _
                sr, vsr, asr)
Dim pi, yCB, xCB, gam, Q, EA, FA
pi = Atn(1#) * 4
If (xC - xB) ^ 2 + (yC - yB) ^ 2 < e ^ 2 Then
MsgBox "此位置不能装配"
GoTo n1
Else
End If
sr = ((xC - xB) ^ 2 + (yC - yB) ^ 2 - e ^ 2) ^ 0.5
yCB = yC - yB
xCB = xC - xB
Call atn1(xB, yB, xC, yC, beta)
gam = Atn(e / sr)
If m = 1 Then
fi3 = beta + gam
Else: fi3 = beta - gam
End If
xD = xB + e * Sin(fi3) + L3 * Cos(fi3)
yD = yB - e * Cos(fi3) + L3 * Sin(fi3)
Q = (xC - xB) * Cos(fi3) + (yC - yB) * Sin(fi3)
omega3 = ((vCy - vBy) * Cos(fi3) - (vCx - vBx) * Sin(fi3)) / Q
vsr = ((vCy - vBy) * (yC - yB) + (vCx - vBx) * (xC - xB)) / Q
vDx = vBx - omega3 * (yD - yB)
vDy = vBy + omega3 * (xD - xB)
EA = aCx - aBx + omega3 ^ 2 * (xC - xB) + 2 * omega3 * vsr * Sin(fi3)
```

```
FA = aCy - aBy + omega3 ^ 2 * (yC - yB) - 2 * omega3 * vsr * Cos(fi3)
epsilon3 = (FA * Cos(fi3) - EA * Sin(fi3)) / Q
asr = (EA * (xC - xB) + FA * (yC - yB)) / Q
aDx = aBx - omega3 ^ 2 * (xD - xB) - epsilon3 * (yD - yB)
aDy = aBy - omega3 ^ 2 * (yD - yB) + epsilon3 * (xD - xB)
n1: End Sub
```

注:其中子程序 atn1(xB, yB, xC, yC, fi2)可在 RRR Ⅱ级杆组运动分析一节中找到。

12.2 平面Ⅱ级连杆机构的动态静力分析

机械在工作过程中除受各种外力作用外,各构件相连接的运动副产生构件之间相互作用的约束反力,即所谓“运动副反力”。计算运动副反力,可应用动态静力学方法,即在机械中非匀速运动的构件上,加上惯性力和惯性力偶,再用静力学平衡方程式求解。

平面Ⅱ级机构是由主动件、机架和Ⅱ级杆组组成的机构。由于Ⅱ级杆组都为静定,因此,平面Ⅱ级机构动态静力分析亦可按杆组进行。对平面Ⅱ级机构进行动态静力分析时,先将其分解为主动件和杆组,按运动分析的逆序,逐个对每个杆组求解,最后分析主动件上的力。

本章给出常用Ⅱ级杆组和主动件的不考虑摩擦力的动态静力分析公式及相应的计算机子程序。子程序用 Visual Basic 程序设计语言编写,以供参考。

(1)RRR Ⅱ级杆组的力分析

1)RRR Ⅱ级杆组的力分析基本公式

RRR Ⅱ级杆组如图 12.5 所示,已知构件 2、3 的质心位置 S_{2x}、S_{2y},S_{3x}、S_{3y},质心加速度 a_{S2x}、a_{S2y}、a_{S3x}、a_{S3y},构件的角加速度 ε_2、ε_3,构件 2、3 的质量 m_2、m_3,构件 2、3 对质心的转动惯量 j_{S2}、j_{S3},运动副 B、C、D 的位置 x_B、y_B、x_C、y_C、x_D、y_D,作用在其上的主矢为 F_2、F_3,主矩为 M_2、M_3。求运动副 B、C、D 中的反力 $F_{12}(F_{12x},F_{12y})$、$F_{32}(F_{32x},F_{32y}) = -F_{23}(F_{23x},F_{23y})$、$F_{43}(F_{43x},F_{43y})$。

F_{12x}、F_{12y}、$F_{32x} = -F_{23x}$、$F_{32y} = -F_{23y}$、F_{43x}、F_{43y}可由下面的线性方程组求得

$$\begin{bmatrix} -1 & 0 & 1 & 0 & 0 & 0 \\ 0 & -1 & 0 & 1 & 0 & 0 \\ (y_B - y_{S2}) & -(x_B - x_{S2}) & -(y_C - y_{S2}) & -(x_C - x_{S2}) & 0 & 0 \\ 0 & 0 & -1 & 0 & 1 & 0 \\ 0 & 0 & 0 & -1 & 0 & 1 \\ 0 & 0 & (y_C - y_{S3}) & -(x_C - x_{S3}) & -(y_D - y_{S3}) & (x_D - x_{S3}) \end{bmatrix} \begin{bmatrix} F_{12x} \\ F_{12y} \\ F_{32x} \\ F_{32y} \\ F_{43x} \\ F_{43y} \end{bmatrix} = \begin{bmatrix} m_2 a_{S2x} - F_{2x} \\ m_2 a_{S2y} - F_{2y} \\ j_{s2}\varepsilon_2 - m_2 \\ m_3 a_{S3x} - F_{3x} \\ m_3 a_{S2y} - F_{2y} \\ j_{S2}\varepsilon_2 - m_3 \end{bmatrix} \tag{12.37}$$

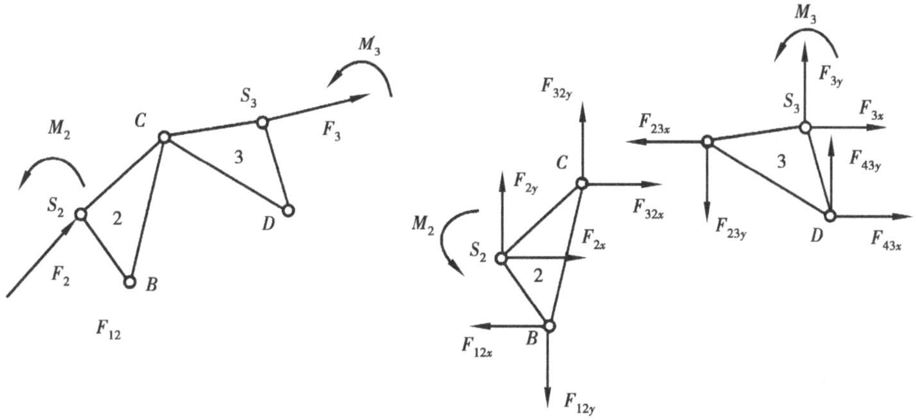

图 12.5

2)RRRⅡ级杆组的力分析子程序

子程序中变量名与公式(12.37)中的符号对应关系为：

xS2 − x_{S2};yS2 − y_{S2};xS3 − x_{S3};yS3 − y_{S3};xB − x_B;yB − y_B;xC − x_C;yC − y_C

xD − x_D;yD − y_D;aS2x − a_{S2x};aS2y − a_{S2y};aS3x − a_{S3x};aS3y − a_{S3y}

epsilon2 − ε_2;epsilon3 − ε_3;m2 − m_2;m3 − m_3;JS2 − j_{S2};JS3 − j_{S3}

F2x − F_{2x};F2y − F_{2y};F3x − F_{3x};F3y − F_{3y};T2 − M_2;T3 − M_3

b(1) − F_{12x};b(2) − F_{12y};b(3) − F_{32x};b(4) − F_{32y};b(5) − F_{43x};b(6) − F_{43y};

```
Sub RRR 杆组力分析子程序(xS2, yS2, xS3, yS3, xB, yB, xC, yC, xD, yD, _
                        aS2x, aS2y, aS3x, aS3y, epsilon2, epsilon3, _
                        m2, m3, JS2, JS3, F2x, F2y, F3x, F3y, T2, T3, b())
Dim A(6, 7)
A(1, 1) = -1: A(1, 2) = 0: A(1, 3) = 1: A(1, 4) = 0: A(1, 5) = 0: A(1, 6) = 0
A(2, 1) = 0: A(2, 2) = -1: A(2, 3) = 0: A(2, 4) = 1: A(2, 5) = 0: A(2, 6) = 0
A(3, 1) = (yB - yS2): A(3, 2) = -(xB - xS2): A(3, 3) = -(yC - yS2)
A(3, 4) = (xC - xS2): A(3, 5) = 0: A(3, 6) = 0
A(4, 1) = 0: A(4, 2) = 0: A(4, 3) = -1: A(4, 4) = 0: A(4, 5) = 1: A(4, 6) = 0
A(5, 1) = 0: A(5, 2) = 0: A(5, 3) = 0: A(5, 4) = -1: A(5, 5) = 0: A(5, 6) = 1
A(6, 1) = 0: A(6, 2) = 0: A(6, 3) = (yC - yS3): A(6, 4) = -(xC - xS3)
A(6, 5) = -(yD - yS3): A(6, 6) = (xD - xS3)
A(1, 7) = m2 * aS2x - F2x: A(2, 7) = m2 * aS2y - F2y
A(3, 7) = JS2 * epsilon2 - T2: A(4, 7) = m3 * aS3x - F3x
A(5, 7) = m3 * aS3y - F3y: A(6, 7) = JS3 * epsilon3 - T3
Call 解六元一次线性方程组子程序(6, A(), b())
End Sub
```

3)解 m 元一次线性方程组子程序

```
Sub 解六元一次线性方程组子程序(m, A(), b())
Dim n, n1, i, j, m1, m3, m2, S, r, k4, k5, L5
n = m
n1 = m + 1
For i = 2 To n
  For j = i To n
    If Abs(A(i - 1, i - 1)) > 1E-20 Then GoTo n1
    m1 = i - 1
    For m3 = m1 To m
      If A(m3, m1) = 0 Then GoTo n2
      For m2 = m1 To n1
        S = A(m3, m2)
        A(m3, m2) = A(m1, m2)
        A(m1, m2) = S
      Next m2
n2: Next m3
    MsgBox "矩阵是 singular"
    GoTo n3
n1: r = A(j, i - 1) / A(i - 1, i - 1)
    For k4 = 1 To n1
      A(j, k4) = A(j, k4) - r * A(i - 1, k4)
    Next k4
  Next j
Next i
For i = 2 To n
  k5 = n - i + 2
  r = A(k5, n1) / A(k5, k5)
  For j = i To n
    L5 = n - j + 1
    A(L5, n1) = A(L5, n1) - r * A(L5, k5)
  Next j
    Next i
    For i = 1 To n
    b(i) = A(i, n1) / A(i, i)
    Next i
n3: End Sub
```

(2) RRP Ⅱ级杆组的力分析

1) RRP Ⅱ级杆组力分析基本公式

RRPⅡ级杆组如图 12.6 所示，已知构件 2、3 的质心位置 S_{2x}、S_{2y}，S_{3x}、S_{3y}，质心加速度 a_{S2x}、a_{S2y}、a_{S3x}、a_{S3y}，构件的角加速度 ε_2、ε_3，运动副 B、C 的位置 x_B、y_B、x_C、y_C，导路方向与 x 轴的夹角 φ_3，作用在构件上 S_2、S_3 点的主矢为 F_2、F_3，主矩为 M_2、M_3。求运动副 B、C 中的反力 $F_{12}(F_{12x}, F_{12y})$、$F_{32}(F_{32x}, F_{32y}) = -F_{23}(F_{23x}, F_{23y})$ 及移动副的反力 $F_{43}(F_{43x}, F_{43y})$ 和反力作用点 N 的位置。

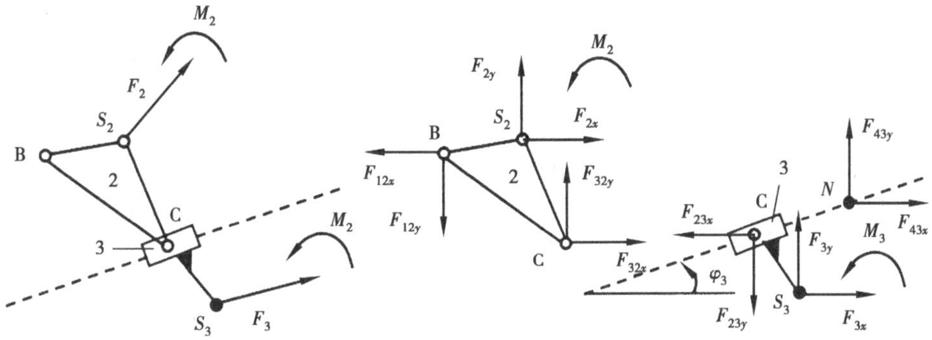

图 12.6

F_{12x}、F_{12y}、$F_{32x} = -F_{23x}$、$F_{32y} = -F_{23y}$、F_{43x}、F_{43y}可由下面的线性方程组求得

$$\begin{bmatrix} -1 & 0 & 1 & 0 & 0 & 0 \\ 0 & -1 & 0 & 1 & 0 & 0 \\ (y_B - y_{S2}) & -(x_B - x_{S2}) & -(y_C - y_{S2}) & (x_C - x_{S2}) & 0 & 0 \\ 0 & 0 & -1 & 0 & 1 & 0 \\ 0 & 0 & 0 & -1 & 0 & 1 \\ 0 & 0 & 0 & 0 & \cos\varphi_3 & \sin\varphi_3 \end{bmatrix} \begin{bmatrix} F_{12x} \\ F_{12y} \\ F_{32x} \\ F_{32y} \\ F_{43x} \\ F_{43y} \end{bmatrix} = \begin{bmatrix} m_2 a_{S2x} - F_{2x} \\ m_2 a_{S2y} - F_{2y} \\ j_{S2}\varepsilon_2 - m_2 \\ m_3 a_{S3x} - F_{3x} \\ m_3 a_{S2y} - F_{2y} \\ 0 \end{bmatrix} \quad (12.38)$$

2) RRPⅡ级杆组力分析子程序

子程序中变量名与式(12.38)中的符号对应关系为：

xS2 $- x_{S2}$；yS2 $- y_{S2}$；xS3 $- x_{S3}$；yS3 $- y_{S3}$；xB $- x_B$；yB $- y_B$；xC $- x_C$；yC $- y_C$

fi3 $- \varphi_3$；aS2x $- a_{S2x}$；aS2y $- a_{S2y}$；aS3x $- a_{S3x}$；aS3y $- a_{S3y}$

epsilon2 $- \varepsilon_2$；epsilon3 $- \varepsilon_3$；m2 $- m_2$；m3 $- m_3$；JS2 $- j_{S2}$；JS3 $- j_{S3}$

F2x $- F_{2x}$；F2y $- F_{2y}$；F3x $- F_{3x}$；F3y $- F_{3y}$；T2 $- M_2$；T3 $- M_3$

b(1) $- F_{12x}$；b(2) $- F_{12y}$；b(3) $- F_{32x}$；b(4) $- F_{32y}$；b(5) $- F_{43x}$；b(6) $- F_{43y}$；

xN – 图 12.6 中 N 点的 x 坐标；*yN* – 图 12.6 中 N 点的 y 坐标；

```
Sub RRP 杆组力分析子程序(xS2, yS2, xS3, yS3, xB, yB, xC, yC, fi3, aS2x, aS2y, _
                    aS3x, aS3y, epsilon2, epsilon3,m2, m3, JS2, JS3, F2x, _
                    F2y, F3x, F3y, T2, T3, b(), xN, yN)
Dim A(6, 7)
A(1, 1) = -1: A(1, 2) = 0: A(1, 3) = 1: A(1, 4) = 0: A(1, 5) = 0: A(1, 6) = 0
A(2, 1) = 0: A(2, 2) = -1: A(2, 3) = 0: A(2, 4) = 1: A(2, 5) = 0: A(2, 6) = 0
```

```
A(3, 1) = (yB - yS2): A(3, 2) = -(xB - xS2): A(3, 3) = -(yC - yS2)
A(3, 4) = (xC - yS2): A(3, 5) = 0: A(3, 6) = 0
A(4, 1) = 0: A(4, 2) = 0: A(4, 3) = -1: A(4, 4) = 0: A(4, 5) = 1: A(4, 6) = 0
A(5, 1) = 0: A(5, 2) = 0: A(5, 3) = 0: A(5, 4) = -1: A(5, 5) = 0: A(5, 6) = 1
A(6, 1) = 0: A(6, 2) = 0: A(6, 3) = (yC - yS3): A(6, 4) = 0
A(6, 5) = Cos(fi3): A(6, 6) = Sin(fi3)
A(1, 7) = m2 * aS2x - F2x: A(2, 7) = m2 * aS2y - F2y
A(3, 7) = JS2 * epsilon2 - T2: A(4, 7) = m3 * aS3x - F3x
A(5, 7) = m3 * aS3y - F3y: A(6, 7) = 0
Call 解六元一次线性方程组子程序(6, A(), b())
Lcn = JS3 * epsilon3 - T3 + (yC - yS3) * (b(5) - b(3)) - (xC - xS3) * (b(6) - b(4))
Lcn = Lcn / (b(6) * Cos(fi3) - b(5) * Cos(fi3))
xN = Lcn * Cos(fi3)
yN = Lcn * Sin(fi3)
End Sub
```

(3) RPR Ⅱ级杆组的力分析

1) RPR Ⅱ级杆组的力分析基本公式

RPR Ⅱ级杆组如图 12.7 所示，已知构件 2、3 的质心位置 S_{2x}、S_{2y}，S_{3x}、S_{3y}，质心加速度 a_{S2x}、a_{S2y}、a_{S3x}、a_{S3y}，构件的角加速度 $\varepsilon_2=\varepsilon_3$，运动副 B、C 的位置 x_B、y_B、x_C、y_C，导路方向与 x 轴的夹角 φ_3，作用在构件上 S_2、S_3 点的主矢为 F_2、F_3，主矩为 M_2、M_3。求运动副 C 中的反力 $F_{12}(F_{12x},F_{12y})$、移动副中的反力 $F_{32}(F_{32x},F_{32y})=-F_{23}(F_{23x},F_{23y})$ 及作用点 N 的位置、运动副 B 中的反力 $F_{43}(F_{43x},F_{43y})$。

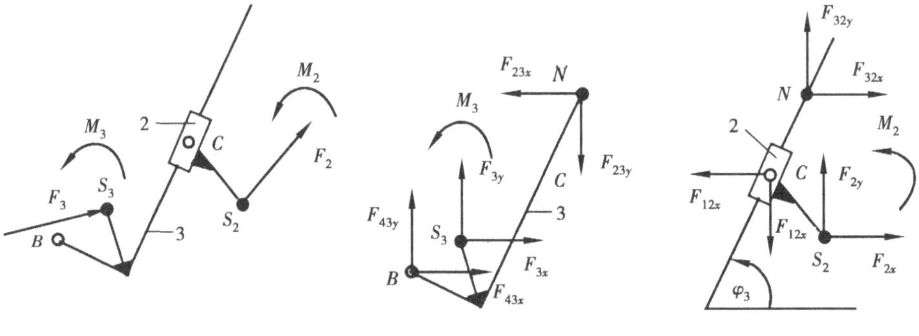

图 12.7

F_{12x}、F_{12y}、$F_{32x}=-F_{23x}$、$F_{32y}=-F_{23y}$、F_{43x}、F_{43y} 可由下面的线性方程组求得

$$
\begin{bmatrix}
-1 & 0 & 1 & 0 & 0 & 0 \\
0 & -1 & 0 & 1 & 0 & 0 \\
(y_B - y_{S2}) & -(x_B - x_{S2}) & -(y_C - y_{S2}) & (x_C - x_{S2}) & 0 & 0 \\
0 & 0 & -1 & 0 & 1 & 0 \\
0 & 0 & 0 & -1 & 0 & 1 \\
0 & 0 & \cos\varphi_3 & \sin\varphi_3 & 0 & 0
\end{bmatrix}
\begin{bmatrix} F_{12x} \\ F_{12y} \\ F_{32x} \\ F_{32y} \\ F_{43x} \\ F_{43y} \end{bmatrix}
=
\begin{bmatrix} m_2 a_{S2x} - F_{2x} \\ m_2 a_{S2y} - F_{2y} \\ (j_{S2} + j_{S3})\varepsilon_2 - m_2 - m_3 \\ m_3 a_{S3x} - F_{3x} \\ m_3 a_{S2y} - F_{2y} \\ 0 \end{bmatrix}
\qquad (12.39)
$$

2) RPR Ⅱ级杆组的力分析子程序

子程序中变量名与式(12.39)中的符号对应关系为:

xS2 $- x_{S2}$; yS2 $- y_{S2}$; xS3 $- x_{S3}$; yS3 $- y_{S3}$; xB $- x_B$; yB $- y_B$; xC $- x_C$; yC $- y_C$

fi3 $- \varphi_3$; aS2x $- a_{S2x}$; aS2y $- a_{S2y}$; aS3x $- a_{S3x}$; aS3y $- a_{S3y}$

epsilon2 $- \varepsilon_2$; m2 $- m_2$; m3 $- m_3$; JS2 $- j_{S2}$; JS3 $- j_{S3}$

F2x $- F_{2x}$; F2y $- F_{2y}$; F3x $- F_{3x}$; F3y $- F_{3y}$; T2 $- M_2$; T3 $- M_3$

b(1) $- F_{12x}$; b(2) $- F_{12y}$; b(3) $- F_{32x}$; b(4) $- F_{32y}$; b(5) $- F_{43x}$; b(6) $- F_{43y}$;

xN – 图 12.6 中 *N* 点的 *x* 坐标; *yN* – 图 12.6 中 *N* 点的 *y* 坐标;

```
Sub RPR 杆组力分析子程序(xS2, yS2, xS3, yS3, xB, yB, xC, yC, fi3, axS2, _
                         aS2y, aS3x, aS3y, epsilon2, m2, m3, JS2, JS3, _
                         F2x, F2y, F3x, F3y, T2, T3, b(), xN, yN)
Dim A(6, 7)
A(1,1) = -1:A(1,2) = 0: A(1,3) =1:A(1,4) = 0: A(1,5) = 0: A(1,6) = 0
A(2,1) = 0: A(2,2) = -1:A(2,3) =0:A(2,4) =1:A(2,5) = 0: A(2,6) = 0
A(3, 1) = (yC - yS2): A(3, 2) = -(xC - xS2): A(3, 3) = -(yS2 - yS3)
A(3, 4) = (xS2 - yS3): A(3, 5) = -(yB - yS3): A(3, 6) = (xB - xS3)
A(4,1) =0:A(4,2) =0:A(4,3) = -1:A(4,4) =0:A(4,5) =1:A(4,6) =0
A(5,1) =0:A(5,2) =0:A(5,3) =0:A(5,4) = -1:A(5,5) =0:A(5,6) =1
A(6, 1) = 0: A(6, 2) = 0: A(6, 3) = cos(fi3): A(6, 4) = sin(fi3)
A(6, 5) = 0: A(6, 6) = 0
A(1, 7) = m2 * aS2x - F2x: A(2, 7) = m2 * aS2y - F2y
A(3, 7) = (JS2 + JS3) * epsilon2 - T2 - T3: A(4, 7) = m3 * aS3x - F3x
A(5, 7) = m3 * aS3y - F3y: A(6, 7) = 0
Call 解六元一次线性方程组子程序(6, A(), b())
Lcn = JS2 * epsilon2 - T2 + (yC - yS2) * (b(3) - b(1)) - (xC - xS2) * (b(4) - b(2))
Lcn = Lcn / (b(4) * Cos(fi3) - b(3) * Cos(fi3))
xN = Lcn * Cos(fi3)
yN = Lcn * Sin(fi3)
End Sub
```

(4) 单杆力分析

1) 单杆力分析基本公式

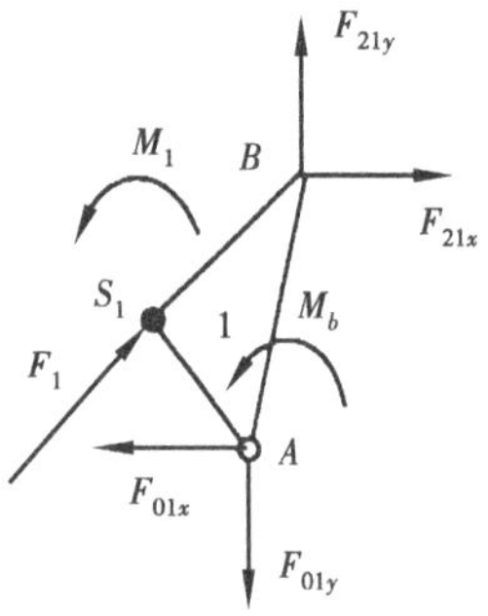

图 12.8

单杆如图 12.8 所示，已知构件 1 的质心位置 S_{1x}、S_{1y}，质心加速度 a_{S1x}、a_{S1y}，构件的角加速度 ε_1，作用在构件上 S_1 点的主矢为 F_1，主矩为 M_1，相邻构件对其的作用力 $F_{21}(F_{21x},F_{21y})$ 及其作用点的位置 x_B、y_B。求转动副 A 中的反力 $F_{01}(F_{01x},F_{01y})$ 及平衡力矩 M_b。

F_{01x}、F_{01y}、F_{21x}、F_{21y}、M_b 可由下面的线性方程组求得：

$$\begin{bmatrix} -1 & 0 & 0 \\ 0 & -1 & 0 \\ (y_A-y_{S1}) & -(x_A-x_{S1}) & 1 \end{bmatrix}\begin{bmatrix} F_{01x} \\ F_{01y} \\ M_b \end{bmatrix}=\begin{bmatrix} m_1 a_{S1x}-F_{1x}-F_{21x} \\ m_1 a_{S1y}-F_{1y}-F_{21y} \\ j_{S1}\varepsilon_1-M_1+(y_A-y_{S1})F_{21x}-(x_A-x_{S1})F_{21y} \end{bmatrix} \tag{12.40}$$

2）单杆力分析子程序

子程序中变量名与式(12.40)中的符号对应关系为：

xS1 $-x_{S1}$；yS1 $-y_{S1}$；xA $-x_A$；yA $-y_A$；xB $-x_B$；yB $-y_B$；

aS1x $-a_{S1x}$；aS1y $-a_{S1y}$；epsilon1 $-\varepsilon_1$；m1 $-m_1$；JS1 $-j_{S1}$；

F1x $-F_{1x}$；F1y $-F_{1y}$；F21x $-F_{21x}$；F21y $-F_{21y}$；T1 $-M_1$；

b(1) $-F_{01x}$；b(2) $-F_{01y}$；b(3) $-M_b$

```
Sub 单杆力分析子程序(xS1, yS1, xA, yA, xB, yB, aS1x, aS1y, _
                    epsilon1, m1, JS1, F1x, F1y, F21x, F21y, T1, b())
Dim A(3, 4)
A(1, 1) = -1: A(1, 2) = 0: A(1, 3) = 0
A(2, 1) = 0: A(2, 2) = -1: A(2, 3) = 0
A(3, 1) = (yA - yS1): A(3, 2) = -(xA - xS1): A(3, 3) = 1
A(1, 4) = m1 * aS1x - F1x - F21x
A(2, 4) = m1 * aS1y - F1y - F21y
A(3, 4) = JS1 * epsilon1 - T1 + (yB - yS1) * F21x - (xB - xS1) * F21y
Call 解六元一次线性方程组子程序(3, A(), b())
End Sub
```

12.3　平面Ⅱ级连杆机构的运动分析与动态静力分析示例

在图 12.9 所示的六杆机构中，已知 $l_1=0.12$ m，$l_3=l_4=0.6$ m，$l_6=0.38$ m；曲柄 1 逆时针方向等速旋转，$\omega_1=18.012$ rad/s；构件质量 $m_3=20$ kg，$m_4=15$ kg，$m_5=62$ kg，构件 1、2 的质

量忽略不计；质心位置 $l_{CS3}=0.3\ \mathrm{m}$，$l_{DS4}=0.3\ \mathrm{m}$，质心 S_5 在点 E；构件3、4绕质心的转动惯量 $J_{S3}=0.11\ \mathrm{kg\cdot m^2}$，$J_{S4}=0.18\ \mathrm{kg\cdot m^2}$；该机构在工作行程时，滑块5受生产阻力 $F_r=110\ \mathrm{N}$。求：①曲柄回转一周过程中，滑块5的位移 s_E、速度 v_E、加速度 a_E 及构件3、4的角速度 ω_3、ω_4，角加速度 ε_3、ε_4；②各运动副中的反力及应加在原动件 AB 上的平衡力矩 M_b。

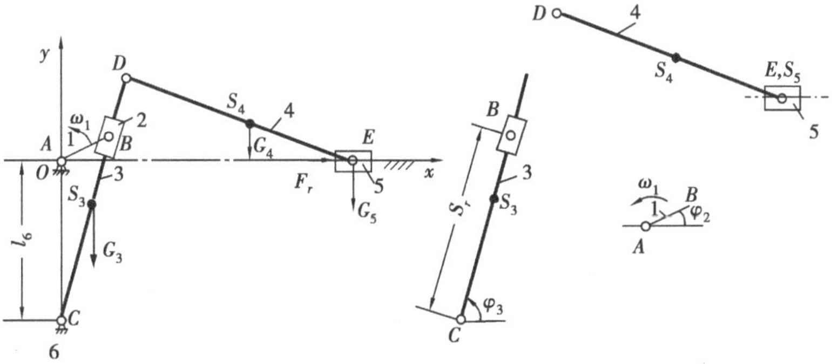

图 12.9

解　用计算机进行运动分析和力分析的计算框图如图12.10所示。

现用VB 6.0编程求解，具体方法如下：

在VB 6.0集成开发环境下（图12.11），打开文件菜单，用鼠标点击“新建工程”项，显示“新建工程”窗口（图12.12），在窗口内用鼠标点击“标准EXE”图标，然后再点击“确定按钮”，回到集成开发环境主窗口。打开“视图（V）”菜单，用鼠标点击“对象窗口”项，弹出“Form1”窗口（图12.13），在“Form1”窗口内右击鼠标，从弹出的菜单中用鼠标点击“属性窗口（R）”按钮，此时，又弹出“属性-Form1”窗口，点击“属性-Form1”窗口中的“按分类序”按钮，将表中的“Caption”参数设为“运动分析示例”；“Visible”属性参数设为“True”；“Height”属性参数设为“7140”；“Left”属性参数设为“0”；“Top”属性参数设为“0”；“Wdith”属性参数设为“11265”（图12.14）；点击“属性-Form1”窗口中的“X”按钮，关闭“属性-Form1”窗口；点击“运动分析示例”窗口的最大化按钮，展开“运动分析示例”窗口（图12.15）；用工具箱上的文本框控件在“运动分析示例”窗口上建立一个“文本框（Text1）”，在“文本框（Text1）”内右击鼠标，从显示的菜单中用鼠标点击“属性窗口（R）”按钮，此时显示“属性Text1”的“Text1 TextBox”窗口（图12.16）；将表中“MultiLine”属性参数设为“True”；“ScrollBars”属性参数设为“2-Vertical”；“Height”属性参数设为“5020”；“Left”属性参数设为“480”；“Top”属性参数设为“240”；“Wdith”属性参数设为“3855”，关闭“Text1 TextBox”窗口；用工具箱上的图片（PicturnBox）框控件在“运动分析示例”窗口上建立一个“图片框（PicturnBox）”，在“图片框（PicturnBox）”内右击鼠标，从显示的菜单中用鼠标点击“属性窗口（R）”按钮，此时显示“（PicturnBox）”窗口（图12.17所示）；将表中“BackColor”属性参数设为“活动标题栏文本”；“Height”属性参数设为“5055”；“Left”属性参数设为“4800”；“Top”属性参数设为“240”；“Wdith”属性参数设为“6015”（图12.18），关闭“PicturnBox ”窗口；用工具箱上的命令按钮（CommamdButton）框控件在“运动分析示例”窗口上建立两个命令按钮“Commamd1”和“Commamd2”（图12.19），在命令按钮“Commamd1”内右击鼠标，从显示的菜单中用鼠标点击“属性窗口（R）”按钮，此时显

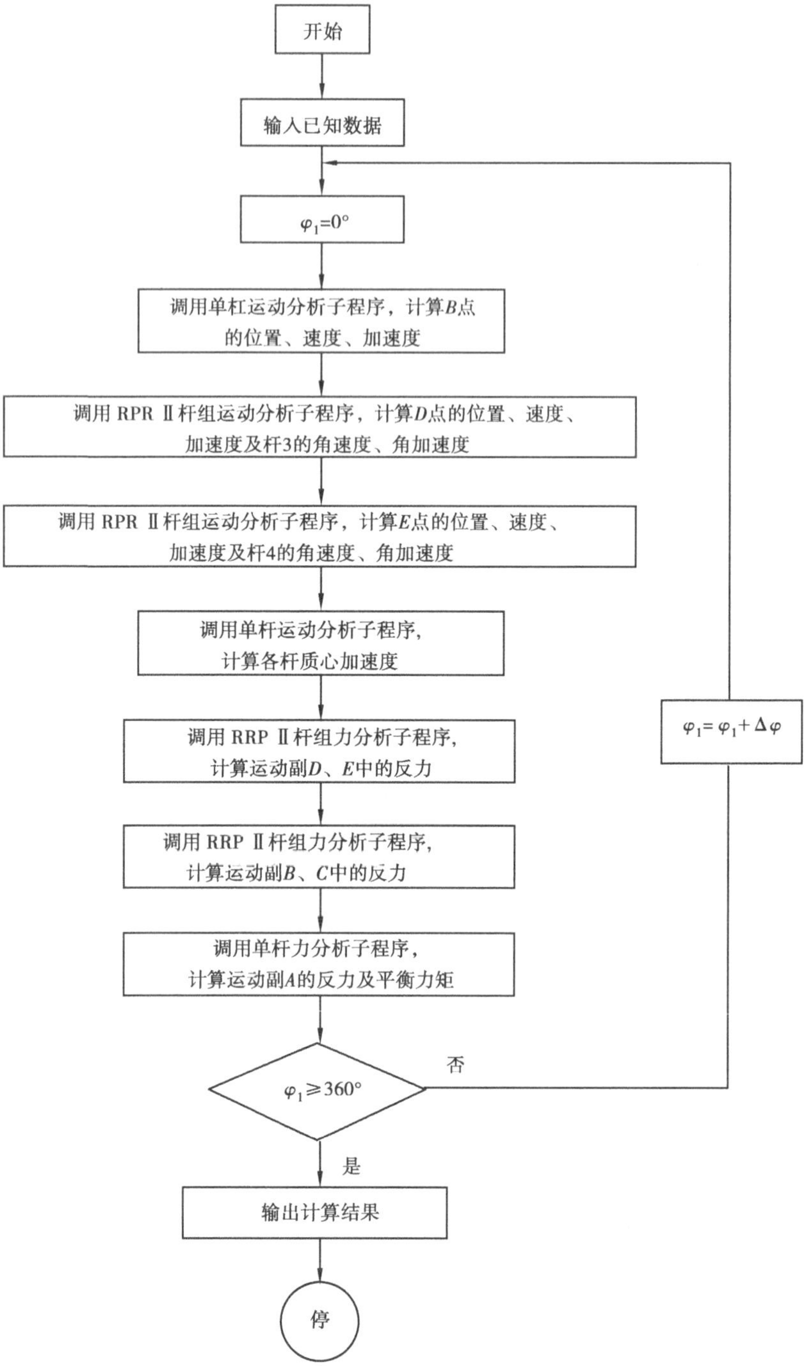

图 12.10

示“CommamdButton ”属性窗口，将表中“Caption ”属性参数设为“分析结果”（图 12.20）；同理，将命令按钮“Commamd”的“Caption ”属性参数设为“画运动线图”，结果如图 12.21 所示。

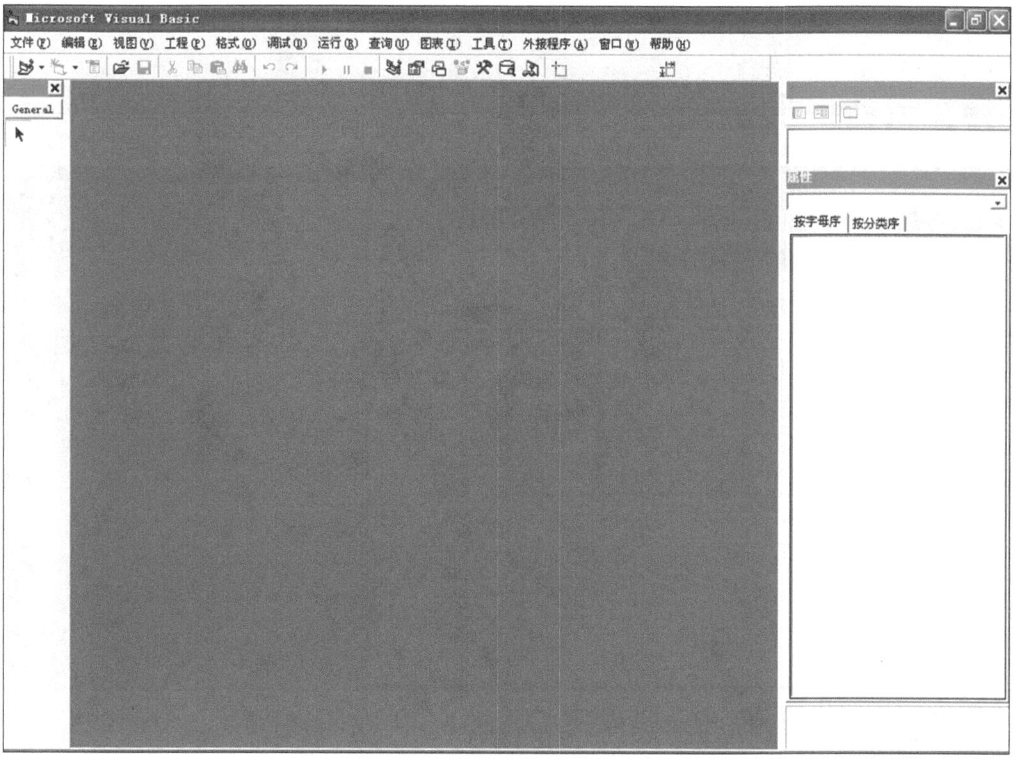
Microsoft Visual Basic
文件(F) 编辑(E) 视图(V) 工程(P) 格式(O) 调试(D) 运行(R) 查询(U) 图表(I) 工具(T) 外接程序(A) 窗口(W) 帮助(H)
General
属性
按字母序
按分类序

图 12. 11

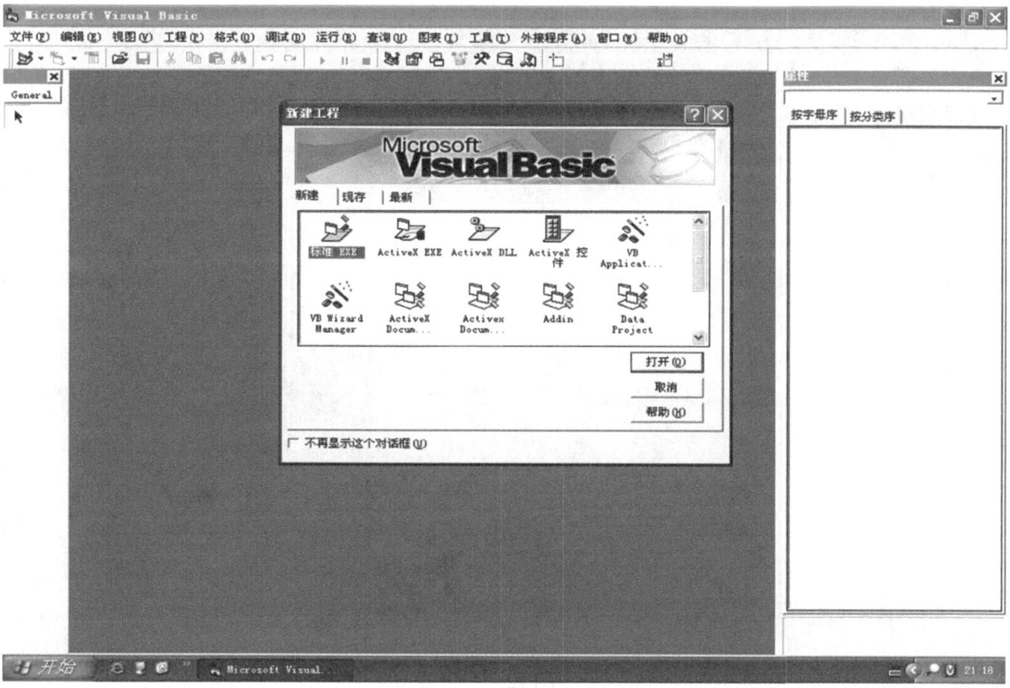
Microsoft Visual Basic
文件(F) 编辑(E) 视图(V) 工程(P) 格式(O) 调试(D) 运行(R) 查询(U) 图表(I) 工具(T) 外接程序(A) 窗口(W) 帮助(H)
General
新建工程
Microsoft Visual Basic
新建
现存
最新
标准 EXE
ActiveX EXE
ActiveX DLL
ActiveX 控件
VB Applicat...
VB Wizard Manager
ActiveX Docum...
Activex Docum...
Addin
Data Project
打开(O)
取消
帮助(H)
不再显示这个对话框(D)
属性
按字母序
按分类序
开始
Microsoft Visual
21:18

图 12. 12

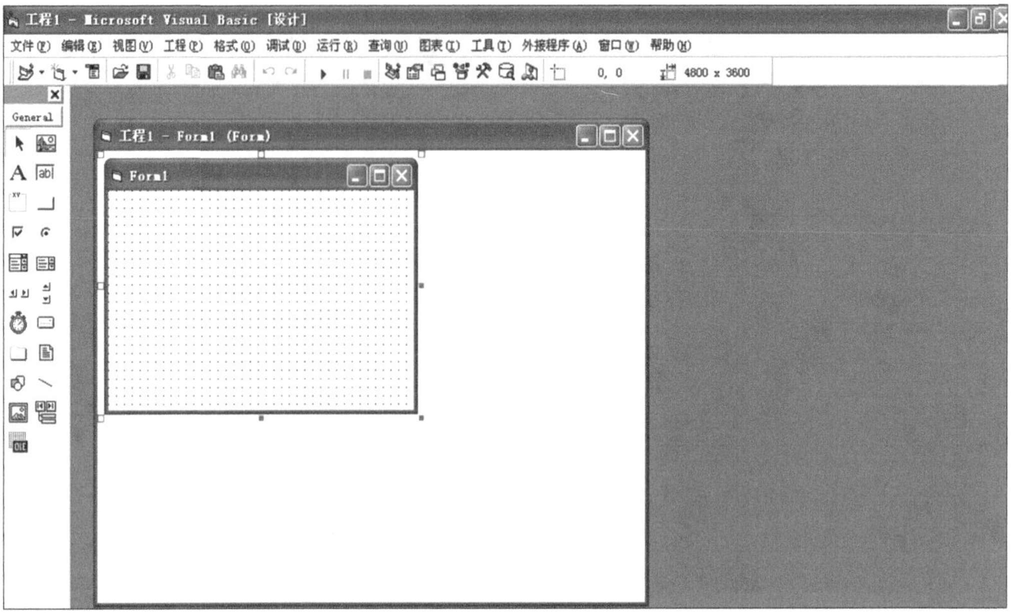
工程1 - Microsoft Visual Basic [设计]
文件(F) 编辑(E) 视图(V) 工程(P) 格式(O) 调试(D) 运行(R) 查询(U) 图表(I) 工具(T) 外接程序(A) 窗口(W) 帮助(H)
0, 0
4800 x 3600
General
工程1 - Form1 (Form)
Form1

图 12. 13

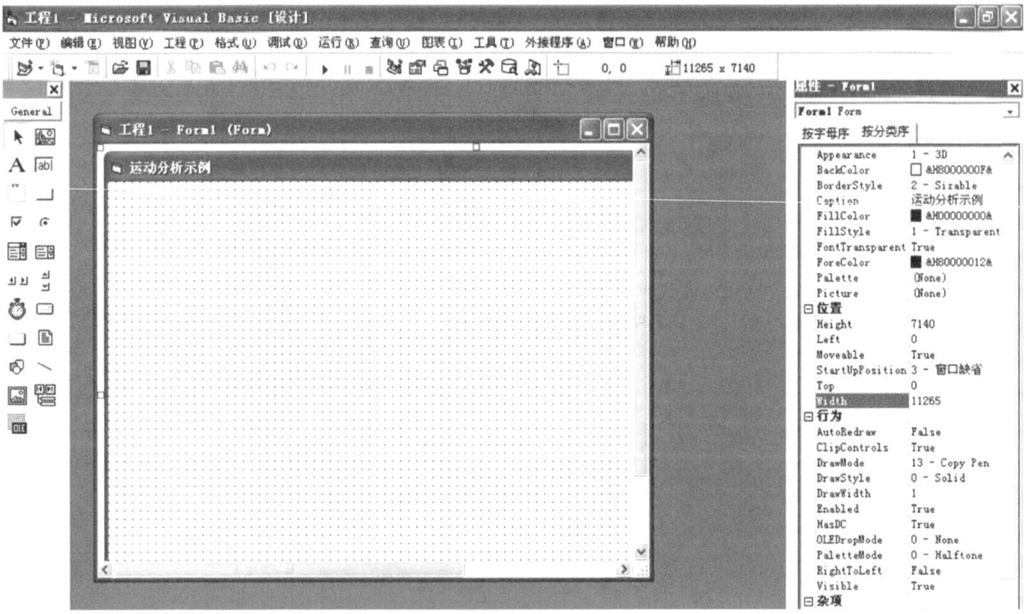
工程1 - Microsoft Visual Basic [设计]
文件(F) 编辑(E) 视图(V) 工程(P) 格式(O) 调试(D) 运行(R) 查询(U) 图表(I) 工具(T) 外接程序(A) 窗口(W) 帮助(H)
0, 0
11265 x 7140
General
工程1 - Form1 (Form)
运动分析示例
属性 - Form1
Form1 Form
按字母序 按分类序
Appearance 1 - 3D
BackColor &H8000000F&
BorderStyle 2 - Sizable
Caption 运动分析示例
FillColor &H00000000&
FillStyle 1 - Transparent
FontTransparent True
ForeColor &H80000012&
Palette (None)
Picture (None)
位置
Height 7140
Left 0
Moveable True
StartUpPosition 3 - 窗口缺省
Top 0
Width 11265
行为
AutoRedraw False
ClipControls True
DrawMode 13 - Copy Pen
DrawStyle 0 - Solid
DrawWidth 1
Enabled True
HasDC True
OLEDropMode 0 - None
PaletteMode 0 - Halftone
RightToLeft False
Visible True
杂项

图 12. 14

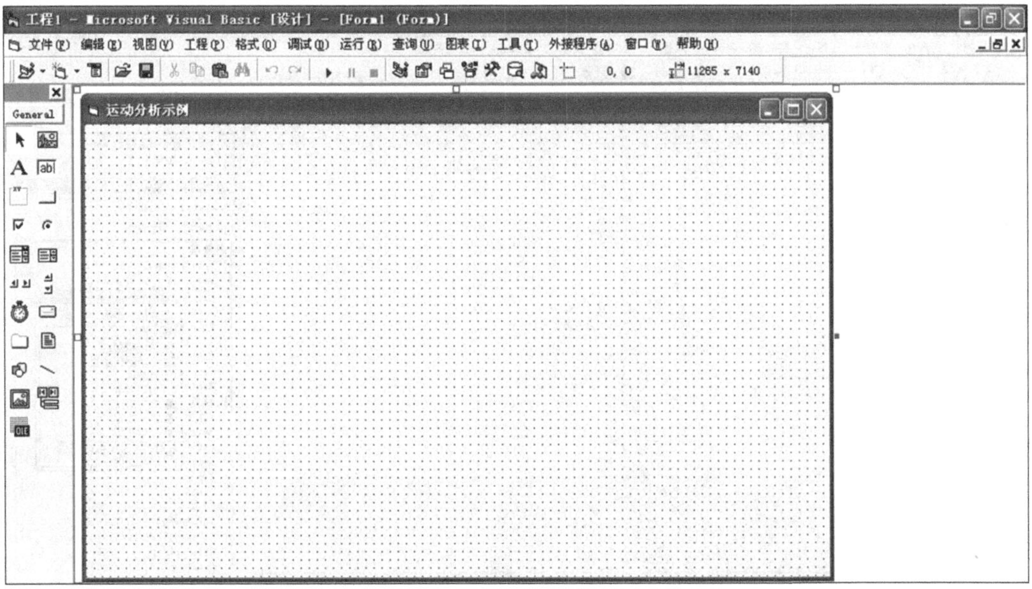
工程1 - Microsoft Visual Basic [设计] - [Form1 (Form)]
文件(F) 编辑(E) 视图(V) 工程(P) 格式(O) 调试(D) 运行(R) 查询(U) 图表(I) 工具(T) 外接程序(A) 窗口(W) 帮助(H)
0, 0
11265 x 7140
General
运动分析示例

图 12. 15

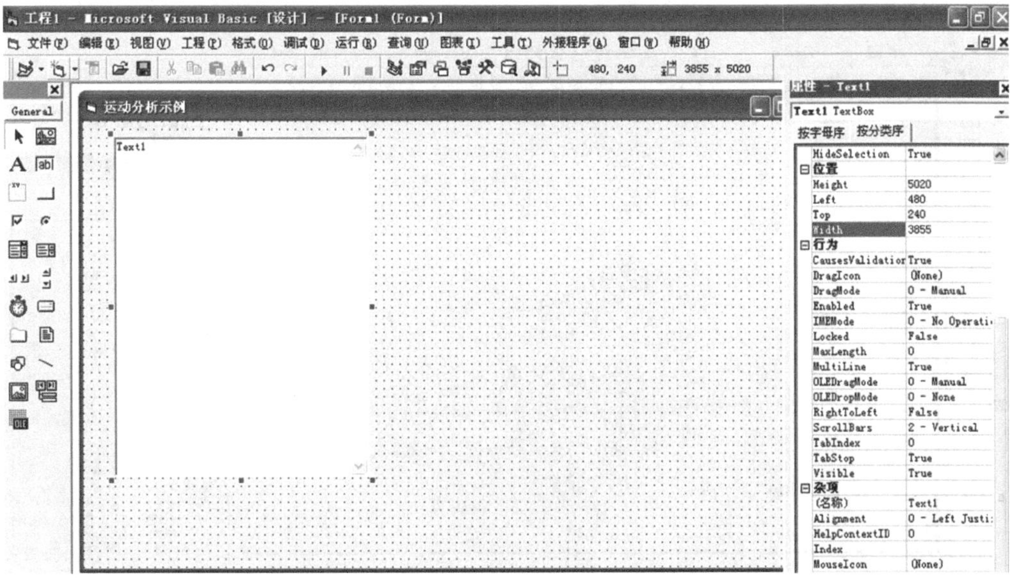
工程1 - Microsoft Visual Basic [设计] - [Form1 (Form)]
文件(F) 编辑(E) 视图(V) 工程(P) 格式(O) 调试(D) 运行(R) 查询(U) 图表(I) 工具(T) 外接程序(A) 窗口(W) 帮助(H)
480, 240
3855 x 5020
General
运动分析示例
Text1
属性 - Text1
Text1 TextBox
按字母序 按分类序
HideSelection True
位置
Height 5020
Left 480
Top 240
Width 3855
行为
CausesValidation True
DragIcon (None)
DragMode 0 - Manual
Enabled True
IMEMode 0 - No Operati
Locked False
MaxLength 0
MultiLine True
OLEDragMode 0 - Manual
OLEDropMode 0 - None
RightToLeft False
ScrollBars 2 - Vertical
TabIndex 0
TabStop True
Visible True
杂项
(名称) Text1
Alignment 0 - Left Justi
HelpContextID 0
Index
MouseIcon (None)

图 12. 16

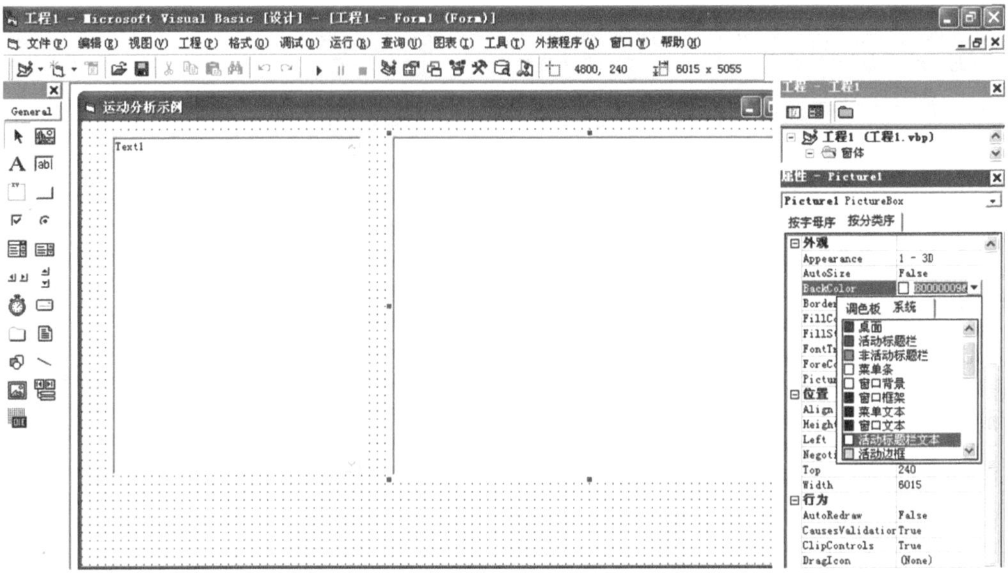
工程1 - Microsoft Visual Basic [设计] - [工程1 - Form1 (Form)]
文件(F) 编辑(E) 视图(V) 工程(P) 格式(O) 调试(D) 运行(R) 查询(U) 图表(I) 工具(T) 外接程序(A) 窗口(W) 帮助(H)
4800, 240
6015 x 5055
General
运动分析示例
Text1
工程1 (工程1.vbp)
窗体
Picture1 PictureBox
按字母序 按分类序
外观
Appearance 1 - 3D
AutoSize False
BackColor
调色板 系统
桌面
活动标题栏
非活动标题栏
菜单条
窗口背景
窗口框架
菜单文本
窗口文本
活动标题栏文本
活动边框
位置
Top 240
Width 6015
行为
AutoRedraw False
CausesValidation True
ClipControls True
DragIcon (None)

图 12.17

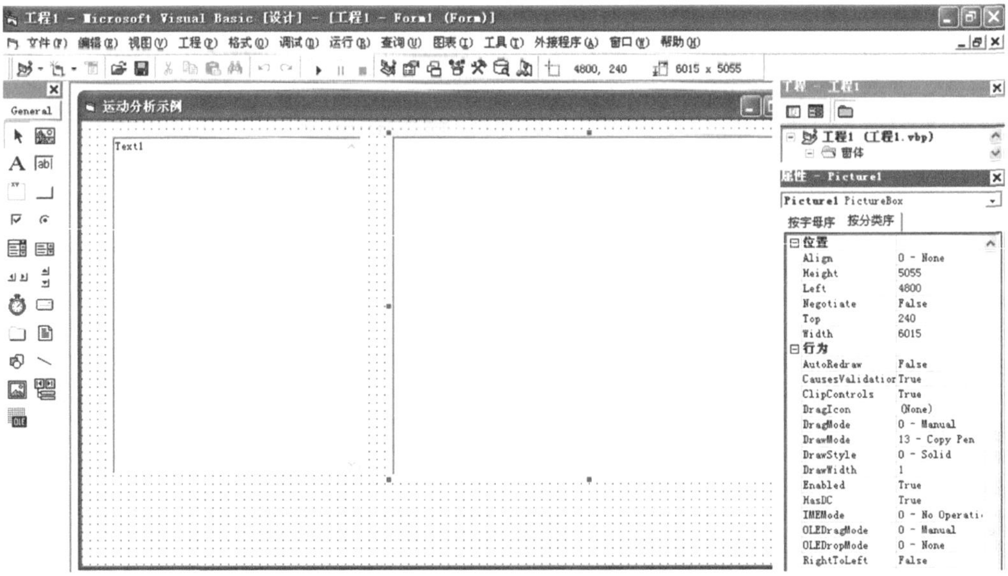
工程1 - Microsoft Visual Basic [设计] - [工程1 - Form1 (Form)]
文件(F) 编辑(E) 视图(V) 工程(P) 格式(O) 调试(D) 运行(R) 查询(U) 图表(I) 工具(T) 外接程序(A) 窗口(W) 帮助(H)
4800, 240
6015 x 5055
General
运动分析示例
Text1
工程1 (工程1.vbp)
窗体
Picture1 PictureBox
按字母序 按分类序
位置
Align 0 - None
Height 5055
Left 4800
Negotiate False
Top 240
Width 6015
行为
AutoRedraw False
CausesValidation True
ClipControls True
DragIcon (None)
DragMode 0 - Manual
DrawMode 13 - Copy Pen
DrawStyle 0 - Solid
DrawWidth 1
Enabled True
HasDC True
IMEMode 0 - No Operati
OLEDragMode 0 - Manual
OLEDropMode 0 - None
RightToLeft False

图 12.18

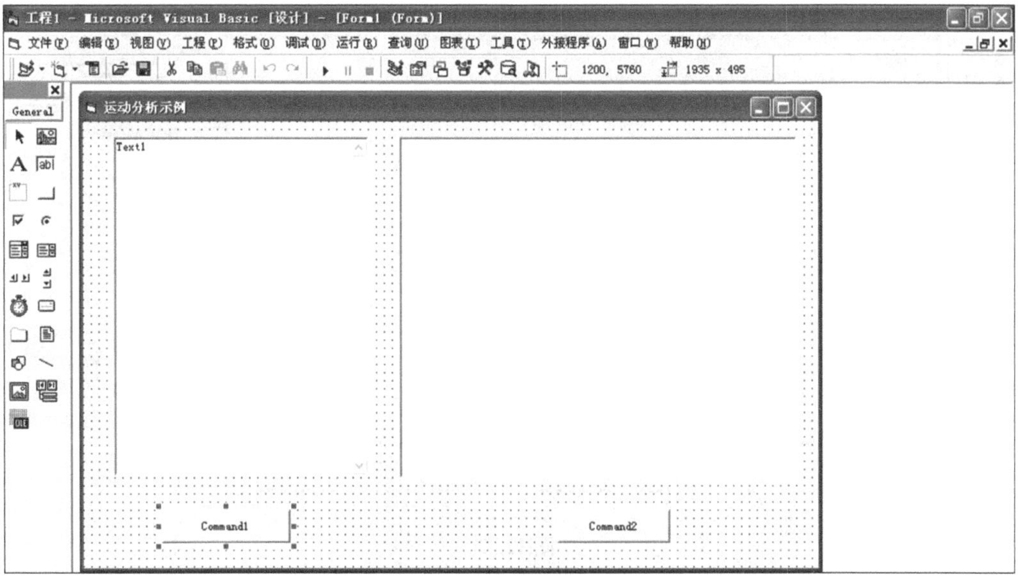

工程1 - Microsoft Visual Basic [设计] - [Form1 (Form)]
文件(F) 编辑(E) 视图(V) 工程(P) 格式(O) 调试(D) 运行(R) 查询(U) 图表(I) 工具(T) 外接程序(A) 窗口(W) 帮助(H)
1200, 5760
1935 x 495
General
运动分析示例
Text1
Command1
Command2

图 12. 19

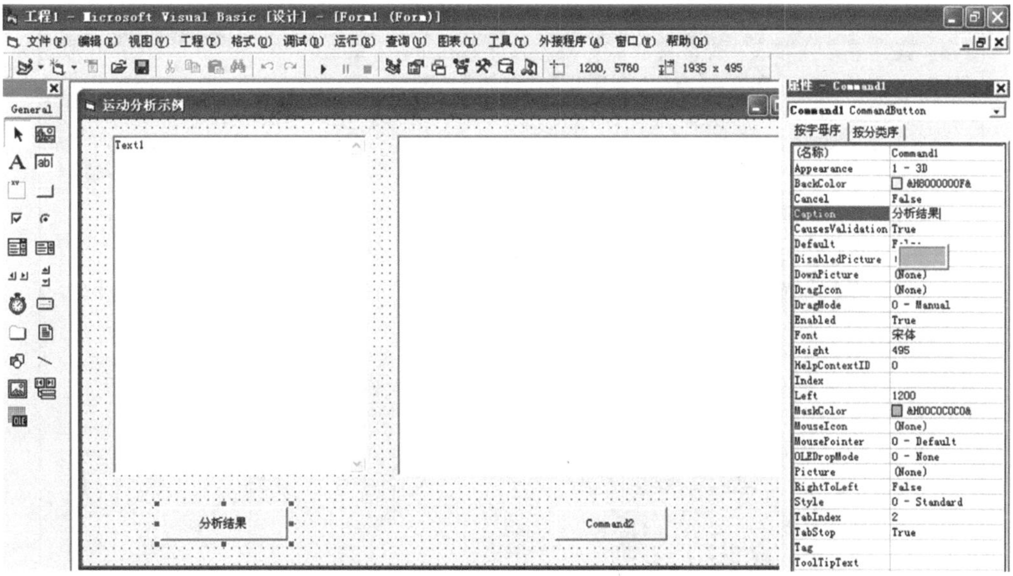

工程1 - Microsoft Visual Basic [设计] - [Form1 (Form)]
文件(F) 编辑(E) 视图(V) 工程(P) 格式(O) 调试(D) 运行(R) 查询(U) 图表(I) 工具(T) 外接程序(A) 窗口(W) 帮助(H)
1200, 5760
1935 x 495
General
运动分析示例
Text1
分析结果
Command2
属性 - Command1
Command1 CommandButton
按字母序
按分类序
(名称) Command1
Appearance 1 - 3D
BackColor &H8000000F&
Cancel False
Caption 分析结果
CausesValidation True
Default
DisabledPicture
DownPicture (None)
DragIcon (None)
DragMode 0 - Manual
Enabled True
Font 宋体
Height 495
HelpContextID 0
Index
Left 1200
MaskColor &H00C0C0C0&
MouseIcon (None)
MousePointer 0 - Default
OLEDropMode 0 - None
Picture (None)
RightToLeft False
Style 0 - Standard
TabIndex 2
TabStop True
Tag
ToolTipText

图 12. 20

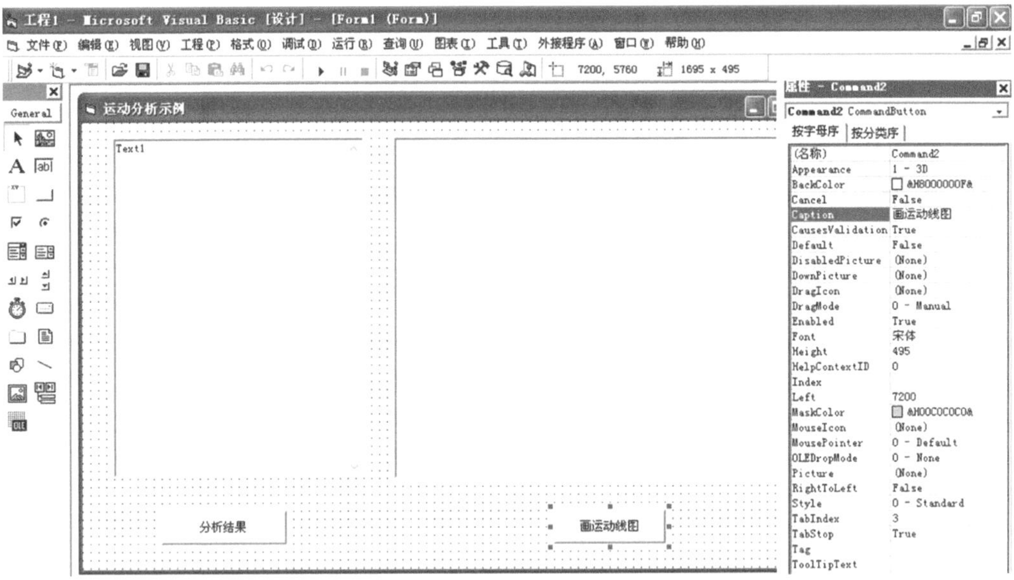

图 12.21

用鼠标双击“分析结果”按钮，展开 Private Sub Command1_Click( )过程，并将 Private Sub Command1_Click( )改成如下内容(图 12.22)：

Private Sub Command1_Click( )

Dim b(6), c(6), d(3), t As String

图 12.22

```
pai = Atn(1#) * 4 / 180
For fi = 0 To 360 Step 10
    Fi1 = fi * pai
    Call 单杆运动分析子程序(0, 0, 0, 0, 0, 0, 0.12, 0, Fi1, 18.01179788, 0, _
    xB, yB, vBx, vBy, aBx, aBy)
    Call RPR 运动分析子程序(1, 0, -0.38, 0, 0, 0, 0, xB, yB, vBx, vBy, aBx, aBy, _
    0, 0.6, xD, yD, vDx, vDy, aDx, aDy, fi3, omega3, epsilon3, sr, vsr, asr)
    Call RRP 运动分析子程序(1, xD, yD, vDx, vDy, aDx, aDy, 0, 0, 0, 0, 0, 0, _
    0.6, 0, 0, 0, xE, yE, vEx, vEy, aEx, aey, fi4, omega4, epsilon4, sr, vsr, asr)
    Call 单杆运动分析子程序(0, -0.38, 0, 0, 0, 0, 0.3, 0, fi3, omega3, epsilon3, _
    xS3, yS3, vS3x, vS3y, aS3x, aS3y)
    Call 单杆运动分析子程序(xD, yD, vDx, vDy, aDx, aDy, 0.3, 0, fi4, omega4, epsi-
lon4, _
    xS4, yS4, vS4x, vS4y, aS4x, aS4y)
    Call RRP 杆组力分析子程序(xS4, yS4, xE, yE, xD, yD, xE, yE, 0, _
    aS4x, aS4y, aEx, aey, epsilon4, 0, 15, 62, 0.18, 0, _
    0, -15 * 9.81, 110, -62 * 9.81, 0, 0, b( ), xN, yN)
    T3 = -b(1) * (yD - yS3) + b(2) * (xD - xS3)
    Call RPR 杆组力分析子程序(xB, yB, xS3, yS3, 0, -0.38, xB, yB, fi3, _
    aBx, aBy, aS3x, aS3y, epsilon3, 0, 20, 0, 0.11, _
    0, 0, b(1), b(2) - 20 * 9.81, 0, T3, c( ), xN, yN)
    Call 单杆力分析子程序(0, 0, 0, 0, xB, yB, 0, 0, _
                        0, 0, 0, 0, 0, c(1), c(2), 0, d( ))
    t = t + "Fi1 =                " + Str(fi) + vbCrLf
    t = t + "xE(m) =              " + Str(xE) + vbCrLf
    t = t + "vE(m/S) =            " + Str(vEx) + vbCrLf
    t = t + "aE(m/S2) =           " + Str(aEx) + vbCrLf
    t = t + "omega3(rad/S) = " + Str(omega3) + vbCrLf
    t = t + "omega4(rad/S) = " + Str(omega4) + vbCrLf
    t = t + "epsilon3(rad/S) = " + Str(epsilon3) + vbCrLf
    t = t + "epsilon4(rad/S) = " + Str(epsilon4) + vbCrLf
    t = t + vbCrLf
    t = t + "Mb(N.m) =            " + Str(d(3)) + vbCrLf
    t = t + "F61x(N) =            " + Str(d(1)) + vbCrLf
    t = t + "F61y(N) =            " + Str(d(2)) + vbCrLf
    t = t + "F12x(N) =            " + Str(c(1)) + vbCrLf
    t = t + "F12y(N) =            " + Str(c(2)) + vbCrLf
```

```
        t = t + "F32x(N) =            " + Str(c(3)) + vbCrLf
        t = t + "F32y(N) =            " + Str(c(4)) + vbCrLf
        t = t + "F43x(N) =            " + Str(b(1)) + vbCrLf
        t = t + "F43y(N) =            " + Str(b(2)) + vbCrLf
        t = t + "F54x(N) =            " + Str(b(3)) + vbCrLf
        t = t + "F54y(N) =            " + Str(b(4)) + vbCrLf
        t = t + "F65x(N) =            " + Str(b(5)) + vbCrLf
        t = t + "F65y(N) =            " + Str(b(6)) + vbCrLf
        t = t + "F63x(N) =            " + Str(c(5)) + vbCrLf
        t = t + "F63y(N) =            " + Str(c(6)) + vbCrLf
        t = t + vbCrLf
    Next fi
    Text1.Text = t
    End Sub
```

用鼠标双击“画运动线图”按钮,展开 Private Sub Command2_Click( )过程,并将 Private Sub Command2_Click( )改成如下内容:

```
    Private Sub Command2_Click( )
    Dim b(6), c(6), d(3), xE1(360), vEx1(360), aEx1(360)
    pai = Atn(1#) * 4 / 180
    For fi = 0 To 360 Step 10
        Fi1 = fi * pai
        Call 单杆运动分析子程序(0,0,0,0,0,0,0.12,0,Fi1,18.01179788,0,_xB,
        yB, vBx, vBy, aBx, aBy)
        Call RPR 运动分析子程序(1,0, -0.38,0,0,0,0,xB,yB,vBx,vBy,aBx,aBy,_0,
        0.6, xD, yD, vDx, vDy, aDx, aDy, fi3, omega3, epsilon3, sr, vsr, asr)
        Call RRP 运动分析子程序(1, xD, yD, vDx, vDy, aDx, aDy, 0, 0, 0, 0, 0, 0, _
        0.6, 0, 0, 0, xE, yE, vEx, vEy, aEx, aey, fi4, omega4, epsilon4, sr, vsr, asr)
        Call 单杆运动分析子程序(0, -0.38, 0, 0, 0, 0, 0.3, 0, fi3, omega3, epsilon3, _
         xS3, yS3, vS3x, vS3y, aS3x, aS3y)
        Call 单杆运动分析子程序(xD, yD, vDx, vDy, aDx, aDy, 0.3, 0, fi4, omega4, epsi-
lon4, _
        xS4, yS4, vS4x, vS4y, aS4x, aS4y)
        Call RRP 杆组力分析子程序(xS4, yS4, xE, yE, xD, yD, xE, yE, 0, _
        aS4x, aS4y, aEx, aey, epsilon4, 0, 15, 62, 0.18, 0, _
        0, -15 * 9.81, 110, -62 * 9.81, 0, 0, b( ), xN, yN)
        T3 = -b(1) * (yD - yS3) + b(2) * (xD - xS3)
```

```
        Call RPR 杆组力分析子程序(xB, yB, xS3, yS3, 0, -0.38, xB, yB, fi3, _
        aBx, aBy, aS3x, aS3y, epsilon3, 0, 20, 0, 0.11, _
        0, 0, b(1), b(2) - 20 * 9.81, 0, T3, c( ), xN, yN)
        Call 单杆力分析子程序(0, 0, 0, 0, xB, yB, 0, 0, _
                                    0, 0, 0, 0, 0, c(1), c(2), 0, d( ))
        xE1(fi) = xE
        vEx1(fi) = vEx
        aEx1(fi) = aEx
    Next fi
    ForeColor = QBColor(0)
    Picture1.Scale ( -10, 100) -(370, -100)
    Picture1.Line (0, 0) -(360, 0), ForeColor
    Picture1.Line (0, -100) -(0, 100), ForeColor
    ForeColor = QBColor(4)
    Picture1.PSet (0, xE1(0) * 100)
    For fi = 0 To 360 Step 10
        Picture1.Line -(fi, xE1(fi) * 100), ForeColor
    Next fi
    ForeColor = QBColor(9)
    Picture1.PSet (0, vEx1(0) * 100)
    For fi = 0 To 360 Step 10
        Picture1.Line -(fi, vEx1(fi) * 10), ForeColor
    Next fi
    ForeColor = QBColor(10)

    Picture1.PSet (0, aEx1(0) * 0.3)
    For fi = 0 To 360 Step 10
        Picture1.Line -(fi, aEx1(fi) * 0.3), ForeColor
    Next fi
    End Sub
```

在代码窗口中,输入单杆运动分析子程序、RPR 运动分析子程序、RRP 运动分析子程序、单杆运动分析子程序、单杆运动分析子程序、RRP 杆组力分析子程序、RPR 杆组力分析子程序、单杆力分析子程序各有关子程序,按“F5”键,可弹出应用程序窗口,如图 12.23 所示。分别点击“分析结果”按钮和“画运动线图”按钮,程序运行结果如图 12.24 所示。部分计算结果见表 12.1 和表 12.2。

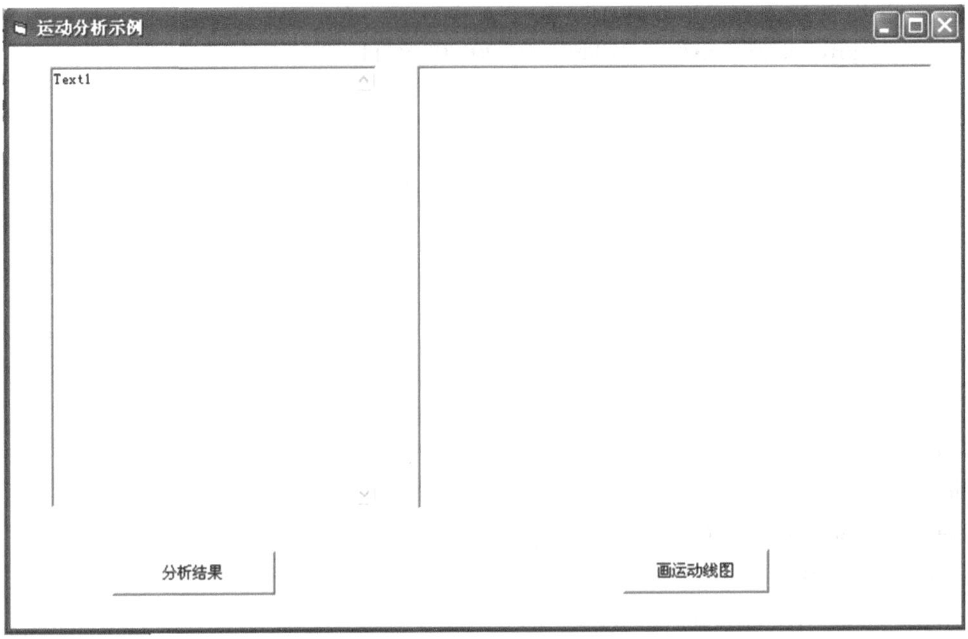
运动分析示例
Text1
分析结果
画运动线图

图 12.23

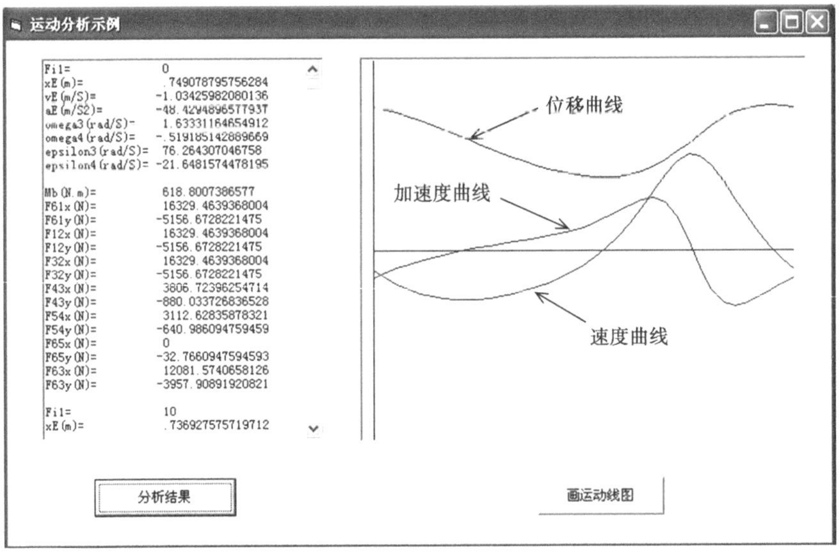
运动分析示例
Fi1= 0
xE(m)= .749078795756284
vE(m/S)= -1.03425982080136
aE(m/S2)= -48.4294896577937
omega3(rad/S)= 1.63331164654912
omega4(rad/S)= -.519185142889669
epsilon3(rad/S)= 76.264307046758
epsilon4(rad/S)= -21.6481574478195
Mb(N.m)= 618.8007386577
F61x(N)= 16329.4639368004
F61y(N)= -5156.6728221475
F12x(N)= 16329.4639368004
F12y(N)= -5156.6728221475
F32x(N)= 16329.4639368004
F32y(N)= -5156.6728221475
F43x(N)= 3806.72396254714
F43y(N)= -880.033726836528
F54x(N)= 3112.62835878321
F54y(N)= -640.986094759459
F65x(N)= 0
F65y(N)= -32.7660947594593
F63x(N)= 12081.5740658126
F63y(N)= -3957.90891920821
Fi1= 10
xE(m)= .736927575719712
位移曲线
加速度曲线
速度曲线
分析结果
画运动线图

图 12.24

表 12.1

φ_1 / 计算参数	30°	60°	…	360°
$S_E(m)$	0.702197805525652	0.633813581619711	⋮	0.749078795756284
$v_E(m/s)$	-2.07757337157579	-2.54664855901176	⋮	-1.03425982080136
$a_E(m/s^2)$	-24.88936478782	-8.2089207643318	⋮	-48.4294896577937
$\omega_3(rad/s)$	3.2780767178865	4.08219049608022	⋮	1.63331164654912
$\omega_4(rad/s)$	-0.801212490209309	-0.538181627850595	⋮	-0.519185142889669
$\varepsilon_3(rad/s^2)$	39.8649453879097	17.0073301651869	⋮	76.264307046758
$\varepsilon_4(rad/s^2)$	1.1444641645363	15.3657077879919	⋮	-21.6481574478195

表 12.2

φ_1 / 计算参数	30°	60°	…	360°
$M_b(N)$	989.301175165572	580.283741804336	⋮	618.8007386577
$F_{61x}(N)$	11701.4117492702	5210.77612514772	⋮	16329.4639368004
$F_{61y}(N)$	-2763.74177318447	-646.066701116213	⋮	-5156.6728221475
$F_{12X}(N)$	11701.4117492702	5210.77612514772	⋮	16329.4639368004
$F_{12y}(N)$	-2763.74177318447	-646.066701116213	⋮	-5156.6728221475
$F_{32X}(N)$	11701.4117492702	5210.77612514772	⋮	16329.4639368004
$F_{32y}(N)$	-2763.74177318447	-646.066701116213	⋮	-5156.6728221475
$F_{43X}(N)$	2025.51479222445	765.69843206098	⋮	3806.72396254714
$F_{43y}(N)$	-521.008054710832	-235.218598016123	⋮	-880.033726836528
$F_{54X}(N)$	1653.14061684484	618.953087388572	⋮	3112.62835878321
$F_{54y}(N)$	-379.683385950827	-153.071059917296	⋮	-640.986094759459
$F_{65x}(N)$	0	0	⋮	0
$F_{65y}(N)$	228.536614049173	455.148940082704	⋮	-32.7660947594593
$F_{63x}(N)$	9428.29170441781	4331.50644116684	⋮	12081.5740658126
$F_{63y}(N)$	-2054.30082679363	-301.318052301653	⋮	-3957.90891920821

第 13 章 机械原理课程设计题目汇编

近几年来,随着机械原理课程教学改革的不断深入,机械原理课程设计的重点应放在机械系统运动方案的构思和设计上,以激发和培养学生的创新意识和创新设计能力,这已成为共识。本书从这一认识出发,并根据《机械原理课程教学基本要求》中对机械原理课程设计提出的要求,汇编了 20 个课程设计题目,供教师选用和参考。

13.1 四工位加工机床的刀具进给系统和工作台转位系统设计

(1) 功能要求及工艺动作分解提示

1) 总功能要求

实现对工件的装卸、钻孔、扩孔和铰孔。

2) 工作原理及工艺动作分解提示

四工位加工系统的工作原理及工艺动作分解如图 13.1 所示。该系统由安装工件的回转工作台和装有刀具的主轴箱及传动部分组成。工作台有四个工位,能绕自身回转轴线作间歇转动。主轴箱上装有三把刀具,对应工作台Ⅱ位置装钻头、Ⅲ位置装扩孔钻头、Ⅳ位置装铰刀。刀具的旋转运动由主轴箱系统提供,主轴箱能实现静止、快进、进给、快退的工艺动作。主轴箱完成一次静止、快进、进给、快退的循环运动,在四个工位上分别完成相应的装卸、钻孔、扩孔、铰孔工作,在刀具退出工件期间,工作台完成一次回转 90°的转动。依次循环四次,一个工件就完成了装、钻、扩、铰、卸等工序。

(2) 原始数据和设计要求

①刀具顶端离开工件表面 65 mm 开始动作(图 13.2),快速移动 60 mm 距工件 5 mm 时匀速送进 60 mm,然后快速返回,回程和工作行程的平均速比(行程速度变化系数)$K=2$。

②刀具匀速进给速度为 2 mm/s,工件装卸时间不超过 10 s。

③生产率约为 74 件/h。

(3) 运动方案构思提示

①工作台的间歇转动可采用槽轮机构、不完全齿轮机构、曲柄摇杆棘轮机构、蜗杆凸轮间歇机构、圆柱凸轮间歇机构等。

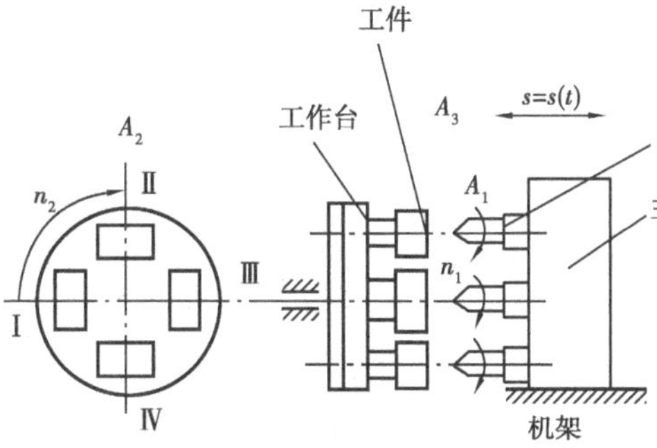

图 13. 1

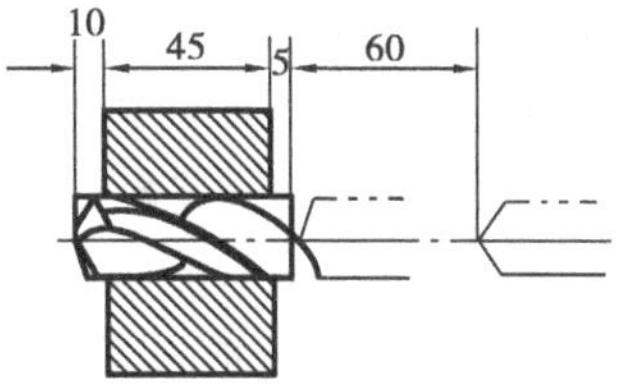

图 13. 2

②主轴箱的移动可采用移动推杆圆柱凸轮机构、移动推杆盘形凸轮机构、摆动推杆盘形凸轮与摇杆滑块机构、曲柄滑块机构、带滑块的六杆机构等。

③传动部分的二级减速可采用带、链、蜗杆、齿轮、行星和摆线针轮传动等。

④四工位加工系统外形(长×宽×高)为:1 500 mm×1 200 mm×1 000 mm。

(4)建议完成的设计工作量

①本题设计时间为一周。

②根据功能要求,确定工作原理和绘制系统功能图。

③按工艺动作过程拟定运动循环图。

④构思系统运动方案(至少两个以上),进行方案评价,选出较优方案。

⑤对传动机构和执行机构进行运动尺寸设计。

⑥绘制系统机械运动方案简图。

⑦编写设计说明书。

13. 2　铁板输送机设计

(1)功能要求及工艺动作分解提示

1)总功能要求

间断输送成卷的板料,每次输送铁板到达规定的长度后,铁板稍停,以待剪板机将其剪断。

2)工作原理及工艺动作分解提示

要满足上述的总功能要求,必须从下述两个方面考虑机器的工作原理和分功能要求,从而选择合适的机构。

①如何夹持和输送铁板,并在停歇时保持铁板的待剪位置;

②如何实现间歇送进,并能使铁板停歇时,运送铁板的构件的速度和加速度曲线仍然连续,使整个机构的运转比较平稳。

(2)原始数据和设计要求

①每次输送铁板长度为 1 900 mm、2 000 mm 或 2 200 mm(设计时任选一种);

②剪断工艺所需时间约为铁板输送周期的 1/15,要求铁板停歇时间不超过剪断工艺时间

的1.5倍,以保证有较高的生产率;

③输送机构运转应平稳,震动和冲击应尽量小(即要求输送机构从动件的加速度曲线连续无突变)。

(3)运动方案构思提示

执行构件的间歇送进运动可以考虑采用两个辊轮将铁板压紧,依靠辊轮和铁板间的摩擦力将铁板从卷料上拉出并推向前进的输送方式。棘轮机构,槽轮机构和不完全齿轮机构等都有可能改造成使辊轮作短暂停歇的机构,它们具有结构简单、制造方便、运动可靠等优点,但在动力性能和动停比等方面不能满足设计要求,所以应该采用组合机构。图13.3、图13.4、图13.5、图13.6等都可改造成满足本设计要求的机构,而图13.6所示机构的综合性能更好一些。

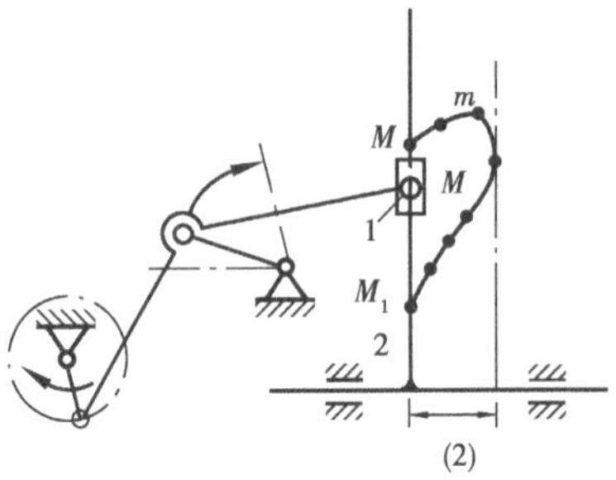

图13.3

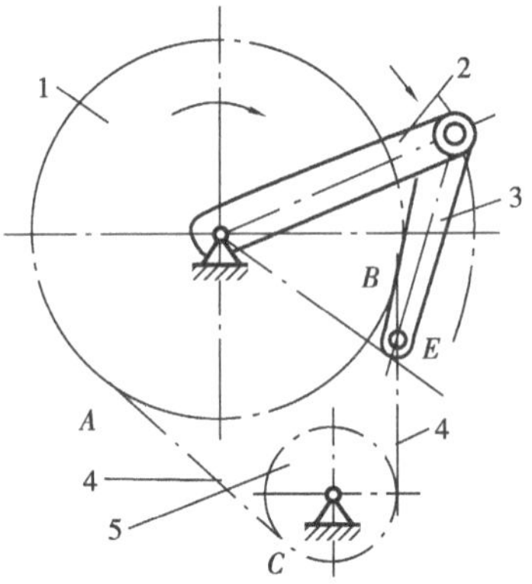

图13.4

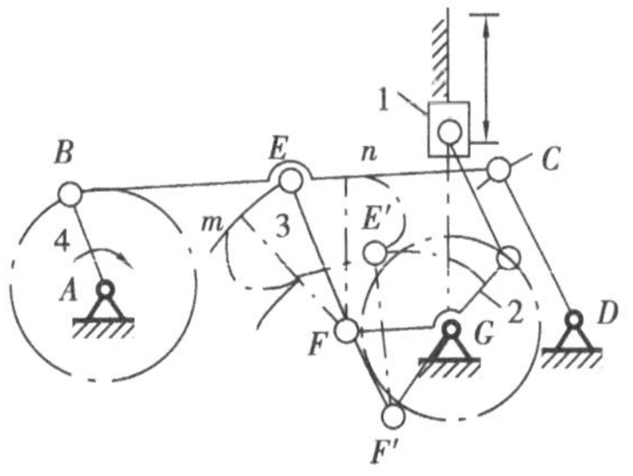

图13.5

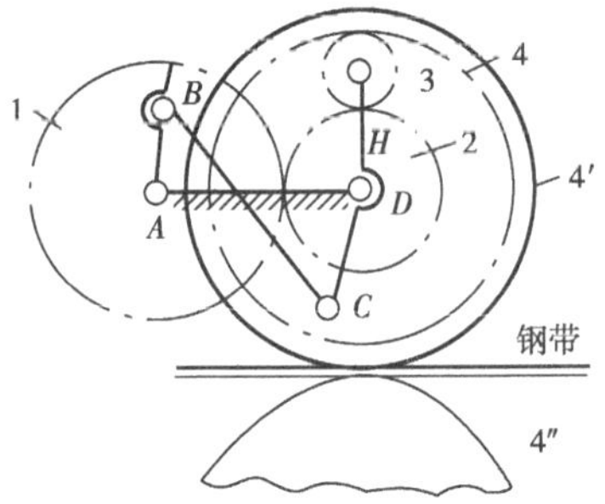

图13.6

(4)建议完成的设计工作量

①本题设计的时间为一周。

②根据功能要求,确定工作原理和绘制系统功能图。

③按工艺动作过程拟定运动循环图。

④构思系统运动方案(至少两个以上),进行方案评价,选出较优方案。

⑤对传动机构和执行机构进行运动尺寸设计。

⑥绘制系统机械运动方案简图。

⑦编写设计说明书。

13.3　平压模切机设计

(1)功能要求及工艺动作分解提示

1)总功能要求

实现对各种规格的白纸板,厚度在 4 mm 以下的瓦楞纸板,以及各种高级精细的印刷品进行压痕、切线、压凹凸,沿着压出的压痕可折叠成各种纸盒、纸箱或制造凹凸的商标。

2)工作原理及工艺动作分解提示

平压模切机的工作原理及工艺动作分解如图 13.7 所示,压制纸板的工艺过程分“走纸”和“模切”两部分。“走纸”部分由图中所示的 1、2、3 组成,“模切”部分由 5、6 组成,4 为工作台面。工作时,工作台面下方的控制机构操纵杆 7 向上运动,推动与双列链 1 固联的走纸横块上的夹紧装置,使夹紧片张开,操作者可将纸板 8 喂入。夹紧后,1、2 开始运动,将纸板送到具有上模 5(装调后固定不动)和下模 6 的位置后,1、2 停歇,此时,在工作台面下部的主传动系统中的执行构件(滑块 6)和下模为一体向上移动,实现纸板的压痕和切线,完成模切。此后链条再次运行,当夹有纸板的横块走到某一位置,受另一机构(图中未表示)作用,使夹紧片张开,纸板落到收纸台上,此时,后一个走纸模块进入第二个运动循环,连续不断地完成上述的动作。

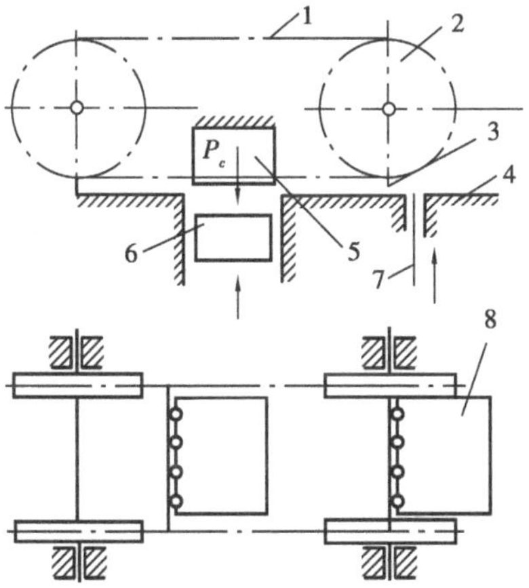

图 13.7

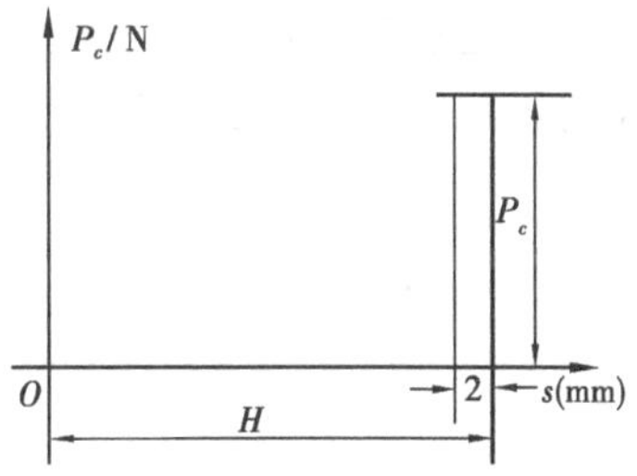

图 13.8

(2)原始数据和设计要求

①每小时压制纸板 3 000 张。

②传动机构所用电机转速 $n = 1\ 450$ r/min,滑块推动下模向上运动时所受生产阻力如图 13.8 所示,图中 $P_c = 2 \times 10^6$ N,回程时不受力,回程的平均速度为工作行程速度的 1.3 倍,下模移动的行程长度 $H = (50 \pm 0.5)$ mm。下模与滑块的质量约 120 kg。

③工作台面离地面的距离约 1 200 mm。

④所设计机构的性能要良好,结构简单紧凑,节省动力,寿命长,便于制造。

(3)运动方案构思提示

①设计实现下模往复移动的机构时,要同时考虑满足运动条件和动力条件,凸轮机构,曲

柄滑块机构,螺旋机构等简单机构都能实现往复直线移动,但因压制纸板时受力较大,宜选用如图 13.9 所示有增力作用的六杆机构,或采用图 13.10 或图 13.11 所示的机构。

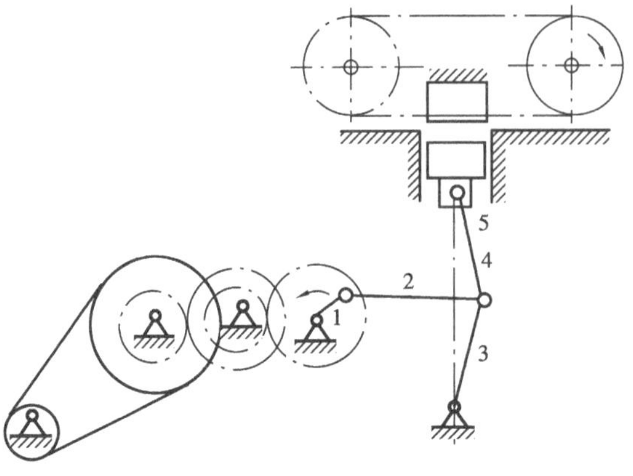

图 13.9

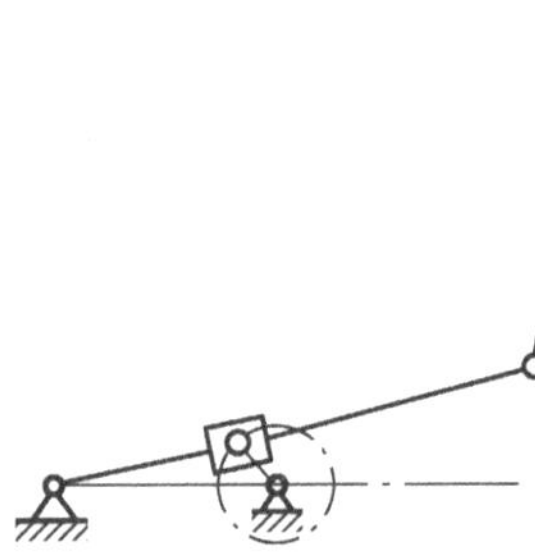

图 13.10

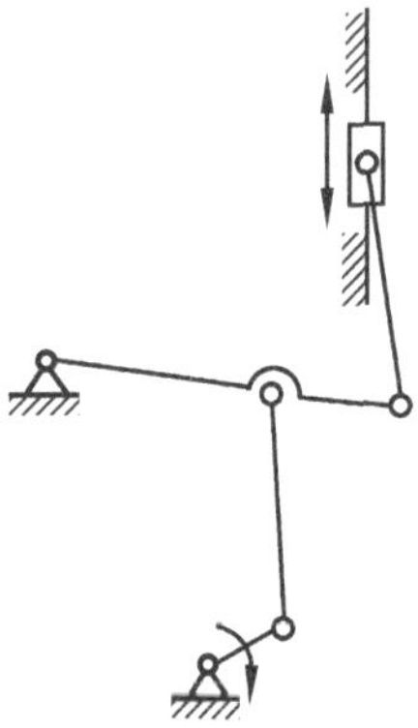

图 13.11

②设计推动夹紧装置使夹紧片张开的控制机构时,考虑到夹紧片张开后要停留片刻,让纸板送入后才能夹紧,因此,可选用具有一端停歇的往复直移运动机构(如凸轮机构),具有圆弧槽的导杆机构等。

③传动部分可考虑采用带与齿轮传动串联,带与行星轮系等串联或单纯行星齿轮系等方案。

(4)建议完成的设计工作量

①本题设计的时间为一周。

②根据功能要求,确定工作原理和绘制系统功能图。

③按工艺动作过程拟定运动循环图。

④构思系统运动方案(至少两个以上),进行方案评价,选出较优方案。

⑤对传动机构和执行机构进行运动尺寸设计。

⑥绘制系统机械运动方案简图。

⑦编写设计说明书。

13.4 医用棉签卷棉机设计

(1)功能要求及工艺动作分解提示

1)总功能要求

用机器完成医用棉签的卷制。

2)工作原理及工艺动作分解提示

用机器卷制棉签,可仿照手工方式进行动作分解及提出分功能要求(见如图 13.12 所示的系统功能图)。

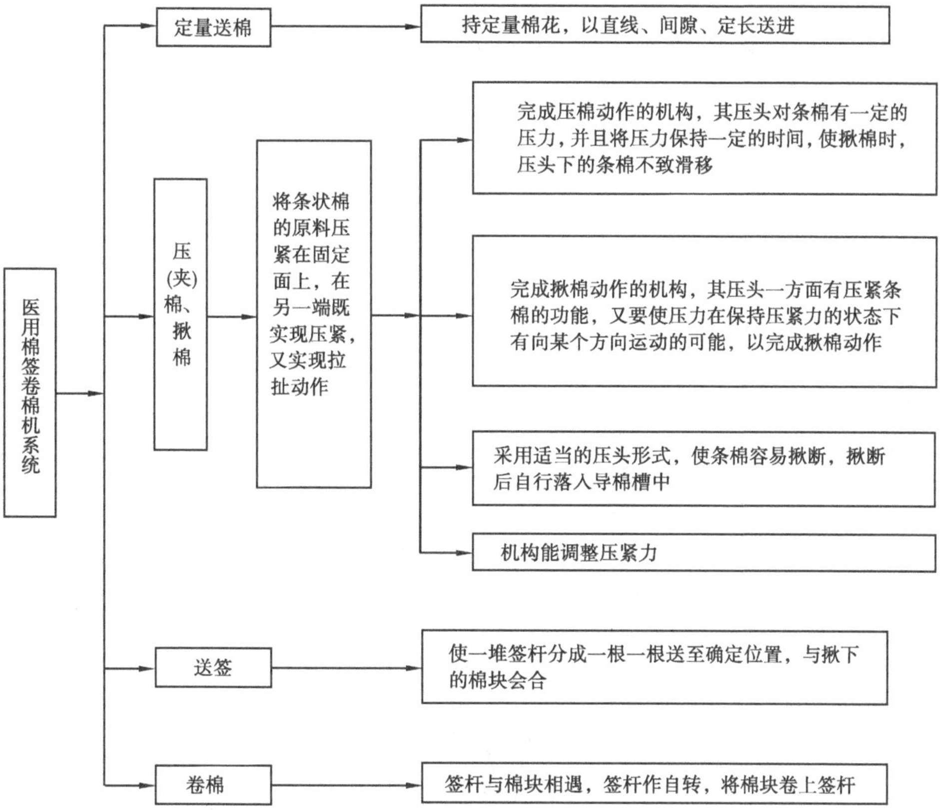

图 13.12

(2)原始数据和设计要求

①棉花　条状脱脂棉，宽 25 ~ 30 mm，自然厚 4 ~ 5 mm。

②签杆　医院通用签杆，直径约 3 mm，杆长约 70 mm，卷棉部分长20 ~ 25 mm。

③生产率　每分钟卷 60 支，每支卷取棉块长 20 ~ 25 mm。

④卷棉签机体积要小，重量轻，工作可靠，外形美观，成本低，卷出的棉签松紧适度。

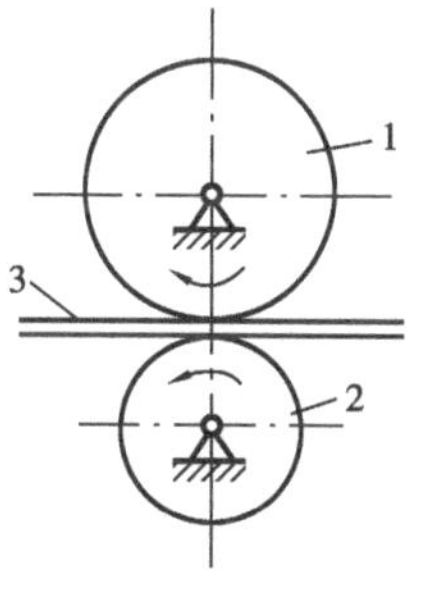

图 13.13

(3)运动方案构思提示

①选择送棉机构时考虑到棉花很软，要实施持棉和直线、间隙、定长地将适量条状棉送入压(夹)棉、揪棉机构，可用带刺构件走直线轨迹段时把棉条拉向前进，走非直线段时从棉条中退出，但此时要将棉条压住。也可用图 13.13 所示的两滚轮压紧棉条实现滚送进，但需与棘轮，槽轮或不完全齿轮机构联接，以实现间隙送进的功能。

②实现压(夹)棉、揪棉功能的机构可在图 13.13 ~ 图 13.20 中选择。图 13.14 、图 13.16、图 13.19 中的凸轮是主动件，构件 3 由凸轮带动实现压棉动作，依靠凸轮轮廓的圆弧持续压紧一定时间。图 13.14、图 13.16 中的构件 3 只实现压棉动作，图 13.19 不仅实现压紧，还可完成揪棉动作。图 13.15 所示爪轮 1 上的爪 2 转到与支承在弹簧 5 上的滚轮 3 压紧条棉 4 后，爪轮继续转动并压缩弹簧 5，使条棉受到的压紧力增大，当转过一定角度时，条棉被揪断。当轮

爪与滚轮分离时，被揪下的棉块落入下面的导棉槽中待签杆来卷。图 13. 18 中，嵌入两爪轮 1 和 3 的两块橡胶块相遇时，将条棉 4 夹在其间，靠弹性压紧，继续转动时，将条棉揪断。图 13. 20是由两条齿形带 1 和带轮 3 组成。当齿形带紧边的外凸部分相遇时，夹紧条棉，在继续运动中揪断。

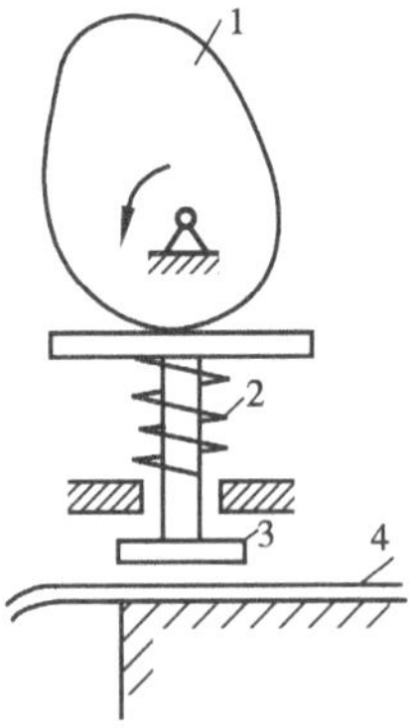

图 13. 14

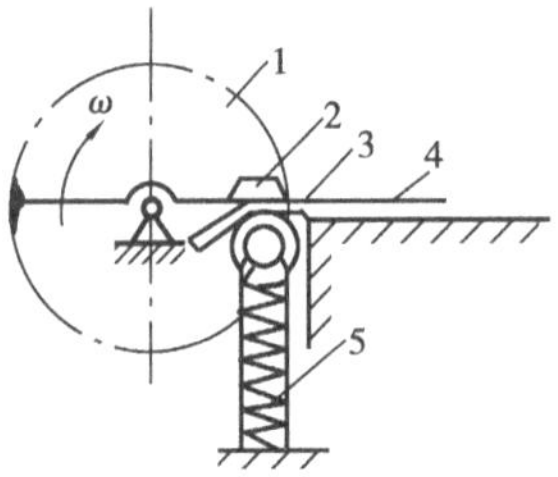

图 13. 15

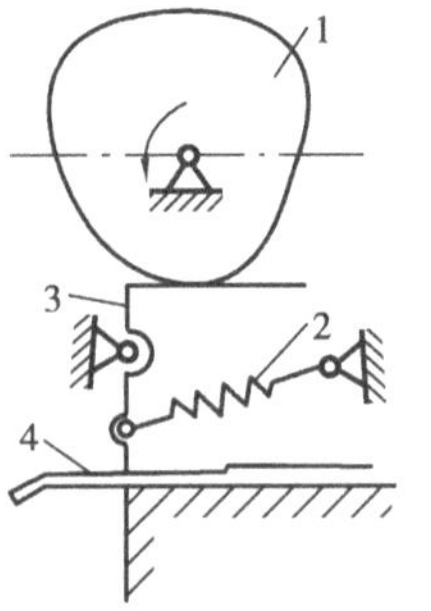

图 13. 16

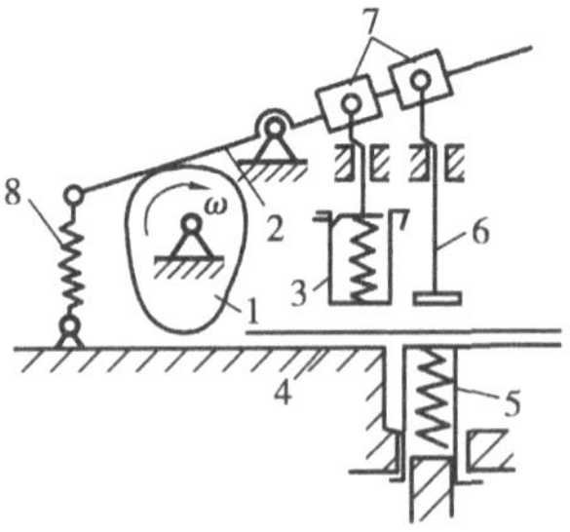

图 13. 17

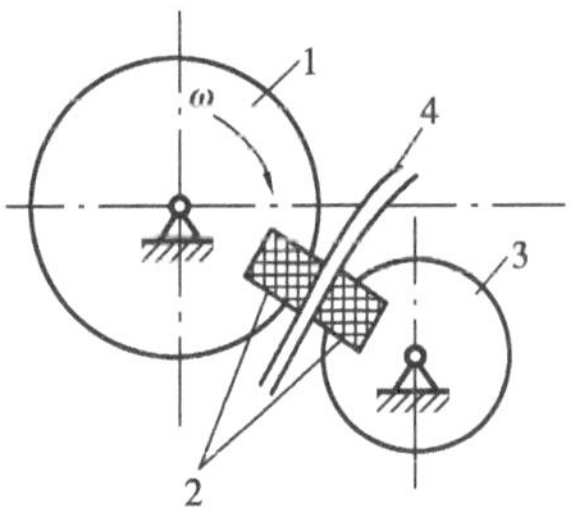

图 13. 18

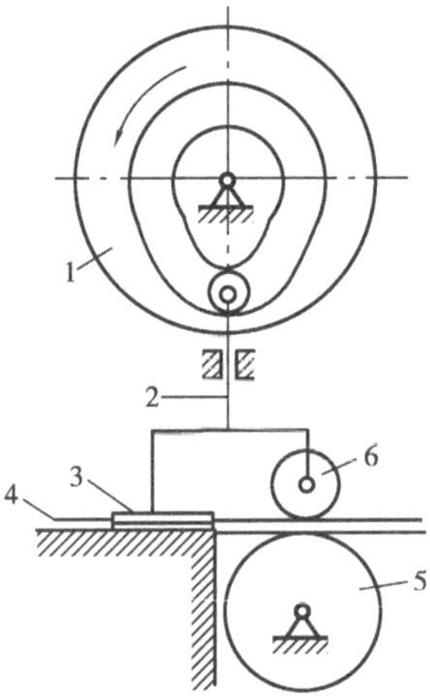

图 13. 19

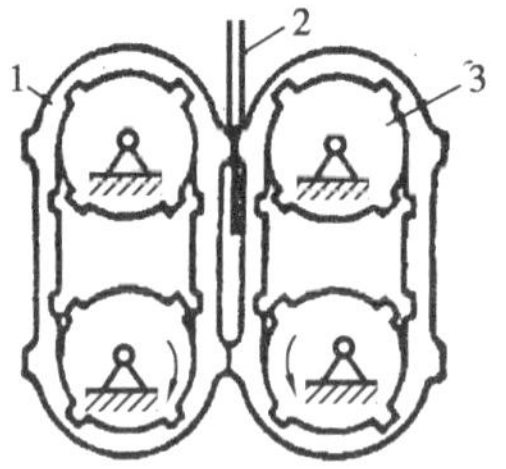

图 13. 20

③实现送签的功能是使一堆签杆分成一根一根送至确定位置，有很多办法，常见的方法如图 13. 21 所示，将一堆签杆放入漏斗状的签箱 1 中，漏斗口限制签杆 2 只能一根一根地通过，由漏斗口下的输送构件 3 将签杆送去。为防止签斗内签杆相互挤卡住，可设法用漏斗振动或用其他方法，使斗内签杆获得松动的机会，以利于签杆顺利漏出斗口。

④实现卷棉功能所需的动作是使签杆一边自转，一边沿导棉槽移动完成卷棉动作如图 13. 21、图 13. 22 所示。图 13. 21 为签杆 2 被卷轮 3 带离签箱，进至与静止摩擦片 4 接触后，在摩擦力作用下签杆一面前进，一面自转，此时签杆外露在卷轮外的头部（约长 25 mm）与导棉槽中的棉花相遇，且有一定的压紧力，使棉块卷在签杆上。图 13. 22 是用有槽的带 3 取签杆，5 为静止摩擦片，由于带是挠性体，需用托板 7 支承，使签杆能与板 5 压紧，产生摩擦而自转。

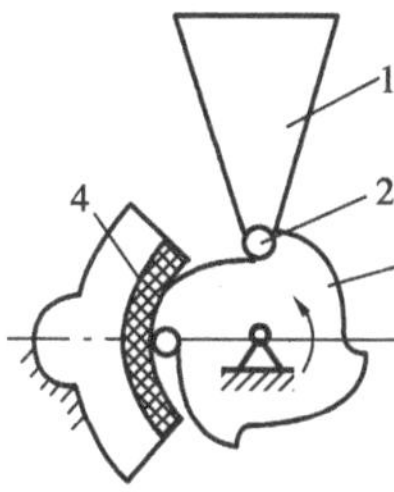

图13.21

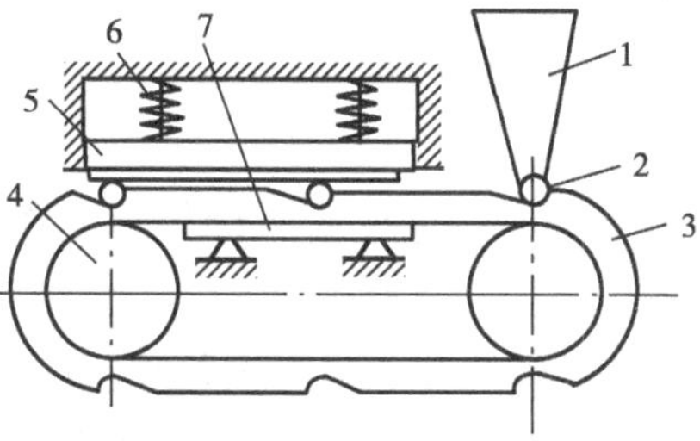

图13.22

⑤满足各分功能动作的机构选定后,合理布置各机构位置,并要求各机构主动轴之间用齿轮或链条传动连接,保证送棉一次,揿棉一次,卷签一个。

(4)建议完成的设计工作量

①本题设计的时间为一周。

②根据功能要求,确定工作原理和绘制系统功能图。

③按工艺动作过程拟定运动循环图。

④构思系统运动方案(至少两个以上),进行方案评价,选出较优方案。

⑤对传动机构和执行机构进行运动尺寸设计。

⑥绘制系统机械运动方案简图。

⑦编写设计说明书。

13.5　平压印刷机设计

(1)功能要求及工艺动作分解提示

1)总功能要求

印制各种资料、名片、表格。

2)工作原理及工艺动作分解提示

平压印刷机的工作原理及工艺动作分解如图13.23所示,将油墨定量输送至墨盘2,令墨盘作间歇转动,使墨辊1蘸墨时能较均匀地得到供墨;墨辊沿墨盘面和铜锌板面11上下运动,完成蘸墨和刷墨动作;放有白纸的压印板3绕一固定点D来回摆动,其工作行程终点使白纸与涂有油墨的铜锌板压合,完成印刷工艺。当空回行程时,便可取出成品。

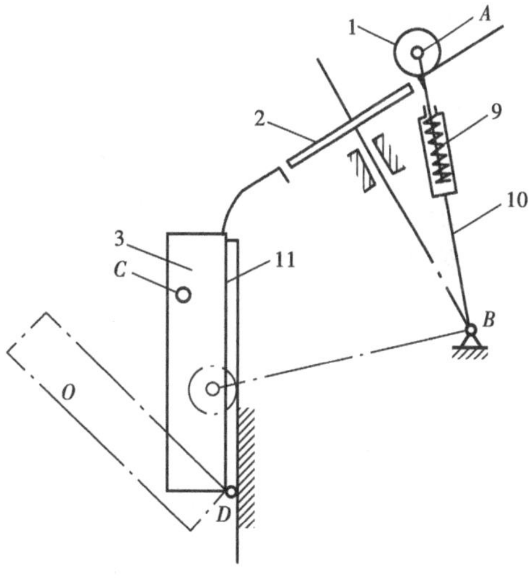

图13.23

(2)原始数据和设计要求

①实现印头、油辊、油盘运动的机构由一个电动机带动,通过传动系统使该机具有1 600～1 800次/h的印刷能力。

②电动机功率$P=0.8$ kW,转速$n_{电}=930$ r/min,电动机放在机架的左侧或底部,可自行

决定。

③根据印刷纸张幅面(280 mm×406 mm),最大印刷幅面为 260 mm×380 mm,设定 $l_{CD}=250$ mm。

④印头摆角为 70°,要求印头返回行程与工作行程的平均速度之比(行程速度变化系数)$K=1.118$。

⑤油辊摆角为 110°,油辊在上极限位置时,恰与油盘的上边缘接触,油盘直径为 400 mm。

⑥要求机构传动性能良好,即印头和油辊在两极限位置处的传动角 γ 不小于许用传动角 $[\gamma]$,即 $\gamma \geqslant [\gamma]=40°$。结构应紧凑,制造方便。

(3)运动方案构思提示

①由于只有一个动力源,因而实现三个分功能运动的机构必须联动,并且其主要动作必须协调。要首先构思实现动作要求的执行机构,然后勾画描述各机构动作协调配合关系的运动循环图,最后按执行路线连成整机,力求结构简单、紧凑。

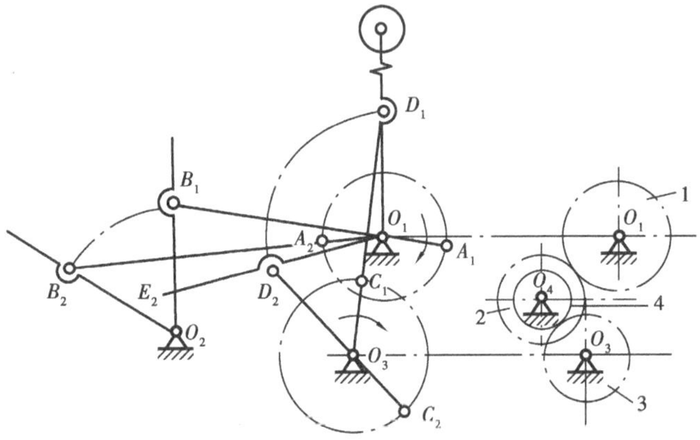

图 13.24

②印头和油辊的运动由两个曲柄摇杆机构按时序式联接来实现,如图 13.24 所示。曲柄摇杆机构 O_1ABO_2 实现印头的往复摆动,曲柄摇杆机构 O_3CDO_1 实现油辊的往复摆动。电机带动双联齿轮 2、4 输入运动,通过齿轮 1、3 分别驱动曲柄 O_1A 和 O_3C。

③印头和油辊的运动由曲柄摇杆机构和双摇杆机构的串联来实现,如图 13.25 所示。电机通过齿轮机构带动曲柄摇杆机构实现印头的往复摆动。同时,摇杆(印头)又带动另一摇杆实现油辊的往复摆动。

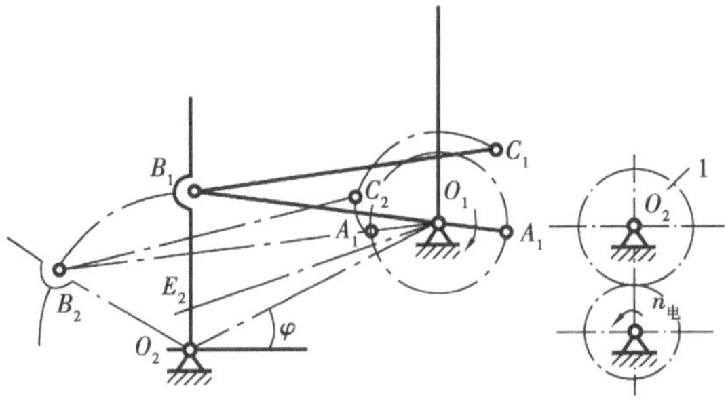

图 13.25

④印头和油辊的运动由凸轮机构和连杆机构按时序式联接来实现，如图 13.26 所示。由凸轮驱动双摇杆机构 O_1ABO_2 完成印头的往复摆动，由同轴传动的凸轮 2 通过齿轮驱动摆杆 $O_1'E$ 摆动。调整两凸轮的相位和从动件的角位移，以协调印头和油辊的运动。

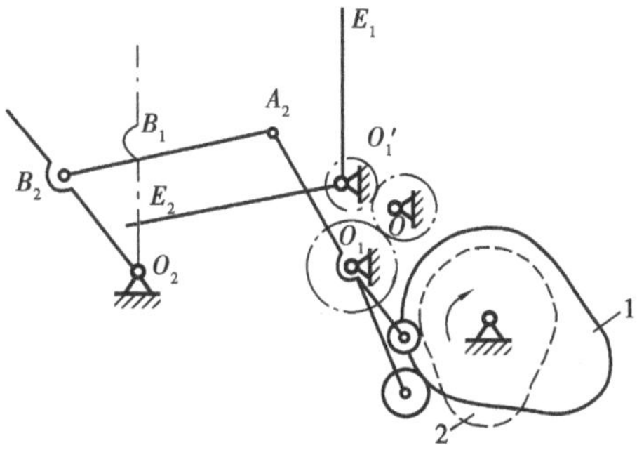

图 13.26

⑤实现油盘间歇运动的机构方案有很多，仅以图 13.27 的两个方案供参考。图(a)为圆锥齿轮与间歇运动机构(如槽轮、棘轮、不完全齿轮机构等)的组合，图(b)为油盘转轴下端布置三、四个叉枝，由固定在轴 O_1 上的拨杆和凸轮间歇推动叉枝 2，使油盘得到间歇转动。

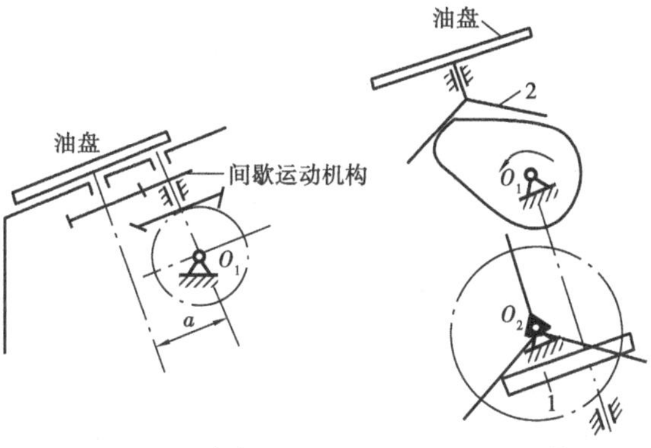

(a)　　　　　　(b)

图 13.27

(4)建议完成的设计工作量

①本题设计的时间为一周。

②根据功能要求，确定工作原理和绘制系统功能图。

③按工艺动作过程拟定运动循环图。

④构思系统运动方案(至少两个以上)，进行方案评价，选出较优方案。

⑤对传动机构和执行机构进行运动尺寸设计。

⑥绘制系统机械运动方案简图。

⑦编写设计说明书。

13.6 精压机冲压及送料系统设计

(1)功能要求及工艺动作分解提示

1)总功能要求

将薄铝板送到待加工位置后,一次冲压成深筒形,并将成品推出模腔。

2)工作原理及工艺动作分解提示

精压机的工作原理及工艺动作分解如图 13.28 所示。要求从侧面将坯料送至待加工位置,上模先以较大速度接近坯料,然后以匀速下冲,进行拉延成形工作,以后上模继续下行将成品推出型腔,最后快速返回,完成一个工作循环。

(2)原始数据和设计要求

①以转动的电机为动力,从动件(执行构件)为上模,作上下往复直移运动,其运动规律如图 13.29 所示,具有快速下沉,等速工作进给和快速返回的特性。

②机构应具有较好的传力性能,工作段的传动角 γ 应不小于许用传动角 $[\gamma]$,即 $\gamma \geq [\gamma]=40°$。

③上模到达工作段之前,送料机构已将坯料送至待加工位置(下模上方)。

④生产率为 70 件/min。

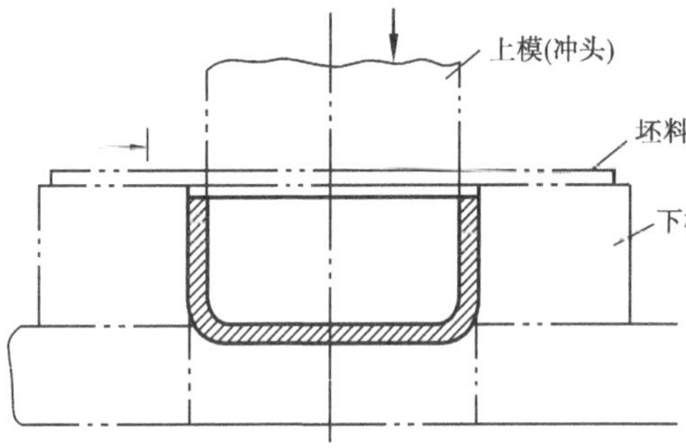

图 13.28

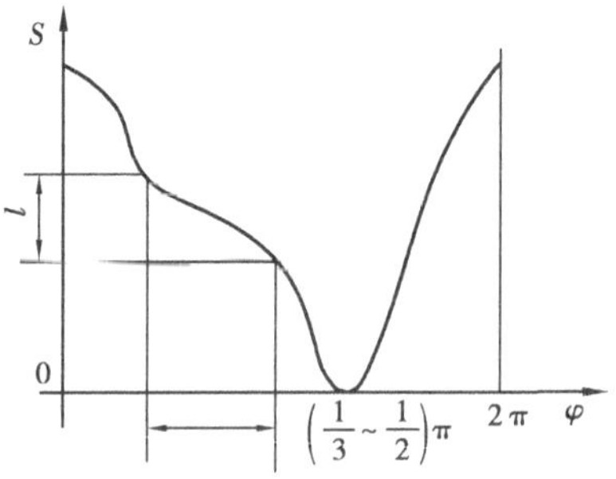

图 13.29

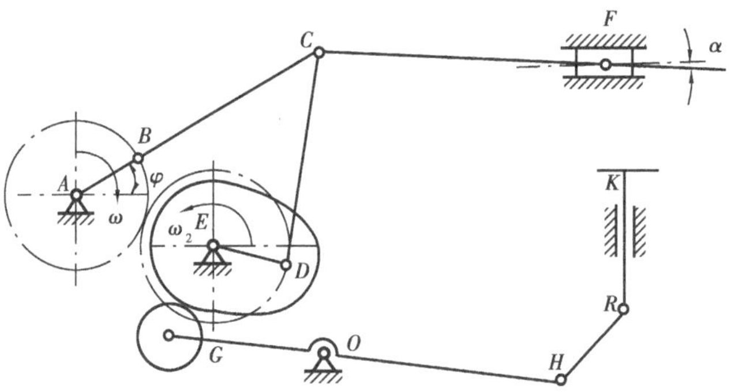

图 13.30

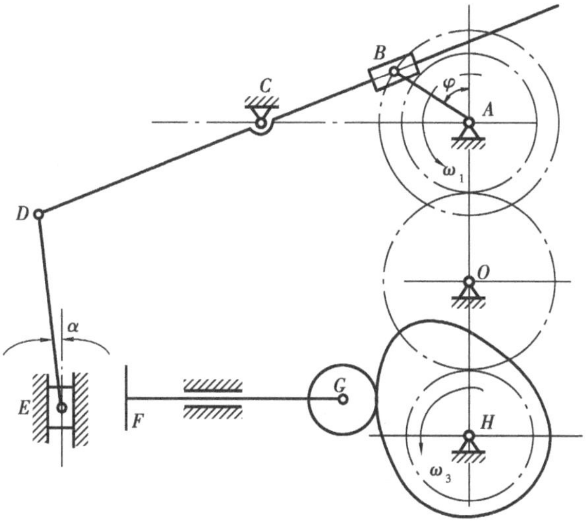

图 13. 31

⑤执行构件的工作段长度 $l=30\sim100$ mm，对应曲柄转角 $\varphi=(1/3\sim1/2)\pi$；上模行程长度必须大于工作段长度的两倍以上。

⑥行程速度变化系数 $K\geqslant1.5$。

⑦送料距离 $H=60\sim250$ mm。

⑧电机转速为 1 500 r/min。

(3) 运动方案构思提示

①冲压机构原动件为曲柄，从动件为滑块，行程中有等速运动段，并具有急回特性，还应具有较好的动力特性。要满足这些要求，单一的曲柄滑块机构是难以胜任的，需用组合机构。送料机构仅要求作间歇送进，可结合冲压机构一并考虑。

②如图 13. 30 所示的冲压机构是采用双曲柄七杆机构，用齿轮副将其封闭，使自由度由 2 降为 1。由齿轮 2 固联凸轮，联结连杆机构，按机构运动循环图确定凸轮工作角和从动件运动规律，以确保在规定时间将坯料送至待加工位置。

③如图 13. 31 所示的冲压机构是在导杆机构的基础上串联一个摇杆滑块机构组合而成，由给定的行程速比系数 K 确定导杆机构的几何尺寸。适当选择导路位置，可使工作段满足匀速要求，工作段的传动角满足设计要求。送料由凸轮机构控制。

④如图 13. 32 所示的冲压机构由铰链四杆机构串联摇杆活动机构组合而成，送料机构由凸轮机构控制。

(4) 建议完成的设计工作量

①本题设计的时间为一周。

②根据功能要求，确定工作原理和绘制系统功能图。

③按工艺动作过程拟定运动循环图。

④构思系统运动方案（至少两个以上），进行方案评价，选出较优方案。

⑤对传动机构和执行机构进行运动尺寸设计。

⑥绘制系统机械运动方案简图。

⑦编写设计说明书。

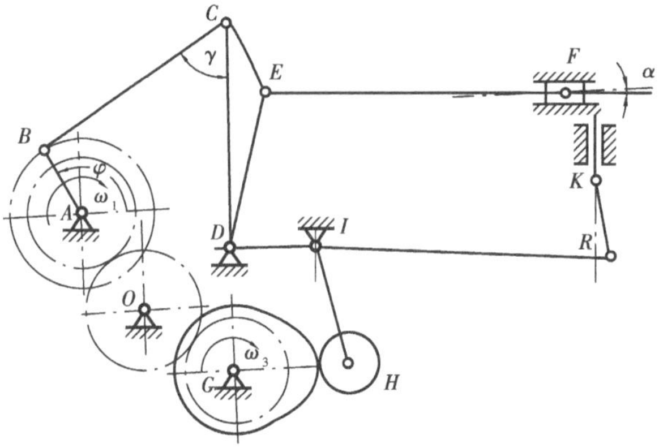

图 13.32

13.7 平台印刷机主传动系统设计

(1)功能要求及工艺动作分解提示

1)总功能要求

实现将往复直线移动的铅板上凸出的痕迹借助于油墨压印到作圆周运动的滚筒表面的纸上。

2)工作原理及工艺动作分解提示

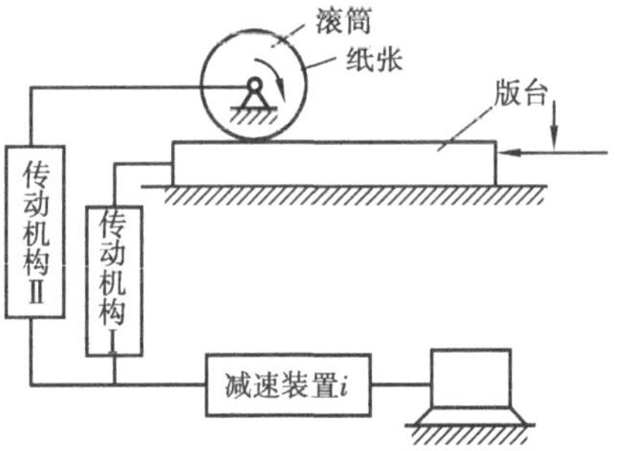

图 13.33

平台印刷机的工作原理及工艺动作分解如图 13.33所示。机器由一台电动机驱动,运动由电动机经过减速装置 i 后分成两路,一路经传动机构Ⅰ带动版台作往复直线移动,另一路经传动机构Ⅱ带动滚筒作回转运动。当版台与滚筒接触时,在纸张上压印出字迹或图形。

(2)原始数据和设计要求

①要求构思合适的机构方案实现平台印刷机的主运动:版台作往复直线运动,滚筒作连续或间歇运动。

②为了保证印刷质量,要求在压印过程中,滚筒与版台之间无相对滑动,即在压印区段,滚筒表面点的线速度与版台移动速度相等。

③为了保证整个印刷幅面上的印痕浓淡一致,要求版台在压印区内的速度变化限制在一定的范围内(应尽可能小)。

④设计参数:印刷生产率为 2 000 张/h,版台行程长度为 730 mm,压印区段长度为 440 mm,滚筒直径为 232 mm,电动机功率为 1.5 kW,转速为 940 r/min。

⑤要求机构传动性能良好,结构紧凑,制造方便。

(3)运动方案构思提示

①版台传动机构可在图 13.34 中的四个方案选择:图(a)所示六杆机构结构简单、加工制

造容易,构件 5(即版台)的速度是变化的,有急回特性。图(b)所示的齿轮为滑移齿轮,上下齿条均可动,并与版台固联,采用凸轮机构(图中未示)拨动齿轮沿其轴向移动时,可分别与上下齿条啮合,实现版台往复移动,若使齿轮作匀速转动,版台就能作匀速往复移动。图(c)所示曲柄滑块机构与齿轮齿条机构组合,下齿条固定,上齿条与版台固连,版台的行程比铰链中心 C 的行程大一倍,并有急回特性。图(d)所示双曲柄机构、曲柄滑块与齿轮齿条的组合,下齿条固定时与图(c)所示机构类似,下齿条可动时,则由下齿条输入另一运动,以得到所需的合成运动。

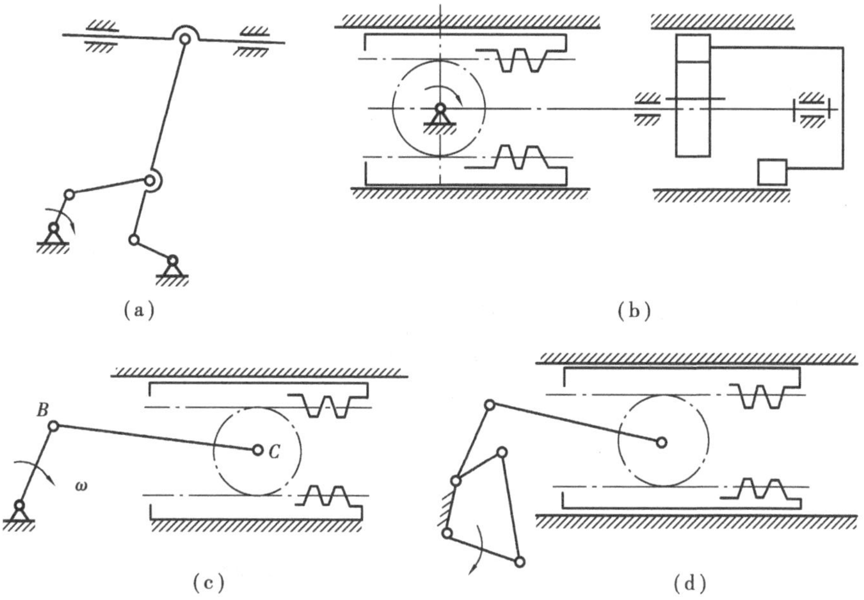

图 13.34

②滚筒传动机构可在图 13.35 中的四个方案选择。图(a)所示的滚筒是由版台上的齿条带动与滚筒同轴的齿轮而转动的。当版台空回时,滚筒应停止转动,应设置如图(c)所示的滚筒与版台运动的脱离装置。图(b)所示双曲柄机构与齿轮机构串联而成的滚筒传动机构,滚筒非匀速转动,若设计合适,可使滚筒在压印区段转速变化平缓。图(d)所示滚筒由电机通过带传动及齿轮减速后,由齿轮机构直接带动的,因而转速是常量。当与其配合的版台由非匀速机构带动时,很难满足速度同步的要求,因而只能与图 13.34 中(b)配合使用。

③平台印刷机的主传动机构要考虑版台传动与滚筒传动机构之间的配合。采用图 13.34(a)与图 13.35(a)和图 13.34(a)与图 13.35(c)配合时,应加设滚筒与版台的运动脱离机构及滚筒定位机构。采用图 13.34(d)与图 13.35(d)配合时,为了保证滚筒在版台上作纯滚动,应加设运动补偿机构,如图 13.36 所示。其他的配合可由设计者自己构思和评价。

(4)建议完成的设计工作量

①本题设计的时间为一周。

②根据功能要求,确定工作原理和绘制系统功能图。

③按工艺动作过程拟定运动循环图。

④构思系统运动方案(至少两个以上),进行方案评价,选出较优方案。

⑤对传动机构和执行机构进行运动尺寸设计。

⑥绘制系统机械运动方案简图。

⑦编写设计说明书。

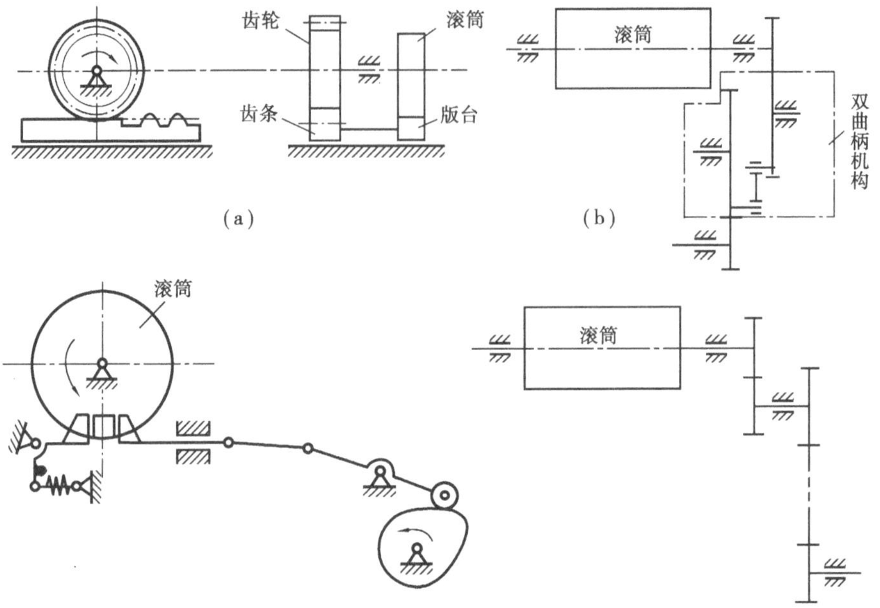

图 13.35

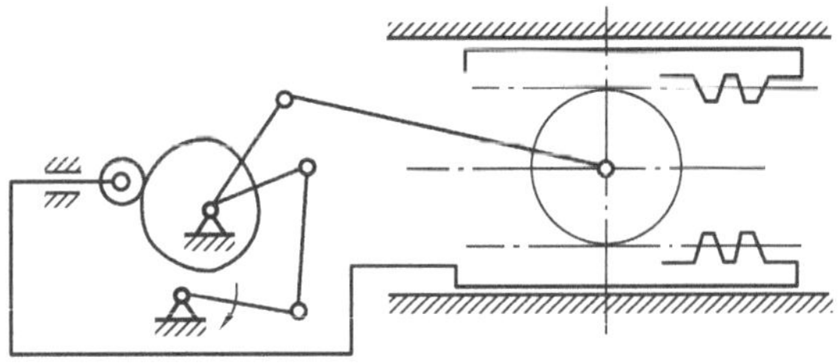

图 13.36

13.8 半自动钻床设计

(1)功能要求及工艺动作分解提示

1)总功能要求

在工件上钻孔:间断输送待钻孔的圆盘状工件至指定位置,夹紧钻孔后将工件推走。

2)工作原理及工艺动作分解

半自动钻床的工作原理及工艺动作分解如图 13.37 所示,该系统由电机驱动,通过带传动将运动传给控制各分功能的传动轴,与传动轴相连的各机构控制送料、定位、夹紧和进刀等工艺动作,最后由动力头控制的钻头完成钻孔。

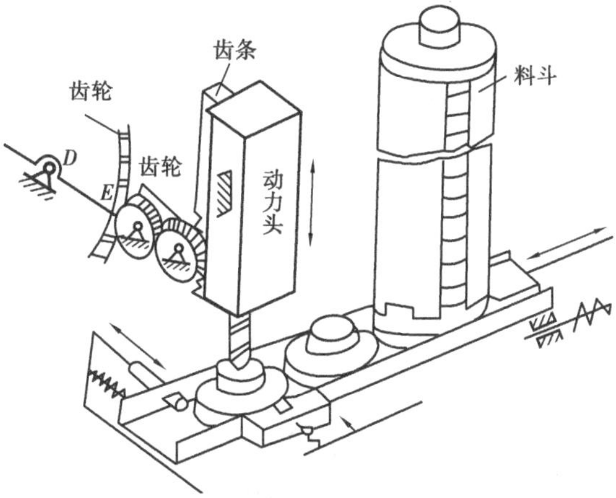

图 13.37

(2) 原始数据及设计要求

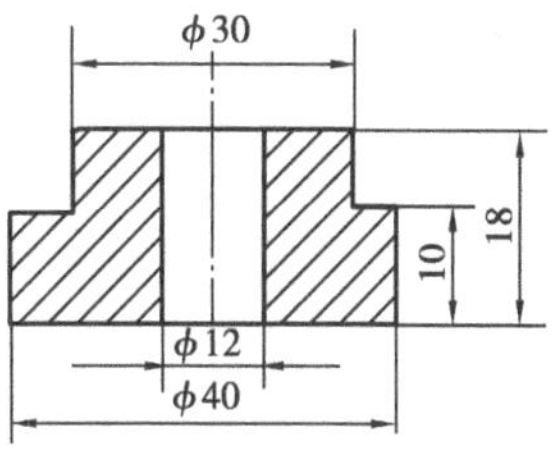

图 13.38

①被钻工件的外形如图 13.38 所示，要求加工生产率为 300 件/h。机床的外形尺寸（长 × 宽 × 高）为 1 000 mm × 600 mm × 800 mm。

②各工艺动作的位移距离。送料：40 mm，定位：30 mm，夹紧：14 mm，钻头快速趋近：15 mm，钻头快速切削工作行程：27.5 mm。

③所设计的机构传动性能良好，结构简单、紧凑、便于制造。

(3) 运动方案构思提示

①半自动钻床外形尺寸较小，因而送料、定位、夹紧、进刀等分功能运动均由在同一主轴上的不同构件驱动。在一个运动循环中，各分功能运动交替进行，因此，各分功能运动属间歇运动，能作间歇运动的机构有很多种，能满足设计要求的间歇运动机构首选凸轮机构。

②实现送料分功能运动的机构可以是移动从动杆圆柱凸轮机构。该机构可以保证从动推头沿传动轴轴向（也是圆柱凸轮的轴向）作往复移动，实现送料所需的运动。

③实末定位和夹紧分功能运动的机构可以是双联盘形凸轮机构。其一，是移动从动件盘形凸轮，移动从动件控制定位挡块伸缩，实现定位功能；其二，是摆动从动件盘形凸轮，从动件末端用高副与移动滑块相连，滑块控制夹具夹紧和松开，实现夹紧功能。

④实现进刀分功能运动的机构可以是摆动从动件盘形凸轮机构，摆杆的另一端串联一个平行四边形机构和齿轮齿条机构，控制钻头上下往复移动，实现进刀功能。

(4) 建议完成的设计工作量

①本题设计的时间为一周。

②根据功能要求，确定工作原理和绘制系统功能图。

③按工艺动作过程拟定运动循环图。

④构思系统运动方案（至少两个以上），进行方案评价，选出较优方案。

⑤对传动机构和执行机构进行运动尺寸设计。

⑥绘制系统机械运动方案简图。

⑦编写设计说明书。

13.9 推瓶机设计

(1)功能要求及工艺动作分解提示

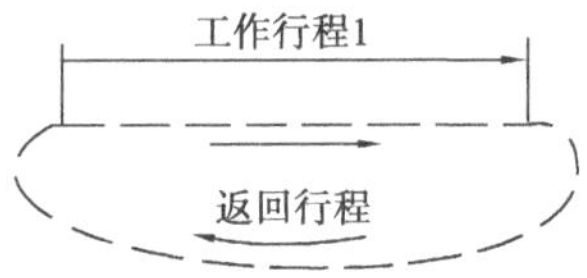

图 13.39

1)总功能要求

实现推头(动点)在工作行程中作直线匀速运动,在其前后作变速运动,回程时有急回运动特性。

2)工作原理及工艺动作分解提示

推瓶机推头的运动轨迹要求如图 13.39 所示。洗瓶机有关部件的工作原理和工艺动作分解如图 13.40 所示。待洗的瓶子放在两个转动的导辊上,导辊带动瓶子旋转。当推头 M 把瓶子向前推进时,转动着的刷子把瓶子外面洗净。当一个瓶子将洗刷完毕时,后一个待洗的瓶子已送入导辊待推。

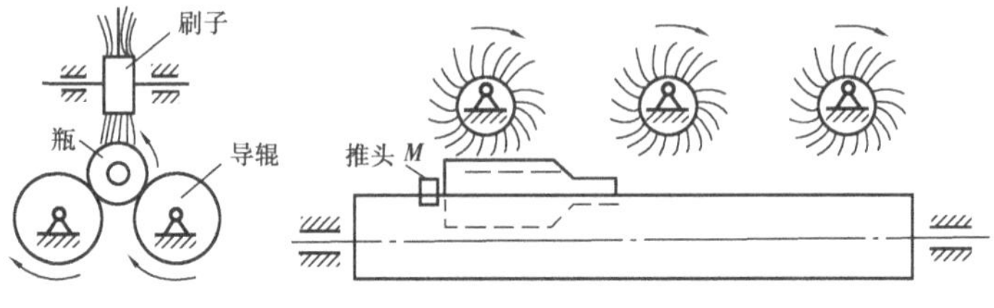

图 13.40

(2)原始数据和设计要求

①瓶子尺寸:大端直径 $d=80$ mm,长 200 mm。

②推进距离:600 mm。

③推程时,速度要求为 $v=45$ mm/s,返回时的平均速度为工作行程的 3 倍。

④机构传动性能良好,结构紧凑,制造方便。

(3)运动方案构思提示

①对总功能的运动要求,若用单一的常用基本机构是不容易实现的。通常,要用若干基本机构的组合,各司其职,协调动作,才能实现总功能要求。

②实现总功能运动要求的机构组合可以有很多,如图 13.41 所示凸轮-铰链四杆机构的连杆 2 上的 M 点能基本实现所要求的轨迹,但曲柄 1 是从动件,要考虑克服死点的措施。图 13.42所示的双凸轮机构也能实现 M 点特殊轨迹的要求。

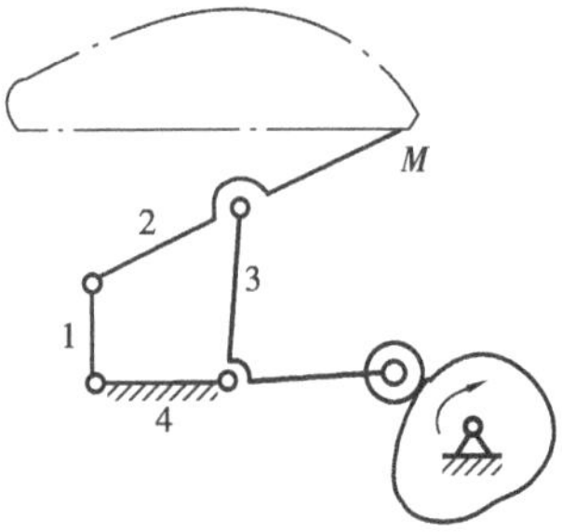

图 13.41

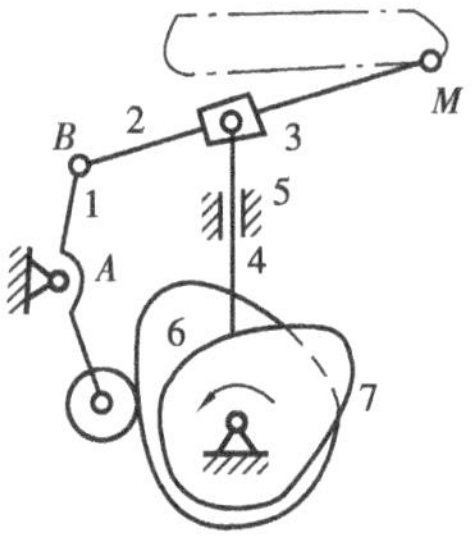

图 13.42

③要实现总功能要求的平面曲线轨迹可以用具有两个自由度的连杆机构，通过控制两个输入构件间的运动关系来得到。如图 13.43 所示全移动副四杆机构是两自由度机构，M 点可精确再现总功能的轨迹要求。该机构缺点是：由于要求的水平方向轨迹太长，势必造成凸轮尺寸过大。

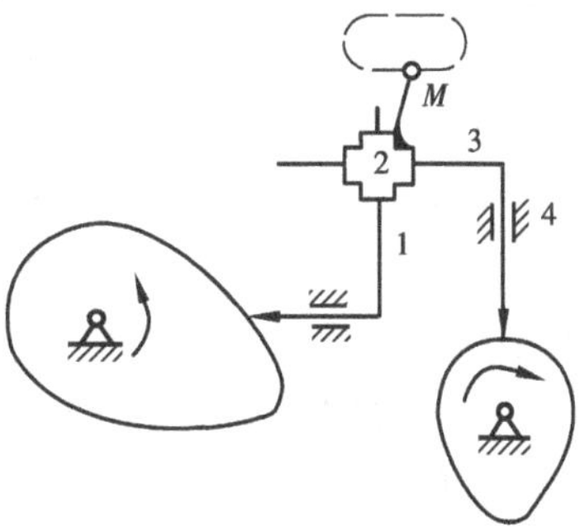

图 13.43

(4)建议完成的设计工作量

①本题设计的时间为一周。

②根据功能要求，确定工作原理和绘制系统功能图。

③按工艺动作过程拟定运动循环图。

④构思系统运动方案(至少两个以上)，进行方案评价，选出较优方案。

⑤对传动机构和执行机构进行运动尺寸设计。

⑥绘制系统机械运动方案简图。

⑦编写设计说明书。

13.10　自动打印机设计

(1)功能要求及工艺动作分解提示

1)总功能要求

在产品上打印记号。

2)工作原理及工艺动作分解提示

自动打印机系统的工作原理及工艺动作如图 13.44 所示，该系统由电机驱动主轴上的三个执行机构，完成送料、夹紧和打印、输出的任务。

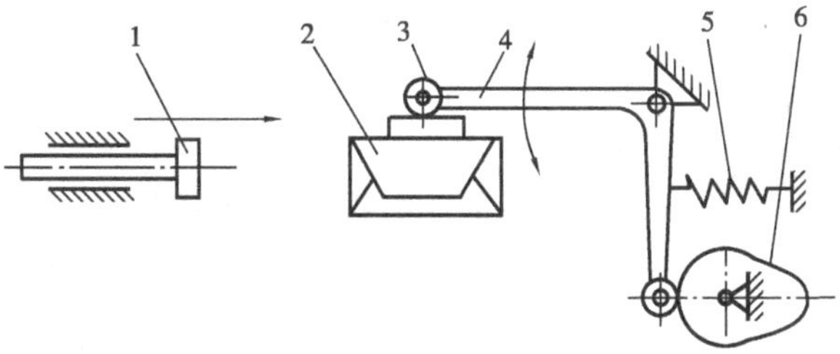

图 13.44

(2)原始数据和设计要求

①待打印产品尺寸：长 100 ~ 150 mm、宽 70 ~ 100 mm、高 30 ~ 50 mm。

②产品重量：5 ~ 10 N。

③自动打印机的生产率：80 次/min。

④要求机构的结构简单紧凑，运动灵活可靠、易于加工制造。

(3)运动方案构思提示

①实现送料-夹紧功能的机构可以采用凸轮机构或有一定停歇时间的连杆机构。当送料、夹紧机构的执行构件将产品推至指定位置，执行构件停止不动，维持推紧力(前有挡块挤压)，

待打印机构执行件打完印记后被推走。

②实现打印功能的机构可以采用平面连杆机构或直动（摆动）凸轮机构。

③实现输出功能的机构可以采用与送料、夹紧机构相类似的机构。为简化结构，可考虑固定定位挡块，而将输出运动与送料运动的方向互相垂直。

④自动打印机系统采用一个电机驱动主轴控制三个机构的执行构件完成各自的功能运动，如何将三个执行机构的主动件均固定在主轴上而达到设计要求是需要认真考虑的。

(4) 建议完成的设计工作量

①本题设计的时间为一周。

②根据功能要求，确定工作原理和绘制系统功能图。

③按工艺动作过程拟定运动循环图。

④构思系统运动方案（至少两个以上），进行方案评价，选出较优方案。

⑤对传动机构和执行机构进行运动尺寸设计。

⑥绘制系统机械运动方案简图。

⑦编写设计说明书。

13.11 三面切书自动机设计

(1) 功能要求及工艺动作分解提示

1) 总功能要求

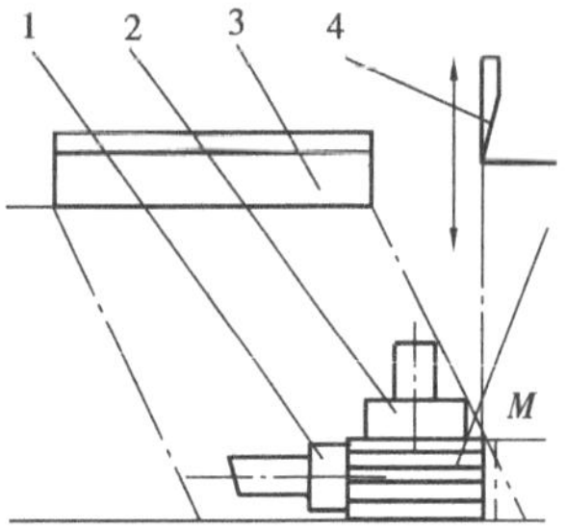

图 13.45

切去书籍的三个余边。

2) 工作原理及工艺动作分解提示

三面切书自动机系统的工作原理及工艺动作分解如图 13.45 所示。该系统由送料机构 1，压书机构 2、侧刀机构 3 和横刀机构 4 这四部分组成。在一个循环周期中（主轴旋转一周）各机构的执行构件完成对书籍的送料、压书、切去余边的工作任务。

(2) 原始数据和设计要求

①被切书摞长宽高尺寸为 260 mm × 185 mm × 90 mm，质量为 5 kg。

②推书行程为 370 mm，压头行程为 400 mm，侧刀行程为 350 mm，横刀行程为 380 mm。

③生产率为 6 摞/min。

④要求选用的机构简单、轻便、运动灵活可靠。

(3) 运动方案构思提示

①由于推书运动是间歇往复直线运动，能满足该运动规律的机构有移动推杆圆柱或盘形凸轮机构、凸轮与摆杆滑块机构及带滑块的六杆机构等。

②压书机构的压头作间歇往复运动，在切书过程中始终压住书籍，故停歇时间较长，适用的机构有凸轮机构、带凸轮的组合机构或采用如图 13.46 所示的机构。

③侧刀机构的侧刀共两把，分别切除书籍的上下两边，机构简图如图 13.47 所示。

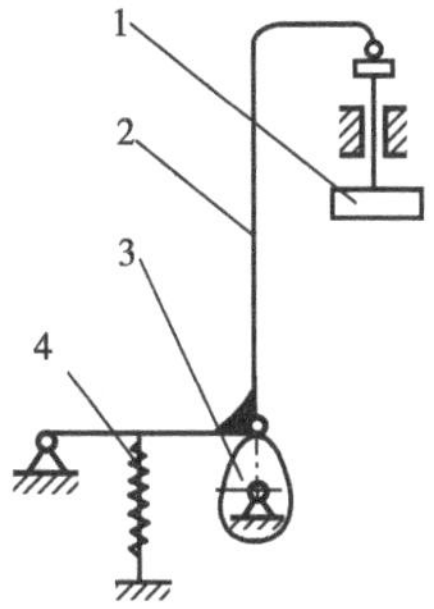

图 13.46

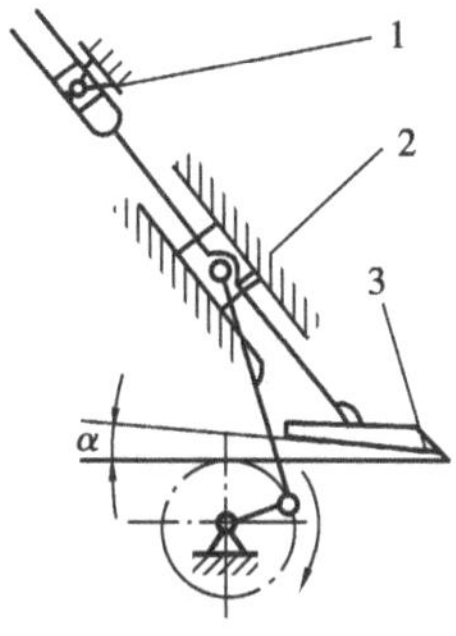

图 13.47

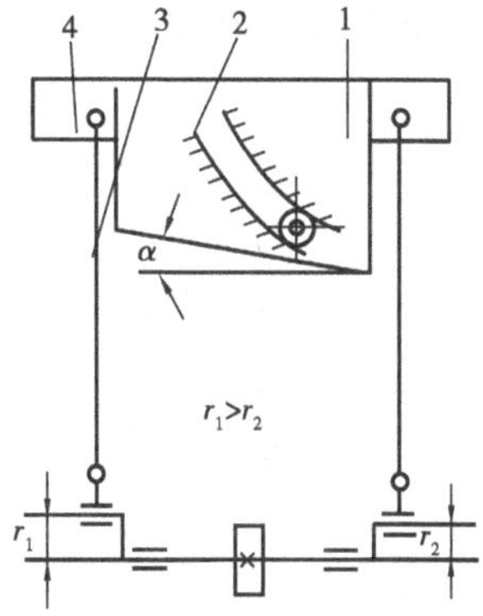

图 13.48

④横刀机构的运动简图如图 13.48 所示，由空间曲柄连杆机构驱动横刀滑板在横刀斜导轨中滑动，使横刀下滑，切除书籍右侧多余的纸边。

⑤上述四个机构的主动构件需用同一主轴驱动，方能在一个循环周期内各机构的执行构件各自完成分功能运动要求，因此，如何进行连接是需要认真加以考虑的。

(4) 建议完成的设计工作量

①本题设计的时间为一周。

②根据功能要求，确定工作原理和绘制系统功能图。

③按工艺动作过程拟定运动循环图。

④构思系统运动方案(至少两个以上)，进行方案评价，选出较优方案。

⑤对传动机构和执行机构进行运动尺寸设计。

⑥绘制系统机械运动方案简图。

⑦编写设计说明书。

13.12　破碎机设计

(1) 功能要求及工艺动作分解提示

1) 总功能要求

实现对矿石、石块的破碎工作。

2) 工作原理及工艺动作分解提示

破碎机系统的工作原理及工艺动作分解如图 13.49 所示。该系统由原动部分(电动机)、传动部分(带传动与组合机构)和执行部分组成。电机的驱动力矩由传动部分传给动颚板 2，使其作往复摆动。当动颚板向左摆向与机架固连的定颚板 1 时，石块即被轧碎，当动颚板向右摆离定颚板时，被轧碎的石块即下落。

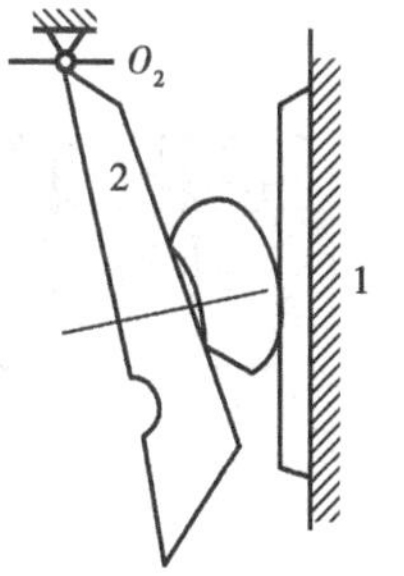

图 13.49

(2) 原始数据和设计要求

①动颚板压石时，摆动角速度为 0.3 rad/s，行程速比系数 $K=1.4$。

②动颚板重 7 000 N，转动惯量为 35 kgm^2，主传动构件重 4 000 N，转动惯量为 20 kgm^2，其

他构件的重量及转动惯量忽略不计。

③生产率为20～30 t/h。

④破碎机总体尺寸(长×宽×高)为2 000 mm×1 400 mm×1 200 mm。

⑤运转不均匀系数$\delta=0.1$。

(3)运动方案构思提示

①能实现动颚板运动规律的机构有很多。最简单的是曲柄摇杆机构,电机驱动曲柄,摇杆摆动碎石,还能满足急回运动要求,但因碎石时生产阻力较大,宜采用具有增力效果的组合机构。

②组合机构由起增力作用的传动机构和碎石的执行机构组成。传动机构可在凸轮机构或曲柄摇杆机构中选择,执行机构是从动件作摆动的铰链四杆机构。

③破碎机在工作过程中,由于载荷变化很大,引起主轴转速的波动和电机功率的损失,所以在主轴上除装有皮带轮外,还装有调节主轴速度波动的飞轮。

(4)建议完成的设计工作量

①本题设计的时间为一周。

②根据功能要求,确定工作原理和绘制系统功能图。

③按工艺动作过程拟定运动循环图。

④构思系统运动方案(至少两个以上),进行方案评价,选出较优方案。

⑤对传动机构和执行机构进行运动尺寸设计。

⑥绘制系统机械运动方案简图。

⑦主轴两侧为皮带轮和飞轮,试确定它们的尺寸。

⑧编写设计说明书。

13.13 15吨压片机设计

(1)功能要求及工艺动作分解提示

1)总功能要求

将干粉料压制成圆形片坯。

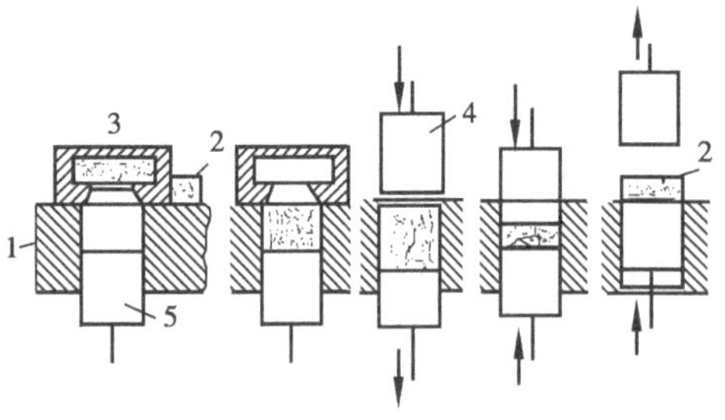

图13.50

2)工作原理及工艺动作分解提示

15吨压片机系统的工作原理及工艺动作分解如图13.50所示。移动粉筛3至模具1的型腔上方等待装料,并将上一循环已成型的工件2推出(卸料);然后粉筛振动,将粉料筛入型腔;下冲头5下沉一定深度,以防止上冲头4向下压制时将粉料扑出;然后上冲头向下,下冲头向上加压,并在一定时间内保持一定的压力;而后上冲头快速退出,下冲头随着将成型工件推出型腔。

(2)原始数据和设计要求

①被压工件的外形是直径34 mm,厚度5 mm的圆形片坯。

②冲头压力为 15 t(150 000 N)。

③生产率为 25 片/min。

④机器运转不均匀系数为 10%。

⑤驱动电机的功率为 2.2 kW,转速为 940 r/min。

⑥各执行构件的运动参数为:

a. 上冲头行程为 90～100 mm。

b. 下冲头 5 先下沉 3 mm,然后上升 8 mm 后停歇(保压),继而上升 16 mm 后停歇,等粉筛将片坯推离冲头后下移 21 mm。

c. 粉筛 3 在模具 1 的上方往复振动筛料,然后向左退回,待坯料成形并被推出型腔后,粉筛在台面上右移 45～50 mm 推卸成形片坯。

(3)运动方案构思提示

①由上所述,压片机系统由一个电机驱动三个机构各自执行分功能运动,在一个运动循环中,各机构的执行构件交替运动,不发生干涉是要认真思考的。

②上冲头的加压机构需完成减速、运动交替和转换、停歇和增力的功能,可供选择的方案如图13.51所示。其中图(a)、(b)所示的机构采用转动凸轮推动从动件,当与从动件行程末端相应的凸轮廓线采用同心圆弧廓线时,从动件在行程末端停歇。图(c)采用曲柄滑块机构,结构简洁,尺寸较小,但滑块在行程末端只作瞬间停歇,运动规律不理想。图(d)将曲柄摇杆机构和曲柄滑块机构串联,可得到较好的运动规律。

③下冲头的运动机构的位移量比上冲头小,但运动规律复杂,宜采用两个盘状凸轮推动同一个从动件的方式。

④粉筛驱动机构的运动含有振动动作,可采用凸轮轮廓连续凹凸廓线来实现,为了完成粉筛运动的转换和放大,可采用凸轮机构串联连杆机构的运动方案。

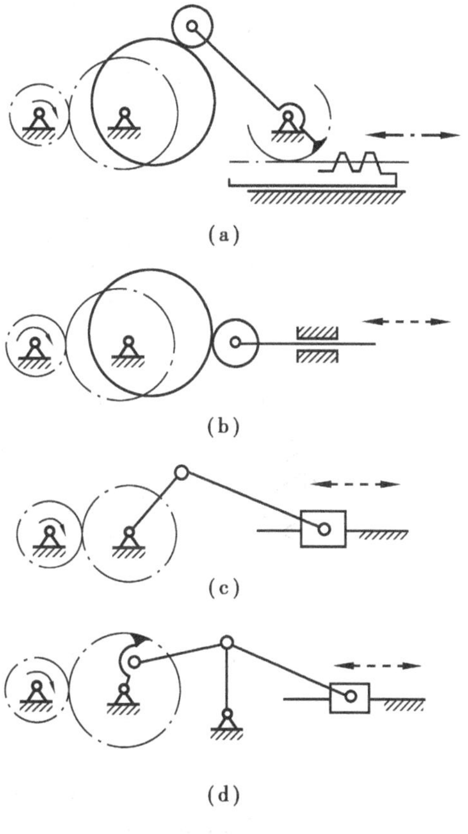

图 13.51

(4)建议完成的设计工作量

①本题设计的时间为一周。

②根据功能要求,确定工作原理和绘制系统功能图。

③按工艺动作过程拟定运动循环图。

④构思系统运动方案(至少两个以上),进行方案评价,选出较优方案。

⑤对传动机构和执行机构进行运动尺寸设计。

⑥绘制系统机械运动方案简图。

⑦编写设计说明书。

13.14 书本打包机设计

(1) 功能要求及工艺动作分解提示

1) 总功能要求

将若干本一摞的书用牛皮纸包成一包,并在两端贴好封签。

2) 工作原理及工艺动作分解

书本打包机系统的工作原理及工艺动作分解如图 13.52 所示。①横向送一摞书②纵向推一摞书到工位 a,使它与工位 $b\sim g$ 上的六摞书贴紧。③书推到工位 a 前,包装纸已先送到位。包装纸原为整卷筒纸,由上向下送够长度后进行裁切。④继续推书前进至工位 b,由于在工位 b 的书摞上下方设置有挡板,以挡住书摞上下方的包装纸,所以书摞推到 b 时实现包三面,这

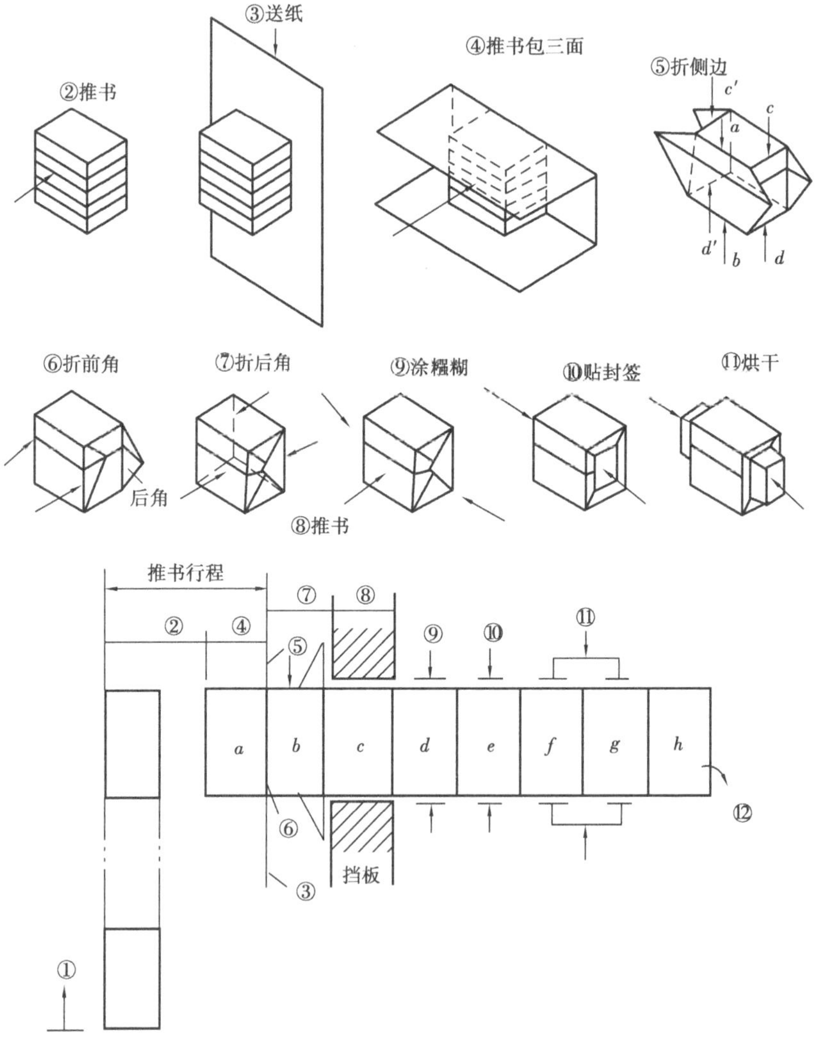

图 13.52

个工序中推书机构共推动 $a \sim g$ 的七摞书。⑤推书机构回程时，折纸机构动作，先折侧边（将纸卷包成筒状），再折两端上下边。⑥继续折前角。⑦上步动作完成后，推书机构已进到下一循环的工序④，此时，将工位 b 上的书推到工位 c。在此过程中，利用工位 c 两端设置的挡板实现折后角。⑧推书机构又一次循环到工序④时，将工位 c 的书摞推到工位 d，此位置是两端涂糨糊的位置。⑨涂糨糊。在工位 e 贴封签。在工位 f、g，用电热器把糨糊烘干。在工位 h 时，用人工将包封好的书摞取下。

(2) 原始数据与设计要求

1) 总体设计各部分相对位置及尺寸

书本打包机总体设计规定的各部分的相对位置及有关尺寸如图 13.53 所示，其中轴 O 是机器主轴的位置。

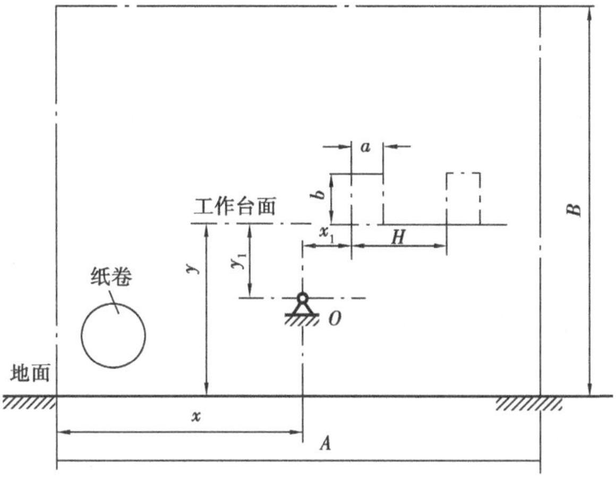

图 13.53

2) 机构的尺寸范围及其他数据

①机器中机构的最大允许长度 A 和高度 B：$A \approx 2\,000$ mm，$B \approx 1\,600$ mm。

②工作台面高度：距地面 $y \approx 700$ mm，距主轴 $y_1 \approx 400$ mm。

③主轴水平位置：$x \approx 1\,000 \sim 1\,100$ mm。

为了保证工作安全、台面整洁，推书机构最好放在台面以下。

3) 工艺要求的数据

①书摞尺寸：$a = 130 \sim 140$ mm，$b = 180 \sim 220$ mm。

②推书起始位置：$x_1 = 200$ mm。

③推书行程：$H = 400$ mm。

④推书次数（主轴转速）：$n = 10$ r/min

(3) 运动方案构思提示

①要求推书机构执行构件的运动为间歇往复直线移动。能满足这一运动要求的有移动从动杆圆柱凸轮机构，移动从动杆圆盘凸轮机构或凸轮机构与曲柄滑块机构的组合机构等，可从中进行比较选择。

②送纸机构可采用橡胶摩擦轮传动，将纸自上而下地传送，传送定量距离后，与最后一个摩擦轮同轴的盘形凸轮推动裁纸刀将纸裁断。

③折边机构的执行构件可采用曲柄摇杆机构或摆动凸轮机构的摆杆来担任。

④实现各分功能要求的机构由同一主轴驱动,在一个循环周期内,各执行构件交替动作,不能互相干涉和延迟,在设计中应考虑给予一定的余量。

(4)建议完成的设计工作量

①本题设计的时间为一周。

②根据功能要求,确定工作原理和绘制系统功能图。

③按工艺动作过程拟定运动循环图。

④构思系统运动方案(至少两个以上),进行方案评价,选出较优方案。

⑤对传动机构和执行机构进行运动尺寸设计。

⑥绘制系统机械运动方案简图。

⑦编写设计说明书。

13.15 锁梁自动成型机床运动方案设计

(1)功能要求及工艺动作分解提示

1)总功能要求

图 13.54 所示为挂锁的一个零件,称为“锁梁”。锁梁自动成型机床的功能是将金属材料自动加工成“锁梁”。

2)工作原理及工艺动作分解提示

①金属卷料切削　将金属材料加工成图 13.54 所示零件,可采用直径与零件外径相同的圆形卷料,只需加工出沟槽和扳弯即可。加工沟槽的常用方法可采用“车削”。车削有两种加工方式:一种是常规加工方式,即工件旋转,刀具只作切削进给运动;另一种加工方式是“飞刀切削”,即工件不动,刀具绕工件旋转并作切削进给运动。由于设计要求为连续自动生产,因此,原材料选用断面为圆形的卷料,采用“飞刀切削”方式较为合理。图 13.55 为飞刀切削的工作原理。

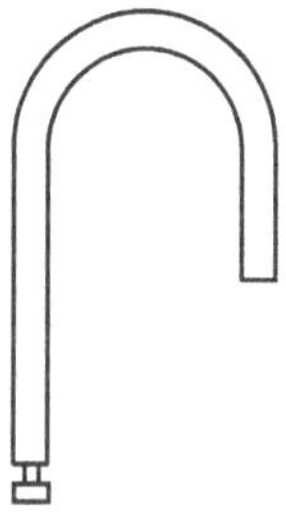

图 13.54

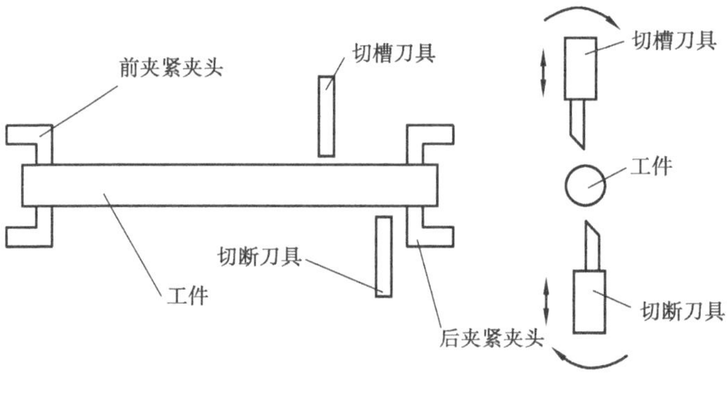

图 13.55

②金属卷料校直　原材料用断面为圆形的卷料金属,卷料在加工前需要校直,校直可用校

直器。校直器的工作原理如图 13.56 所示。带轮带动一系列交错安装的滚子旋转，卷料从一系列滚子中穿过，当卷料通过校直器后就被校直。

③金属卷料送料　用一自锁式夹持器作间歇往复直线运动实现送料。如图 13.57 所示，夹持器由构件 4-5-5′组成，夹持器由凸轮机构通过摆动导杆驱动作间歇往复直线运动。当夹持器向左运动时，由推爪 5 和 5′利用自锁的摩擦力推动卷料 7 向左运动，以实现送料；当夹持器向右运动时，推爪 5 和 5′在卷料 7 上打滑，从而实现单向送料。

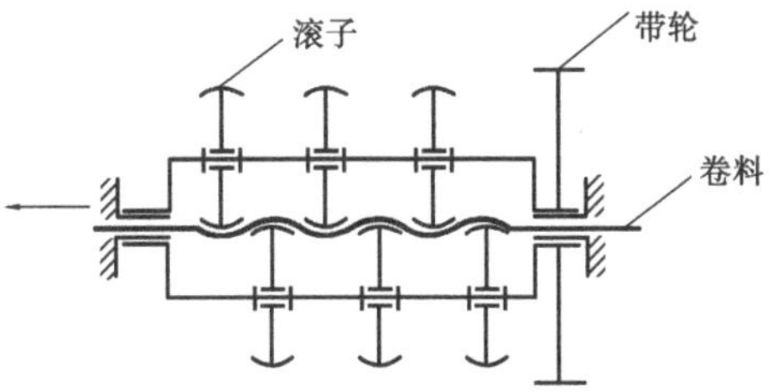

图 13.56

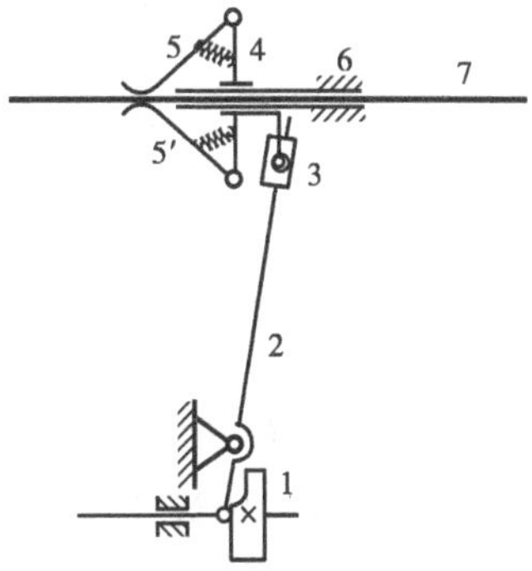

图 13.57

④工件夹紧　采用弹簧夹头进行夹紧，弹簧夹头的结构如图 13.58(a)所示，它是切有沟槽淬过火的钢套，其夹爪具有弹性，夹爪外部成锥体，在弹簧夹头的外面有一具有内锥的夹紧管，当夹紧管左右移动时，利用夹紧管与弹簧夹头的锥面实现夹紧与松开，夹紧管的左右移动由图 13.58(b) 所示的凸轮机构实现。

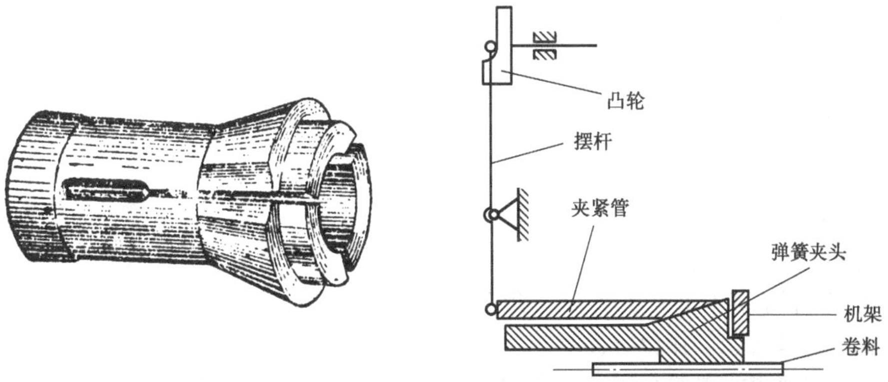

(a)　　(b)

图 13.58

⑤工件扳弯　用一扳弯滚子将工件压在一固定圆弧模块上，然后绕固定滚轮圆弧模块转一角度，即可将工件扳成与圆弧模块半径相对应的弧形，其扳弯原理如图 13.59 所示。

(2)原始数据和设计要求

①生产率：10 件/min。

②工件尺寸：展开长度 $L = 250$ mm，外径 $D_1 = 10$ mm 沟槽直径 $D_2 = 7$ mm。

(3)运动方案构思提示

①送料夹持器间歇往复移动　可选用凸轮机构、连杆机构、组合机构（如凸轮机构 + 连杆

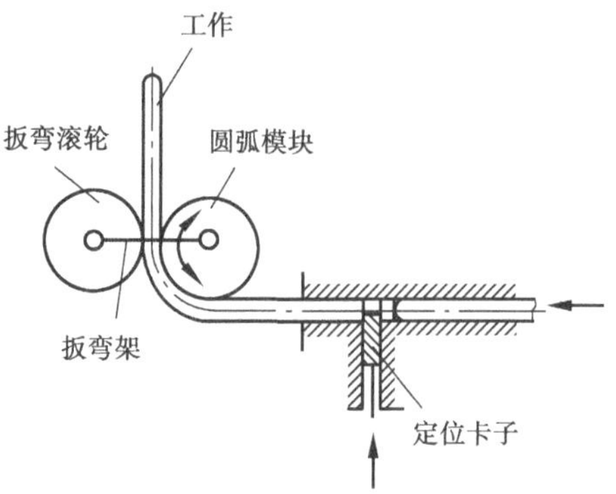

图 13.59

机构)等。

②弹簧夹头夹紧管间歇往复移动　可选用凸轮机构、连杆机构、组合机构(如:凸轮机构 + 连杆机构)等。

③刀具的复合运动　如采用“飞刀切削”,则刀具作回转和径向进给的复合运动。对于复合运动的回转运动,可选用齿轮机构、带传动机构;对于复合运动的间歇往复进给运动,可选凸轮机构、齿轮摆杆机构、组合机构(如:空间凸轮机构 + 移动凸轮机构)等。

④扳弯架的间歇往复回转运动　可选用凸轮机构、齿轮摆杆机构、组合机构(如:凸轮机构 + 连杆机构 + 链传动)等。

(4)建议完成的设计工作量

①本题设计时间为两周。

②根据功能要求,确定工作原理和绘制系统功能图。

③按工艺动作过程拟定运动循环图。

④构思系统运动方案(至少两个以上),进行方案评价,选出较优方案。

⑤对传动机构和执行机构进行运动尺寸设计。

⑥绘制系统机械运动方案简图。

⑦编写设计说明书。

13.16　糕点切片机运动方案设计

(1)功能要求及工艺动作分解提示

1)总功能要求

将预先成型的糕点(如长方形、圆柱形等)切成薄片。

2)工作原理及工艺动作分解提示

糕点切片机要求实现两个工艺动作:糕点的直线间歇进给移动和切刀的往复切削运动。通过改变直线间歇进给移动距离,实现切削不同厚度的糕点。

(2)原始数据和设计要求

①糕点厚度:10 ~ 20 mm。

②糕点切片长度(即切片的高)范围:5 ~ 80 mm。

③切刀切片时最大作用距离(即切片的宽度方向):300 mm。

④切刀工作节拍:40 次/min。

⑤要求选用的机构简单、轻便、运动灵活可靠。

(3)运动方案构思提示

切削速度较大时,切片整齐平滑,因此,切刀运动方案的选择很关键,切削机构应力求简单、运动灵活和空间尺寸紧凑等。

直线间歇进给运动机构如何满足切片厚度变化的要求是需要认真考虑的。调整机构必须简单可靠，操作方便。

(4)建议完成的设计工作量

①本题设计时间为一周。

②根据功能要求，确定工作原理和绘制系统功能图。

③按工艺动作过程拟定运动循环图。

④构思系统运动方案(至少两个以上)，进行方案评价，选出较优方案。

⑤对传动机构和执行机构进行运动尺寸设计。

⑥绘制系统机械运动方案简图。

⑦编写设计说明书。

13.17　健身球自动检验分类机运动方案设计

(1)功能要求及工艺动作分解提示

1)总功能要求

将不同直径的健身球按直径分类存放。

2)工作原理及工艺动作分解提示

健身球自动分类机的功能是将不同直径的健身球(石料)按直径分类，并送到各指定位置。整个工作过程(包括进料、送料、分类、按类存放)自动完成。

(2)原始数据和设计要求

健身球直径 ϕ 范围为 40 ~ 46 mm，要求分类机将健身球按直径的大小分为三类：第一类，$40 \leqslant \phi \leqslant 42$；第二类，$42 < \phi \leqslant 44$；第三类，$44 < \phi \leqslant 46$。

生产率(分类速度)：20 个/min。

(3)运动方案构思提示

健身球自动分类机可以由多种运动方案实现。一般的思路在于：

①球的尺寸控制可以靠三个不同直径的接料口实现。例如，第一个接料口直径为 42 mm，中间接料口直径为 44 mm，而第三个接料口直径稍大于 46 mm。使直径小于(或等于)42 mm 的球直接落入第一个接料口，直径大于 42 mm 的球先卡在第一个接料口，然后由送料机构将其推出滚向中间接料口，以此类推。

②送料机构、接料机构、间歇机构可由曲柄滑块机构、槽轮机构、凸轮机构等实现。

(4)建议完成的设计工作量

①本题设计时间为一周。

②根据功能要求，确定工作原理和绘制系统功能图。

③按工艺动作过程拟定运动循环图。

④构思系统运动方案(至少两个以上)，进行方案评价，选出较优方案。

⑤对传动机构和执行机构进行运动尺寸设计。

⑥绘制系统机械运动方案简图。

⑦编写设计说明书。

13.18 牛头刨床运动方案设计

(1)功能要求及工艺动作分解提示

1)总功能要求

用切削方式实现工件的平面加工。

2)工作原理及工艺动作分解提示

牛头刨床是一种靠刀具的往复直线运动及工作台的间歇运动来完成工件的平面切削加工的机床。刀具作直线切削运动时,工件不动;刀具离开工件时,工件台作进给运动。

(2)原始数据和设计要求

①刀具最大工作行程:500 mm。

②切削速度:100 m/min。

(3)运动方案构思提示

牛头刨床机构运动参考方案如图 13.60 所示。

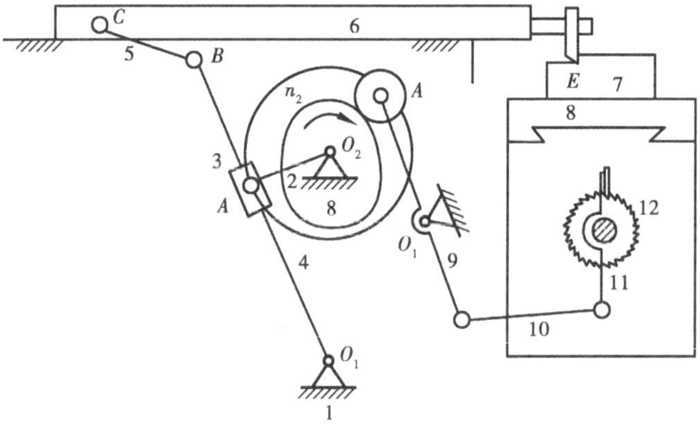

图 13.60 牛头刨床机构运动简图

(4)建议完成的设计工作量

①本题设计时间为一周。

②根据功能要求,确定工作原理和绘制系统功能图。

③按工艺动作过程拟定运动循环图。

④构思系统运动方案(至少两个以上),进行方案评价,选出较优方案。

⑤对传动机构和执行机构进行运动尺寸设计。

⑥绘制系统机械运动方案简图。

⑦编写设计说明书。

13.19　旋转型灌装机运动方案设计

(1)功能要求及工艺动作分解提示

1)总功能要求

将流体(如饮料、酒等)连续灌装入包装容器(如玻璃瓶)中。

2)工作原理及工艺动作分解提示

将流体连续灌装入包装容器,可在转动工作台上对包装容器(如玻璃瓶)连续灌装,转台有多工位停歇,以实现灌装、封口等工序。为保证在这些工位上能够准确地灌装、封口,应有定位装置。如图 13.61 所示,工位 1,输入空瓶;工位 2,灌装;工位 3,封口;工位 4,输出包装好的容器。

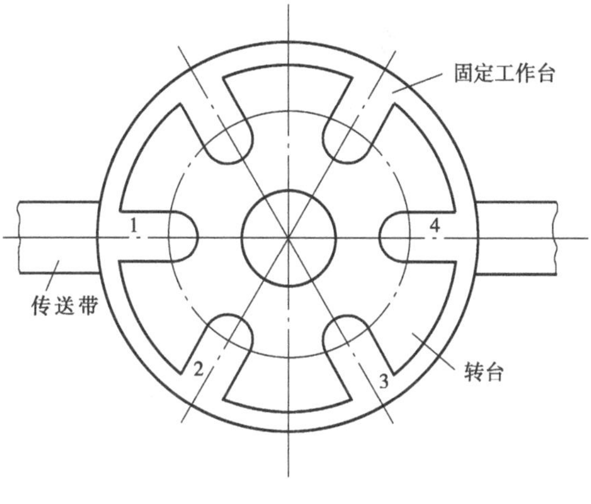

图 13.61

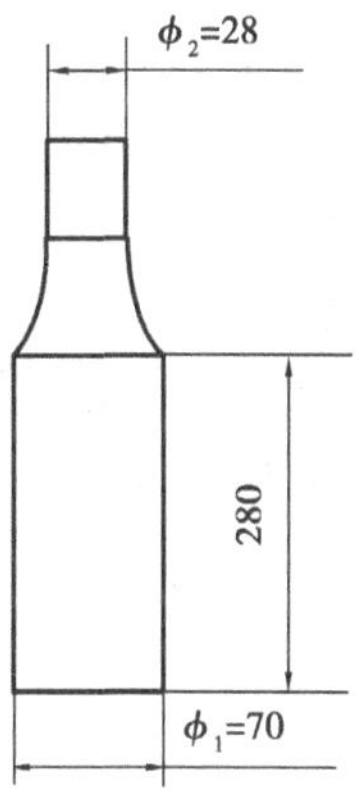

图 13.62

(2)原始数据和设计要求

①包装容器如图 13.62 所示:下底直径 $\phi_1 = 70$ mm, 瓶口直径 $\phi_2 = 28$ mm,高 $h = 280$ mm。

②灌装速度:10 瓶/min。

(3)运动方案构思提示

①采用灌瓶泵灌装流体,泵固定在某工位的上方。

②采用软木塞或金属冠盖封口,它们可由气泵吸附在压盖机构上,由压盖机构压入(或通过压盖模将瓶盖紧固在)瓶口。设计者只需设计作直线往复运动的压盖机构。压盖机构可采用移动导杆机构等平面连杆机构或凸轮机构。

③此外,需要设计间歇传动机构,以实现工作转台间歇传动。为保证停歇可靠,还应有定位(锁紧)机构。间歇机构可采用槽轮机构、不完全齿轮机构等。定位(锁紧)机构可采用凸轮机构等。

(4)建议完成的设计工作量

①本题设计时间为一周。

②根据功能要求,确定工作原理和绘制系统功能图。

③按工艺动作过程拟定运动循环图。

④构思系统运动方案(至少两个以上),进行方案评价,选出较优方案。

⑤对传动机构和执行机构进行运动尺寸设计。

⑥绘制系统机械运动方案简图。

⑦编写设计说明书。

13.20 自动制钉机运动方案设计

(1)功能要求及工艺动作分解提示

1)总功能要求

将一卷直径与铁钉直径相等的低碳钢丝制造成图13.63所示的木工用铁钉。

2)工作原理及工艺动作分解提示

制造木工用铁钉是将一卷直径与铁钉直径相等的低碳钢丝通过下列工艺动作来完成。

①校直钢丝,并按节拍要求间歇地输送到装夹工位。

②冷镦钉帽,在此前需夹紧钢丝。

③冷挤钉尖。

④剪断钢丝。

⑤夹丝装置释放,重新输送钢丝。

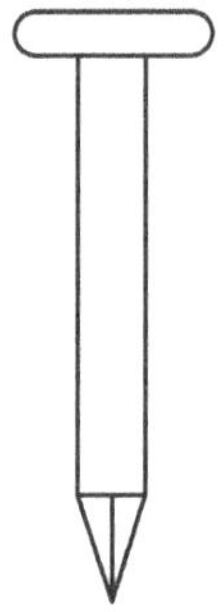

图13.63

(2)原始数据和设计要求

①铁钉直径:1.6~3.4 mm。

②铁钉帽直径是铁钉直径的2倍。

③铁钉长度:25~80 mm。

④生产率为360枚/min。

⑤要求结构紧凑,传动性能优良,噪声尽量小。

(3)运动方案构思提示

①送丝校直机构。要求送丝与校直动作合起来考虑机构形式。同时,应附加一夹紧机构,在送丝时放松,其余时间夹紧。送丝校直机构可以采用间歇运动机构带动摆动爪,摆动爪压紧钢丝并送丝校直。夹紧机构利用联动关系开合。

②冷镦钉帽机构。可以采用移动或摆动式冲压机构,一般可用平面六杆机构或平面四杆机构,其移动、摆动的行程可在25 mm左右为宜。为了减小电机容量和机械速度波动,可加飞轮。

③冷挤和剪断机构在性能要求上与冷镦钉帽机构相同,因而采用机构也十分类似。

④由于机构较多,动作相互协调十分重要,尽量考虑将各执行机构的原动件固连在一个主轴上。

(4)建议完成的设计工作量

①本题设计时间为一周。

②根据功能要求,确定工作原理和绘制系统功能图。

③按工艺动作过程拟定运动循环图。

④构思系统运动方案(至少两个以上),进行方案评价,选出较优方案。

⑤对传动机构和执行机构进行运动尺寸设计。

⑥绘制系统机械运动方案简图。

⑦编写设计说明书。

附　录

附录Ⅰ　机械原理课程设计说明书的编写要求

课程设计说明书是设计说明书中的一种。编写课程设计说明书是机械原理课程设计的基本要求之一，学生应通过课程设计说明书的编写学会如何编写设计说明书。

(1)编写设计说明书的目的和作用

设计说明书实际上是设计工作的总结报告，它应详细和全面地反映整个设计工作。设计说明书应详细地记录设计过程中所使用的各种数据及数据来源，给出设计过程中的各种设计计算公式和依据，说明各种选择的依据(如电动机的选择、各种方案的选择等)，给出设计的结果和必要的说明。设计工作是创造性工作，设计的好坏、正确与否至关重要。设计阶段出现的错误如不及时纠正，将会给今后的工作带来巨大损失。因此，设计工作完成后，通常都要请有关部门和专家对设计工作进行审查。编写设计说明书的目的就是用书面的形式向审查者报告设计工作，以便于审查者进行审查。

(2)机械原理课程设计说明书的内容

机械原理课程设计说明书的内容大致包括：

①设计任务书(一般由教师发给)。

②原动机的选择。

③传动机构的选择与比较。

④执行机构的选择与比较。

⑤机械系统运动方案的拟定与比较。

⑥设计机械系统的运动循环图。

⑦机构的设计与运动和动力分析。

⑧画出运动方案布置图及机械运动简图。

⑨完成设计所用方法及其原理的简要说明。

⑩列出必要的计算公式及所调用的子程序名。

⑪写出自编的主程序、子程序及编程框图。打印出自编的全部程序，对程序中的符号、变

量作出说明,并列出数学模型中的符号与程序中符号的对照表。

⑫用表格列出计算结果,用计算机或人工画出主要的曲线图。

⑬对结果进行分析讨论。

⑭列出主要参考资料并编号。

上述内容,实际上已包括了机械运动方案的选择与设计(机构选型及其组合);机械的运动分析与设计;机械的动力分析与设计。各个高校可根据本校的具体情况及不同专业的需要,选择合适的课程设计题目,确定课程设计说明书的具体内容,或比较全面,或偏重于某个方面,但要保证课程设计的基本内容及其完整性与综合性。

为了使学生得到较全面的训练,达到教学的基本要求,一般应包括以下 3 方面的内容:

①机械系统运动方案的构思、拟定、设计和方案的评价与选择。

②系统中的连杆机构、凸轮机构、齿轮机构的分析与综合。

③运动循环图的分析与设计。

(3)编写说明书的注意事项

①预备好草稿本。每个学生在接到课程设计任务书之后要准备一个草稿本,把在课程设计过程中查阅、摘录的资料,初步的运算,编程的草稿,设计构思的草图,心得思路、书写的草稿等都记录在案。不要轻易散落、丢失。这些材料是写正式说明书的基本素材。

②说明书应该用钢笔写在 16 开的报告纸上,要求字迹端正,文句通顺,层次清楚,叙述简明。通过课程设计说明书的编写,学生应学会整理设计数据,绘制图表和简图,用工程术语表达设计成果的方法。说明书是每个学生治学态度,独立分析能力,归纳总结表达能力的综合反映,每个学生必须下苦功夫斟字酌句写出自己的水平与风格,也为书写其他课程设计说明书、毕业设计和论文打下基础。

③说明书中所用的公式和数据应说明来源,参考资料应编号和书写页次。

④说明书中,每一自成单元的内容都应有大小标题,使其醒目突出。

⑤说明书中必须附有相应的图纸和计算程序。图纸的数量要达到规定的要求;图纸的质量要求作图准确,布图匀称,图面整洁,线条、尺寸标注符合制图标准的规定;画在方格纸上的曲线图要连接光滑。有条件的高校提倡用计算机绘图。电算程序亦要整理好与说明书订在一起。

⑥说明书应加上封面与目录装订成册。

说明书封面与图纸标题栏格式如下:

说明书封面格式见图附 1。

标题栏格式见图附 2。

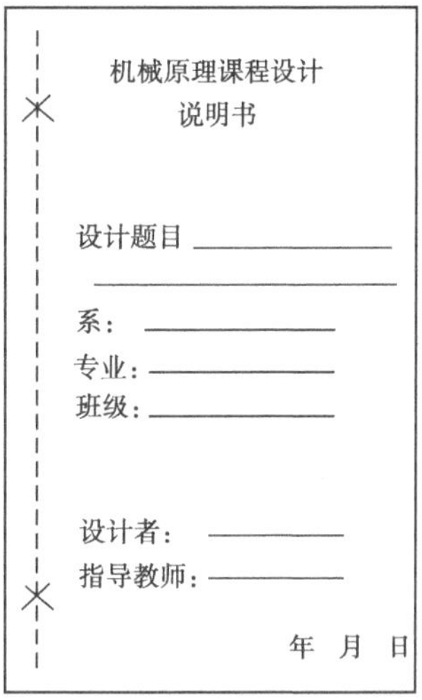

图附1

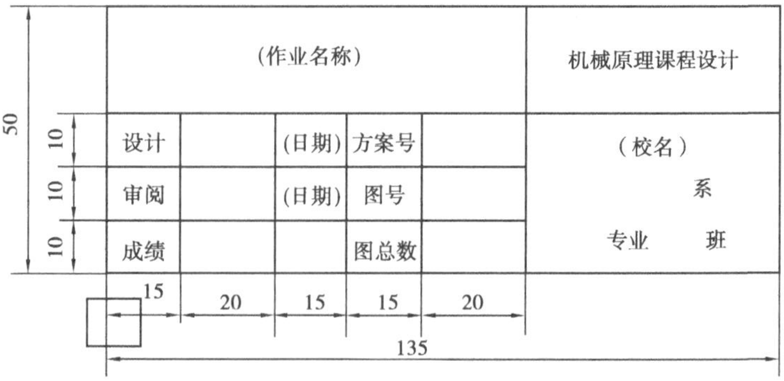

图附2

附录Ⅱ 常用电动机规格

(1) Y 系列三相异步电动机

Y 系列是一般用途的全封闭自扇冷鼠笼型三相异步电动机，它是我国统一设计的最新系列三相异步电动机。

Y 系列电动机具有高效，节能，起动转矩大，性能好，噪声低，振动小，可靠性高，功率等级和安装尺寸符合 IEC 标准以及使用维护方便等优点。

Y 系列电动机适用于在不含易燃、易爆或腐蚀性气体的一般场所工作的无特殊要求的机械，如金属切削机床、泵、风机、运输机械、搅拌机、农业机械、食品机械等。由于该系列电动机有较好的起动性能，因此，也适用于某些对起动转矩有较高要求的机械，如压缩机等。

Y 系列电动机的型号由四部分组成：第一部分，汉语拼音字母 Y 表示异步电动机；第二部分，数字表示机座中心高（机座不带底脚时，与机座带底脚时相同）；第三部分，英文字母为机座长度代号（S—短机座、M—中机座、L—长机座），字母后的数字为铁芯长度代号；第四部分，横线后的数字为电动机的极数。

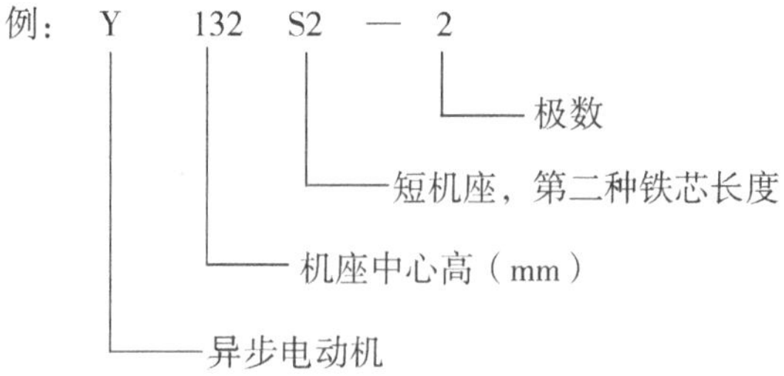

使用条件

环境温度：随季节而变化，但不超过 40 ℃。

海拔：不超过 1 000 m。

频率：50 Hz。

电压：380 V。

接法：3 kW 及以下为 Y 接，4 kW 及以上为△接。

工作方式：连续(S_1)。

安装结构形式：本系列电机有以下三种基本安装结构形式（表附Ⅱ.1）：

①B3：机座带底脚，端盖无凸缘。

②B5：机座不带底脚，端盖有凸缘。

③B35：机座带底脚，端盖有凸缘。

技术数据见表附Ⅱ.2

表附Ⅱ.1　电动机三种基本安装结构形式

基本结构形式	B3					
安装结构形式	B3	B6	B7	B8	V5	V6
示意图	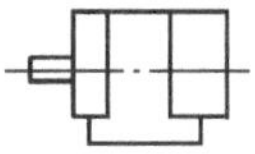	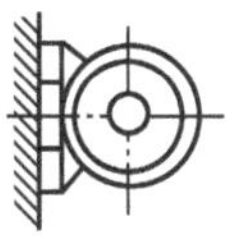	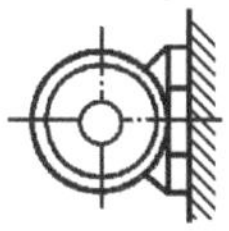	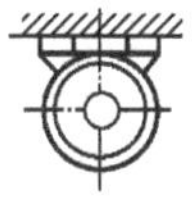	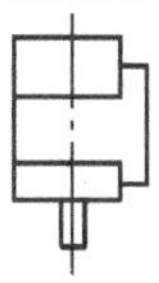	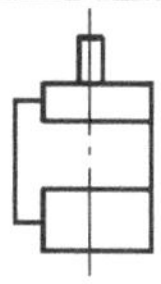
制造范围（中心高）	80～315	80～160				
基本结构形式	B5			B35		
安装结构形式	B5	V1	V3	B35	V15	V36
示意图	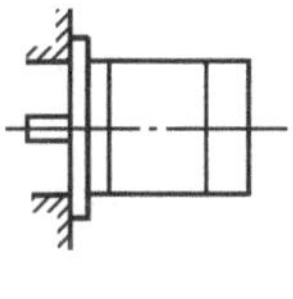	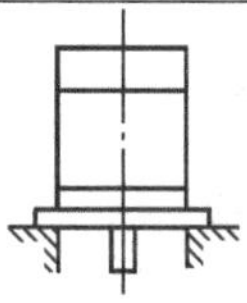	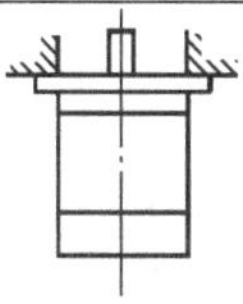	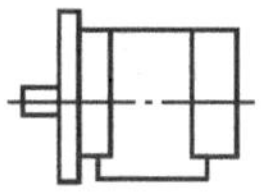	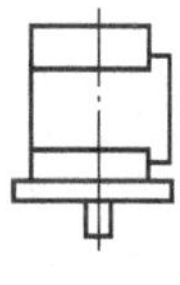	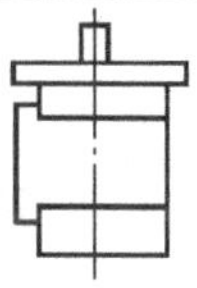
制造范围（中心高）	80～225	80～315	80～160	80～315	80～160	

表附Ⅱ.2 技术数据

功率/kW	型号	电流/A	转速/(r·min^{-1})	效率/%	功率因数 cos ϕ	堵转转矩/额定转矩	堵转电流/额定电流	最大转矩/额定转矩
同步转速 3 000 r/min(2 极)、50 Hz、380 V								
0.75	Y801-2	1.8	2 825	75	0.84	2.2	7.0	2.2
1.1	Y802-2	2.5	2 825	77	0.86	2.2	7.0	2.2
1.5	Y90S-2	3.4	2 840	78	0.85	2.2	7.0	2.2
2.2	Y90L-2	4.7	2 840	82	0.86	2.2	7.0	2.2
3	Y100L-2	6.4	2 880	82	0.87	2.2	7.0	2.2
4	Y112M-2	8.2	2 890	85.5	0.87	2.2	7.0	2.2
5.5	Y132S-2	11.1	2 900	85.5	0.88	2.0	7.0	2.2
7.5	Y132S2-2	15.0	2 900	86.2	0.88	2.0	7.0	2.2
11	Y160M1-2	21.8	2 930	87.2	0.88	2.0	7.0	2.2
15	Y160M2-2	29.4	2 930	88.2	0.88	2.0	7.0	2.2
同步转速 1 500 r/min(4 极)、50 Hz、380 V								
0.55	Y801-4	1.5	1 390	73	0.76	2.2	6.5	2.2
0.75	Y802-4	2.0	1 390	74.5	0.76	2.2	6.5	2.2
1.1	Y90S-4	2.7	1 400	78	0.78	2.2	6.5	2.2
1.5	Y90L-4	3.7	1 400	79	0.79	2.2	6.5	2.2
2.2	Y100L1-4	5.0	1 420	81	0.82	2.2	7.0	2.2
3	Y100L2-4	6.8	1 420	82.5	0.81	2.2	7.0	2.2
4	Y112M-4	8.8	1 440	84.5	0.82	2.2	7.0	2.2
5.5	Y132S-4	11.6	1 440	85.5	0.84	2.2	7.0	2.2
7.5	Y132M-4	15.4	1 440	87	0.85	2.2	7.0	2.2
11	Y160M-4	22.6	1 460	88	0.84	2.2	7.0	2.2
15	Y160L-4	30.3	1 460	88.5	0.85	2.2	7.0	2.2
18.5	Y180M-4	35.9	1 470	91	0.86	2.0	7.0	2.2

续表

功率/kW	型 号	电流/A	转速/(r·min^{-1})	效率/%	功率因数 cos ϕ	$\frac{堵转转矩}{额定转矩}$	$\frac{堵转电流}{额定电流}$	$\frac{最大转矩}{额定转矩}$
同步转速 1 000 r/min(6 极)、50 Hz、380 V								
0.75	Y90S-6	2.3	910	72.5	0.70	2.0	6.0	2.0
1.1	Y90L-6	3.2	910	73.5	0.72	2.0	6.0	2.0
1.5	Y100L-6	4.0	940	77.5	0.74	2.0	6.0	2.0
2.2	Y112M-6	5.6	940	80.5	0.74	2.0	6.5	2.0
3	Y132S-6	7.2	960	83	0.76	2.0	6.5	2.0
4	Y132M1-6	9.4	960	84	0.77	2.0	6.5	2.0
5.5	Y132M2-6	12.6	960	85.3	0.78	2.0	6.5	2.0
7.5	Y160M-6	17.0	970	86	0.78	2.0	6.5	2.0
11	Y160L-4	24.6	970	87	0.78	2.0	6.5	2.0
15	Y180L-6	31.5	970	89.5	0.81	1.8	6.5	2.0
同步转速 750 r/min(8 极)、50 Hz、380 V								
2.2	Y132S-8	5.8	710	81	0.71	2.0	5.5	2.0
3	Y132M-8	7.7	710	82	0.72	2.0	5.5	2.0
4	Y160M1-8	9.9	720	84	0.73	2.0	6.0	2.0
5.5	Y160M2-8	13.3	720	85	0.74	2.0	6.0	2.0
7.5	Y160L-8	17.7	720	86	0.75	2.0	5.5	2.0
11	Y180L-8	25.1	730	86.5	0.77	1.7	6.0	2.0
15	Y200L-8	34.1	730	88	0.76	1.8	6.0	2.0
18.5	Y225S-8	41.3	730	89.5	0.76	1.7	6.0	2.0

(2)起重及冶金用三相异步电动机

起重及冶金用三相异步电动机是用于驱动各种型号的起重机械和冶金设备中辅助机械的专用系列产品。这种电动机具有较高的机械强度和过载能力,能承受经常的机械冲击及振动,因此,特别适用于短时或断续周期运行,频繁起动和制动,有过负荷及有显著振动和冲击的设备。

YZR、YZ 系列电动机是取代 JZR2、JZRH2、JZ2、JZH2 系列的新产品，其功率等级和安装尺寸的对应关系与日本 JEM1202 和德国 DIN42681 标准相似，并可进行互换。

YZR、YZ 系列起重及冶金用三相异步电动机的型号示例：

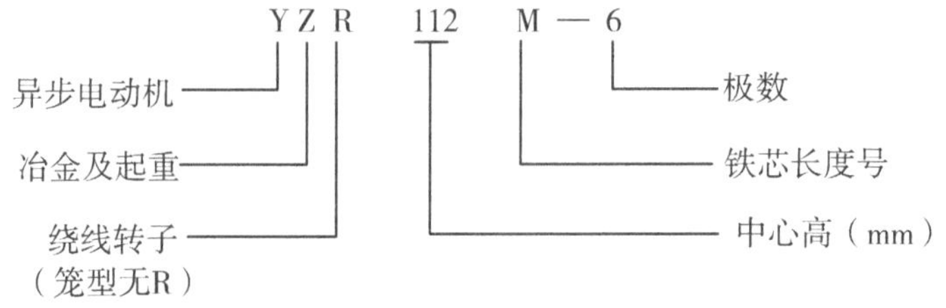

YZR、YZ 系列起重及冶金用三相异步电动机技术数据见表附Ⅱ.3、表附Ⅱ.4。

(3)电磁调速三相异步电动机

电磁调速三相异步电动机是用改变励磁电流大小的方法实现恒转矩的无级调速。它具有调速范围宽，无失控区，起动转矩大，频繁起动对电网冲击影响小等优点。它可应用于恒转矩负载的速度调节和张力控制的场合。如在纺织、印染、水泥、造纸、印刷、食品、冶金、橡胶、塑料、制糖、搅拌、鼓风、水泵、纤维、线缆等工业部门广泛用作动力、传输、自动控制。

YCTD 系列电磁调速三相异步电动机的型号示例如下：

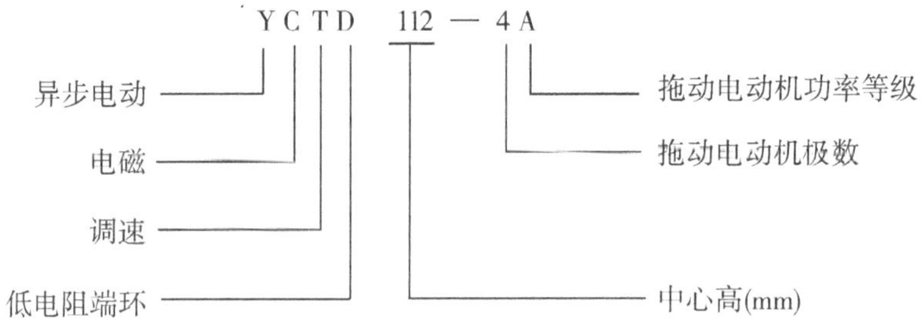

YCTD 系列电磁调速三相异步电动机技术数据见表附Ⅱ.5。

表附Ⅱ.3　YZR 系列冶金及起重用三相异步电动机技术数据(380 V、50 Hz)

型号	S2								S3							
									6 次/h							
	30min				60min				FC = 15%				FC = 25%			
	额定功率/kW	定子电流/A	转子电流/A	转速/(r·min^-1)	额定功率/kW	定子电流/A	转子电流/A	转速/(r·min^-1)	额定功率/kW	定子电流/A	转子电流/A	转速/(r·min^-1)	额定功率/kW	定子电流/A	转子电流/A	转速/(r·min^-1)
YZR112M-6	1.8	5.3	13.4	815	1.5	4.63	12.5	866	2.2	6.6	18.4	725	1.8	5.3	13.4	815
YZR132M1-6	2.5	6.5	12.9	892	2.2	6.05	12.6	908	3.0	8	16.1	855	2.5	6.5	12.9	892
YZR132M2-6	4.0	9.7	14.2	900	3.7	9.2	14.5	908	5.0	12.3	18.2	875	4.0	9.7	14.2	900
YZR160M1-6	6.3	16.4	29.4	921	5.5	15	25.7	930	7.5	18.5	35.4	910	6.3	16.4	29.4	921
YZR160M2-6	8.5	19.6	29.8	930	7.5	18	26.5	940	11	24.6	39.6	908	8.5	19.6	29.8	930
YZR160L-6	13	28.6	31.6	942	11	24.5	27.6	957	15	34.7	39	920	13	28.6	31.6	942
YZR180L-6	17	36.7	49.8	955	15	33.8	46.5	962	20	42.6	58.7	946	17	36.7	49.8	955
YZR200L-6	26	56.1	82.4	956	22	49.1	69.9	964	33	62	68	942	26	56.1	82.4	956
YZR225M-6	34	70	85	957	30	62	74.4	962	40	80	101	947	34	70	85	957
YZR250M1-6	42	80	103	960	37	70.5	91.5	965	50	99	123	950	42	80	103	960
YZR250M2-6	52	97	110	958	45	84.5	95	965	63	121	134	947	52	97	110	958
YZR280S-6	63	118	142	966	55	101.5	129.8	969	75	144	169.5	960	63	118	142	966
YZR160L-8	9	22.4	28.1	694	7.5	19.1	23	705	11	34	35.3	676	9	22.4	28.1	694
YZR180L-8	13	29.1	47.8	700	11	27	44	700	15	48	56	690	13	29.1	47.8	700
YZR200L-8	18.5	40	67.2	701	15	33.5	53.5	712	22	70	81	690	18.5	40	672	701
YZR225M-8	26	55	71.2	708	22	46.9	59.1	715	33	70	92	696	26	55	71.2	708
YZR250M1-8	35	64	80	715	30	63.4	67.7	720	42	75	97.5	710	35	64	80	715
YZR250M2-8	42	86	79	716	37	78	70	720	52	103	98	706	42	86	79	716
YZR280S-8					45											
YZR280M-8	63	126	110	722	55	110.5	92.5	725	75	150	132	715	63	126	110	722
YZR280S-10	42	92	177.1	571	37	84.8	153.2	560	55	112	235.2	564	42	92	177.1	571
YZR280M-10	55	127	207	556	45	103.8	165	560	63	146	241	548	55	127	207	556
YZR315S-10	63	132	161.9	580	55	118.3	138.7	580	75	154	194	574	63	132.5	161.9	580

续表

型号	S2															
	6次/h															
	FC=40%								FC=60%				FC=100%			
	额定功率/kW	定子电流/A	转子电流/A	转速/(r·min^{-1})	额定功率/kW	定子电流/A	转子电流/A	转速/(r·min^{-1})	额定功率/kW	定子电流/A	转子电流/A	转速/(r·min^{-1})	额定功率/kW	定子电流/A	转子电流/A	转速/(r·min^{-1})
YZR112M-6	1.5	4.6	12.5	2.5	3.37	866	65	0.77	1.1	3.8	7.3	912	0.8	3.5	5.16	940
YZR132M1-6	2.2	6.2	12.6	2.86	4.04	908	70	0.77	1.8	5.4	8.96	924	1.5	5.0	7.3	940
YZR132M2-6	3.7	9.2	14.5	2.51	5.6	908	75.5	0.78	3.0	7.9	10.2	937	2.5	7.2	8.4	950
YZR160M1-6	5.5	14.2	25.7	2.56	7.95	930	75.5	0.78	5.0	14	22.9	935	4.0	12.5	18.2	944
YZR160M2-6	7.5	18	26.5	2.78	11.2	940	79	0.80	6.3	16	21.7	949	5.5	15	18.8	956
YZR160L-3	11	25.5	27.6	2.47	13	945	82	0.80	9.0	21	22.3	952	7.5	18.8	18.5	970
YZR180L-6	15	33.8	46.5	3.2	18.8	962	84	0.81	13	29.7	37.3	968	11	25.5	31.4	975
YZR200L-6	22	48.6	69.9	2.88	26.6	964	86	0.80	19	44.5	60.5	969	17	40.5	52.5	973
YZR225M-6	30	62	74.4	3.3	29.9	962	88	0.82	26	55	64.5	968	22	50	54.2	975
YZR250M1-6	37	71	91.5	3.13	26.5	960	89	0.89	32	61	79	970	28	55	69	975
YZR250M2-6	45	81.9	95	3.48	28.2	965	90.5	0.89	39	73	83	969	33	64	71	974
YZR280S-6	55	102	119.8	3	34	969	91	0.90	48	88	107.1	972	40	76	88.9	976
YZR160L-8	7.5	20.3	23	2.73	12.7	705	78.5	0.72	6	16.4	18.2	712	5	14	15	724
YZR180L-8	11	26.8	44	2.72	14.8	700	81	0.77	9	21.9	32.1	720	7.5	19.6	26.6	726
YZR200L-8	15	34.4	53.5	2.91	17.75	712	85	0.78	13	30	46	718	11	27	38.7	723
YZR225M-8	22	49.2	59.1	2.96	24.2	715	86	0.79	18.5	41	49.5	721	17	38	45	723
YZR250M1-8	30	65.5	68.8	2.64	31.4	720	87	0.80	26	52	59.1	725	22	46	49.7	729
YZR250M2-8	37	77.9	70	2.73	36.9	720	88	0.82	32	68	60	725	27	60	51	729
YZR280S-8	45															
YZR280M-8	55	110.5	92.5	2.85	52.3	725	89	0.84	48	103	82.8	730	40	93	68.7	732
YZR280S-10	37	86	153.2	2.8	44.2	572	86	0.76	32	77	133.4	578	27	69	111.8	582
YZR280M-10	45	103.3	165	3.16	63.6	560	86	0.77	37	90	136	569	33	89.6	118	587
YZR315S-10	55	119.5	138.7	3.11	62.5	580	88.5	0.79	48	106.6	122	585	40	95.2	101	588

型 号	S4 及 S5															
	150 次/h												300 次/h			
	FC = 25%				FC = 40%				FC = 60%				FC = 40%			
	额定功率/kW	定子电流/A	转子电流/A	转速/(r·min^{-1})	额定功率/kW	定子电流/A	转子电流/A	转速/(r·min^{-1})	额定功率/kW	定子电流/A	转子电流/A	转速/(r·min^{-1})	额定功率/kW	定子电流/A	转子电流/A	转速/(r·min^{-1})
YZR112M-6	1.6	4.75	11.3	845	1.3	4.2	8.85	890	1.0	3.75	6.57	920	1.2	4.0	8.0	900
YZR132M1-6	2.2	6	11.2	908	2.0	5.7	10	913	1.7	5.3	8.4	931	1.8	5.4	8.95	926
YZR132M2-6	3.7	9.7	13.1	915	3.3	9.2	11.2	925	2.8	8.5	9.65	940	3.4	9.4	11.9	925
YZR160M1-6	5.8	15.5	27.3	927	5.0	14.1	23.4	935	4.8	13.8	22.7	937	5.0	14.1	23.4	935
YZR160M2-6	7.5	18	27.6	940	7.0	17.1	25.6	945	6.0	15.6	21.8	954	6.0	15.6	21.8	954
YZR160L-6	11	28.3	27.3	950	10	23	25	957	8.0	19.5	19.8	969	8.0	19.5	19.8	969
YZR180L-6	15	33	43.7	960	13	29.5	37.7	965	12	28	34.6	969	12	28	34.6	969
YZR200L-6	21	47	55.4	965	18.5	42.5	48.5	970	17	40.5	53.8	973	17	40.5	52.6	973
YZR225M-6	28	58	70	965	25	53	62.2	969	22	50	54.5	973	22	50	54.5	973
YZR250M1-6	33	63	82.6	970	30	58	74.9	973	28	54	69.8	975	26	52	64.6	977
YZR250M2-6	42	78	90.5	967	37	70	79.3	971	33	63	70.5	975	31	60	66.1	976
YZR280S-6	52	95	116	970	45	83	100	974	42	80	93.6	975	40	76	89	977
YZR280M-6																
YZR160L-8	7.5	19	22.8	712	7	18.1	21.2	716	5.8	16.4	17.3	924	6.0	16.7	18	722
YZR180L-8	11	25.4	40.6	711	10	23.5	36.6	717	8.0	20.5	28.8	728	8.0	20.5	28.8	728
YZR200L-8	15	34	54.1	713	13	30	46.6	718	12	28.2	43	720	12	28.2	43	720
YZR225M-8	21	45	56.8	718	18.5	41	49.7	721	17	38	45.6	724	17	38	45.6	724
YZR250M1-8	29	61.5	68.5	700	25	54	58.7	705	22	49	51.9	712	22	49	51.9	712
YZR250M2-8	33	70	62.5	725	30	64	56.6	727	28	61	52.8	728	26	58	48.9	730
YZR280M-8	52	104	90.3	727	45	93	77.7	730	42	89	72.4	732	42	89	72.4	732
YZR315S-8	64	118	132.7	731	60	110.5	124.2	733	56	106	115.8	733	52	100	107	735
YZR280S-10	33	78.7	141.8	578	30	74	125	579	28	71	116	580	26	68	108	582
YZR315S-10	50	110	128.4	585	45	100	115.3	583	42	96	107.4	586	40	94	102.2	587
YZR315M-10	65	144	129	584	60	136	119	585	55	130	109	586	50	126	98.7	587

续表

型号	S4及S6								转子开路电压/V	转动惯量/(kg·m²)	质量/kg
	300次/h				600次/h						
	FC=60%				FC=60%						
	额定功率/kW	定子电流/A	转子电流/A	转速/(r·min⁻¹)	额定功率/kW	定子电流/A	转子电流/A	转速/(r·min⁻¹)			
YZR112M-6	0.9	3.7	5.87	930	0.7	3.4	4.46	946	100	0.026 25	74
YZR132M1-6	1.6	5.1	7.87	936	1.4	4.9	6.8	945	132	0.044 5	97
YZR132M2-6	2.8	8.5	9.65	940	2.2	6.0	7.5	950	187	0.061	108
YZR160M1-6	4.8	13.8	22.4	937	3.8	12.2	17.5	946	139	0.114 8	154
YZR160M2-6	5.5	14.8	19.8	959	4.0	13	14.2	970	185	0.141	160
YZR160L-6	7.5	18.7	18.5	971	5.8	16.7	14.2	978	252	0.187 5	174
YZR180L-6	11	26.6	31.7	972	8.0	23.8	22.9	978	218	0.367 5	230
YZR200L-6									199	0.622 5	
YZR225M-6	20	46	49.4	977	15	39	36.8	982	251	0.77	398
YZR250M1-6	25	50	62.1	978	17.5	39	43.2	984	250	1.43	512
YZR250M2-6	30	58	63.9	977	24	49	50.9	981	292	1.647 5	559
YZR280S-6	37	71	82.2	978	30	64	66.5	980	278	2.222 5	747
YZR280M-6									370	2.675	
YZR160L-8	50	15.5	14.9	727	3.8	13.7	11.2	732	210	0.187 5	172
YZR180L-8	7.5	19.7	26.9	729	5.8	17.8	20.6	736	173	0.367 5	230

YZR200L-8	11	27	39.1	724	8.0	23	28.1	731	178	0.622 5	317
YZR225M-8	15	35.1	40	727	11	31	29.1	733	234	0.383 8	390
YZR250M1-8	20	46	46.2	716	15	39	34.2	725	275	1.425	515
YZR250M2-8	25	57	47	731	18.5	45	34.4	736	330	1.73	563
YZR280S-8									305	2.223	
YZR280M-8	37	83	63.5	735	30	73	51.4	737	361	2.7	848
YZR315S-8	48	94	98.8	736	35	80	71.7	740	295	6.75	
YZR315M-8	55	116	99	729	41	100	73.7	732	345	8.275	1 170
YZR280S-10	25	66	103	583	17	56	69.8	588	151	3.475	766
YZR280M-10	28				22				173	3.9	840
YZR315S-10	37	90	94.5	587	30	84	76.3	589	244	6.725	1 026
YZR315M-10	48	124	94.7	588	37	114	73	589	313	8.225	1 156
YZR355M-10	55	124	102.4	590	41	104	76.2	591	330	13.425	1 520

表附Ⅱ.4　YZ 系列冶金及起重用三相异步电动机技术数据(380 V、50 Hz)

型号	S2						S3																				转动惯量/(kg·m^2)	质量/kg
							6 次/h																					
	30 min			60 min			15%			25%			40%								60%			100%				
	额定功率/kW	定子电流/A	转速/(r·min^{-1})	额定功率/kW	定子电流/A	转速/(r·min^{-1})	额定功率/kW	定子电流/A	转速/(r·min^{-1})	额定功率/kW	定子电流/A	转速/(r·min^{-1})	额定功率/kW	定子电流/A	转速/(r·min^{-1})	最大转矩倍数	堵转转矩倍数	堵转电流倍数	效率/%	功率因数	额定功率/kW	定子电流/A	转速/(r·min^{-1})	额定功率/kW	定子电流/A	转速/(r·min^{-1})		
YZ112M-6	1.8	4.9	892	1.5	4.25	920	2.2	6.5	810	1.8	4.9	892	1.5	4.25	920	2.7	2.44	4.47	69.5	0.765	1.1	2.7	946	0.8	3.5	980	0.025	58
YZ132M1-6	2.5	6.5	920	2.2	5.9	935	3.0	7.5	804	2.5	6.5	920	2.2	5.9	935	2.9	3.1	5.16	74	0.745	1.8	5.3	950	1.5	4.9	960	0.052 5	80
YZ132M2-6	4.0	9.2	915	3.7	8.8	912	5.0	11.6	890	4.0	9.2	915	3.7	8.8	912	2.8	3.0	5.54	79	0.79	3.0	7.5	940	2.8	7.2	945	0.057 5	92
YZ100M1-6	6.3	14.1	922	5.5	12.5	933	7.5	16.8	903	6.3	14.1	922	5.5	12.5	933	2.7	2.5	4.9	80.6	0.83	5.0	11.5	940	4.0	10	953	0.102 5	119
YZ100M2-6	8.5	18	943	7.5	15.9	948	11	25.4	926	8.5	18	943	7.5	15.9	948	2.9	2.4	5.52	83	0.86	6.3	14.2	956	5.5	13	961	0.13	132
YZ160L-6	15	32	920	11	24.6	953	15	32	920	13	28.7	936	11	24.6	953	2.9	2.7	6.17	84	0.852	9	20.6	946	2.5	18.8	972	0.177 5	152
YZ100L-8	9	21.1	694	7.5	18	705	11	27.4	675	9	21.1	694	7.5	18	705	2.7	2.5	5.1	82.4	0.766	6.0	15.6	717	5	14.2	724	0.19	152
YZ180L-8	13	30	675	11	25.8	694	15	35.3	654	13	30	675	11	25.8	694	2.5	2.6	4.9	80.9	0.811	9	21.5	710	7.5	19.2	718	0.302 5	205
YZ200L-8	18.5	40	697	15	33.1	710	22	47.5	686	18.5	40	697	15	33.1	710	2.8	2.7	6.1	86.2	0.80	13	28.1	714	11	26	720	0.572 5	276
YZ225M-8	26	53.5	701	22	45.8	712	33	69	687	26	53.5	701	22	45.8	712	2.9	2.9	6.2	87.5	0.834	18.5	40	718	17	37.5	720	0.72	347
YZ250M1-8	35	74	681	30	63.3	694	42	89	663	35	74	681	30	63.3	694	2.54	2.7	5.47	85.7	0.84	26	56	702	22	45	717	1.32	462

表附Ⅱ.5 YCTD 系列电磁调速三相异步电动机技术数据

<table>
<tr><th>型 号</th><th>额定转矩
/(N·m)</th><th>调速范围
/(r·min⁻¹)</th><th>转速变化率
/%</th><th>拖动电机功率
/kW</th></tr>
<tr><td>YCTD100-4A</td><td>3.63</td><td rowspan="4">1 250~100</td><td rowspan="11">≯3</td><td>0.55</td></tr>
<tr><td>YCTD100-4B</td><td>4.91</td><td>0.75</td></tr>
<tr><td>YCTD112-4A</td><td>7.41</td><td>1.1</td></tr>
<tr><td>YCTD112-4B</td><td>9.73</td><td>1.5</td></tr>
<tr><td>YCTD132-4A</td><td>14.13</td><td rowspan="3">1 300~100</td><td>2.2</td></tr>
<tr><td>YCTD132-4B</td><td>19.23</td><td>3</td></tr>
<tr><td>YCTD132-4C</td><td>25.23</td><td>4</td></tr>
<tr><td>YCTD160-4A</td><td>35.32</td><td rowspan="4">1 350~100</td><td>5.5</td></tr>
<tr><td>YCTD160-4B</td><td>47.28</td><td>7.5</td></tr>
<tr><td>YCTD180-4A</td><td>68.67</td><td>11</td></tr>
<tr><td>YCTD180-4B</td><td>94.18</td><td>15</td></tr>
</table>

(4)Z4 系列直流电动机

Z4 系列直流电动机广泛用作各类机械的原动机,如冶金工业中的各种轧机、金属切削机床、造纸、印刷、纺织、印染、水泥、塑料挤出机械等。

Z4 系列电动机采用多角形结构,空间利用率高。定子磁轭为叠片式,适用整流器供电,能承受脉动电流和电流急剧变化(负载变化)之工况。磁极安装有精确定位,因而换向良好。

电动机绝缘等级为 F 级,采用可靠绝缘结构及浸渍工序,保证绝缘性能稳定和良好散热。

Z4 系列电动机具有体积小,性能好,重量轻,输出功率大,效率高及可靠性高的特点。

电动机可用三相全控桥式整流电源,以及不外接平波电抗器而长期工作。额定电压为 160 V 的电动机由单用桥式电源供电,此时电枢回路须接入电抗器以抑制脉动电流。

Z4 系列电动机型号由四部分组成,例如:

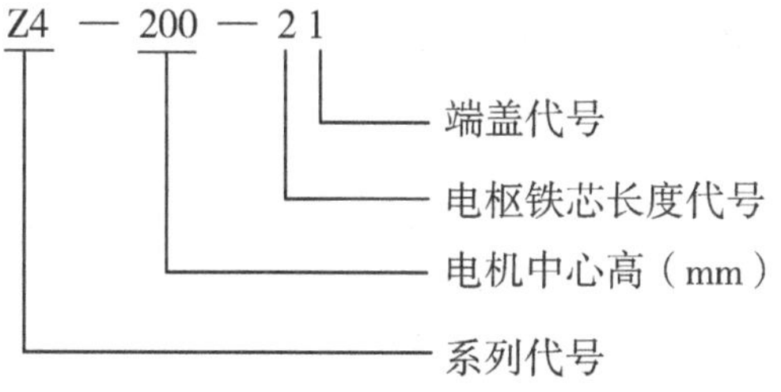

使用条件:

海拔不超过 1 000 m;

周围空气温度不大于 40 ℃;

工作环境不应含有酸性、碱性或其他对绝缘有腐蚀作用的气体；

电动机为连续工作制(S1)；

电机电枢回路和励磁回路可由静止整流电源供电，也适应由直流发电机供电。

安装形式见表附Ⅱ.6。

表附Ⅱ.6 Z4系列直流电动机安装形式

安装形式	使用范围
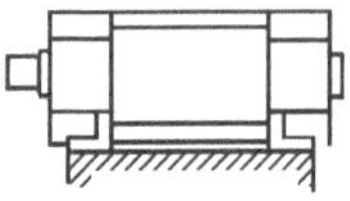 IMB-3	Z4-100 ~ Z4-355
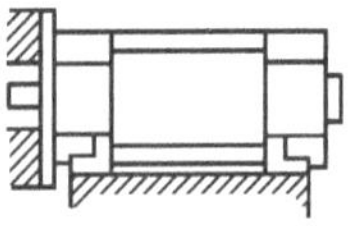 IMB-35	Z4-100 ~ Z4-315
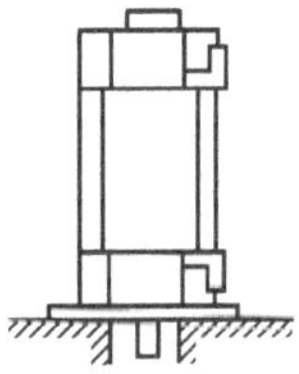 IMV-1	Z4-100 ~ Z4-315 （电机带有不作安装用的底脚）
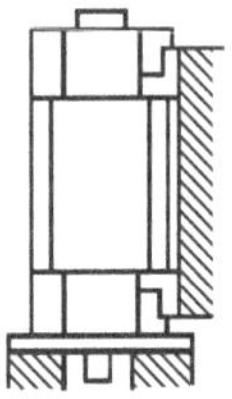 IMV-15	Z4-100 ~ Z4-315

技术数据见表附Ⅱ.7。

表附Ⅱ.7 技术数据表

型号	额定功率PN /kW	额定转速/(r·min^{-1})			弱磁转速/(r·min^{-1})	电枢电流 /A	励磁功率 /W	电枢回路电阻 Ω(20 ℃)	电枢回路电感 /mH	磁场电感 /H	外接电感 /mH	效率 /%	惯量矩 /(kg·m^2)	质量 kg
		160 V	400 V	440 V										
Z4-100-1	2.2	1 490			3 000	17.9	315	1.19	11.2	22	15	67.8	0.044	72
	1.5	955			2 000	13.3		2.17	21.4	13	15	58.5		
	4		2 630		4 000	12		2.82	26	18		78.9		
	4			2 960	4 000	10.7						80.1		
	2		1 310		3 000	6.6		9.12	86	18		68.4		
	2.2			1 480	3 000	6.5						70.6		
	1.4		860		2 000	5.1		16.76	163	18		60.3		
	1.5			990	2 000	4.77						63.2		
Z4-112/2-1	3	1 540			3 000	24	320	0.785	7.1	14	20	69.1	0.072	100
	2.2	975			2 000	19.6		1.498	14.1	13	20	62.1		
	5.5		2 630		4 000	16.4		1.933	17.9	17		79.9		
	5.5			2 940	4 000	14.7						81.1		
	2.8		1 340		3 000	9.1		6	59	17		71.2		
	3			1 500	3 000	8.6						72.8		
	1.9		855		2 000	6.9		11.67	110	13		61.1		
	2.2			965	2 000	7.1						63.5		
Z4-112/2-2	4	1 450			3 000	31.3	350	0.567	6.2	14	12	72.6	0.088	107
	3	1 070			2 000	24.8		0.934	10.3	14	10	66.8		
	7		2 660		4 000	20.4		1.305	14	19		82.4		
	7.5			2 980	4 000	19.7						83.5		
	3.7		1 320		3 000	11.7		4.24	48.5	19		74.1		
	4			1 500	3 000	11.2						76		
	2.6		895		2 000	9		7.62	83	14		65.1		
	3			1 010	2 000	9.1						67.3		

续表

型　号	额定功率PN/kW	额定转速/(r·min⁻¹)			弱磁转速/(r·min⁻¹)	电枢电流/A	励磁功率/W	电枢回路电阻Ω(20 ℃)	电枢回路电感/mH	磁场电感/H	外接电感/mH	效率/%	惯量矩/(kg·m²)	质量kg
		160 V	400 V	440 V										
Z4-112/4-1	5.5	1 520			3 000	42.5	500	0.38	3.85	6.8	6.5	73	0.128	106
	4	990			2 000	33.7		0.741	7.7	6.7	4.5	64.9		
	10		2 680		3 500	29		0.89	9	6.8		82.7		
	11			2 950	3 500	28.8						83.3		
	5		1 340		1 800	15.7		3.01	30.5	6.8		74.3		
	5.5			1 480	1 800	15.7						75.7		
	3.7		855		1 100	13		5.78	60	6.7		65.2		
	4			980	1 100	12.2						68.7		
Z4-112/4-2	5.5	1 090			2 000	43.5	570	0.441	5.1	7.8	6	69.5	0.156	114
	13		2 740		3 600	37		0.574	6.4	5.8		84.4		
	15			3 035	3 600	38.6						85.4		
	6.7		1 330		1 800	20.6		2.12	24.1	7.8		76.8		
	7.5			1 480	1 800	20.6						78.4		
	5		955		1 200	16.1		3.46	40.5	5.8		71.1		
	5.5			1 025	1 200	15.7						71.9		

Z4-132-1	18.5	2 610		4 000	52.2	650	0.368	5.3	6.5	85	0.32	140
	18.5		2 850	4 000	47.1					85.9		
	10	1 330		2 100	30.1		1.309	18.9	8.9	79.4		
	11		1 480	2 200	29.6					80.9		
	7	865		1 600	22.7		2.56	37.5	6.3	71.9		
	7.5		975	1 600	21.4					74.5		
Z4-132-2	20	2 800		3 600	55.4	730	0.226	3.65	10	87.8	0.4	160
	22		3 090	3 600	55.3					88.3		
	15	1 360		2 500	44.5		0.811	13.5	7.7	81.2		
	15		1 510	2 500	39.5					83.4		
	10	905		1 400	31.1		1.565	26	6	75.6		
	11		995	1 400	30.5					77.7		
Z4-132-3	27	2 720		3 600	74.5	800	0.190 5	3.4	21	88.2	0.48	180
	30		3 000	3 600	75					88.6		
	18.5	1 390		2 100	53.2		0.531	9.8	6.6	83.6		
	18.5		1 540	2 200	47.6					84.7		
	13.5	945		1 600	40.5		0.976	19.4	6.5	79.4		
	15		1 050	1 600	40.5					80.5		
Z4-160-11	33	2 710		3 500	93.4	820	0.183 5	3.15	10	87.4	0.64	220
	37		3 000							88.5		
	19.5	1 350		3 000	58.8		0.593	10.4	7.7	80.4		
	22		1 500							82.6		

续表

型号	额定功率PN/kW	额定转速/(r·min⁻¹) 400 V	额定转速/(r·min⁻¹) 440 V	弱磁转速/(r·min⁻¹)	电枢电流/A	励磁功率/W	电枢回路电阻Ω(20 ℃)	电枢回路电感/mH	磁场电感/H	效率/%	惯量矩/(kg·m²)	质量/kg
22	40.5	2 710		3 500	113	920	0.142 6	2.7	10	88.2	0.76	242
Z4-160-	45		3 000							89.1		
	16.5	900		2 000	50.5		0.862	17.7	6	77.9		
21	18.5		1 000							79.4		
32	49.5	2 710		3 500	137	1 050	0.097	2.07	11	89.1	0.88	268
	55		3 010							90.2		
Z4-160-31	27	1 350		3 000	77.8		0.376	8.3	10	84.7		
	30		1 500							85.7		
	19.5	900		2 000	59.1		0.675	15.2	6.3	79.1		
31	22		1 000							81.7		
Z4-180-11	33	1 350		3 000	95.4	1 200	0.29	5.8	7.1	84.7	1.52	326
	37		1 500							86.5		
	16.5	670		1 900	51.4		0.947	17.6	5.6	75.5		
	18.5		750							78.1		
	13	540		1 400	42.4		1.264	25	5.6	73		
	15		600							74.1		

参考文献

[1] 邹慧郡．机械原理课程设计手册[M]．北京:高等教育出版社,1998.

[2] 黄靖远,龚剑霞．机械设计学[M]．北京:机械工业出版社,1991.

[3] 王玉新．机械创新设计方法学[M]．天津:天津大学出版社,1996.

[4] 郑容之,李德锡,洪淳赫．常用机构的计算机辅助设计[M]．北京:机械工业出版社,1990.

[5] 曹惟庆,徐曾荫．机构设计[M]．北京:机械工业出版社,1993.

[6] 廖林清,王化培,石晓辉,等．机械设计方法学[M]．重庆:重庆大学出版社,1996.

[7] 邹家祥．现代机械设计理论与方法[M]．北京:科学出版社,1990.

[8] 姜琪．机械运动方案及机构设计——机械原理课程设计题例及指导[M]．北京:高等教育出版社,1991.

[9] 周明溥,曹志奎,金孟浩．机械原理课程设计[M]．上海:上海科学技术文献出版社,1987.

[10] 张春林,曲继方,张美麟．机构创新设计[M]．北京:机械工业出版社,1999.

[11] 邓星钟,周祖德．机电传动控制[M]． 武汉:华中理工大学出版社,1992.

[12] 粟滋，陈煦,王仁康．工业工程原理及应用[M]．北京:机械工业出版社,1997.

[13] 汪应洛,陶谦坎．运筹学与系统工程[M]．北京:机械工业出版社,1993.

[14] 汪应洛．系统工程[M]． 北京:机械工业出版社,1995.

[15] 陈锡璞．工程经济[M]． 北京:机械工业出版社,1994.

[16] 颜鸿森．颜氏创造性机构设计[J]．(1-3)机构设计 1995:10-12.

[17] 黄纯颖．机械创新设计[M]． 北京:高等教育出版社, 2000.

[18] 徐灏．机械设计手册[M]．北京:机械工业出版社, 2000.

[19] 陈光耀．自动机床[M]．北京:机械工业出版社, 1961.

[20] C. H. Suh, C. W. Radcliffe. Kinematics and Mechanisms Design, new york: John Wiley & Sons, Inc. 1978.